Prüfprotokoll zur röntgenographischen Spannungsmessung nach dem Filmverfahren

Bezeichnung	Kurzzeichen und Maßeinheit	Angabe (Erklärung)
Meßobjekt Nr.		
Werkstoff		
Behandlungszustand		Wärmebehandlung und Oberflächenzustand
Vorbereitung der Meßfläche		ohne und mit Abtragung Art und Tiefe der Abtragung
Größe der Meßfläche		
mittlere Eindringtiefe der Strahlung		Intensitätsabfall auf $1/e$ bei $\psi = 0°$
Spannungsmessung in Phase		Angabe bei mehrphasigen Werkstoffen
Strahlung		
Filter		
Röhrenspannung	$[U] = \mathrm{kV}$	
Röhrenstrom	$[I] = \mathrm{mA}$	
Blendensystem		Größe und Form von Fokussierungs- oder Divergenzblende
Abstand Film–Meßobjekt		
Filmtyp		
Belichtungszeit	$[t] = \mathrm{min}$	
Objektinterferenz	(hkl)	
Kalibriersubstanz		
Interferenz der Kalibriersubstanz	$(\mathrm{hkl})_{\mathrm{K}}$	
Einstrahlwinkel	$[\psi_0] = \mathrm{rad}$	
Meßrichtungen	$[\psi] = \mathrm{rad}$	$\psi_{1;2} = \psi_0 \pm \eta$
Auswertemethode		$\sin^2\psi, \sin^2\varphi$
Elastizitätskonstanten	$[1/2\, s_2]; [s_1] = \mathrm{MPa}^{-1}$	Zahlenwert und Herkunft
Methode der Abstandsmessung auf dem Film		visuell, Koinzidenzmaßstab
Korrektur	$\Delta_{\varphi,\psi\mathrm{Korr}} = \Delta_{\varphi,\psi} \cdot \frac{50}{2 r_{\mathrm{K}}}$	
Auswertungskonstante	$[C] = \mathrm{MPa}$	
Anstieg	$M\varphi$	
Spannung	$[\sigma_\varphi] = \mathrm{MPa}$	
Fehlergrenzen		maximal
Bemerkungen		

Prüfprotokoll zur röntgenographischen Spannungsmessung nach der Diffraktometermethode

Bezeichnung	Kurzzeichen und Maßeinheit	Angabe (Erklärung)
Meßobjekt Nr.		
Werkstoff		
Behandlungszustand		Wärmebehandlung und Oberflächenzustand
Vorbereitung der Meßfläche		ohne oder mit Abtragung Art und Tiefe der Abtragung
Größe der Meßfläche		
mittlere Eindringtiefe der Strahlung		Intensitätsabfall auf $1/e$ bei $\psi = 0°$
Spannungsmessung in Phase		Angabe bei mehrphasigen Werkstoffen
Röntgengenerator		
Strahlung		
Filter		
Monochromator		
Röhrenspannung	$[U]$ = kV	
Röhrenstrom	$[I]$ = mA	
Diffraktometertyp		
Meßkreisdurchmesser	$[2R]$ = mm	
Sollerblenden		
Eintrittsblende		
Divergenzblende		
Detektorblende		
Vertikalblende		
Detektor		
Weiterverarbeitung der Impulse:		
– Analysatorbetrieb oder Diskriminatorbetrieb		
– Kanalbreite	$[U]$ = V	
– Diskriminatorschwelle	$[U]$ = V	
Registrierung:		
– analog		
Diffraktometergeschwindigkeit		
Schreibergeschwindigkeit		
Winkelmarkenabstand		
– digital		
Schrittgröße		
Meßzeit je Meßpunkt		
Auswertemethode		$\sin^2\psi$, $\sin^2\varphi$
Linienlagebestimmung		Peak, Parabel Schwerpunkt u. a.
Meßrichtungen	$[\varphi]$ = rad	
Elastizitätskonstanten	$[1/2\, s_2]$ = MPa^{-1} $[s_1]$ = MPa^{-1}	Zahlenwert und Herkunft
Auswertungskonstante	$[C^*]$ = MPa	
Anstieg	N_φ	
Spannung	$[\sigma_\varphi]$ = MPa	
Fehlergrenzen		maximal
Bemerkungen		

Tietz
Grundlagen der Eigenspannungen

Grundlagen der Eigenspannungen

Entstehung in Metallen, Hochpolymeren und silikatischen Werkstoffen Meßtechnik und Bewertung

Von Dr. sc. techn. Horst-Dieter Tietz
ord. Professor für Werkstoffwissenschaften

Mit 140 Bildern und 12 Tabellen

VEB DEUTSCHER VERLAG FÜR GRUNDSTOFFINDUSTRIE · LEIPZIG
DISTRIBUTED BY SPRINGER-VERLAG WIEN–NEW YORK

ISBN-13:978-3-7091-9506-2 e-ISBN-13:978-3-7091-9505-5
DOI: 10.1007/978-3-7091-9505-5

Distributed by Springer-Verlag Wien–New York
1. Auflage

VLN 152-915/65/83
LSV 3015
Softcover reprint of the hardcover 1st edition 1982
Gesamtherstellung: IV/10/5 Druckhaus Freiheit Halle
Redaktionsschluß: 1. 9. 1982
Gestaltung: Gottfried Leonhardt, Leipzig

Vorwort

Das Interesse an Kenntnissen über Eigenspannungen in Werkstoffen ist in den letzten Jahren sprunghaft gestiegen, da aus wirtschaftlichen Gründen die Werkstoffe besser genutzt werden müssen. Die Eigenspannungen stellen als Vorbeanspruchung des Werkstoffs vielfach eine Quelle von Unsicherheiten bei der Einschätzung des Werkstoffverhaltens in der Fertigung bzw. im praktischen Einsatz dar. Man geht dazu über, die Technologie der Fertigung von Halbzeugen bzw. Fertigerzeugnissen so zu gestalten, daß sich ein bestimmter Eigenspannungszustand einstellt. Die Optimierung der Technologie ist somit das Hauptgebiet der gegenwärtigen Anwendung der Spannungsmessung.

Die laufende betriebliche Prüfung der Erzeugnisse auf Eigenspannungen wird durch den damit meist verbundenen Meßaufwand erschwert. Vielfach sind die Methoden in der Praxis im Gegensatz zu den Methoden der klassischen Längen- und Winkelmessung sowie der mechanisch-technologischen und zerstörungsfreien Werkstoffprüfung nicht ausreichend bekannt. Zudem ist die Prüf- und Meßtechnologie bei der Eigenspannungsermittlung nicht genügend vereinheitlicht, da dieses Gebiet teilweise noch als Domäne von Spezialisten angesehen wird. Die Anwendung produktiver Methoden der Eigenspannungsmessung einerseits und die Messung nach vergleichbaren Technologien andererseits ermöglichen es, Eigenspannungen auch als quantitative Größe in Bewertungsvorschriften zu berücksichtigen.

Das vorliegende Buch soll den derzeitigen Stand der Kenntnisse über Entstehung, Messung und Bewertung von Eigenspannungen vermitteln. Eine zusammenfassende Darstellung über Eigenspannungen ist kompliziert, da es sich um eine ausgesprochen interdisziplinäre Wissenschaftsdisziplin handelt, welche die Gebiete der Festkörpermechanik, Festkörperphysik, Werkstoffwissenschaft, Werkstoffprüfung und Technologie berührt. Daraus erklärt sich auch der Mangel an einschlägigen Gesamtdarstellungen.

Inzwischen haben die Meßverfahren und vor allem die Grundsätze zur Bewertung von Eigenspannungen eine wesentliche Weiterentwicklung erfahren. In den letzten Jahren sind mehrere internationale Tagungen zu Problemen der Eigenspannungen veranstaltet worden, und in einigen Ländern gibt es technische Fachgremien, die sich mit der Lösung von Aufgaben auf diesem Gebiet befassen. Grundlage für diese Aktivitäten ist das Bedürfnis der Praxis, mehr und sichere Informationen über Eigenspannungen in Werkstoffen zu erhalten.

Das vorliegende Buch wendet sich deshalb gleichermaßen an den Praktiker wie an den

auf den Gebieten der Forschung und Applikation tätigen Fachmann in der Absicht, ihm einen aktuellen Überblick über das Gebiet der Eigenspannungen zu geben. In erster Linie werden die Makroeigenspannungen behandelt, da sie für eine praktische Bewertung im Sinne einer Überlagerung mit den Spannungen infolge äußerer Kräfte in Frage kommen.
Bei der Darlegung der Entstehung von Eigenspannungen wurde der Schwerpunkt auf den Einfluß der technologischen Verfahren gelegt. Somit werden dem Praktiker unmittelbar Informationen gegeben, wie sich die jeweiligen technologischen Parameter auf die Höhe und das Vorzeichen der Eigenspannungen auswirken. Von quantitativen Angaben wurde dabei weitestgehend Abstand genommen, da sie sich naturgemäß nicht einfach auf das konkrete Problem übertragen lassen; zudem sind die Meßwerte abhängig vom gewählten Meßverfahren. Es werden die Werkstoffgruppen Metalle, Plaste und silikatische Werkstoffe behandelt, wobei entsprechend dem Erkenntnisstand die Metalle, insbesondere Stahl und Gußeisen, den größten Umfang aufweisen.
Der Schwerpunkt des Buches liegt auf der Messung der Eigenspannungen, da die richtige Anwendung bekannter Meßverfahren und die Weiterentwicklung neuer, produktiverer Verfahren Grundlage für weitere Fortschritte bei der Bewertung der Eigenspannungen ist. Die zerstörenden Zerlegungs- bzw. Abtragmethoden und die röntgenographischen Methoden nehmen innerhalb dieses Kapitels den größten Raum ein. Hierzu liegen die umfangreichsten Erkenntnisse vor, und diese Methoden haben sich vielfach bewährt. Sie dienen nicht nur der Lösung praktischer Aufgaben, sondern auch in hohem Maße der metallkundlichen Forschung.
Neben der Vermittlung der Grundlagen dieser Verfahren kam es auch auf die Einbeziehung neuer Erkenntnisse an, z. B. die Präzisierung der mathematischen Beziehungen bei den Zerlegemethoden sowie die röntgenographischen Elastizitätskonstanten und neue Aufnahmeverfahren bei der röntgenographischen Spannungsmessung. Auch die neueren zerstörungsfreien Verfahren der Eigenspannungsmessung, vor allem auf der Basis der Ultraschall-Meßtechnik und der Ermittlung magnetischer Kennwerte, fanden Berücksichtigung.
Als bekannt werden die jeweiligen physikalischen Grundlagen der Verfahren und das Funktionsprinzip der entsprechenden Röntgen-, Ultraschall- und magnetischen Meßgeräte vorausgesetzt. Die Darlegungen konzentrieren sich auf die Besonderheiten der Anwendung dieser Geräte und Anlagen für die Eigenspannungsmessung. Das gilt analog auch für andere Methoden, wie Spannungsoptik und Relaxation. Bei den Meßverfahren werden auch die Mikroeigenspannungen berücksichtigt; diese Meßverfahren sind für die werkstoffwissenschaftliche und festkörperphysikalische Forschung bedeutsam.
Auf die Berechnung der Eigenspannungen wurde im Konzept des Buches nicht eingegangen, da es sich dabei um Methoden der Festkörpermechanik handelt, die je nach Betrachtungsart verschieden sein können. Meist wird die Berechnung durch experimentelle Ergebnisse gestützt. Bei der Bewertung der Eigenspannungen liegt z. Z. noch die Betonung auf der qualitativen Einschätzung des Einflusses der Eigenspannungen, insbesondere bei dynamischer Bauteilbeanspruchung. Gegenwärtig dient die Eigenspannungsmessung vielfach der Optimierung der Technologie. Mit der Verbesserung der Eigenspannungs-Meßtechnik wird sich diese Situation aber in Richtung der quantitativen Bewertung der Eigenspannungen ändern, wozu dieses Buch beitragen soll.

An dieser Stelle danke ich Herrn Professor Dr. sc. nat. *H. Stroppe* für viele wertvolle Anregungen und Hinweise aus seiner langjährigen Tätigkeit und Pionierarbeit auf dem Gebiet der Eigenspannungsmessung. Zu Dank bin ich ferner Herrn Professor Dr. sc. techn. *H. Blumenauer* für Hinweise zur inhaltlichen Gestaltung sowie den Fachkollegen des Fachunterausschusses Eigenspannungsmeßtechnik der Kammer der Technik für Anregungen verpflichtet. Vor allem danke ich meiner Familie, die mir durch Verständnis und Hilfe dieses Vorhaben ermöglichte. Nicht zuletzt danke ich dem Verlag für die Unterstützung bei der Gestaltung dieses Buches.

Magdeburg und Zwickau

Horst-Dieter Tietz

Inhaltsverzeichnis

1 Bedeutung der Eigenspannungen

Der Betrachtung der Eigenspannungen in Werkstoffen wendet sich in den letzten Jahren ein immer größerer Kreis von Interessenten zu. Eigenspannungen können je nach Art und Zustand ihrer Ausbildung, Weiterverarbeitung des Bauteils bzw. Überlagerung der Eigenspannungen mit den infolge äußerer Belastung verursachten Spannungen unterschiedliche Wirkungen haben. Dabei ist zu beachten, daß infolge der Herstellung oder Weiterverarbeitung der Werkstoffe Eigenspannungen mehr oder weniger ausgeprägt auftreten.

Eigenspannungen sind dort günstig, wo sie den Lastspannungen entgegengesetzt gerichtet sind. Dadurch können der Fließbeginn bzw. der Bruch zu größeren Lastspannungen hin verschoben werden. Als analoges Beispiel sei der *Spannbeton* erwähnt. Beton hat eine geringe Zugfestigkeit, aber eine wesentlich höhere Druckfestigkeit. Durch ein Vorspannen von Spannstählen wird der Beton unter Druckspannungen gesetzt. Jede Zugbelastung stellt dann nur einen mehr oder weniger starken Abbau von Druckvorspannungen im Beton dar, so daß die kritische Größe der Zugspannungen, die den Bruch hervorruft, nach den Lastannahmen nicht erreicht wird.

Die Überlagerung von z. B. Zugeigenspannungen mit Zugspannungen infolge äußerer Belastung führt zur Herabsetzung der Streckgrenze, wie man sie am Werkstoff ermittelt. Sind die Eigenspannungen nicht bekannt, so kann u. a. ein vorzeitiges Bauteilversagen eintreten. Umgekehrt können aber diese Eigenspannungen günstig sein, weil sie nachfolgende plastische Formgebungen, z. B. Richtprozesse, begünstigen. Dazu ist aber die Kenntnis des Eigenspannungszustandes notwendig, die wiederum geeignete Meßverfahren voraussetzt. Gerade bei der Bemessung von Bauteilen nach Grenzzuständen der Verformung, wie sie z. Z. in einigen Zweigen des Anlagen- und Maschinenbaus eingeführt wird, muß die Vorgeschichte des Werkstoffs hinsichtlich der Eigenspannungsausbildung künftig in Betracht gezogen werden. Bei der Autofrettage, d. h. einer plastischen Verformung kritischer Querschnittsstellen durch mechanische oder thermische Beanspruchung, werden gezielt solche Zonen geschaffen, wo Last- und Eigenspannungen entgegengesetzt gerichtet sind. Damit können die betreffenden Bereiche in dem Bauteil höher beansprucht werden.

In der gleichen Weise kann man gezielt Druckeigenspannungen im Werkstoff aufbringen, die bei bestimmten Belastungen eine größere Beanspruchung zulassen. So werden bei schwingend beanspruchten Bauteilen in der Oberfläche durch eine mechanische plastische Oberflächenverformung oder durch eine chemisch-thermische Behandlung (z. B. Oberflächenhärten, Aufkohlen, Nitrieren, Borieren) Druckeigenspannungen in der Oberfläche erzeugt, um dadurch die Grenznutzungsdauer der Bauteile zu erhöhen bzw. bei gleicher Grenznutzungsdauer die Belastung zu erhöhen. Zwar wirken je nach Werkstoff auch noch andere Effekte wie Härtesteigerung und Beeinflussung der Oberflächentopographie auf die Erhöhung der Nutzungsdauer, jedoch ist der Einfluß der Eigenspannungen bei Werkstoffen großer Festigkeit und schroffen Querschnittsübergängen besonders groß. Und gerade in diesen Fällen ist ohne zusätzliche Werkstoffbehandlung die Schwingfestigkeit herabgesetzt. Berücksichtigt man, daß 80% der Bauteile im Maschinenbau schwingend beansprucht werden, so gewinnen diese Methoden besondere Bedeutung. Sie werden z. Z. im Maschinenbau eingeführt, da sie eine Form der Werkstoffveredlung darstellen und den Werkstoff wirtschaftlicher einzusetzen gestatten. Gute Beispiele gibt es bereits im Fahrzeugbau.

Besonders progressiv sind solche Entwicklungen, die mechanische Bearbeitung, wie Drehen, Schleifen usw., so zu gestalten, daß die Druckeigenspannungen in entsprechender Größe gleich miterzeugt werden.

Voraussetzung ist eine Beherrschung der technologischen Verfahren der mechanischen Oberflächenbearbeitung, wie Kugelstrahlen, Oberflächenwalzen oder Vibrationsbearbeitung, und der Nachweis des erzielten Eigenspannungszustandes am Bauteil. Hierzu sind die Verfahren der Eigenspannungsmessung einzusetzen, die aber z. T. noch zu zeitaufwendig sind, so daß die bisher bekannten Verfahren wie röntgenographische Spannungsmessung und Zerlegungs- bzw. Abtragmethoden, mit dem Ziel der genaueren und produktiveren Spannungsmessung weiterentwickelt werden bzw. für Spezialfälle besondere Methoden, wie Ultraschall-Meßtechnik und magnetische bzw. magnetinduktive Verfahren, zum Einsatz gelangen müssen. Bei der Anwendung des jeweiligen Meßverfahrens sollte man sich, wie bei jedem Verfahren, dessen Grenzen bewußt sein, um Fehleinschätzungen und falsche Interpretationen zu vermeiden.

Druckeigenspannungen an der Oberfläche von Gläsern zu erzeugen ist ebenfalls ein seit langem genutztes Verfahren, um die Beanspruchbarkeit der Werkstoffe zu vergrößern. Eigenspannungen stellen nicht nur eine „Reserve" des Werkstoffs für die mechanische Beanspruchung dar. Die Ambivalenz der Eigenspannungen zeigt sich auch in solchen unangenehmen Folgen wie Verzug und Versprödung. Werden Bauteile mit größeren Eigenspannungen so spanend bearbeitet, daß die Zonen hoher Eigenspannungen abgetrennt werden, dann hat dieses partielle Auslösen eine Verformung, d. h. einen Verzug, zur Folge. Überschreitet die Formänderung dabei einen bestimmten Betrag, so kann das betreffende Bauteil Ausschuß werden. Ein Verzug kann auch bei der Wärmebehandlung auftreten, wenn durch Herabsetzung der Streckgrenze bei erhöhter Temperatur partiell Eigenspannungen abgebaut werden. In solchen Fällen kommt es darauf an, den Prozeß der technologischen Fertigung so zu gestalten, daß die Eigenspannungen nur klein sind. Andererseits dient die Formänderung beim Auslösen der Eigenspannungen zur Ermittlung ihrer Größe, worauf die große Gruppe der Zerlege- und Antragverfahren beruht.

Eigenspannungen liegen nach der Herstellung und Verarbeitung der Werkstoffe im Bauteil, sofern nicht eine Vorzugsorientierung der plastischen Verformung, z. B. beim Ziehen, gegeben ist, meist mehrachsig vor, z. B. in wärmebehandelten Teilen und Schweißnähten. Der Mehrachsigkeitsgrad ist dann groß. Es ist bekannt, daß Werkstoffe bei mehrachsiger Zugbeanspruchung im Vergleich zur einachsigen Beanspruchung mit einer Vergrößerung der Formänderungsfestigkeit reagieren, die aber mit einer Abnahme der Zähigkeit verbunden ist, d. h., die Werkstoffe verspröden. Nun wirken die im allgemeinen mehrachsigen Eigenspannungen selbst bei Überlagerung mit vorwiegend einachsiger Beanspruchung vergrößernd auf den Mehrachsigkeitsgrad und damit versprödend. Letztlich sind solche Eigenspannungsfelder analog zu Spannungskonzentrationen an Fehlstellen zu bewerten. Eine Reihe von Schadensfällen in Form von Sprödbrüchen sind auf Eigenspannungen zurückzuführen. Auch in derartigen Fällen ist der technologische Prozeß so zu gestalten, daß möglichst minimale Eigenspannungen vorliegen.

Schließlich soll noch die Spannungsrißkorrosion erwähnt werden, deren Auftreten neben anderen Einflüssen notwendig an das Wirken von Zugspannungen geknüpft ist. Diese Zugbeanspruchung kann aber auch durch Eigenspannungen verursacht sein, wie es z. B. bei der Lötbrüchigkeit der Fall ist.

Alle diese Beispiele lassen erkennen, daß den Eigenspannungen in den Werkstoffen eine große Bedeutung zukommt, die heute z. T. noch unterschätzt wird, meist in Ermangelung der Kenntnis der Meßverfahren, ihrer Aussagen und Grenzen. Sicher ist auch die Deutung der Meßwerte und die Abschätzung ihres Zustandekommens nicht einfach, da neben festkörpermechanischen Kenntnissen insbesondere die überschlägliche Interpretation ihres Zustandekommens eingehende Betrachtungen komplexer werkstofftechnischer Einflüsse erfordert, was auch die Berechnung der Eigenspannungen, insbesondere für Teile komplizierter Form, so schwierig macht. Die Methode der finiten Elemente wird für ihre Berechnung neuerdings eingesetzt.

Eingehende Eigenspannungsmessungen dienen gegenwärtig zunächst der Optimierung der Technologie zur Erzielung bestimmter Eigenspannungszustände oder ihrer Minimierung. Dann wird je nach Beherrschung der Technologie und Bedeutung der Eigenspannungen für das Bauteilverhalten eine Stichprobenprüfung in mehr oder weniger großem Umfang durchgeführt.

Eingangs wurden zwar Beispiele zur qualitativen Bewertung der Eigenspannungen angegeben; künftig ist jedoch vor allem die Erforschung der quantitativen Bewertung voranzutreiben, die in der Entwicklung etwa mit der quantitativen Bewertung des Fehlereinflusses auf das Bauteilverhalten vergleichbar ist und wo in den Prüf- bzw. Bewertungsvorschriften für die zerstörungsfreie Prüfung vielfach Erfahrungswerte zugrunde liegen. Nur ist die Situation bei den Eigenspannungen noch komplizierter, da es verschiedene Arten von Eigenspannungen gibt und die Meßverfahren die Arten z. T. unterschiedlich selektieren. So sind z. B. röntgenographisch gemessene Werte je nach Werkstoffgefüge anders zu bewerten als Werte, die durch Abtragmethoden gefunden worden sind.

Es sei jedoch daran erinnert, daß eine ähnliche Problematik analog der Bewertung der Eigenspannungen selbst bei der quantitativen Bewertung der Kenngrößen der mechanischen Werkstoffprüfung besteht, wo zum einen in zunehmendem Maße die Parameter der Prüfverfahren als zusätzliche Angaben gefordert werden. Zum anderen ist die Übertragung, z. B. eines Kennwerts der Bruchdehnung auf das Bauteilverhalten, ja selbst des Kennwerts der Streckgrenze auf eine mehrachsig beanspruchte Konstruktion schwieriger als der Kennwert der durch Zerlege- oder Abtragverfahren ermittelten Makroeigenspannungen. Allerdings ist dabei eine genaue Kenntnis der Spannungen im betreffenden Bauteilquerschnitt Voraussetzung. Der zunehmend wirtschaftliche Werkstoffeinsatz wird aber gerade die exakte Berechnung der Beanspruchung infolge äußerer Beanspruchung und in zunehmendem Maße einschließlich der Eigenspannungen erfordern.

Es wurde dargelegt, daß die Beachtung der Eigenspannungen in starkem Maße von der Bereitstellung entsprechender Meßverfahren abhängt. Tatsächlich sind Eigenspannungen und ihr Einfluß auf die Werkstoffeigenschaften seit mehr als 100 Jahren bekannt. So hat *Neumann* im Jahre 1841 „innere Spannungen", welche bei der „Solidifikation so leicht entstehen" bzw. im allgemeinen Fall auf „bleibende Dilatation" zurückzuführen sind, mit der Doppelbrechung des Lichtes in durchsichtigen Festkörpern in Zusammenhang gebracht [1.1]. Dieser Doppelbrechungseffekt ist Grundlage der Spannungsoptik, die *Neumann* angewandt hat, um Aussagen über Eigenspannungen in Glaskugeln oder -stäben zu treffen.

Später wurden dann auch Eigenspannungen in Metallen angegeben. So hat *Wöhler* 1860 diese nach plastischer Deformation eines Biegebalkens berechnet [1.2, 1.3].

Erst durch die Entwicklung von Meßmethoden für Metalle rückte die Möglichkeit näher, die Auswirkung von Eigenspannungen in den gebräuchlichen Werkstoffen des Maschinenbaus zu studieren bzw. gezielt Eigenspannungen zu erzeugen. So äußerte *Kalakuckij* bereits 1888 den Gedanken, aus der Verformung von Scheiben, die aus zylinderförmigen Teilen herausgeschnitten wurden, die Eigenspannungen im Zylinder zu berechnen. *Heyn* und *Bauer* wendeten 1911 das Zerlegeverfahren zur Ermittlung von Längseigenspannungen in kaltgereckten Stangen an, das dann 1927 von *Sachs* und 1931 von *Davidenkov* zur Analyse des vollständigen Spannungszustands in stangen- und rohrförmigen Teilen erweitert wurde. Die Methoden nach *Sachs* und *Davidenkov* zur Analyse in scheiben- oder ringförmigen Körpern sind noch heute die am meisten angewandten Zerlegungsmethoden für geometrisch einfache rotationssymmetrische Körper. Die 1933 von *Mathar* entwickelte Bohrlochmethode wird auch heute für die Analyse von Bauteilen komplizierter Form verwendet. Besonders *Birger* und *Babičev* haben wesentlich zur Weiterentwicklung beigetragen.

Einen wesentlichen Aufschwung erfuhr die Messung und Bewertung von Eigenspannungen, als die Beugung der Röntgenstrahlen am Kristallgitter der Metalle zur zerstörungsfreien Messung herangezogen wurde. Diese Methode wurde zuerst von *A. Joffe* und *M. V. Kirpičeva* 1922 veröffentlicht. Die schrittweise Weiterentwicklung der röntgenographischen Spannungsmeßtechnik ist u. a. mit Namen wie *Schiebold, Glocker, Macherauch, Hauk, Stroppe, Wasilev* und *Faninger* verbunden.

Die röntgenographische Spannungsmessung ist heute so weit entwickelt, daß sie Spannungsanalysen dreidimensional an der Bauteiloberfläche von Bauteilen mit komplizierter Gefügestruktur (heterogen, porös) und Textur zuläßt. Zudem sind vor allem die Entwicklung zur Herabsetzung der Meßzeit in Verbindung mit der modernen Steuerungstechnik und Datenverarbeitung Voraussetzung für eine künftige Anwendung der Eigenspannungsanalyse in größerem Umfang für hochbeanspruchte Teile großer Zuverlässigkeit von Energie- und Förderanlagen sowie Kraftfahrzeugen, Flugzeugen und Raumfahrzeugen, die bis zur Routineprüfung in der Fertigung geht. Die Meßzeit einschließlich Auswertung konnte von Stunden auf wenige Minuten je Spannungswert verkleinert werden. Auch Verfahren der Ultraschall-Meßtechnik sowie magnetische Verfahren haben zur Spannungsmessung in der Praxis Eingang gefunden, so daß damit gute

Bedingungen zur besseren Nutzung der Werkstoffe unter Beachtung der Eigenspannungen bestehen.

Literaturverzeichnis

[1.1] *Neumann, T. E.:* Abhandlungen der Königlichen Akademie der Wissenschaften zu Berlin aus dem Jahre 1841. T. 1. Berlin 1843, S. 1–247

[1.2] *Macherauch, E.:* Neuere Untersuchungen zur Ausbildung und Auswirkung von Eigenspannungen in metallischen Werkstoffen. Z. Werkstofftechnik 10 (1979) 3, S. 97–111

[1.3] *Wöhler, A.:* Zeitschrift für Bauwesen 10 (1860) S. 583–616

[1.4] Autorenkollektiv (Hrsg. *W. Schatt*): Einführung in die Werkstoffwissenschaft, 4. Aufl. Leipzig: Deutscher Verlag für Grundstoffindustrie 1981

[1.5] Autorenkollektiv (Hrsg. *H. Blumenauer*): Werkstoffprüfung, 2. Aufl. Leipzig: Deutscher Verlag für Grundstoffindustrie 1979

[1.6] Autorenkollektiv (Hrsg. *E. Becker; G. Michalzik; W. Morgner*): Praktikum Werkstoffprüfung. 2. Aufl. Leipzig: Deutscher Verlag für Grundstoffindustrie 1980

[1.7] *Tietz, H.-D.:* Ultraschall-Meßtechnik. 2. Aufl. Berlin: Verlag Technik 1974

2 Definition, Einteilung und Entstehung der Eigenspannungen

2.1. Definition

Unter *Eigenspannungen* versteht man allgemein Spannungen in einem Bauteil, auf das keine äußeren mechanischen Beanspruchungen einwirken und das einem räumlich homogenen und zeitlich konstanten Temperaturfeld unterliegt. Die mit den Eigenspannungen verbundenen inneren Kräfte und Momente sind im mechanischen Gleichgewicht. Mit dieser Definition werden, wie allgemein üblich, Spannungen infolge von Temperaturunterschieden analog zur Beanspruchung infolge äußerer Belastung betrachtet. Bei Wegnahme des Temperaturfeldes verschwinden diese Spannungen wieder. Solche Spannungen infolge Temperaturdifferenzen $\Delta\vartheta$ treten z. B. im Verlaufe der Wärmebehandlung bzw. des Schweißens auf. Sie lassen sich errechnen zu

$$\sigma = E \cdot \alpha \cdot \Delta\vartheta \tag{2.1}$$

wenn E der Elastizitätsmodul und α der thermische Ausdehnungskoeffizient bedeuten. Für einen kohlenstoffarmen Baustahl ($E = 210 \cdot 10^3$ MPa, $\alpha = 12 \cdot 10^{-6}$ K^{-1}) ergibt sich danach für $\Delta\vartheta = 100$ K eine Spannung von 250 N mm^{-2}, z. B. bei starrer Einspannung von Schweißnähten. Mit größerer Temperaturdifferenz ist also leicht die Fließgrenze zu überschreiten.

Zweckmäßig ist es, als Symbol für die Eigenspannung σ^E bzw. τ^E zu wählen, d. h., den Index E zur Kennzeichnung der Eigenspannungen hochzustellen. Die Komponenten des Spannungstensors können dann übersichtlich durch niedrig gestellte Indizes ausgedrückt werden, z. B. σ_1^E für Eigenspannungen in Längsrichtung [2.1, 2.2].

In der Literatur findet man oft als Synonyme für Eigenspannungen die Begriffe „Restspannungen" und „innere Spannungen", die aber bei deren semantischer Betrachtung nicht dem eigentlichen Charakter der Eigenspannungen, entsprechend der Definition, voll gerecht werden. Liegen z. B. in einer Schweiß- oder Gußkonstruktion hinreichend große Eigenspannungen vor, macht sich ggf. ein Spannungsarmglühen erforderlich, bei dem die Eigenspannungen bis zur Warmstreckgrenze der Glühtemperatur abgebaut werden. Der verbleibende Rest der Eigenspannungen sind dann Restspannungen. Ähnlich verhält es sich mit dem Abbau von Extremwerten der Eigenspannungen durch eine plastische Deformation bzw. durch Anrisse.

Da auch die durch äußere Belastung infolge von Kräften und Momenten entstehenden Spannungen im Innern des Bauteils wirken, und nicht nur die Eigenspannungen, ist auch dieser Begriff nicht exakt. Der Begriff Eigenspannungen drückt hingegen die dem Werkstoff „eigenen“ Spannungen entsprechend seiner Struktur, technologischen Behandlung usw. ohne äußere mechanische Beanspruchung aus.

2.2. Entstehung und Einteilung

2.2.1. Entstehung

Eigenspannungen entstehen durch inhomogene Deformationen verschiedener Ursachen. Oft wird eine inhomogene plastische Deformation angegeben. Da eine Begriffsbestimmung umfassend sein soll, wären damit z. B. Eigenspannungen in Schichtverbunden, die ohne Phasenumwandlung und von Spannungen unterhalb der Warmstreckgrenze aus abkühlen und wo beide Phasen einen unterschiedlichen thermischen Ausdehnungskoeffizienten haben, nicht erfaßt. Ebenso werden nun auch Quellungen in Plasten und silikatischen Stoffen erfaßt.
Die grundlegenden physikalischen Mechanismen der Entstehung der Eigenspannungen sind zugleich auch ein mögliches Einteilungsprinzip. Nachfolgend sollen diese Arten der Eigenspannungen erläutert werden.
Thermische Eigenspannungen (bzw. Wärmeeigenspannungen) enstehen bei Abkühlung durch unterschiedliche Verformungen in verschiedenen Querschnittsbereichen, bedingt durch Temperaturunterschiede über den Querschnitt bzw. unterschiedliche thermische Ausdehnungskoeffizienten in unterschiedlichen Querschnittsbereichen, wie in Abschnitt 2.1 gezeigt wurde.
Bild 2.1 verdeutlicht den Temperaturverlauf von Rand und Kern in einem isotropen

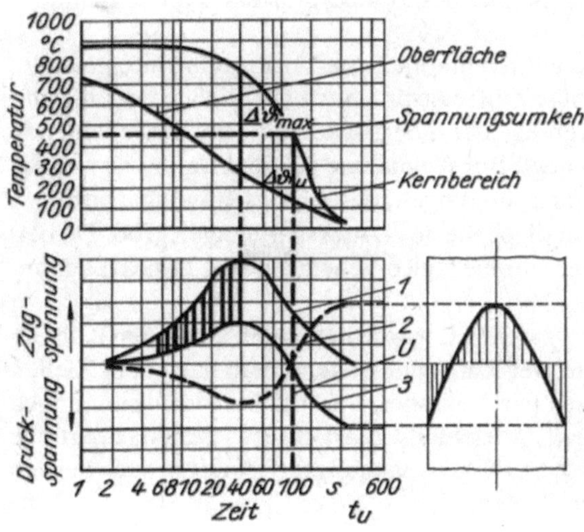

Bild 2.1. Ausbildung thermischer Eigenspannungen in einem zylindrischen Körper bei Abkühlung ohne Phasenumwandlung

1, 3 Randbereich; *2* Kernbereich

und umwandlungsfreien Zylinder von 100 mm Durchmesser bei Wasserabkühlung von 850 °C. Der Rand kühlt zunächst schneller ab als der Kern, so daß am Rand Zug- und im Kern Druckeigenspannungen entstehen. Hier sind nur die Längsspannungen angegeben; Tangentialspannungen sind von gleicher Größenordnung; Radialspannungen sollen vernachlässigt werden. Die Spannungen nehmen bei der Abkühlung ständig zu und erreichen ein Maximum bei der größten Temperaturdifferenz von Rand und Kern. Die Spannungen gehen am Ende der Abkühlung auf Null zurück, wenn keine plastischen Verformungen auftreten (Kurve *1*).

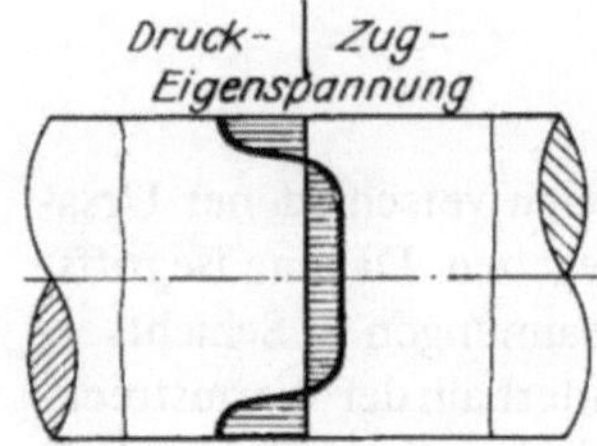

Bild 2.2. Eigenspannungsverlauf in Stahlrundstäben nach plastischer Zugbeanspruchung

Praktisch wird aber die Warmstreckgrenze des Werkstoffs überschritten, so daß es zur Ausbildung von Eigenspannungen nach dem Abkühlen kommt (Kurve *2*). Die plastische Verformung beginnt im Randbereich und ist nach Überschreiten des Maximums beendet. Mit zunehmendem Temperaturausgleich von Kern und Rand verringern sich die Zugspannungen im Rand und die Druckspannungen im Kern, bis eine Spannungsumkehr eintritt, nachdem zum Zeitpunkt t_u die Probe spannungsfrei war. Am Ende der Abkühlung liegen somit am Rand Druck- und im Kern Zugeigenspannungen vor. Analoge Betrachtungen können für das Erwärmen angestellt werden.

Es sei darauf hingewiesen, daß definitionsgemäß Spannungen infolge Temperaturunterschieden ohne eine damit verbundene partielle plastische Deformation nicht zu den Eigenspannungen gehören, da nach Wegnahme des Temperaturfeldes diese Spannungen verschwinden.

Verformungseigenspannungen entstehen durch inhomogene Verformung infolge äußerer Kräfte. Beim Zugstab z. B. tritt infolge Zugbeanspruchung ein Fließen der Oberfläche eher auf als im Kern, da die Streckgrenze der Oberflächenzone durch die fehlende Stützwirkung der Oberfläche niedriger liegt. Bei Wegnahme der Zugkraft gerät nun die plastisch gedehnte Randzone unter Druckspannungen, deren Zugspannungen im Kern gegenüberstehen. Die Zugzone ist klein, die Zone der Druckspannungen groß. Da beide Spannungen über den Querschnitt der Summe Null ergehen, sind die Druckspannungen in der Kernzone klein.

Ein Verlauf, wie er z. B. im Bild 2.2 dargestellt ist, wurde in Stählen mit einem Kohlenstoffgehalt von 0,05 bis 0,3% gefunden. Bei Rundstählen kann man nach dem Ziehen mit mittlerer Querschnittsabnahme einen parabolischen Verlauf der Eigenspannungen über den Querschnitt annehmen [2.3, 2.4]. Auch hier sei darauf verwiesen, daß partielle plastische Deformationen nicht nur bei dieser Eigenspannungsart, sondern auch bei den übrigen genannten Eigenspannungen auftreten.

Umwandlungseigenspannungen entstehen durch inhomogene bzw. ungleichzeitige Gefügeumwandlung, die mit einer Längenänderung verbunden ist. Die Erläuterung soll am Beispiel des Eisens erfolgen. Der kubisch raumzentrierte Ferrit geht im Gebiet oberhalb 723 °C bis zur Temperatur der GOSK-Linie des Eisen-Kohlenstoff-Diagramms in den kubisch flächenzentrierten Austenit über, dessen Packungsdichte der Atome größer ist, so daß eine Volumenkontraktion auftritt. Umgekehrt ist bei der Abkühlung eine Volumendilatation zu verzeichnen, d. h., auch die Bildung des Martensits, Perlits oder einer Zwischenstufe ist mit einer Volumenausdehnung verbunden (Tabelle 2.1).

Tabelle 2.1. Prozentuale Volumenänderungen bei der Umwandlung in verschiedene Gefüge des Eisens (nach [2.15])

Umwandlung	Vol.-Änderung %
eingeformter Perlit → Austenit	− 4,64 + 2,21 (% C)
Austenit → Martensit	4,64 − 0,53 (% C)
Austenit → untere Zwischenstufe	4,64 − 1,43 (% C)
Austenit → obere Zwischenstufe oder Perlit	4,64 − 2,21 (% C)

Eigenspannungen bilden sich jedoch nur dann aus, wenn z. B. die Gefügeumwandlung am Rand eher auftritt als im Kern und die damit verbundenen Spannungsspitzen durch partielles Fließen bei der noch relativ hohen Temperatur der Umwandlung abgebaut werden, während die später eintretende Volumendilatation des Kerns durch verzögerte Umwandlung Spannungen gegenüber der Randzone aufbaut. Der Kern kann sich nicht mehr ausdehnen, da ihn die starre Randschicht daran hindert. Der Kern steht somit bei Temperaturausgleich unter Druck-, der Rand unter Zugspannung. Reine Umwandlungsspannungen zeigen somit in der Regel einen umgekehrten Verlauf wie Wärmespannungen. Tatsächlich ist aber für eine Abschätzung der Eigenspannungen die Überlagerung von thermischen und Umwandlungseigenspannungen zu beachten.

Zu diesen Eigenspannungen gehören auch die Spannungen infolge chemisch-thermischer Behandlung, z. B. des Nitrierens, Borierens usw. von Stahl, des chemischen Härtens von Glas sowie die Spannungen infolge Quellens bei Plasten und silikatischen Werkstoffen, die man bei Beton wegen des auftretenden Wassergehalts *hygrische Eigenspannungen* nennt [2.14]. Vorwiegend bei Plastwerkstoffen, besonders in Spritzgußerzeugnissen, treten noch *Orientierungen* und die in der Literatur sog. *entropieelastischen Spannungen* auf, die vielfach ebenfalls als Eigenspannungen betrachtet werden. Nach *Bartnig* [2.142] sind sie jedoch keine Eigenspannungen im vorgenannten Sinne, da z. B. den entropieelastischen Spannungen durch Spannungen infolge viskoelastischer Rückstellkräfte das Gleichgewicht gehalten wird. Eigenspannungen bei Plastwerkstoffen beruhen demnach auf behinderten energieelastischen Deformationen.

2.2.2. Reichweite

Bei den bisher genannten Eigenspannungen, die nach dem Mechanismus ihrer Entstehung unterteilt wurden, ist jeweils eine Betrachtung über einen großen Volumenbereich (z. B. Rand und Kern eines Stabs) angestellt worden. Die Reichweite ist ein weiteres Einteilungsprinzip.
Verbreitet ist die auf *Masing* [2.5] zurückgehende Einteilung in Eigenspannungen I. bis III. Art, wobei die Korngröße Maßstab der Reichweite ist. Nach diesem Einteilungsprinzip werden Eigenspannungen I. Art als *Makroeigenspannungen* und Eigenspannungen höherer Art als *Mikroeigenspannungen* bezeichnet. Eigenspannungen I. Art sind entsprechend Bild 2.3 über mehrere Körner nahezu homogen, d. h. konstant nach Betrag und Richtung. Eigenspannungen II. Art *(homogene Mikroeigenspannungen)* sind unterhalb eines Korns nahezu homogen. Eigenspannungen III. Art *(inhomogene Mikroeigenspannungen)* sind im Bereich mehrerer Atomabstände inhomogen verteilt. Sie treten z. B. in der Umgebung von Versetzungen auf. (Gelegentlich werden die Eigenspannungen an den Versetzungen als Eigenspannungen IV. Art bezeichnet.)

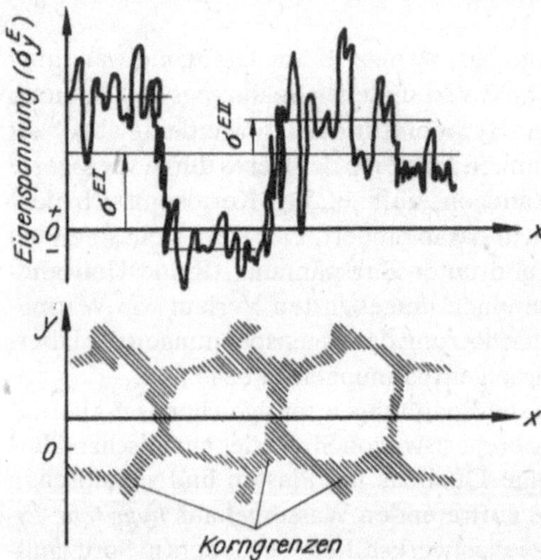

Bild 2.3. Schematischer Verlauf der Eigenspannungen längs der Oberfläche im Metallgefüge

Als Eigenspannungen II. Art können danach z. B. Eigenspannungen infolge der Streckgrenzenanisotropie angesehen werden, wie Bild 2.4 verdeutlicht [2.6]. Hierzu werden unterschiedlich orientierte elastisch isotrope Kristalle mit unterschiedlichen Streckgrenzen im Kristallverband des Werkstoffs betrachtet, wobei die Streckgrenzen der Kristallite im Bereich zwischen $R_{e\,max}$ und $R_{e\,min}$ liegen. Die Streckgrenze des Werkstoffs beträgt $\bar{R}_e$ mit $R_{e\,max} > \bar{R}_e > R_{e\,min}$. Bei wachsender Belastung beginnt zunächst der Kristallit mit der Streckgrenze $R_{e\,min}$ zu fließen, während zuletzt der Kristallit mit $R_{e\,max}$ fließt. Gegenüber einer durchschnittlichen Gesamtdehnung des Werkstoffs ist der Kristallit mit $R_{e\,min}$ stärker, der Kristallit mit $R_{e\,max}$ weniger plastisch verformt, als durch die Gesamtdehnung des Kristallhaufwerks zu erwarten ist. Nach Entlastung wird deshalb der Kristallit mit $R_{e\,min}$ unter Druckspannungen, der Kristallit mit $R_{e\,max}$ unter

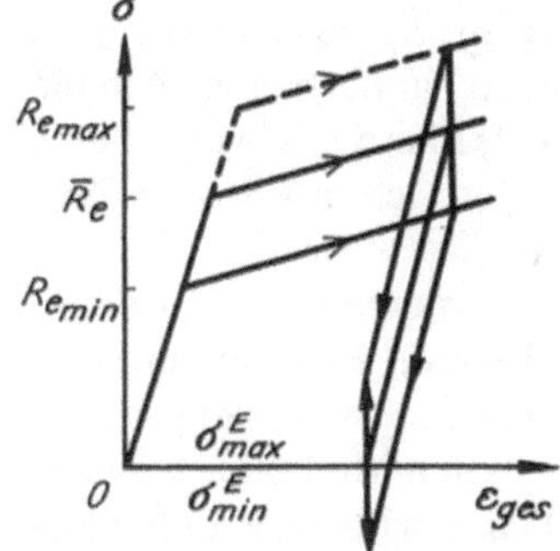

Bild 2.4. Ausbildung von Eigenspannungen infolge Streckgrenzenanisotropie

Zugeigenspannungen stehen. Durch die real auftretende elastische Anisotropie der Körner wird die Eigenspannungsausbildung noch gefördert.
Analog könnten auch die Eigenspannungen infolge der Unterschiede des Elastizitätsmoduls und der Verfestigung schematisch abgeleitet werden, wie sie für Eigenspannungen in heterogenen Werkstoffen typisch sind. Die Eigenspannungen aus Elastizitätsmodul-, Streckgrenzen- und Verfestigungsunterschieden bilden die Verformungseigenspannungen in Zweiphasenwerkstoffen [2.7].
In ähnlicher Weise können Eigenspannungen II. Art aufgrund unterschiedlicher Ausdehnungskoeffizienten der Körner in heterogenen Werkstoffen entstehen (Bild 2.5).

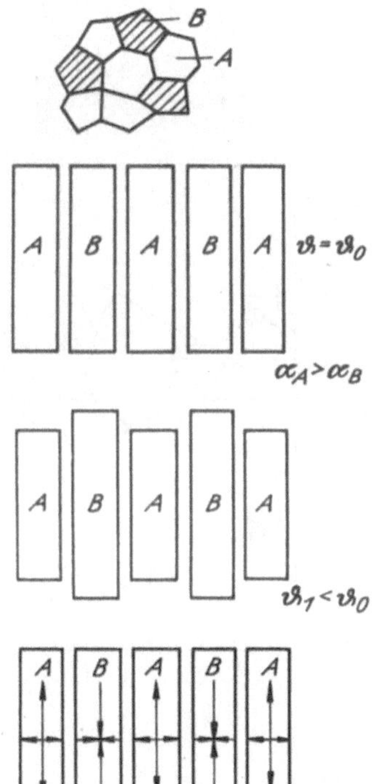

Bild 2.5. Ausbildung von Eigenspannungen infolge unterschiedlicher thermischer Ausdehnungskoeffizienten (nach [2.6])

Nimmt man an, daß die Phase A im betrachteten Temperaturintervall einen größeren thermischen Ausdehnungskoeffizienten α_A als die Phase B mit α_B hat und bei einer Temperatur ϑ_0 die Phasen spannungsfrei zusammenhängen, so hat nach einer Abkühlung auf $\vartheta_1 > \vartheta_0$ die Phase A ihr Volumen stärker verringert als Phase B. Da die Phasen längs der Korn- bzw. Phasengrenzen zusammenhängen, bilden sich in Phase A Zugeigenspannungen, in Phase B Druckeigenspannungen aus.

Diese Eigenspannungen sind also nach der Definition Eigenspannungen II. Art. Die Eigenspannungen gleicher Ursache in einem Schichtverbund wären Eigenspannungen I. Art, da der Bezug auf die Körner fehlt. In beiden Fällen könnte auch mit der gleichen Methode gemessen werden, nämlich mit der röntgenographischen Methode; lediglich die bestrahlte Fläche wäre im allgemeinen unterschiedlich. Damit wird die Problematik dieser Einteilung deutlich.

Noch problematischer ist die Einbeziehung der Eigenspannungen III. Art, die mit dem Einfluß von *Gitterfehlern*, insbesondere *Versetzungen*, in Verbindung gebracht wird. In der Umgebung einer Stufenversetzung läßt sich nach *Seeger* [2.7, 2.8] entsprechend Bild 2.6 unter Zugrundelegung eines ebenen Dehnungszustandes der Spannungszustand an einer durch r und ϑ beschriebenen Stelle wie folgt angeben:

$$\sigma_r = \sigma_\vartheta = -\frac{bG \sin\vartheta}{2\pi\,(1-\mu)\,r} \tag{2.2}$$

$$\tau_{r\vartheta} = \frac{bG \cos\vartheta}{2\pi\,(1-\mu)\,r} \tag{2.3}$$

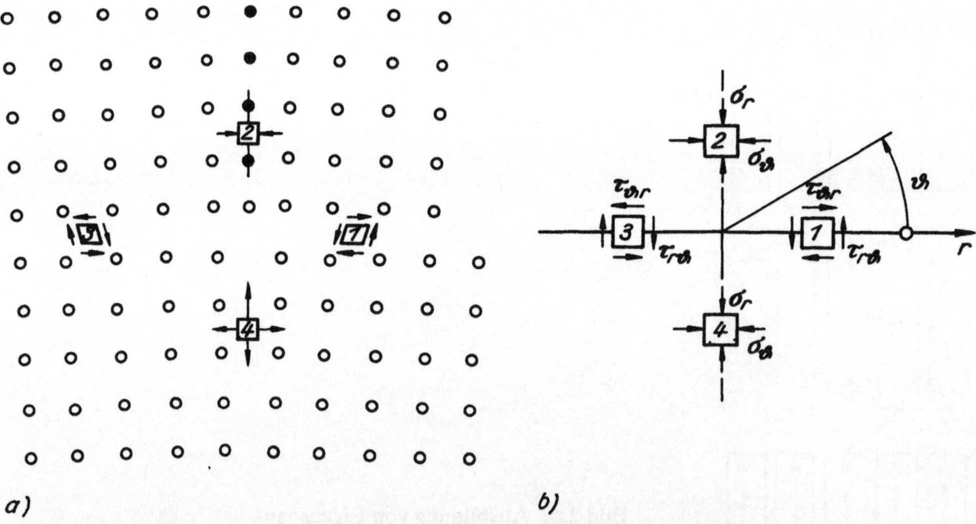

Bild 2.6. *a*) Ebene Darstellung eines Kristalls mit einer Stufenversetzung
b) Spannungen des Felds der Versetzung in den Hauptrichtungen (nach [2.9])

Die Spannungen nehmen mit $\frac{1}{r}$ vom Zentrum der Versetzung ab. Für die in Bild 2.6 angegebenen Elemente ergibt sich:
In der Gleitebene ($\vartheta = 0°$) ändert die Normalspannung ihr Vorzeichen. Die Schubspannungen erreichen in der Gleitebene einen Höchstwert und ändern bei 90° bzw. 270° ihr Vorzeichen. Bei diesen Betrachtungen bleibt ein Zylinder um die eigentliche Versetzungslinie mit einigen wenigen Atomabständen Durchmesser unberücksichtigt, da in diesem Gebiet die Spannungsverteilung mit diesen Ansätzen der Kontinuumsmechanik nicht beschrieben werden kann. Die Spannungen würden danach in der Versetzungslinie unendlich groß werden.
Für die Elemente *1* bis *4* in Bild 2.6 lassen sich die Gln. (2.2) und (2.3) wie folgt schreiben:

Element 1:

$\vartheta = 0°$

$$\sigma_r = \sigma_\vartheta = 0; \quad \tau_{r\vartheta} = \frac{bG}{2\pi(1-\mu)r} \tag{2.4}$$

Element 2:

$\vartheta = 90°$

$$\sigma_r = \sigma_\vartheta = \frac{-bG}{2\pi(1-\mu)r}; \quad \tau_{r\vartheta} = 0 \tag{2.5}$$

Element 3:

$\vartheta = 180°$

$$\sigma_r = \sigma_\vartheta = 0; \quad \tau_{r\vartheta} = \frac{-bG}{2\pi(1-\mu)r} \tag{2.6}$$

Element 4:

$\vartheta = 270°$

$$\sigma_r = \sigma_\vartheta = \frac{bG}{2\pi(1-\mu)r}; \quad \tau_{r\vartheta} = 0 \tag{2.7}$$

G Gleitmodul
μ Poissonsche Konstante
ϑ, r Polarkoordinaten des Elements
b Burgers-Vektor

Die Eigenspannungen III. Art werden nach diesen Gleichungen so groß, daß sie mit der praktisch in Werkstoffen auftretenden Fließgrenze oder Zugfestigkeit nicht vergleichbar sind. An der Stelle $r = 0$, also im Zentrum der Versetzung, versagen die Gleichungen schließlich, da die Spannung unendlich wird.
Im Hinblick auf den Trend der Praxis nach stärkerer quantitativer Einbeziehung der Ei-

genspannungen in die Sicherheitsbetrachtungen in die Konstruktionen wird folgende Einteilung gewählt:

- *Makroeigenspannungen* sind Eigenspannungen im Sinne der Kontinuumsmechanik. Sie sind im betrachteten Volumenelement nahezu konstant.
- *Mikroeigenspannungen* sind Eigenspannungen im Wirkungsbereich der Realstruktur.

Durch den Fortfall des Bezugs auf das Korn ist zunächst auch eine problemlose Betrachtung nichtkristalliner Werkstoffe möglich. Es wurde auch versucht, das Korn als Bezugsmaß für die Eigenspannungseinteilung bei Plastwerkstoffen auf die Globule bzw. Sphäroide zu übertragen. Diese beiden morphologischen Strukturelemente der Plaste unterscheiden sich aber neben der Größenordnung auch durch die Entstehung. Die hier genannte Einteilung in Mikro- und Makroeigenspannungen ist zwanglos auch auf Plaste anwendbar [2.142]. Die bisherigen Eigenspannungen I. Art sind Makroeigenspannungen, wie sie im Abschnitt 2.2.1. betrachtet wurden und meist mit den Eigenspannungsmeßverfahren ermittelt werden. Am anschaulichsten werden diese Eigenspannungen durch die Zerlege- bzw. Abtragverfahren erkennbar, da ihr Freisetzen unmittelbar mit Formänderungen verbunden ist.

Die Eigenspannungen II. Art gehören prinzipiell zu den Makroeigenspannungen, da sie in gleicher Weise entstehen wie die Eigenspannungen I. Art. (Bisher wurden die Eigenspannungen II. Art zu den Mikrospannungen gerechnet.) Die Eigenspannungen II. Art sind folglich nur Schwankungen um den Wert der bisherigen Eigenspannungen I. Art entsprechend dem betrachteten Volumenelement. Diese Schwankungen ergeben sich daraus, daß in realen Werkstoffen Gefüge mit heterogenem Charakter vorliegt, wobei hier die Heterogenität insbesondere das mechanische Verhalten betrifft, also auch das Gefüge einphasiger polykristalliner Werkstoffe einschließt. Die Betrachtung der Makroeigenspannungen in größeren oder kleineren Volumenbereichen ist also ganz analog dem Fall der Beachtung von Werkstoffehlern oder Kerben hinsichtlich der Spannungen infolge äußerer Kräfte.

Die Analogie von Eigenspannungsfeldern und Spannungskonzentrationen an Werkstoffehlern einschließlich Kerben sei besonders betont! *Kröner* [2.10] verweist darauf, daß die mittlere elastische Restdehnung eines plastisch verformten und dann entlasteten Prüflings im Gegensatz zur mittleren Eigenspannung nicht Null ist, wenn die Elastizitätskonstanten wie in Verbundwerkstoffen und Polykristallen inhomogen verteilt sind. Eine Trennung in Restdehnungen I. und II. Art ist bei den üblichen Spannungsmeßverfahren ohnehin nicht möglich.

Was die bisherigen Eigenspannungen III. Art betrifft, so ist zunächst von den Betrachtungen von *Kröner* auszugehen [2.10]. Danach sind Eigenspannungen stets mit der Nichterfüllung der *Kompatibilitätsbedingungen* verbunden. Die Beschreibung der Eigenspannungseinflüsse erfolgt durch einen *Inkompatibilitätstensor*. Für *Versetzungen* trifft die Nichterfüllung der Kompatibilitätsbedingungen zu, so daß sie als Quelle von Eigenspannungen wirken. *Dehlinger* [2.11] gibt für den bisher beschriebenen Sachverhalt eine anschauliche Darstellung (Bild 2.7). Danach wird aus einem Bauteil ein Werkstoffbereich herausgetrennt, der anschließend plastisch verformt wird. Da dieser Bereich nicht mehr in den Ausschnitt paßt, d. h., es tritt Inkompatibilität auf, müssen zum Einfügen Eigenspannungen aufgebracht werden, deren Quelle die Versetzungen im Innern des Bereiches sind.

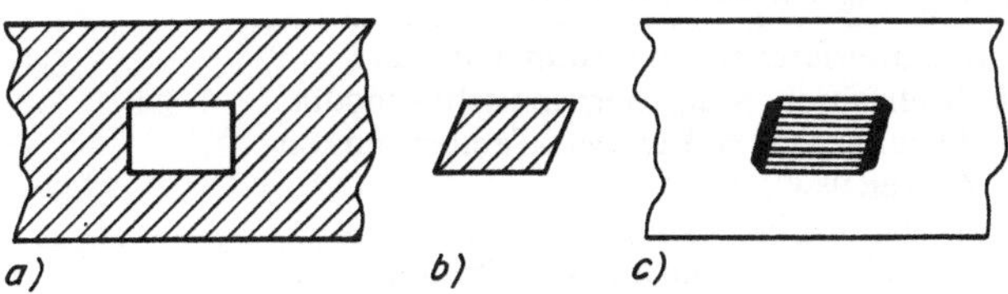

Bild 2.7. Modell für die Eigenspannungsentstehung
a) Bauteil mit herausgetrenntem Bereich
b) plastisch verformter Bereich
c) Einpassen des Bereichs in das Bauteil durch Eigenspannungen, deren Quelle Versetzungen sind

Diese Zurückführung der Eigenspannungen entspricht also einem physikalischen Sachverhalt. Die Eigenspannungen können aber nicht auf die Einzelversetzung zurückgeführt werden, sondern ihr Entstehen ist an eine bestimmte Versetzungsverteilung geknüpft. So ist zunächst zwischen elastischem Nah- und Fernfeld der Versetzung zu unterscheiden. Nach *Dehlinger* [2.11] ist die Energie des Fernfeldes proportional dem Quadrat der geometrischen Summe aller Burgers-Vektoren einer Versetzungsanhäufung. Das Nahfeld ist proportional der Summe der Quadrate der einzelnen Burgers-Vektoren. Tatsächlich spielt die Anordnung für die Eigenspannungsausbildung eine wesentliche Rolle. So gibt es homogene Versetzungsverteilungen ohne Fernfeld, d. h. ohne Einfluß auf makroskopische Prozesse [2.12].
Die Mikroeigenspannungen sind also gemäß genannter Definition in den Bereich der Gitterfehler, wie Versetzungen, Leerstellen und Ausscheidungen, d. h. der Realstruktur, anzusiedeln und wegen ihrer nicht gleichen Einflüsse auf die Makroeigenspannungen auch begrifflich voneinander abzutrennen. Die Wechselwirkung der Gitterfehler untereinander hinsichtlich der Eigenspannungsfelder und ihr Einfluß auf den Makrobereich sind noch weitgehend unerforscht. So ist die Gitterfehlerausbildung bei plastischer Verformung und beim Abschrecken unterschiedlich. Tatsächlich gibt es auch erste Feststellungen, daß sich mechanische und thermische Eigenspannungen nicht in jedem Falle einfach additiv überlagern [2.13].
Daß die bisherige Einteilung in Eigenspannungen I. bis III. Art problematisch ist, zeigen solche Formulierungen wie „halbmikroskopisches Spannungsfeld“ [2.86] und „gerichtete bzw. ungerichtete Mikroeigenspannungen“ [2.87], die die Entstehung bzw. Wirkung unterschiedlicher Eigenspannungsarten zum Ausdruck bringen sollen.

2.2.3. Meßverfahren

Ein weiteres wichtiges Einteilungsprinzip für die Eigenspannungen ergibt sich aus ihrer meßtechnischen Ermittlung. Da die Meßverfahren die Eigenspannungen nach Größe und Art unterschiedlich erfassen, sollten die experimentell ermittelten Werte durch eine entsprechende Symbolik charakterisiert werden. So sind die röntgenographisch ermittelten Werte z. B. durch σ^{ER} und die mittels Dehnmeßstreifen durch Zerlege- oder Abtragverfahren ermittelten Werte durch σ^{ED} zu kennzeichnen (Tabelle 2.2). Für alle anderen genannten Einteilungen ist eine Symbolik für quantitative Angaben nicht nötig, da diese Arten der Eigenspannungen z. Z. nicht exakt angebbar, höchstens ab-

Tabelle 2.2. Symbole der Eigenspannungen nach den Meßverfahren

Kurzzeichen	Meßmethode	zusätzliche Angaben zum Meßwert
σ^{ER}	röntgenographisch	Strahlung, Interferenzebene, Aufnahme- und Auswerteverfahren, röntgenographische Moduln, Meßbedingungen (z. B. Blenden, Temperaturkonstanz, Meßzeit usw.)
σ^{ED}	Dehnungsmeßstreifen	Zerlegeverfahren, Zerlegungsschritte, Art der Dehnungsmeßstreifen und ihre Basisbreite, Umweltbedingungen (z. B. Klimaraum, Messung im Freien u. ä.)
σ^{EH}	Härtemessung	Härtemeßverfahren, Prüfkraft, Lastdauer
σ^{EM}	magnetische und magnetinduktive Meßmethoden	magnetische Kennwerte
σ^{EU}	Ultraschall	Wellenart, Frequenz, Prüfkopf
σ^{EO}	optisch	Wellenlänge, Lichtquelle, Meßanordnung

schätzbar sind. Für die Angaben der Eigenspannungen sind zusätzlich neben dem Symbol noch verbale Angaben zum Meßwert notwendig, worauf noch im Abschnitt 3. näher eingegangen wird.

2.2.4. Technologische Verfahren

Sieht man im technologischen Verfahren die Herkunft der Eigenspannungen, so können unterschieden werden:

- *Fügeeigenspannungen* (Schweiß-, Löt-, Klebeeigenspannungen) infolge Fügens, Schweißens, Lötens und Klebens
- *Urformeigenspannungen* infolge Gießens, Spritzgießens, Extrudierens, Kalandrierens usw.
- *Wärmebehandlungseigenspannungen*
- *Umformeigenspannungen*
- *Bearbeitungseigenspannungen* infolge Oberflächenbearbeitungs- oder Trennverfahren
- *Beschichtungseigenspannungen*
- *Aushärtungseigenspannungen* infolge Aushärtens, Auslagerns, Bestrahlens usw.

Auch diese Eigenspannungsarten können sich überlagern und sind am fertigen Bauteil anteilmäßig höchstens abschätzbar. So enthält ein durch Schweißen ausgebessertes Gußteil nach dem Wärmebehandeln und Sandstrahlen Urform-, Füge-, Wärmebehandlungs- und Umformeigenspannungen. Oft werden aber Teilprozesse, in denen große Eigenspannungen entstehen, gesondert auf den Zusammenhang zwischen der Wahl technologischer Parameter und der Eigenspannungsausbildung untersucht, um danach das Verfahren zu optimieren.
Wegen des Bezugs auf den technologischen Prozeß sollen hier nur Makroeigenspannungen betrachtet werden. Die Mikroeigenspannungen nach Wärmebehandlung, Umformen usw. sind oft Gegenstand metallphysikalischer Forschung.

2.2.4.1. Wärmebehandlung

Durch Wärmebehandlungen können gezielt Eigenspannungen erzeugt (Härten) bzw. vermindert werden (Spannungsarmglühen). Vielfach liegen bei Wärmebehandlungen Überlagerungen von Wärme- und Umwandlungsspannungen vor. Die Umwandlungsspannungen betragen für Stahl im allgemeinen 0,7 bis 1,0%, die thermischen Spannungen im Intervall von 850 °C bis 600 °C, in dem die Umwandlung auftritt, etwa 0,5%, so daß die Umwandlungsspannungen größer als die thermischen Spannungen sind. Bei den thermischen Spannungen ist in erster Linie die Größe der Temperaturdifferenz von Rand und Kern von Einfluß. Die Umwandlungsspannungen werden durch *Restaustenit* gemindert, so daß auch über Korrelationen zwischen Eigenspannungen einerseits und Härte sowie Restaustenit andererseits berichtet wird. Das Vorzeichen der Eigenspannungen richtet sich danach, ob die Umwandlungen im Kern oder Rand vor oder nach dem Punkt der Spannungsumkehr stattfinden [2.14]. Auf die Größe der Eigenspannungen haben Abmessungen, Umwandlungsverhalten, Abschreckgeschwindigkeit und Warmstreckgrenze des Werkstoffs einen Einfluß.

Als ein Grenzfall des *Härtens* soll zunächst eine durchhärtende Rundprobe (100 mm Durchmesser, Abschrecken in Wasser) betrachtet werden (Bild 2.8). Der Aufbau von Zugspannungen im Rand und Druckspannungen im Kern erfolgt entsprechend Bild 2.1 durch die schnelle Abkühlung und damit Kontraktion des Randes. Die Ausbildung der Randspannungen wird dabei durch die Warmstreckgrenze begrenzt, wie Bild 2.8*b* zeigt. Zur Zeit t_1 erreicht der Rand die Martensitbildung, die mit einer Volumenzunahme verbunden ist und damit die Zugspannungen des Rands herabsetzt. Es können u. a. sogar Druckspannungen entstehen. Wenn nun der Kern zur Zeit t_2 in Martensit umwandelt, dehnt sich dieser durch seine Volumenzunahme und entlastet zunächst den Rand,

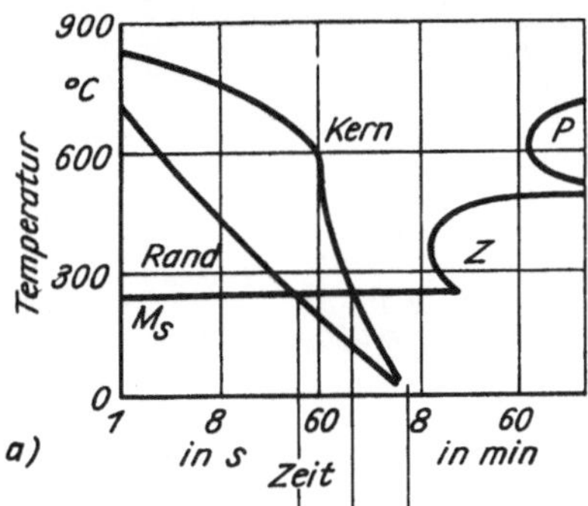

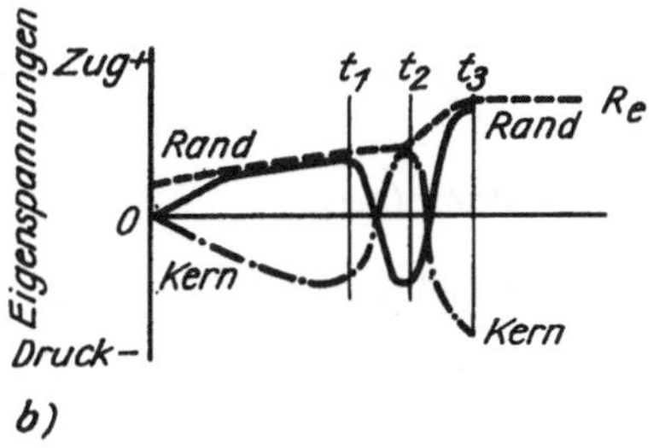

Bild 2.8. Durchhärtende Probe (nach [2.15])
a) Abkühlung von Rand und Kern im ZTU-Schaubild
b) Eigenspannungsausbildung in Abhängigkeit von der Zeit

der aber schon relativ starr ist, so daß er schließlich die Kerndehnung stark behindert. Es tritt eine erneute Spannungsumkehr auf. Zur Zeit t_3 des Temperaturausgleichs liegen schließlich am Rand Zug- und im Kern Druckeigenspannungen vor. Die gefährlichen Zugspannungen am Rand können bei entsprechender Größe vor allem im Umwandlungsbereich zum Härteriß bei großen Querschnitten führen.

Als zweiter Grenzfall sei ein *Schalenhärter* angenommen, wo also nur die Randschicht martensitisch umwandelt. Der Eigenspannungszustand kann durch Überlagerung von Wärme- und Umwandlungsspannungen in verschiedenen Querschnittsbereichen zu unterschiedlichen Zeiten sehr kompliziert sein. Bild 2.9 zeigt eine mögliche Spannungsverteilung für eine Probe gleicher Größe und Abkühlung wie die in Bild 2.8 erläuterte Probe. Der Spannungsverlauf bei Temperaturen oberhalb der Umwandlung entspricht ebenfalls Bild 2.8 bzw. Bild 2.1, d. h., Druckspannungen liegen im Kern und Zugspannungen am Rand vor. Zur Zeit t_1 wandelt der Kern vom Austenit in Perlit um. Die damit verbundene Volumendilatation überlagert sich der durch Abkühlung bedingten Volumenkontraktion. Nimmt man an, daß zur Zeit t_2 die Perlitbildung des Kerns beendet ist und die Martensitbildung am Rand einsetzt, so hat die nun beginnende Volumendilatation am Rand und Volumenkontraktion infolge Abkühlung im Kern eine schnelle Spannungsumkehr gegenüber den Abkühlspannungen von Rand und Kern zur Folge, so daß am Rand schließlich Druck- und im Kern Zugspannungen entstehen. Die Spannungen im Kern können so groß werden, daß dort Risse entstehen.

Generell läßt sich also folgende Einschätzung geben: Tritt eine Umwandlung im Kern vor der Spannungsumkehr bzw. der Randschicht nach der Spannungsumkehr auf, so überlagern sich den Wärmespannungen die Umwandlungsspannungen additiv. Die

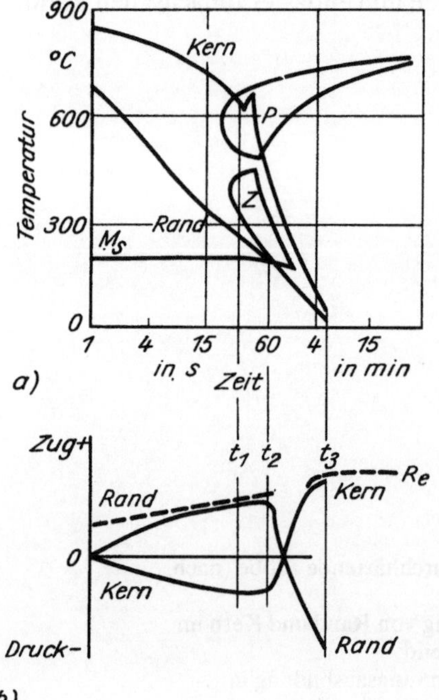

Bild 2.9. Einhärtende Probe (nach [2.15])
a) Abkühlung von Rand und Kern im ZTU-Schaubild
b) Eigenspannungsausbildung in Abhängigkeit von der Zeit

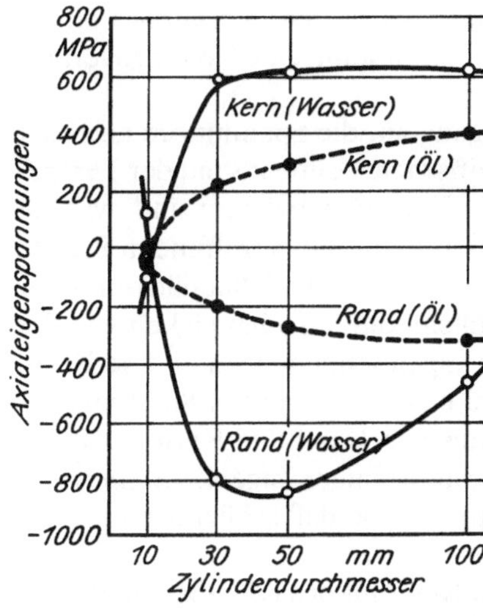

Bild 2.10. Axialeigenspannungen eines Stahlzylinders in Abhängigkeit vom Durchmesser und Abschreckmedium (nach [2.37])

Umwandlung im Kern nach der Spannungsumkehr bzw. des Rands vor der Spannungsumkehr führt zu einer Verringerung der Wärmespannungen infolge der Überlagerung der Umwandlungsspannungen. Finden die Umwandlungen im Kern und im Rand jeweils beide vor oder beide nach der Spannungsumkehr statt, so sollte es zu einer weitgehenden Aufhebung der Eigenspannungen kommen.

Höchste Druckspannungen im Rand und Zugspannungen im Kern liegen vor, wenn im Kern des Werkstücks die Umwandlung vor der Spannungsumkehr und im Rand später auftritt. Geringe Druckspannungen oder sogar Zugspannungen treten am Rand, kleine Zugspannungen oder sogar Druckspannungen im Kern auf, wenn die Umwandlung der Randschicht möglichst weit vor der Spannungsumkehr und im Kern nach ihr abläuft.

Systematische Untersuchungen von *Yu, Wolstieg* und *Macherauch* [2.37] zum Einfluß des Durchmessers von Stahlzylindern aus CK45 und des Abschreckmediums ergaben, daß bei der Ölabschreckung die Eigenspannungen im Zylinderkern und -rand um so größer werden, je größer der Zylinderdurchmesser ist. Die Zylinder wandeln dabei bis auf den Körper mit 10 mm Durchmesser vollständig ferritisch-perlitisch um. Bei diesem Zylinder tritt Zwischenstufe auf. Bei der Wasserabschreckung tritt bei der 10-mm-Probe eine fast völlige Martensitbildung über den Querschnitt auf, nur im Kern liegen noch geringe Anteile ferritisch-perlitischen und Zwischenstufengefüges vor. Die Zylinder mit größerem Durchmesser wandeln an der Oberfläche vorwiegend martensitisch, nur zum kleinen Teil in Zwischengefüge um. Im Kern zeigen die großen Durchmesser ferritisch-perlitisches Gefüge. Die Umwandlungen beginnen bei diesen mit der Ferrit-Perlit-Bildung zwischen Kern und Rand.

Wie Bild 2.10 erkennen läßt, steigen die Eigenspannungen bei der Wasserabschreckung mit zunehmendem Durchmesser an, wobei die Probe mit 10 mm Durchmesser überwiegend umwandlungsbedingte Eigenspannungen zeigt und eine andere Tendenz aufweist. Bei 100 mm Durchmesser schließlich tritt im Rand ein Spannungsabfall auf, da infolge der kleinen Warmstreckgrenze der ferritisch-perlitischen Kernzone die Druckspannungen aus der Umwandlung des Martensits am Rand durch Fließen im Kern abgebaut werden. Mit gleicher Tendenz wirkt die verzögerte ferritisch-perlitische Kernumwandlung nach Abschluß der Martensitbildung am Rand, da der Kern somit eine Volumenvergrößerung zeigt.

Gregely [2.17] gibt Gleichungen und einen Rechengang an, die Spannungen nach der Härtung zu berechnen, wenn die Änderung des spezifischen Volumens mit der Temperatur in Abhängigkeit von der Zeit und der Lage im Werkstück bekannt sind, was die Kenntnis der Abkühlbedingungen (aus der Abkühlkurve für die betreffenden Punkte im Werkstück), der Umwandlungseigenschaften (aus dem ZTU-Schaubild) und der mechanischen Werte wie Streckgrenze und Elastizitätsmodul in Abhängigkeit von der Temperatur voraussetzt. Das Flächenverhältnis der angenommenen Rand- und Kernzone beeinflußt den Spannungswert. So können bei einem unlegierten Stahl mit 1% Kohlenstoff und einem bestimmten Flächenverhältnis von Rand und Kern maximale Zugspannungen entstehen. Wandelt im Rand im Verlaufe einiger Tage der *Restaustenit* weiter um, so gerät der Kern unter weitere Zugspannung, so daß schließlich u. a. ein Reißen erst nach Tagen eintritt.

Murry [2.29] berechnet die Eigenspannungen aus der Kenntnis des ZTU-Schaubilds für die kontinuierliche Abkühlung, dem Abkühlverhalten von Rand und Kern sowie aus den Dilatometerkurven, die diesem Abkühlverhalten entsprechen. Das Abkühlverhalten ist für Rundteile in Abhängigkeit vom Durchmesser und Abkühlmedium tabelliert. Die Dilatometerkurven sind nicht einfach zu erhalten; man kann sie aber aus den ZTU-Schaubildern „rückgewinnen".

Beim *Härten* in der *Zwischenstufe* liegen beim Erreichen des isothermen Haltepunkts oberhalb des Martensitpunkts nur thermische Eigenspannungen vor. Die isotherme Umwandlung setzt dann über den Querschnitt fast gleichzeitig ein, so daß Druckeigenspannungen am Rande und Zugeigenspannungen im Kern entstehen.

Bei der *Einsatzhärtung* wandelt zunächst der Kern infolge des kleineren Kohlenstoffgehalts um. Die Umwandlung schreitet nach außen fort. Die Randschicht wird bei der Umwandlung in Martensit durch den umgewandelten Kern in ihrer Ausdehnung behindert, so daß Druckspannungen in der Einsatzhärtungsschicht und Zugspannungen im Kern entstehen. Unmittelbar zur Oberfläche hin kann es zu einem Abfall der Druckeigenspannungen kommen, was mit dem zunehmenden *Restaustenitgehalt* bis zum Rande hin infolge des größeren Kohlenstoffgehalts erklärt wird [2.15, 2.18]. Bei überkohlten Randschichten können die Spannungen so groß werden, daß sich der martensitische Rand während der Umwandlung selbst absprengt [2.22]. Am Stahl C15 konnte nachgewiesen werden, daß eine Vergrößerung der Kohlungstemperatur eine Erhöhung, eine Verlängerung der Kohlungsdauer eine Verminderung der Druckeigenspannungen zur Folge hat [2.22].

Es wird aber auch beim *Einsatzhärten* beobachtet, daß häufig unterschiedliche Einhärtetiefen entstehen. Zwischen zwei stark einhärtenden Bereichen mit sehr hohen Druckspannungen kann sich eine lokale Zone bilden, die unter Zugspannung steht [2.26].

Die *Oberflächenhärtung* zeigt insbesondere beim *Induktionshärten* einen qualitativ gleichen Verlauf wie beim Schalenhärten, jedoch sind die Druckspannungen am Rand und die Zugspannungen im Kern jeweils geringer. Mit Vergrößerung der Einhärtetiefe bei gleichem Querschnitt steigen die Druckspannungen am Rande [2.18, 2.19]. Die Umlaufstandhärtung soll höhere Druckspannungen am Rande erzeugen als die Umlaufvorschubhärtung [2.21].

Das *Austenitformhärten* wird bei relativ niedrigen Temperaturen durchgeführt, so daß die Verformungsspannungen noch eine zusätzliche Rolle bei der Überlagerung mit den Wärme- und Umwandlungsspannungen spielen. Hierbei ist es der letzte Stich, der die Eigenspannungen aus der vorhergehenden Verformung bis zur Umkehr ändern kann, ausschlaggebend. Voraussagen über den Eigenspannungszustand am Ende dieser Behandlung lassen sich nicht ohne weiteres treffen [2.20].

Die *Entkohlung* ist dadurch gekennzeichnet, daß die Randschicht mit niedrigem Kohlenstoffgehalt zuerst umwandelt. Die tieferliegenden kohlenstoffreichen Zonen wandeln später um. Ihre Volumendilatation setzt die mehr oder weniger bereits harte Schale unter relativ hohe Zugspannungen, während die tieferen Schichten unter Druck geraten. Somit sind entkohlte Schichten durch die gefährlichen Zugeigenspannungen gekennzeichnet.

Beim *Nitrieren* erfährt die Randzone durch Eindiffundieren des Stickstoffs (bzw. des Kohlenstoffs und Stickstoffs beim Karbonitrieren) eine Volumenvergrößerung, so daß sie unter mehr oder weniger große Druckspannungen und der tiefer liegende große Bereich unter geringe Zugspannungen gerät. Umwandlungsspannungen wie beim Härten treten nicht auf. Der Mechanismus der Eigenspannungsentstehung ist bei legierten und unlegierten Stählen unterschiedlich. Beim unlegierten Stahl entstehen Druckspannungen während der Abkühlung von Nitriertemperatur. Bei zügiger Abkühlung, z. B. im Wasserbad, macht der im Ferrit zwangsgelöste Stickstoff in Verbindung mit Wärmespannungen den Hauptteil der Druckspannungen aus. Nach [2.23, 2.24] sind hauptsächlich Wärmespannungen dafür verantwortlich. Bei langsamer Abkühlung sind die Nitridausscheidungen mit der durch sie hervorgerufenen Volumendilatation entscheidend. Der Effekt ist aber insgesamt geringer als der des zwangsgelösten Stickstoffs. Bei legierten Stählen werden die Spannungen hauptsächlich durch die sich beim Nitrieren bildenden Sondernitride hervorgerufen, wobei der Prozentsatz der nitridbildenden Elemente von Einfluß ist. Vor allem durch Molybdän wird die Warmfestigkeit erhöht, so daß die Ausbildung der Druckspannungen beim Nitrieren durch dieses Element besonders gefördert wird. Die Eigenspannungen sind besonders groß, wenn kohärente Ausscheidungen vorliegen, so daß zu lange Zeiten und zu hohe Temperaturen durch Bildung inkohärenter Ausscheidungen die Eigenspannungen verringern. Damit ist auch der Abfall der Eigenspannungen unmittelbar unter der Oberfläche zu erklären (Bild 2.11). Der Kohlenstoffgehalt soll gering sein, um die nitridbildenden Elemente nicht als Karbide zu binden, die inkohärent sind. Mit größerer Abkühlgeschwindigkeit entste-

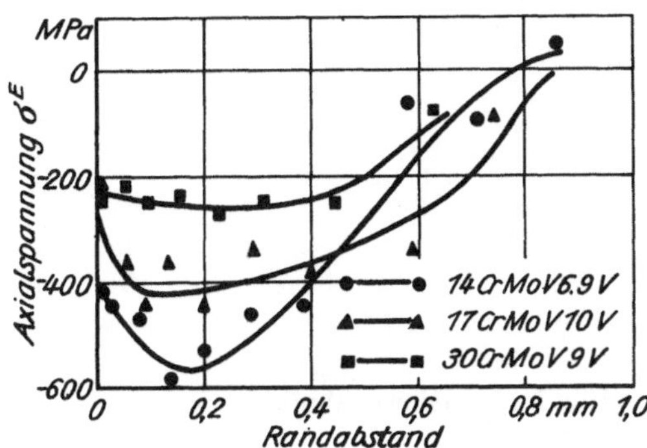

Bild 2.11. Eigenspannungen über die Tiefe beim Gasnitrieren, 570 °C, 96 h

hen zusätzliche Wärmespannungen [2.25]. Der Einfluß der Verbindungszone auf die Eigenspannungsausbildung ist noch weitgehend ungeklärt, da die Zone sehr klein (etwa 10 bis 30 µm) und heterogen ist, die elastischen Konstanten sind meist nicht bekannt für die jeweiligen Nitride.

Auch die Mikroeigenspannungen werden durch das Nitrieren erhöht, da die Gitterfelder zunehmen und die Nitridausscheidungen lokal das Gitter erweitern. Bild 2.11 zeigt die Eigenspannungen (axial) über die Tiefe bei verschiedenen Werkstoffen und gleicher Nitrierbehandlung. Bild 2.12 läßt deutlich die Mikroeigenspannungen bei gleichen Bedingungen erkennen, wobei die Halbwertsbreite ein Maß für die Mikroeigenspannungen ist (s. Abschnitt 3.4.5.8.) [2.25]. Der Abfall der Eigenspannungen am Rande im Bild 2.10 ist durch Entkohlungen bzw. durch ein Fließen infolge Überschreitens der Warmstreckgrenze durch die Eigenspannungen zu deuten. In Bild 2.10 sind die Längseigenspannungen dargestellt, die etwa das 1,2- bis 1,4fache der meist schwieriger meßbaren Tangentialeigenspannungen betragen.

Beim *Borieren* können die Verbindungsschichten FeB und Fe_2B auftreten. Im Intervall von 200 °C bis 600 °C ist der Ausdehnungskoeffizient des FeB um etwa 50% größer als der des reinen Eisens, der des Fe_2B ist aber nur halb so groß wie der des reinen Eisens. Somit entstehen beim Abkühlen im Fe_2B große Druckspannungen und im FeB Zugspannungen. Bei dicker FeB-Schicht entstehen Risse an der Grenze zum Fe_2B, bei dünner FeB-Schicht entstehen Risse in dieser Schicht. Beim Härten schließlich bewirkt die Volumenzunahme durchweg Zugspannungen in beiden Boridschichten, so daß durchgehende Risse in beiden Schichten entstehen. Somit ist beim Borieren auf die Vermeidung der FeB-Schicht bzw. deren Minimierung zu achten [2.27].

Beim *Anlassen* gehärteter Teile treten sowohl im Kern als auch im Mantel Dimensionsänderungen auf, die denen beim Härten entgegengesetzt sind. Der Martensitzerfall der Randschicht in Ferrit und ε-Karbid ist mit einer Volumenverkleinerung verbunden. Die Kontraktion ist in aufgekohlten Schichten, wo der Martensit mehr gelösten Kohlenstoff ausscheidet, größer. Andererseits ist zu beachten, daß beim Anlassen bis 300 °C die Umwandlung des Restaustenits in Martensit die mit dem Martensitzerfall verbundene Kontraktion abschwächt [2.28, 2.30]. Im Temperaturbereich von 100 °C und 200 °C wird auch eine Zunahme der Eigenspannungen gefunden, die mit Alterung, d. h. Ausscheidung von Karbiden, in Zusammenhang gebracht wird. Die Zunahme wird durch

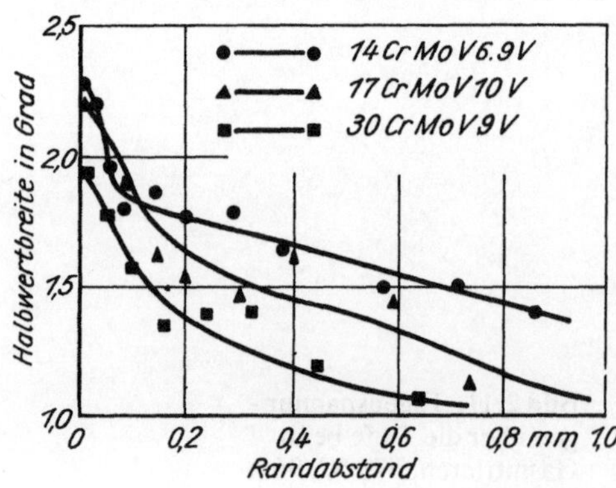

Bild 2.12. Halbwertsbreite über die Tiefe

den anfänglichen Eigenspannungszustand gefördert, vor allem durch Zugspannungen (s. Abschnitt 4.1.).
Dieser Alterungseffekt tritt aber in den Eigenspannungen nur bei Kohlenstoffgehalten unter 0,25% auf, da sonst die ε-Karbidbildung überwiegt. Das betrifft auch den Einfluß größerer Zeiten [2.31].
Zum Abbau von Eigenspannungen wird vielfach das *Spannungsarmglühen* angewendet, wobei es sich um eine Wärmebehandlung im Bereich der Kristallerholung mit einer Änderung der Versetzungsanordnung handelt. Die Streckgrenze fällt auf den Wert der Warmstreckgrenze im Bereich des Spannungsarmglühens (etwa 500 bis 550 °C bei un- und niedriglegiertem Stahl, allgemein etwa das 0,5fache der Schmelztemperatur) ab. Damit werden bei unlegierten und einfach mit Mangan, Chrom und Nickel legierten Stählen Eigenspannungen unter 50 MPa erreicht. Höhere Molybdängehalte mit Zusätzen von Vanadium ergeben bei 600 °C Glühtemperatur noch größere Eigenspannungen, die gleich oder größer sind als die Eigenspannungen nach dem Glühen bei 500°C von chrom-nickel- und einfach molybdän-legierten Stählen. Legierte Stähle, wie Chrom-Molybdän-, Chrom-Nickel-Molybdän-Stähle und Chrom-Molybdän-Vanadium-Stähle, bauen bis 600 °C die Eigenspannungen nur sehr unvollständig ab [2.33]. Die Wahl höherer Temperatur ist durch unerwünschte Gefügeänderungen oft nicht möglich. Gefügeänderungen und damit verbundene Versprödungen treten aber auch schon bei einigen Stählen bei Temperaturen unterhalb 600 °C auf (s. Abschnitt 2.2.4.2., Schweißen). Da der Eigenspannungsabbau ein Kriechvorgang ist, wurden zur systematischen Untersuchung des Spannungsarmglühens Relaxations- und Zeitstandversuche durchgeführt, wobei die Abhängigkeit der Zeitdehngrenze von der Temperatur und Zeit gewählt wurde. So zeigten diese Untersuchungen am Stahl 22NiMoCr3.7, daß der Einfluß der Glühtemperatur größer ist als der Einfluß der Glühdauer, was auch für andere Stähle bestätigt wurde und zur Optimierung der Wärmebehandlungstechnologie führte. Die Absenkung der Temperatur um verhältnismäßig kleine Beträge hat relativ lange Haltezeiten zur Folge, wenn das gleiche Eigenspannungsniveau wie bei kurzem Glühen unter höheren Temperaturen erzielt werden soll [2.34]. Eigenspannungen sind bei den für dickwandige Teile üblichen Aufheizgeschwindigkeiten bereits vor Erreichen der eigentlichen Glühtemperatur weitgehend abgebaut. Plastische Verformungen setzen um so eher ein, je größer die Eigenspannungen im Ausgangszustand sind, so daß unter Ausschluß einer Versprödung nach der Glühbehandlung der Abbau der Eigenspannungen weitestgehend unabhängig von ihrer Größe ist.
Wolfstieg und *Macherauch* [2.149] schlußfolgern jedoch aus ihren Untersuchungen, daß der Eigenspannungsabbau durch *Relaxation* nur bei solchen Eigenspannungsverteilungen erfolgt, bei denen der thermische Abbau nur zu einer geringen Formänderung der Probe führt. Anderenfalls sind durch Spannungsarmglühen sogar stellenweise infolge der Formänderung Spannungserhöhungen möglich. Mikroeigenspannungen werden wegen der Mehrachsigkeit dieser Spannungszustände und der damit verbundenen Fließbehinderung später abgebaut als Makroeigenspannungen. Außerdem setzt der Eigenspannungsabbau bei gehärteten Stählen schon bei wesentlich kleineren Temperaturen ein als bei verformten Stählen.
Die Spannungsminderung infolge sinkenden Elastizitätsmoduls mit höherer Temperatur hat keinen Einfluß auf den Spannungsabbau beim Glühen, da der Modul beim Absenken der Temperatur wieder ansteigt und somit die Spannungen wieder aufgebaut

werden. Deshalb werden die Veränderungen beim Glühen auch besser hinsichtlich der Dehnungen als der Spannungen beschrieben [2.35]. Phasen mit unterschiedlichem Elastizitätsmodul, Ausdehnungskoeffizienten, Fließ- und Verfestigungsverhalten bedingen, daß der Eigenspannungsabbau durch Fließen nicht gleichmäßig im Werkstoff erfolgt. Vor allem durch unterschiedliche thermische Ausdehnungskoeffizienten werden Eigenspannungen selbst bei extrem langsamer Abkühlung verursacht.
Dieser Entstehungsmechanismus von Eigenspannungen ist vor allem bei Verbundwerkstoffen zu beachten. So weisen austenitische Plattierungen auf Stahl immer Zug-, der Grundwerkstoff Druckspannungen auf [2.61, 2.62]. Allgemein kann man für zweiphasige Werkstoffe die Spannungen in der Phase s_i wie folgt abschätzen:

$$\sigma(s_i) = \Phi\,(\alpha_1 - \alpha_2)\,\Delta T \tag{2.8}$$

wobei α_1 und α_2 die linearen thermischen Ausdehnungskoeffizienten der Phasen s_1 und s_2, ΔT das Temperaturintervall, in dem sich die thermisch induzierten Spannungen ausbilden, und Φ eine Funktion von den elastischen Konstanten, den Mengenanteilen und der Anordnung der Phasen im Gefüge bedeuten. Bei heterogenem Gefüge wird meist von Ansätzen ausgegangen, die einen kugelförmigen Einschluß der einen Phase in der anderen Phase annehmen [2.36.]. Bei Ausschluß plastischen Fließens steht der Einschluß dann unter einem hydrostatischen Spannungszustand.

2.2.4.2. Schweißen

Schweißeigenspannungen spielen eine große Rolle bei der Tragfähigkeit von Konstruktionen. Viele Schadensfälle stehen mit ihnen im ursächlichen Zusammenhang [2.38, 2.39]. In der Schweißfachliteratur findet man z. T. die Unterteilung in *Zwängungsspannungen* und *Reaktionsspannungen*. Die Reaktionsspannungen sind durch die äußere Einspannung eines Stabs bzw. Blechs mit Naht bedingt, so daß sie über den Querschnitt die gleiche Richtung haben und mit den Spannungen infolge der Einspannung im Gleichgewicht stehen. Sie werden durch die Reihenfolge der Ausführung aller Schweißnähte im Bauteil und von der gesamten Konstruktion beeinflußt [2.54]. Hier sollen also nur die Zwängungsspannungen betrachtet werden. Die Vorhersage von Eigenspannungen ist schwierig, da sich Einflüsse des Werkstoffs, der Konstruktion und Schweißtechnologie überlagern. Trotzdem lassen sich insbesondere für geometrisch einfache Teile einige allgemeine Tendenzen der Entstehung von Schweißeigenspannungen angeben. Generell hat es sich durchgesetzt, bei der Entstehung die Teilprozesse Schrumpfung, Abschrecken und Umwandlung zu betrachten [2.40, 2.41].
Die *Schrumpfeigenspannungen* entstehen dadurch, daß die *Schrumpfung* in Längsrichtung der Naht und der weiteren hocherhitzten Bereiche durch die angrenzenden kälteren Zonen behindert wird. Diese Zonen üben eine Einspannwirkung aus. Sie werden gestaucht und geraten unter Druck. Die Zugspannungen in der Naht wachsen mit zunehmender Abkühlung und der damit verbundenen Vergrößerung der Streckgrenze. Auch wenn ein teilweiser Abbau der Zugeigenspannungen durch Fließen auftreten sollte, bleibt ein Verlauf der Spannungen in Nahtrichtung, d. h. der Längseigenspannun-

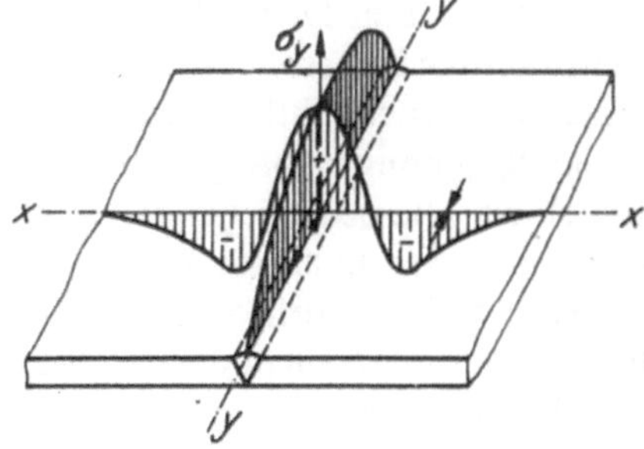

Bild 2.13. Schrumpfspannungen in einer Schweißverbindung quer zur Naht (σ_y) (nach [2.38])

gen, wie er im Bild 2.13 dargestellt ist. Dieser Verlauf gilt für Stumpfschweißnähte unlegierter Stähle. Aus Gleichgewichtsgründen sind die Spannungen am Nahtende Null. Das Maximum der Längseigenspannungen infolge Schrumpfens wird nach einer Mindestnahtlänge erreicht [2.38].

Die behinderte Längsschrumpfung führt auch zu Spannungen quer zur Naht, d. h. Querspannungen, wie sie im Bild 2.14 dargestellt sind. In der Mitte der Naht bilden sich durch Schrumpfung in Querrichtung ebenfalls Zugeigenspannungen aus, die an den Nahtenden aus Gleichgewichtsgründen in Druckspannungen übergehen. Das Druckspannungsmaximum wird nach einer Mindestnahtlänge erreicht. Bei längeren Nähten kann die Naht im mittleren Bereich fast querspannungsfrei sein [2.38]. Man spricht auch von einer sog. Einsattelung des Querspannungsverlaufs in der Nahtmitte. Quer zur Naht fallen die Spannungen am Blechrand aus Gleichgewichtsgründen auf Null ab. Bei längeren Nähten sind die Querspannungen im Vergleich zu den Längsspannungen klein [2.254].

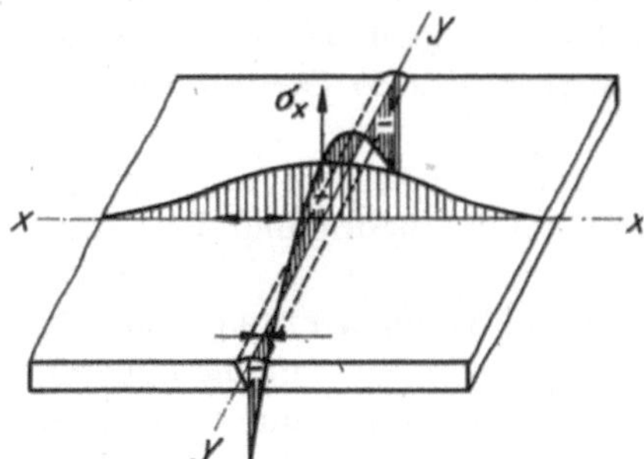

Bild 2.14. Schrumpfspannungen in einer Schweißverbindung quer zur Naht (σ_x) (nach [2.38])

Mit zunehmender Blech- bzw. Nahtdicke nehmen die Schrumpfungsspannungen zu, da der dreiachsige Spannungszustand in der Mitte der Dickenrichtung die Fließspannung zunehmend vergrößert. Das Zugspannungsmaximum nimmt mit geringer Breite der Naht, größerem thermischem Ausdehnungskoeffizienten und größerem Elastizitätsmodul zu [2.41]. Die Zunahme mit der Blechdicke wurde auch für die Querspannungen nachgewiesen [2.47].

Allein aus den Schrumpfspannungen ist die „Goldene Regel" abgeleitet, daß in den zuletzt erkalteten Zonen Zugeigenspannungen entstehen. Die Abkühlgeschwindigkeit

hat keinen Einfluß auf die Schrumpfeigenspannungen [2.40]. Generell wird bei der Betrachtung der Schrumpfspannungen eine homogene, d. h. über die Dicke gleichmäßige Abkühlung vorausgesetzt. Da diese Bedingung aber praktisch insbesondere bei dicken Blechen nicht erfüllt ist, muß ein weiterer Spannungsanteil berücksichtigt werden, d. h. die *Abschreckeigenspannungen*. Sie sind analog zu den Spannungen infolge Abschreckens gleichmäßig durchgewärmter Bauteile zu betrachten. Die oberflächennahen Zonen von Schweißnaht und Wärmeeinflußzone kühlen schneller ab als die Kernzonen. Wird infolge der hohen Wärmespannungen die Streckgrenze überschritten, liegen nach dem Abkühlen auf Raumtemperatur in der Oberflächenzone der Naht und der Wärmeeinflußzone Druckeigenspannungen vor, in der betreffenden Kernzone herrschen Zugeigenspannungen. Die Abschreckeigenspannungen wachsen mit kleiner Warmstreckgrenze im Temperaturbereich der maximalen Temperaturdifferenz von Kern- und Randbereich. Sie wachsen fernerhin mit der Blechdicke, der Ausgangstemperatur und der Abkühlgeschwindigkeit [2.41].
Schließlich sind die *Umwandlungsspannungen* durch die mit Volumenvergrößerung verbundene γ-α-Phasenumwandlung beim Abkühlen bedingt (s. Abschnitt 2.2.1.). Auf Grund ungleichzeitiger Umwandlung von Rand- und Kernzone sowie Naht und umgebendem Material entstehen in den zuerst umwandelnden Zonen (z. B. Rand) Zug-, in den zuletzt umwandelnden Zonen (z. B. Kern) Druckeigenspannungen. Je niedriger die Umwandlungstemperatur ist, desto größer werden die Umwandlungsspannungen, da dann die Warmstreckgrenze schon so groß ist, daß die Spannungen infolge Volumenänderung nicht abgebaut werden. Die Lage der Umwandlungspunkte kann den Schweiß-ZTU-Schaubildern entnommen werden.
Reale Spannungen in Schweißnähten und deren Umgebung stellen meist eine Überlagerung der genannten drei Spannungsarten dar. Der summarische Verlauf wird dadurch bestimmt, welcher der Teilprozesse dominierend ist. Systematische Untersuchungen von *Christian* und *Elfinger* [2.40] *UP-geschweißter unsymmetrischer Doppel-Y-Nähte* mit einem Schweißgut S2NiCrMo1-9by595 beim Stahl St 52 zeigten, daß die Querspannungen in Form eines *W* oder eines *M* verlaufen können (s. Bild 2.15). Die *W-Form* wird danach mit der inhomogenen Abkühlung erklärt.
Die Umwandlungsspannungen sind dominierend gegenüber Schrumpf- und Abkühlspannungen, da der Umwandlungspunkt mit $\leqq$ 400°C relativ niedrig und die Warmstreckgrenze R_e 400°C bei 400 MPa liegt.
Im Falle einer homogenen Abkühlung wandelt das Schweißvolumen etwa gleichzeitig um, so daß Naht und Wärmeeinflußzone unter Druckspannung stehen. Dem überlagern sich beim Abkühlen die Schrumpfspannungen, so daß sich Zugspannungen in der Wärmeflußzone und verminderte Druckspannungen in der Naht in sog. *M-Form* ausbilden.

Der *W-Verlauf* sattelt in der Schweißnahtmitte ein, wenn sich Abschreckspannungen ausbilden, die oberflächennahe Zonen unter Druckspannung setzen. Bei der *W-Form* sattelt dann die Zugspannungsspitze der Schweißnaht ein [2.40]. Durch eine günstige Kombination der 3 Teilprozesse der Eigenspannungsbildung können in der Schweißnaht sogar Druckeigenspannungen entstehen. Die „Goldene Regel", die besagt, daß Zugeigenspannungen in den zuletzt erkalteten Bereichen vorliegen, wird somit relativiert.

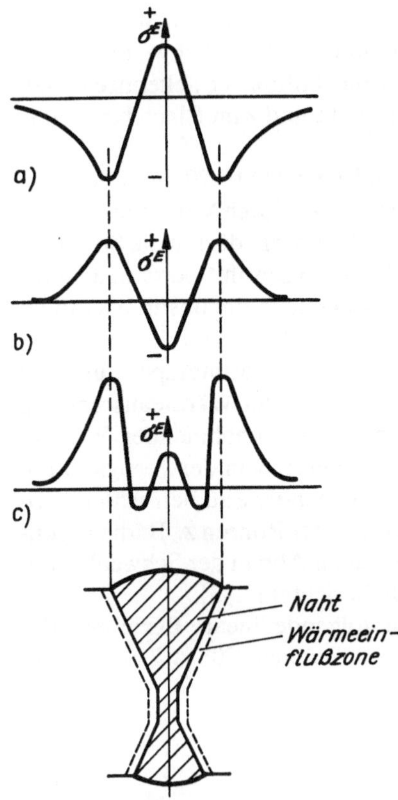

Bild 2.15. Schematischer Verlauf der Quereigenspannungen quer zur Naht (nach [2.40])
a) W-Form
b) M-Form
c) W-Form mit Einsattelung

Beim *Lichtbogenschweißen* von austenitischem Stahl mit austenischer Elektrode fehlen die Umwandlungsspannungen. Nach *Bühler* u. a. [2.42] ist der Längsspannungsverlauf der Oberseite einer *Auftragsschweißung* (V-Naht, 4,5 mm Flankenhöhe) gekennzeichnet durch Zugeigenspannungen in der Mitte und Druckeigenspannungen in weiter entfernten Bereichen, wie er auch in Bild 2.13 schon dargestellt wurde. Beim Lichtbogenschweißen eines *hochfesten Stahls* StE 70 (V-Naht, 4,5 mm Flankenhöhe) mit einer austenitischen Elektrode tritt als Überlagerung von Wärme- und Umwandlungsspannungen eine Einsattelung im Zugspannungsgebiet, und zwar genau in der Wärmeeinflußzone, auf.

Schließlich ist das Auftrags- und Verbindungsschweißen eines hochfesten Stahls mit einer artähnlichen Elektrode durch Umwandlungsspannungen in der Schweißnaht und deren Überlagerung mit Wärmespannungen in der Wärmeeinflußzone gekennzeichnet. Die Zugspannungsmaxima neben der Naht gehen zur Naht und zum Blech hin steil in Druckspannungen über.
Untersuchungen am gleichen hochfesten schweißbaren Baustahl StE 70 unter den gleichen Bedingungen ergaben, daß die Schweißeigenspannungen durch Vergrößerung der *Streckenenergie* bzw. *Vorwärmen* herabgesetzt werden. Allerdings dürfen die Streckenenergie bzw. die Vorwärmtemperatur ($\leqq$ 150°C) nicht zu groß gewählt werden, da sonst die Güte der Schweißverbindung herabgesetzt bzw. das Gefüge ungünstig beeinflußt werden [2.43].
Allerdings gibt es zum Einfluß der Streckenenergie bzw. Vorwärmtemperatur auch Überlegungen mit entgegengesetztem Ergebnis. So wurde aus der Wärmeausbreitung theoretisch abgeleitet, daß die Schweißeigenspannungen mit zunehmender Wärmemenge größer werden bzw. diese Relation zur Streckenenergie von der Festigkeit abhängig ist [2.43, 2.52] . Unter diesem Aspekt sind auch Ergebnisse zu betrachten, wonach mit höherer Geschwindigkeit des Schmelzschweißens bei Rohren z. B. die Eigenspannungen abnehmen [2.55]. Andererseits wird über einen Abbau der Schweißeigenspannungen durch Vorwärmen bis auf 400 °C um 50% berichtet [2.43].
Für Platten von 300 mm × 10 mm und V-Naht wurde folgende lineare Beziehung der Längseigenspannungen σ_l zur Vorwärmtemperatur ϑ_0 im Bereich 200° < 250 °C angegeben:

$$\sigma_l = 295 - 0{,}47 \cdot \vartheta_0 \quad \text{in MPa} \tag{2.9}$$

Die Untersuchungen zum Einfluß der Blechdicke ergaben bei diesem Werkstoff, daß die Zugeigenspannungen in der Schweißnaht nicht beeinflußt werden, während die Druckspannungen infolge Umwandlung zunehmen bis zu einer Grenzdicke, von der aus diese dann wegen gleichbleibender Abkühlverhältnisse konstant bleiben. An der der Schweißnaht abgewandten Unterseite liegen bei dünnen Blechen Zug-, bei dicken Blechen Druckspannungen vor [2.44]. Systematische Variationen der Elektrodenwerkstoffe ergaben, daß bei martensitischer Elektrode an der Oberseite große Druckeigenspannungen gemessen werden, während bei hochfester Elektrode diese Spannungen infolge Zwischenstufenumwandlung nur etwa halb so hoch waren. Schließlich werden die Spannungen bei austenitischer Elektrode vernachlässigbar klein, da sich die umwandlungsbedingte Volumenvergrößerung der Wärmeeinflußzone und die Wärmeschrumpfung des austenitischen Schweißguts kompensieren [2.45].
Teichert gibt eine technologische Prüfanlage an, mit der durch Ermittlung der Spannungskinetik die Neigung von Schweißwerkstoffen zum Aufbau von Eigenspannungen abgeschätzt werden kann [2.46].
Bei *Stahlwalzen*, die mit einer austenitischen Elektrode im Lichtbogen *auftragsgeschweißt* wurden, sind in der Auftragsschweißung und im Legierungsbereich durchweg die ungünstigen Zugeigenspannungen gefunden worden, die auch durch den größeren

thermischen Ausdehnungskoeffizienten des austenitischen Stahls erklärt werden, so daß auch ein Spannungsarmglühen diese Spannungen nicht beseitigt [2.47]. Hingegen ergaben sich für Stahl- und Gußeisenwalzen, die mit verschleißfestem Gußeisen im Ring-Elektro-Schlackeverfahren auftragsgeschweißt worden waren, am Rande Druckspannungen, die erst in der Grenzzone zum Walzenwerkstoff in Zug übergingen [2.56]. Bei *T-Verbindungen* überwiegen im allgemeinen die Spannungen in Längsrichtung, so daß z. T. Risse quer durch Gurt und Steg auftreten. Besonders ungünstig ist es im Hinblick auf die Schrumpfspannungen, wenn man dicke Kehlen in einer Lage durchzieht [2.48]. Bild 2.16 zeigt den Eigenspannungsverlauf in Längsrichtung eines Doppel-T-Trägers mit Längsnähten.

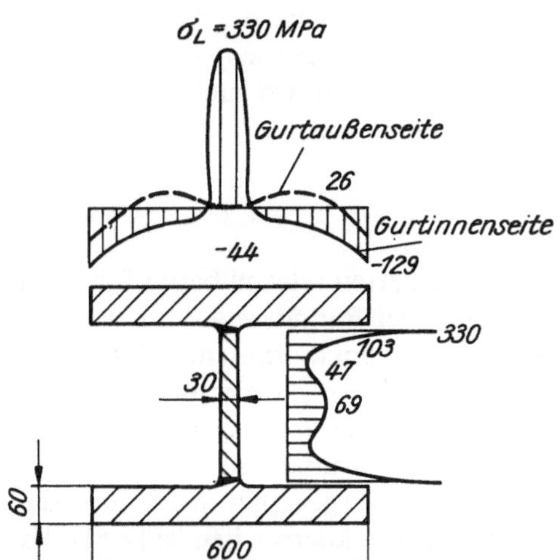

Bild 2.16. Längseigenspannungen in Längsrichtung in einem Doppel-T-Träger aus St52 mit Längsnähten (nach [2.142])

Bei *Widerstandspunktschweißungen* ergaben theoretische Betrachtungen nur der Wärmespannungen, daß in der Schweißlinse radiale und tangentiale Zugeigenspannungen vorliegen, die in weiter außen liegenden Bereichen in Druckspannungen übergehen. Die Zugspannungen nehmen mit der Fließgrenze des Werkstoffs zu, sie sind von der Linsengeometrie und der Elektrodenkraft nur wenig abhängig [2.49].
Die Ergebnisse wurden experimentell an hochfesten Stählen bestätigt. In der aufgeschmolzenen Oberfläche liegen nach der Erstarrung radiale und tangentiale Zugspannungen vor. Im Innern der Schweißlinse treten starke Druckspannungen, in der Wärmeeinflußzone, besonders in radialer Richtung, treten Zugspannungen auf. Die Eigenspannungen werden gemindert, wenn sich infolge des Elektrodendrucks eine Wulst ausbilden kann [2.71].
Der Abbau der ausgebildeten Schweißeigenspannungen erfolgt meist durch *Spannungsarmglühen,* sofern nicht Elektrode und Grundwerkstoff sehr unterschiedliche thermische Ausdehnungskoeffizienten besitzen. So wurden beim vergüteten Feinkornstahl StE 70, dessen Glühtemperatur mindestens 30 K unter der Anlaßtemperatur liegen soll, durch kurzzeitiges Spannungsarmglühen (10 mm Dicke, 30 min) die Eigenspannungen im Temperaturbereich 500 bis 600 °C um 75%, bei 650 °C um 90% abgebaut. Allerdings ist zu beachten, daß das Spannungsarmglühen bei üblichen Schweißbe-

dingungen ggf. die Übergangstemperatur der *Kerbschlagzähigkeit* um etwa 10 K erhöht und damit das Zähigkeitsverhalten verschlechtert. Bei warmfesten Feinkornstählen mit grobkörniger wärmebeeinflußter Zone tritt in diesen Zonen Rißbildung auf, vor allem durch Unterschiede des Kriechverhaltens von Korngrenze zu Korninnerem (interkristalline *Ralaxationsversprödung* durch Ausscheidungen von Sonderkarbiden des Vanadiums bzw. Niobs). Abhilfe ist so zu schaffen, daß die jeweils nachfolgende Lage die vorhergehende Wärmeeinflußzone zu feinem Korn umkörnt. Die Umkörnung muß bis zur letzten Lage erfolgen [2.60, 2.107].

Für schweißbare allgemeine Baustähle wurde ermittelt, daß der maximale Eigenspannungsabbau nach einer von der Glühtemperatur abhängigen, aber kurzen Zeit erfolgt. Je höher die Temperatur, desto größer ist der Eigenspannungsabbau [2.45].

Für schweißbare Baustähle wurde auch festgestellt, daß ebenso wie die Änderung mechanischer Eigenschaften beim Spannungsarmglühen auch der Eigenspannungsabbau durch die *Hollomon-Jaffe-Beziehung* beschrieben werden kann, wo auch der stärkere Temperatureinfluß ϑ in K gegenüber der Zeit t in h deutlich wird:

$$H_P = \vartheta\,(20 + \lg t) \cdot 10^{-3} \tag{2.10}$$

Der *Hollomon-Parameter* H_P liegt für einen manganlegierten schweißbaren Baustahl und Eigenspannungsabbau auf 20% der Streckgrenze bei Raumtemperatur bei 16,5 [2.137]. Der Parameter hängt neben dem Werkstoff auch vom thermischen Zyklus ab. Die Änderungen der Auswirkung des Spannungsarmglühens auf die mechanischen und technologischen Kennwerte sind im Bereich H_P 17,5 bis 18,5 am größten [2.141]. Schroffe Querschnittsübergänge behindern den Effekt des Spannungsabbaus.

Für große Schweißkonstruktionen ist das *Flammenentspannen* geeignet, wobei aber die ordnungsgemäße Durchführung mittels Feindehnmessers zu überwachen ist [2.51]. Es werden Wanddicken bis 80 mm behandelt. Das Entspannen beruht auf einer Überlagerung der Schweißspannungen mit den Wärmespannungen, die durch aufgesetzte Brenner erzeugt werden. Dadurch kommt es zu einer geringen plastischen Verformung im Gebiet des Zugspannungsmaximums und damit zum Eigenspannungsabbau. Das Blech wird beiderseits der Naht in Gebieten von 100 bis 150 mm breiten Streifen durch Gasheizung mit Reihenbrennern (Abstand 120 bis 270 mm) fortschreitend bis auf Temperaturen von 200 °C erwärmt. Mittels nachgeführter Wasserbrausen wird ein stärkeres Eindringen der Wärme in die Nahtzone vermieden. Es sollen gegenwärtig Wanddicken bis zu 80 mm noch von einer Seite her behandelt werden können. Einerseits wird über einen Abbau der Eigenspannungen auf 50 MPa bei 30 mm Wanddicke berichtet [2.51]; andererseits folgt nach [2.53], daß zwar bei 20 mm Blechdicke ein guter Eigenspannungsabbau zu verzeichnen ist, bei größerer Dicke der Eigenspannungsabbau auf der Gegenseite aber gering ist. Durch hochleistungsfähige Härtebrenner soll der Abbau größer sein.

Ferner wird über den Abbau der Schweißspannungen durch *Schwingbeanspruchung* berichtet, z. B. durch stoßartige Beaufschlagungen von Schweißnaht- oder Wärmeeinflußzonen mittels eines Stößels, der durch einen Vibrator mit 17,8 kHz und 2,5 kW angeregt wird. Auch hier wird der Effekt des örtlichen plastischen Fließens der beaufschlagten Zonen ausgenutzt. Die Eigenspannungen wurden mit dieser Methode bei hochfesten Feinblechschweißverbindungen um 90 bis 95% verringert, bei unbedeuten-

der Erhitzung und ohne nennenswerte Änderung der mechanischen Eigenschaften [2.58].
Schließlich existieren auch Überlegungen, die Spannungsmaxima durch statische *Überbelastung* abzubauen [2.59]. Die Belastung kann statisch oder als Schockwelle erfolgen. Auf Versuche, Schweißeigenspannungen durch Rütteln abzubauen, wird im Abschnitt 2.2.4.3. bei Gußspannungen eingegangen.

2.2.4.3. Gießen

Bei den Eigenspannungen infolge Gießens, den *Gußspannungen,* findet man Unterteilungen in *Stückspannungen* und *Gefügespannungen* sowie primäre und sekundäre Gußspannungen. Stückspannungen erstrecken sich über den ganzen Gußstückquerschnitt, während Gefügespannungen durch die Inhomogenitäten des Gefüges bedingt sind. Spannungen, die sich beim Erstarren der Schmelze und Abkühlen auf Raumtemperatur ergeben, bezeichnet man als primäre Gußspannungen, während die sekundären Gußspannungen durch nachfolgende Bearbeitungen, wie Wärmebehandeln und Sandstrahlen, gekennzeichnet sind [2.63].
Die primären Gußspannungen hängen ab von der Gießtemperatur, der chemischen Zusammensetzung der Schmelze, den thermischen Vorgängen beim Erstarren und Abkühlen, der Anschnittechnik, der Ausleertemperatur und der Ausleerzeit. Für die Abkühlung des Gußstücks nach der Erstarrung bis zur Raumtemperatur gelten die gleichen Betrachtungen, wie sie im Abschnitt 2.2.4.1. dargelegt wurden. Eine große Rolle spielt die Schwindung bei der Erstarrung infolge der sprunghaften Zunahme der Dichte des festen Körpers im Vergleich zur Flüssigkeit, wie sie sich im Lunker manifestiert. Die Eigenspannungen nehmen um so mehr zu, je stärker die zuletzt schwindenden Teilpartien behindert werden. Der Vermeidung der Eigenbehinderung der Konstruktion kommt deshalb große Bedeutung zu [2.64]. Ihre Bedeutung ist größer als der Einfluß der Querschnittunterschiede.
Der Einfluß technologischer Bedingungen und des Werkstoffs auf die Eigenspannungsausbildung wird am *Spannungsgitter* überprüft, wie es Bild 2.17 zeigt. Nach der Abkühlung des Spannungsgitters herrschen in den dünnen Außenstegen Druckspannungen. In dem dickeren Mittelsteg liegen wegen der absoluten stärkeren Schwindung infolge grö-

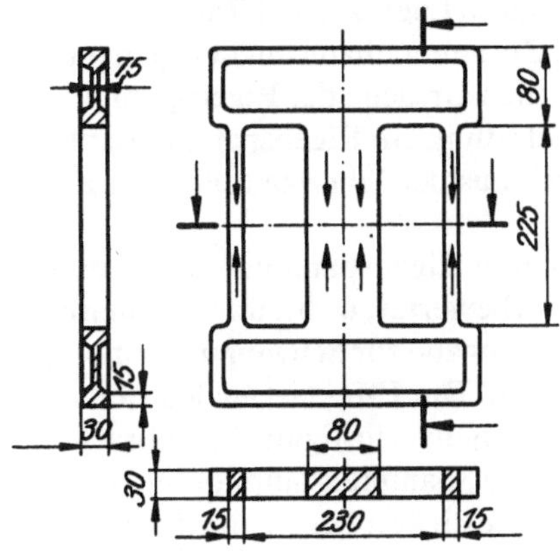

Bild 2.17. Zug-Druck-Spannungsgitter

ßeren Volumens Zugspannungen vor. Die zuletzt erstarrten Gebiete geraten unter Zugspannungen, da es sich dabei meist um die dicken Querschnitte handelt. (Ungünstig sind Radkörper, da die Naben relativ langsam abkühlen.) Die Eigenspannungen werden durch Auftrennen des Mittelstegs ermittelt. Das Spannungsgitter ist eine bewußt starre Konstruktion, da während der Kontraktion nur Formänderungen in der Längsachse des Gitters auftreten. Würde man die schmalen Außenstege jeweils halbkreisförmig mit dem dicken Mittelfeld als Kreisdurchmesser gestalten, so entsteht eine *Ringprobe*, bei der trotz gleicher Querschnitte eine annähernd unbehinderte Schwindung möglich ist. Tatsächlich stellt auch das Rad einer alten Nähmaschine mit seinen geschwungenen Stegen eine ideale Konstruktion zur Minderung der Eigenspannungen dar. Generell sollen bei Gußkonstruktionen möglichst Zug- und Druckeigenspannungen vermieden und dafür Biege- und Torsionsspannungen erzeugt werden, so daß glatte und gewölbte Außenwände entstehen.
Weiterhin lassen sich die Eigenspannungen von der konstruktiven Seite her minimieren, wenn infolge gleicher Wanddicken annähernd gleiche Abkühlbedingungen des Gußstücks realisiert werden. Wo das nicht möglich ist, wurden mit Zwangskühlung gute Ergebnisse erzielt [2.65], sofern diese nicht die Temperaturdifferenzen und damit die Eigenspannungen im Gußstück vergrößert. Bei *Gußeisen mit Lamellengraphit* werden wegen der guten Druckbelastbarkeit im Gegensatz zur Zugbeanspruchung Druckeigenspannungen angestrebt, um ungünstige Zugspannungen zu kompensieren. Die Gestalt des Gußstücks soll möglichst symmetrisch sein; ggf. sind mehrere Einzelkonstruktionen zu schaffen.
Von der metallurgischen Seite her spielt die Lage des Anschnittsystems und der Speiser für die Wärmeverteilung im Gußstück eine Rolle. Formwände und Kerne sollen möglichst aus nachgiebigem Material bestehen. Schließlich soll die Verweilzeit des Gußstücks in der Form erwähnt werden. Mit zunehmenden Ausleertemperaturen steigen die Eigenspannungen, bei Gußeisen mit Lamellengraphit vor allem bei Ausleertemperaturen oberhalb 650 °C [2.66]. *Gußeisen mit Kugelgraphit* neigt im Vergleich zum Gußeisen mit Lamellengraphit infolge seiner größeren Schwindung stärker zur Ausbildung von Gußspannungen.
Der nachträglichen Verminderung der Eigenspannungen in Gußstücken schenkt man im Gießereiwesen seit langem Aufmerksamkeit. So wird oft das Lagern von Gußstükken als eine dafür zweckmäßige Methode angesehen. Tatsächlich zeigten jedoch eingehende Untersuchungen über das *Auslagern* bis zu 2 Jahren Lagerzeit bei Raumtemperatur keinerlei Einfluß [2.67]. Wenn das Auslagern im Zusammenhang mit der spanenden Bearbeitung empfohlen wird, so ist klar, daß das Spanen Ursache der Eigenspannungsauslösung ist. Ebenso tritt beim Auslagern unter Belastung ein Eigenspannungsabbau infolge Fließens an der Spannungsspitze ein, die sich aus der Überlagerung von Last- und Eigenspannungen ergibt.
Widersprüchlich sind nach wie vor die Meinungen zum Eigenspannungsabbau durch *Schwingbeanspruchung*. Vielfach wird der Effekt überbewertet, d. h., üblicherweise in der Literatur propagierte Vibratoren enthalten keine Angabe zur Schwingungsamplitude, die aber wesentlich für den Eigenspannungsabbau ist. Der Effekt ist analog zum Abbau durch Schwingbeanspruchung der mittels Oberflächenverfestigung eingebrachten Eigenspannungen zu betrachten (s. Abschnitt 4.3.). Die Spannungsamplituden der Vibration müssen etwa in der Größenordnung der Dauerfestigkeit liegen und darüber, so

daß aber bei längerer Schwingbehandlung die Gefahr von Dauerbrüchen besteht. Besonders große Schwingamplituden werden bei Resonanzanregung erzielt [2.68, 2.70]. Der Abbau ist dann aber auch naturgemäß besonders auf die Stellen großer Eigenspannungen bzw. Spannungen durch die Schwingbeanspruchung konzentriert [2.69]. Noch unzureichend sind der Einfluß des Zustands des Werkstoffs und der Mehrachsigkeit des resultierenden Spannungszustands betrachtet, da diese das Fließverhalten wesentlich beeinflussen.
Am häufigsten wird das Spannungsarmglühen angewendet, um Eigenspannungen abzubauen. Für unlegiertes Gußeisen mit Lamellengraphit wird der Bereich des Spannungsarmglühens mit 500 bis 550 °C, für niedriglegiertes mit 600 bis 650 °C angegeben. Die Haltezeit beträgt 1 Stunde plus 1 Stunde je 25 mm Wanddicke [2.109]. Die Abkühlgeschwindigkeit beträgt 50 K/h, an kritischen Teilen 30 K/h, wobei aber gegenüber der Abkühlgeschwindigkeit vor allem der gleichmäßigen Abkühlung die entscheidende Rolle zukommt.
Seitens der konstruktiven Gestaltung von Gußstücken können folgende Maßnahmen Eigenspannungen minimieren [2.210]:

- Einhaltung annähernd gleicher Abkühlbedingungen des Gußstücks, in erster Linie durch Einhaltung gleicher Wanddicken
- bevorzugte Gestaltung von Hohlkörperkonstruktionen mit glatten Wänden und großen Radien und ggf. Innenverrippung
- bei geschlossenen Hohlkörpern Auflösung in versetzt angeordneten Zellen
- möglichst symmetrische Gesamtgestalt des Gußteils, ggf. Untergliederung in einfache getrennt zu gießende Teile.

2.2.4.4. Kaltumformen

Eigenspannungen sind in erster Linie nach dem Kaltumformen zu beachten, da bei den warmumgeformten Halbzeugen vor allem die Abkühlbedingungen einen wesentlichen Einfluß auf die Spannungsausbildung haben. So zeigten Messungen an warmgewalzten Breitflanschträgern, daß je nach Abkühlbedingungen Zug- oder Druckspannungen auftreten können [2.72]. Es sollen nur Kaltumformungen betrachtet werden.
Eine Reihe von klassischen Belastungsfällen mit örtlichen und plastischen Verformungen, wie Biegeprobe, gelochter Zugstab, gekerbte Proben und Hertzsche Pressungen zwischen Kugel oder Zylinder und Platte, beschreibt *Yu* [2.73] mit Hilfe der Methoden der finiten Elemente.
Bekannt als Schulbeispiel nach *Masing* [2.74] ist die Eigenspannungsverteilung eines entlasteten Biegebalkens nach überelastischer Beanspruchung. Beim Biegen des Balkens kann es unter entsprechend großer Last zu einer plastischen Dehnung der Randfaser im Zugbereich bzw. zu einer plastischen Stauchung der Randfaser im Druckbereich kommen. Nach Entlastung nimmt der Stab nicht mehr seine ursprüngliche Form an, da die Randfasern verlängert bzw. verkürzt sind. Die obere Randfaser gerät somit unter Druck und die untere unter Zug. Da der Spannungsausgleich jeweils über den plastischen Bereich in Richtung der Balkenhöhe erfolgt, bilden sich auch in den ursprünglich nur elastisch gedehnten Bereichen, mit Ausnahme der neutralen Faser, Eigenspannungen aus (Bild 2.18).

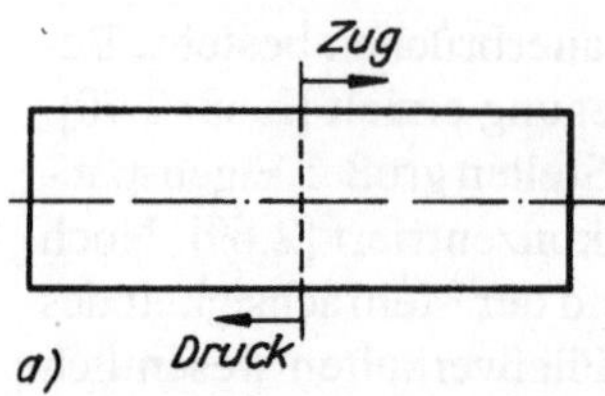

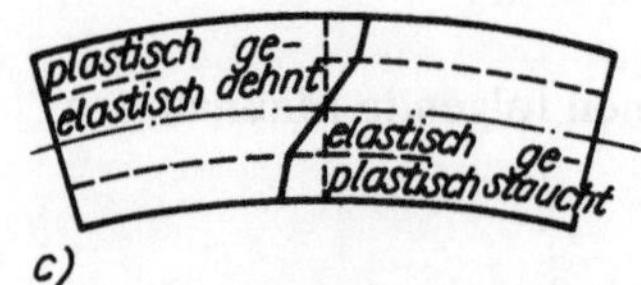

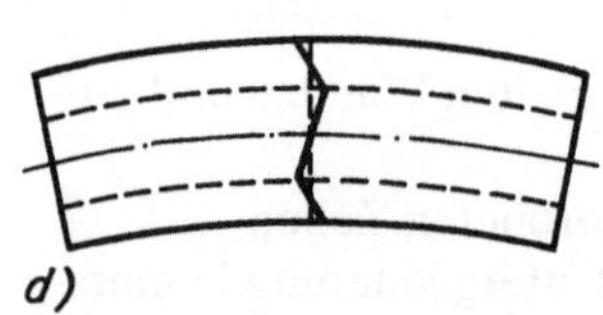

Bild 2.18. Ausbildung von Eigenspannungen durch überelastische Biegebeanspruchung
a) Balken vor dem Biegen
b) elastische Formänderungen
c) Auftreten plastischer Formänderungen neben elastischen Formänderungen
d) entlasteter Balken

Bei kaltgewalzten *Feinblechen* bzw. *Bändern* unterscheidet man zweckmäßig *Walz*- und *Streckungseigenspannungen* [2.75]. Walzeigenspannungen entstehen immer beim Kaltwalzen. Sie treten vorwiegend in Walzrichtung auf, da quer zur Walzrichtung beim Walzen nur kleine oder keine Formänderungen vorliegen. Bei größeren Umformgraden treten sie als Zugspannungen an der Oberfläche und Druckspannungen im Innern auf. Sie stehen über die Blechdicke im Gleichgewicht, sind über die Blechbreite etwa konstant und nehmen mit dem Walzgrad zu. Streckungseigenspannungen treten in Längsrichtung auf und sind auf eine ungleichmäßige Streckung des Bands über die Breite zurückzuführen. Sie sind über die Blechdicke konstant, ändern sich aber meist über die Bandbreite. In welligen Bereichen des Bandes treten dann noch Biegespannungen auf. Bild 2.19 zeigt die Eigenspannungen in kaltgewalztem Band mit Planheitsfehlern in Walzrichtung [2.76]. Real sind die Längseigenspannungen im Band asymmetrisch zur Bandmittellinie, und sie zeigen mehrere Nulldurchgänge. Die Bandzugspannung hängt mit der Streckeigenspannung zusammen, da sich diese aus der Überlagerung der Streckeigenspannung mit der Haspelspannung ergibt, so daß bei ebenem Band die Streckeigenspannungen aus der Bandzugspannung abgeschätzt werden können. Die Längseigenspannungen liegen meist weit unter 10 MPa [2.76] und sind damit im Vergleich zu den Ziehspannungen in Drähten und Rohren klein.
Nach *Jargstorf* u. a. [2.77] werden noch neben Streckungseigenspannungen Eigenspannungen unterschieden, die durch ungleichmäßige Bandeinlauf- und -auslaufgeschwindigkeiten über die Bandbreite und Banddicke bedingt sind. Dadurch resultieren asymmetrische Verläufe über Breite und Dicke des Bandes. Unterschiedliche Bandeinlauf-

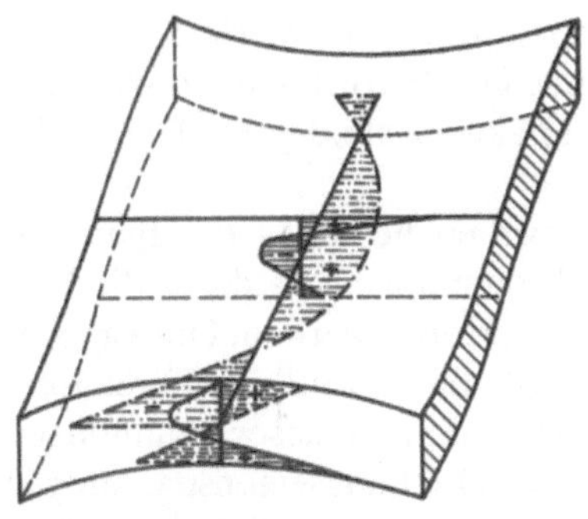

Bild 2.19. Schematische Darstellung der Eigenspannungen in Walzrichtung in kaltgewalztem Band mit Planheitsfehlern (nach [2.5])

——— Walzeigenspannungen
-·-·-·-· Streckungseigenspannungen
-------- Biegespannungen

und -auslaufgeschwindigkeiten sind u. a. durch Walzenverschleiß, Walzenbombierung und -abplattung sowie unterschiedliche Reibungsbedingungen zwischen oberen und unteren Bandoberflächen bedingt.
Nicht einheitlich sind die gefundenen Zusammenhänge zwischen Eigenspannungen und *Nachwalzen* bei *Tiefziehbändern*. Nach *Reitzle* u. a. [2.78] liegen nach dem Rekristallisationsglühen fast konstante und meist nahezu verschwindende Eigenspannungen über die Bandbreite vor. Durch das Nachwalzen werden, abhängig vom Nachwalzenvorgang, deutliche Schwankungen des Eigenspannungsverlaufs über die Breite festgestellt, die mit höherem Nachwalzgrad periodisch schwanken, da offenbar die geringen Verformungsgrade des Nachwalzens nicht gleichmäßig aufgebracht werden. Das Vorzeichen der Eigenspannungen vom Rand und Mitte der Bandbreite wechselt stark mit dem Nachformgrad; allerdings nehmen die Unterschiede der Eigenspannungen zwischen Rand und Mitte mit größerem Nachwalzgrad ab. Durch das *Walken* können die infolge Nachwalzens erzeugten ungleichmäßigen Eigenspannungen abgebaut werden. Nach *Loose* u. a. [2.79] sind die Makroeigenspannungen nicht wesentlich von den Dressierbedingungen, wohl aber von der Walzenrauheit abhängig.
Ein Abbau von Eigenspannungen ist durch das *Richten* möglich, wobei die Art dieser Sekundärumformung, wie wechselnde Biegung, Stauchung, Streckung, von Einfluß ist [2.80]. Grundsätzliche Untersuchungen dazu stehen noch aus.
Beim *Profilieren* von Bändern bzw. Blechstreifen ruft die inhomogene Verformung über den Profilquerschnitt Eigenspannungen hervor. Und zwar treten in den Profilschenkeln an der Blechstreifeninnenseite überwiegend Zug- und an der Außenseite Druckspannungen in Längsrichtung auf, die offenbar durch eine starke Längsbiegung im Umformprozeß hervorgerufen werden. Die Querspannungen haben meist die gleiche Richtung, jedoch kleinere Beträge. Die Eigenspannungen werden mit der Vergrößerung des Biegewinkels je Umformstufe und mit der Banddicke erhöht. Sie nehmen mit zunehmender Bandbreite ab. Infolge der höchsten Umformspannung in der ersten Umformstufe sind auch die Eigenspannungen danach am größten. Durch das Profilieren wird ein gleichmäßiger Eigenspannungszustand im Vergleich zum unprofilierten Band erreicht; es tritt jedoch eine völlige Spannungsumlagerung auf. Die Höhe der Eigenspannungen richtet sich nach der Biegewinkelfolge während der Umformung [2.81, 2.82, 2.83]. Auch nach *Palkowski* u. a. [2.84] wirken sich unterschiedliche Kaliberfolgen auf die Eigenspannungsausbildung aus, während ein Schmiermitteleinfluß nicht zu erkennen war. Theoretische Untersuchungen ergaben auch auf der Innenseite Zug- und auf der Außenseite Druckspannungen; über den Querschnitt traten aber mehrere Nulldurchgänge auf [2.85].

Eigenspannungsmessungen an *Kaltwalzen* selbst ergaben, daß es im Verlaufe des Betriebs der Walzen zu einer Spannungsänderung kommt. Das betrifft insbesondere die Druckspannungen in der Oberfläche, die etwa um den Faktor 2 abnehmen. Die Änderung wird mit dem Martensitzerfall erklärt [2.86].
Beim *Kaltpilgern* von Rohren der Stahlmarke 100Cr6 ergeben die Längseigenspannungen an der Bohrungswand Zug-, an dem Mantel Druckspannungen, da durch die Reibung die Rohrinnen- und -außenflächen unterschiedlich verformt werden. Die Tangentialspannungen zeigen kein einheitliches Verhalten. Den größten Einfluß übt die freie Reduktion auf die Tangentialeigenspannungen aus. Ein Minimum dieser Spannungen tritt im Bereich der freien Reduktion von 6 bis 12 mm auf. Die Längseigenspannungen nehmen mit steigendem Verhältnis von Außendurchmesser zu Wanddickenabnahme ab [2.105].
Relativ ausführliche Untersuchungen findet man über die Spannungen in gezogenen Halbzeugen wie Stäben, Rohren und Drähten. Beim *Ziehen* von Stäben mit geringer Verformung (< 1%) treten Druckspannungen am Rand und Zugspannungen in Längsrichtung im Kern auf, da es nur in der Randzone zur bleibenden Verformung kommt bzw. der Rand eine niedrige Fließgrenze besitzt. Bei etwas stärkerer Verformung werden außer der Randzone auch die Zwischenzonen zwischen Rand und Kern plastisch verformt. Daraus ergeben sich im Rand und Kern Zug-, in der ringförmigen Zwischenzone Druckspannungen. Meist treten aber durchgreifende Verformungen beim Ziehen auf, die am Rand Zug- und im Kern Druckspannungen hinterlassen. Bei 20% Abnahme haben die Eigenspannungen in unlegierten Stählen am Rand ihr Maximum. Steile Düsenformen liefern geringere Spannungen. Die Tangentialspannungen haben meist das gleiche Vorzeichen. Radialspannungen sind meist zu vernachlässigen [2.89, 2.90]. Qualitativ den gleichen Vorlauf erhält man bei Kohlenstoffstählen, die durch hydrostatische Extrusion hergestellt werden [2.91].
Für Rohre ergibt sich bei gleichen Umformbedingungen für die Werkstoffe unlegierter Stahl, Messing und Aluminium, daß der Hohlzug etwa doppelt so hohe Spannungen wie der Stopfenzug liefert. An der Rohrinnenwand liegen Druck-, an der Außenwand Zugeigenspannungen vor [2.92].
Ein Abbau von Eigenspannungen in gezogenen Halbzeugen ist durch das *Nachziehen* mit geringer Querschnittsabnahme (etwa 2 bis 3% bei Drähten) möglich [2.106]. Das Vorzeichen der Eigenspannungen kehrt sich dabei um, die Größe der Eigenspannungen nimmt aber ab; das betrifft vor allem die Zugspannungen. Vielfach wird auch das Richten mit Mehrrollenrichtmaschinen zum Eigenspannungsabbau herangezogen, wobei sich der Abbau hier aber nur auf die äußeren Zonen des Ziehguts erstreckt. Die Verminderung ist abhängig von der Anstellung der Richtwalzen [2.94].
Analog zum Nachziehen ist das *Nachformen,* das neben dem Recken von Stahlleichtprofilen zur Verringerung der Eigenspannungen eingesetzt wird. Bei Reckgraden von 0,5 bis 1,5% lassen sich die Eigenspannungen auf 25% mindern. Beim Nachprofilieren durchläuft das Profil zusätzlich ein oder mehrere Nachformgerüste, die Biegewinkeldifferenzen von $\Delta\alpha \leqq 0{,}5°$ aufprägen. Die Minderung der Längsspannungen beträgt beim Stahl St 38 etwa 30% [2.95]. Der größte Eigenspannungsabbau wird erreicht, wenn die Profilbeanspruchung entgegen der Beanspruchung beim Profilieren ist. Das Nachformen unter Druckspannungen baut hingegen Eigenspannungen auf [2.93].
Zur gezielten Einbringung von Eigenspannungen in Bauteilen bedient man sich der

Autofrettage bzw. *Thermofrettage*. Bei der Autofrettage werden die Eigenspannungen durch örtliches Fließen erzeugt, bei der Thermofrettage durch große Temperaturgradienten bzw. Ausnutzung der Relaxation, z. B. in rotierenden erhitzten Scheiben [2.98]. Bild 2.20 demonstriert eine Autofrettage an Rohren unter Innendruck. In Bild 2.20*a* ist in der linken Hälfte der Verlauf der Umfangsspannungen infolge des Innendrucks zu erkennen. Durch die Spannungsspitze an der Rohrinnenwand kommt es zur plastischen Verformung, die nach der Entlastung einen Verlauf der Eigenspannungen entsprechend Bild 2.20*b* zur Folge hat. Unter Betriebsbedingungen ergibt sich dann ein gleichmäßiger Spannungszustand als Summe von Last- und Eigenspannungen (Bild 2.20*a*, rechter Teil). Damit ist z. B. eine bessere Materialnutzung von Hochdruckrohren möglich [2.96, 2.97]. Auch über derartige Plastifizierungen an Membranflachböden wird berichtet. Dabei ist auf eine solche Konstruktion zu achten, daß an den betreffenden Stellen ein Fließen während des Abdrückens der Behälter auftritt. Die Autofrettage wird hier auch als *Fließvergütung* bezeichnet [2.99]. Nach *Metschke* [2.100] ist auch eine Vergleichmäßigung der Spannungen durch zyklische Belastung im Bereich von 1 bis 50 Hz (hochfester niedriglegierter Feinkornstahl) möglich, wobei die maximalen Lastspannungen unterhalb der $R_{p\,0,2}$-Grenze liegen. Diese Makroeigenspannungen sollen aber über die Zeit nicht konstant sein.

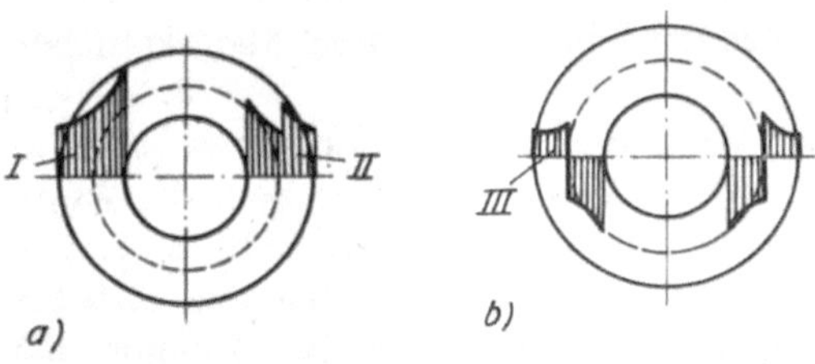

Bild 2.20. Autofrettage an Rohren unter Innendruck
a) Spannungen im Betriebszustand
I Umfangsspannungen infolge Innendrucks ohne Autofrettage
II Umfangsspannungen infolge Innendrucks mit Autofrettage
b) Spannungen nach Autofrettage
III Eigenspannungsverlauf nach Autofrettage, Rohr unbelastet

Zur gezielten Einbringung von Druckeigenspannungen, die sich bei schwingender Beanspruchung des Bauteils als vorteilhaft erweisen (s. Abschnitt 4.), bedient man sich in letzter Zeit in zunehmendem Maße der *mechanischen Oberflächenverfestigung* durch *Oberflächenwalzen, Kugelstrahlen* oder *Schwingbearbeitung* [2.101] . Bild 2.19 zeigt einen solchen Verlauf der Druckeigenspannungen bei verschiedenen Werkstoffzuständen. Der Abfall der Eigenspannungen unmittelbar unter der Oberfläche wird z. T. durch thermische Effekte, durch das Maximum der Schubspannungen bei der Hertzschen Pressung unterhalb der Oberfläche oder wahrscheinlicher durch Schädigung (Mikroanrisse) gedeutet. Die Spannungen in Bild 2.21 sind Längsspannungen, die meist das 1,2- bis 1,5fache der schwieriger zu messenden Tangentialspannungen betragen.
Durch Vibrationsbearbeitung von Schweißnähten mittels Stößels lassen sich auch bei Schweißnähten die Zugspannungszonen der Oberfläche in Druckspannungszonen umwandeln [2.102].
Untersuchungen der Parameter des Kugelstrahlens auf die Eigenspannungsausbildung ergaben, daß z. B. beim Werkstoff 16MnCr5 die Oberflächenspannungen weitgehend unabhängig von dem Überdeckungsgrad, der Abwurfgeschwindigkeit und der Strahlmittelkorngröße sind. Jedoch bringt jeweils eine Erhöhung des Wertes dieser Parameter eine größere Tiefenausdehnung der Druckeigenspannungen. Abwurfgeschwindigkeit und Überdeckungsgrad erhöhen mit ihrer Vergrößerung das Druckspannungsma-

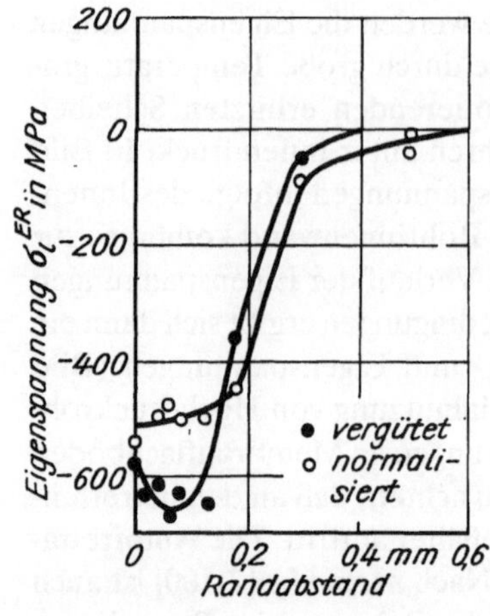

Bild 2.21. Verlauf der Eigenspannungen über die Tiefe, an 10-mm-Rundstäben, Werkstoff 60SiMn7, kugelgestrahlt

ximum unter der Oberfläche [2.104]. Die Eigenspannungen sind auch abhängig vom Werkstoff, Gefügezustand und von der Härte des Strahlmittels. Problematisch ist beim Kugelstrahlen die Übertragung der Ergebnisse des an einem separaten Blech erzielten Ergebnisses der Durchbiegung (Alma-Test) auf das zu strahlende Bauteil, so daß über die zu erwartenden Eigenspannungen Ansätze der Übertragung vom Alma-Plättchen auf das Bauteil aufgestellt wurden [2.139].

Beim Oberflächenwalzen mit dem Ziel der Verfestigung (auch Festwalzen genannt) sind hinsichtlich der Eigenspannungsausbildung vor allem die Vorbereitung der Werkstückoberfläche, die Walzkraft und die Zahl der Überwalzungen von Einfluß. Schädigungen der Oberfläche treten bei zu hohen Walzkräften und/oder bei zu großer Zahl der Überwalzungen in Form von Abblätterungen auf. Vielfach wird ein Optimum der Überwalzzahl von 10 bis 20 angegeben. Walzzahl und Walzkraft sind aber in Grenzen substituierbar [2.108]. Es wurden Ansätze und Nomogramme entwickelt, um aus der Geometrie der Probenabmessung und des Verfestigungswerkzeugs, d. h. aus ihren Radien, sowie dem Walzdruck auf die Eigenspannungen im Werkstoff zu schließen [2.139].

Schließlich soll noch auf Ergebnisse röntgenographischer Spannungsmessung an verformten Stahlstäben hingewiesen werden [2.103]. Danach ergeben Messungen in der Ferritphase schon nach elastischer Zugbeanspruchung (bis 250 MPa) bei Stählen mit Kohlenstoffgehalten von 0,03 bis 0,86% nach dem Entlasten Druckspannungen (40 bis 60 MPa), was auf die Aktivierung der Versetzungen in einzelnen Ferritkörnern vor der makroskopischen Fließgrenze hindeutet. Während bei unlegierten Stählen mit Kohlenstoffgehalten kleiner als 0,34% die Messungen im Ferrit z. B. nach Zugbeanspruchung die bekannte Verteilung der Eigenspannungen, d. h. am Rande Druck-, im Kern Zugeigenspannungen, zeigen, ergeben Stähle mit größerem Kohlenstoffgehalt einen über dem Querschnitt konstanten Eigenspannungspegel. Dieser Pegel wird durch das unterschiedliche Fließverhalten von Ferrit und Zementit gedeutet, da die Höhe des Eigenspannungspegels auch vom Volumenverhältnis der beiden Phasen abhängt.

2.2.4.5. Trennen

Am weitesten sind die Verfahren des Spanens hinsichtlich der Eigenspannungsausbildung untersucht. Beim Spanen entstehen Späne, je nach Formänderungsvermögen des zu bearbeitenden Werkstoffs, durch Schubverformung und Reißen, verbunden mit einer Werkstoffverfestigung. Neben der Umformung infolge mechanischen Einwirkens des Werkzeugs tritt in der Randzone eine thermische Beanspruchung durch eine Umsetzung der Umformenergie in Wärme und Reibung zwischen Werkzeug und Werkstückoberfläche auf. Mit kleinerem Vorschub und größerem negativem Spanwinkel nimmt die Werkstückoberflächentemperatur zu [2.113]. Der steile Temperaturgradient kann auch durch plastische Verformungen und Volumenänderungen infolge Phasenumwandlung beeinflußt sein.

Grundsätzliche Untersuchungen der Eigenspannungsausbildung infolge unterschiedlicher Spanverfahren führten *Tönshoff* [2.111] und *Klein* [2.112] aus. Generell gilt für die Ergebnisse der Spanungsuntersuchungen, daß die Zone der Wirkung der Eigenspannungen größer ist als die Zone der plastischen Verformung, die einige Zehntel Millimeter umfaßt. Größe und Verteilung der Eigenspannungen sind auch von der Werkstückgeometrie abhängig. Allgemein kann jedoch geschlußfolgert werden, daß die Eigenspannungen in der plastisch verformten Zone groß, in den übrigen Zonen gering sind. Kombinationen von verschiedenen Bearbeitungsverfahren bzw. mit Wärmebehandlungsverfahren ergaben, daß der Einfluß der Eigenspannungen vor dem Spanen gering ist.

Beim Stahl C 45 entstanden durch *Hobeln* an der Oberfläche Zugspannungen in Schnitt- und Vorschubeinrichtung, die im Betrag oberhalb der Fließgrenze des unbearbeiteten Werkstoffs liegen. Diese wurde aber durch die Formänderung oberflächennaher Schichten beträchtlich erhöht. Die relativ geringe Variationsmöglichkeit der Schnittgeschwindigkeit zeigt keinen Einfluß. Der negative Spanwinkel beim Hobeln hat eine größere Eindringtiefe der Eigenspannungen zur Folge als der positive Spanwinkel. In einer Tiefe von 40 bis 80 μm wechseln die Zugspannungen bei positivem Spanwinkel in Druckspannungen über. Bei größerer Tiefe tritt ein Maximum auf. Das Druckspannungsmaximum ist jedoch in der absoluten Größe geringer als die Zugspannung an der Oberfläche. Bei negativem Spanwinkel treten vor allem in Vorschubrichtung Druckspannungen mit großer Eindringtiefe auf. Mit größerem Vorschub nehmen die Zone der plastischen Verformung und damit auch die Zone der Spanungseigenspannungen zu.

Beim Werkstoff Gußeisen mit Lamellengraphit (Zugfestigkeit 220 MPa) ergeben sich nach dem Hobeln durchweg Druckspannungen geringer Größe.

Als Ursache für das unterschiedliche Verhalten der beiden Werkstoffe werden Unterschiede der Stauch- und Streckvorgänge bzw. Scher- und Trennvorgänge angegeben. So rufen Stauchvorgänge Druck-, die Spanabhebung Zugeigenspannungen in der äußeren Randzone hervor. Bei Gußeisen mit Lamellengraphit fehlen die plastischen Verformungen in der Scher- und Trennperiode der Spanabhebung, da das Verformungsvermögen schon beim Stauchen erschöpft ist, so daß damit die Zugeigenspannungsausbildung nicht zustande kommt [2.121].

Systematische Untersuchungen beim *Drehen* ergaben, daß die Eigenspannungen und die Verformungstiefe erheblich beeinflußt werden durch den Vorschub, den Span- und

Eckwinkel, die Schnittgeschwindigkeit und den Abrundungsradius der Schneidenspitze. Einstell- und Neigungswinkel sind ebenfalls von Bedeutung. Hingegen sollen Schnittiefe, Kühlung und Schmierung keinen Einfluß ausüben. Die Eigenspannungen an der Oberfläche hängen in gleichem Maße von den Parametern ab, die auch die Oberflächenrauheit beeinflussen, wie Vorschub, Schnittgeschwindigkeit und Abrundungsradius des Werkzeugs, da sie vor allem die plastische Verformung bewirken.
Untersuchungen beim Drehen ergaben, daß die Bearbeitungsparameter vor allem die Eigenspannungen unmittelbar an der Oberfläche beeinflussen, während der Werkstückwerkstoff und das Bearbeitungsverfahren die Eigenspannungsverteilung über den Querschnitt beeinflussen. Es ergaben sich beim Drehen des Stahls C 45 ebenso wie beim Hobeln unmittelbar an der Oberfläche Zugeigenspannungen in Umfangs- und Längsrichtung, die im Innern in Druckspannungen übergehen. Bild 2.22 zeigt einen solchen Eigenspannungsverlauf als Beispiel. Der Eigenspannungsverlauf ähnelt dem nach dem Hobeln. Durch die höhere Schnittgeschwindigkeit und den besseren Spanabfluß beim Drehen ist aber die Eindringtiefe der plastischen Verformung und damit der Eigenspannungen größer. Bei negativem Spanwinkel tritt eine Erhöhung der Eindringtiefe der Eigenspannungen gegenüber positivem Spanwinkel auf. Bei geringem Vorschub entstehen dann Druck-, bei größerem Vorschub Zugeigenspannungen an der Oberfläche. Beim Drehen von Gußeisen mit Lamellengraphit ergaben sich fast durchweg Druckeigenspannungen in Oberflächennähe [2.111].

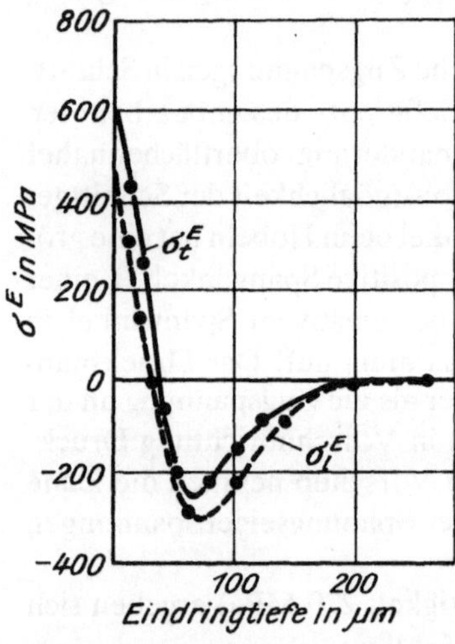

Bild 2.22. Verlauf der Tangential- (σ_t) und Längseigenspannungen (σ_l) am Werkstoff C45 nach dem Drehen mit Hartmetall (nach [2.111])

$v = 90$ m min^{-1}, Vorschub 0,36 mm U^{-1}, ohne Kühlung

Untersuchungen des Kraftzerspanens mit glättender Hilfsschneidkante ergaben, daß bei normalgeglühtem bzw. bei sorbitischem Stahl (C 45 bzw. 40 Cr4) infolge der unterschiedlichen plastischen Verformung der Oberflächenschicht an der Oberfläche in tangentialer Richtung Zug-, in axialer Richtung Druckspannungen entstehen. Beim Schnelldrehen hingegen zeigte sich zunächst, daß die Hauptspannungen nicht mit den Hauptachsen des zylindrischen Werkstücks übereinstimmen, so daß auch Schubeigenspannungen auftreten. Diese Erscheinung war auch zu verzeichnen, wenn in gehärteten Teilen durch die Bearbeitung Gefügeumwandlungen vorliegen (Bildung einer sog. weißen Schicht infolge sekundärer Härtung). Beim Schnellspanen wurden Druckeigenspannungen an der Oberfläche gefunden, die mit zunehmender Tiefe in geringe Zugspannungen übergehen. Ebenso bewirkt die Bildung der weißen Schicht an der Oberfläche Druckspannungen. Durch die Temperaturerhöhung beim Spanen und die nachfolgende schnelle Wärmeabfuhr in das Innere des Werkzeugs bildet sich ein neues Härtegefüge, das infolge der Volumendilatation die Oberfläche unter Druckspannungen setzt. Mit größerem Kohlenstoffgehalt und größerer Werkstoffsteifigkeit wächst die weiße Schicht, der Druckspannungsgradient wird kleiner [2.114].

Bei Titanlegierungen wurden nach dem Drehen in Axialrichtung des Werkstücks Druckeigenspannungen an der Oberfläche gefunden [2.116].

Das *Walzenfräsen* ergab für den Werkstoff Ck45 deutliche Unterschiede zwischen Gegenlauffräsen und Gleichlauffräsen. Das Gegenlauffräsen zeigt in Bearbeitungsrichtung Druckeigenspannungen, das Gleichlauffräsen Zugeigenspannungen, die in beiden Fällen zum Werkstückinneren gleichmäßig abfallen. Die Verformungstiefen sind beim Gegenlauffräsen etwas größer. Die Druckeigenspannungen nehmen mit großem Vorschub ab, da die Überdeckung der Umformzonen aufeinanderfolgender Schneiden abnimmt [2.112]. Nach *Kiethe* [2.118] gehen die Druckspannungen beim Gegenlauffräsen mit zunehmendem Eingriffwinkel in Zugspannungen über, beim Gleichlauffräsen traten an vergleichbaren Meßpunkten nur Zugspannungen auf. Zur Deutung wird ein Modell von *Kaczmarek* [2.117] zugrunde gelegt, das auch bei der Deutung der Ergebnisse anderer Spanungsverfahren herangezogen wird. Danach ist zu unterscheiden, ob es sich um eine „kalte plastische Verformung“ oder eine „warme plastische Verformung“ handelt. Die größere Temperaturentwicklung an der Eingriffsstelle bei größerem Eingriffwinkel hat demnach Zugspannungen zur Folge, die plastische Deformation bei niedriger Temperatur bei kleinerem Spanwinkel Druckspannungen. Ebenso sind die Zugspannungen beim Gleichlauf zu erklären, da der Anschnitt mit maximaler Spantiefe auch die Temperatur hochtreibt. Gleichfalls ist bei beiden Arten des Walzenfräsens mit größerem Vorschub und größerer Schnittgeschwindigkeit eine Vergrößerung der Eigenspannungen in Richtung großer Zugspannungen (Gegenlauf) und Abbau der Druckspannungen bis Aufbau von Druckspannungen (Gleichlauf) zu rechnen. Im Gegensatz zu dem Modell von *Kaczmarek* stehen Ergebnisse von *Okushima* und *Kakino* [2.119], wonach der thermische Einfluß überbewertet wird und der Arbeitswinkel entscheidend ist, und zwar treten bei großem Winkel Zug-, bei sehr kleinem Arbeitswinkel Druckspannungen auf. Schließlich sieht *Syren* [2.115] die Ursache in der unterschiedlichen Ausbildung von Zug- oder Druckspannungen bei den Spanverfahren darin, ob nach dem Schneidvorgang die Oberfläche nochmals vom Werkzeug berührt wird oder nicht, so daß beim Gegenlauffräsen ein Quetschen nach dem Schneiden eintritt, während die Zugeigenspannungen durch die plastischen Verformungen an der Rißspitze bedingt sein sollen. Allerdings wurden auch beim Gleichlauffräsen, jedoch bei Titanlegierungen, geringe Druckspannungen gemessen, die durch Verquetschungen nach dem Schneiden mittels Elektronenmikroskops nachgewiesen wurden [2.116]. Schließlich ergeben sich auch beim Gleichlauffräsen von Gußeisen mit Lamellengraphit (R_m = 220 MPa) Druckspannungen [2.112].

Relativ ausführlich ist schließlich die Eigenspannungsausbildung nach dem *Schleifen* untersucht worden. Hier ist der Einfluß der thermischen Belastung nicht mehr zu übersehen. Die unterschiedlichen Ergebnisse von Druck- und Zugeigenspannungen deutet

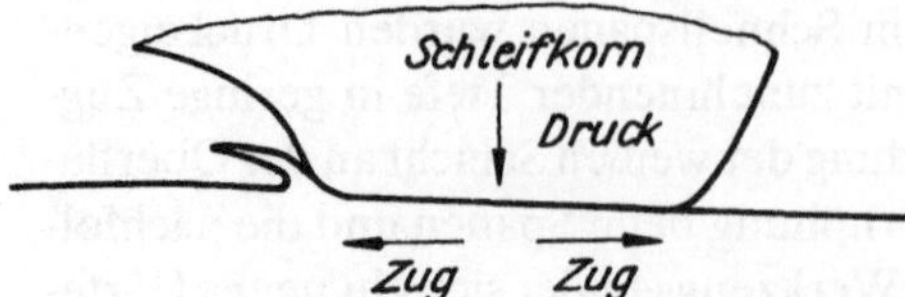

Bild 2.23. Ausbildung von Spannungen in der Oberfläche infolge mechanischer Bearbeitung beim Schleifen

Schreiber [2.120] analog zum Modell von *Kaczmarek*. Bei der mechanischen Druckbeanspruchung senkrecht zur Oberfläche entstehen in der Ebene Zugspannungen (Bild 2.23). Wird dabei die Streckgrenze überschritten, liegen nach Entlastung infolge elastischer Rückfederung Druckeigenspannungen in der Oberfläche vor.

Bei der thermischen Belastung infolge des Schleifens kommt es zur Ausdehnung der Oberflächenzone und damit zur Ausbildung von Druckspannungen. Bei Überschreiten der Warmstreckgrenze treten Fließvorgänge auf. Nach der Entlastung bleiben somit Zugeigenspannungen zurück. Bei gehärtetem Stahl tritt schließlich durch die thermische Belastung noch ein Martensitzerfall auf, der ebenfalls zu Zugeigenspannungen führt. Somit ist der resultierende Eigenspannungszustand je nach Schleifbedingungen eine Überlagerung der mechanischen und thermischen Effekte, so daß sich die Zug- und Druckspannungen überlagern. Alle „groben" Schleifbedingungen begünstigen die thermischen Effekte und damit die Zugeigenspannungsausbildung, was besonders beim Hochgeschwindigkeitsschleifen zu beachten ist. Bei groben Schleiffehlern kann am Rande sogar eine Neuhärtung (sog. weiße, d. h. unanätzbare Zone) eintreten. In dieser Zone fallen zwar die Zugspannungen ab, erreichen aber unmittelbar darunter Maximalwerte wegen der thermischen Belastung. Gemäß *Nakyama* [2.121] wurde beim Bandschleifen sogar eine Proportionalität der Zugeigenspannungen zur Schleiftemperatur und eine Proportionalität der Druckeigenspannungen zur Anpreßkraft gefunden.

Das Modell der Überlagerung thermischer und mechanischer Beanspruchung erklärt auch, daß die Eigenspannungen senkrecht zur Schleifrichtung immer weniger positiv sind als die Eigenspannungen parallel zur Schleifrichtung, da die mechanisch bedingten Eigenspannungen im Gegensatz zu den thermisch bedingten Eigenspannungen in der Oberfläche durch den Vorschub und das Verquetschen des Materials zur Seite eine Vorzugsrichtung haben. Dadurch sind die Druckspannungen parallel zur Schleifrichtung geringer als senkrecht dazu (Bild 2.24).

Ein *Honen* nach dem Schleifen erhöht den Druckspannungsanteil, da hier in erster Li-

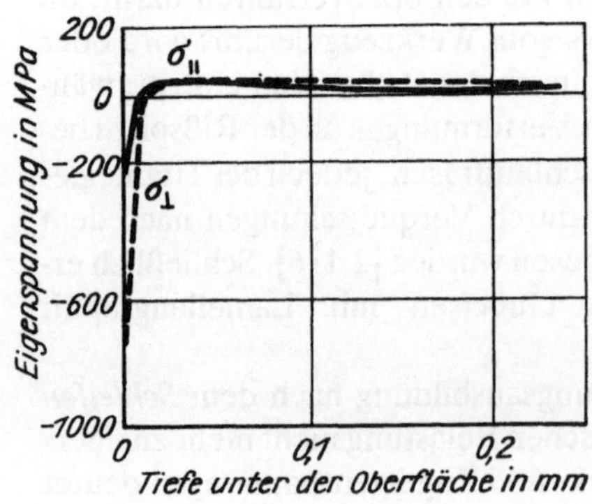

Bild 2.24. Beispiel eines Eigenspannungsverlaufs parallel ($\sigma_{\parallel}$) und senkrecht ($\sigma_{\perp}$) zur Schleifrichtung über die Tiefe nach dem Schleifen in gehärtetem Stahl (nach [2.123])

nie ein mechanischer Effekt wirkt. Vielfach wird auch angegeben, daß bei den Schleifspannungen die Hauptachsen des Oberflächeneigenspannungszustands zur Schleifrichtung geneigt sind, so daß Schubspannungen auftreten, die in ihrer Lage auch durch eine nachfolgende mechanische Verfestigung nicht geändert werden [2.122, 2.123]. Der Gradient der Eigenspannungen über die Tiefe ist meist groß. Das trifft insbesondere für die Druckeigenspannungen an der Oberfläche zu, da die Reichweite der mechanischen Beanspruchung gegenüber der thermischen Beanspruchung und damit der Zugeigenspannungen gering ist. Der Übergang von Druck- zu Zugspannungen über die Tiefe liegt meist weit unterhalb 0,1 μm (Bild 2.24). Wegen des großen Gradienten der Eigenspannungen besitzen auch die durch sie ausgelösten Schleifrisse nur eine kleine Tiefenausdehnung. Sie treten u. a. auf, wenn die Schleifbedingungen hohe Zugspannungen am Rande verursachen.

Von den Verfahren des Abtragens soll zunächst auf das *Brennschneiden* verwiesen werden, bei dem in Stahlblechen zwei Randeffekte auftreten, die einen vorwiegend einachsigen Spannungszustand in Schneidrichtung hervorrufen, nämlich die Aufhärtung und die plastische Stauchung der wärmebeeinflußten Zone. Während im ersten Fall Druckspannungen entstehen, resultieren aus dem zweiten Fall Zugspannungen. Bei unlegierten Baustählen ergeben sich als Summe überwiegend Druckspannungen, die durch Spannungsarmglühen weitgehend abgebaut bzw. in den Schnittflächen in Zugspannungen umgewandelt werden [2.50].

Bei der *funkenerosiven Bearbeitung* von Werkzeugstählen haben der Impulsstrom, die Impulsdauer und, daraus ermittelt, die Impulsenergie hinsichtlich der Eigenspannungsausbildung entscheidenden Einfluß. Die sich ergebenden großen Zugeigenspannungen steigen mit dem Impulsstrom bzw. der Impulsdauer, im Gegensatz zur Eindringtiefe der plastischen Verformung, nur wenig an, bis sich schließlich Mikrorisse ausbilden. Die Eigenspannungen sind wegen des Fehlens einer Schnittkraft richtungsunabhängig. Die nach dem Schruppen erzielten größten Zugspannungen lassen sich durch ein nachfolgendes Schlichten z. T. abbauen, wobei bereits die dabei auftretende Erwärmung abbaut [2.140].

2.2.4.6. Beschichten

Eigenspannungen infolge *Beschichtens* wurden z. T. schon in den Abschnitten Wärmebehandlung und Schweißen behandelt. Bei plattierten Werkstoffen ist ebenso wie allgemein in Verbunden und mehrphasigen Werkstoffen die Differenz der thermischen Ausdehnungskoeffizienten Ursache für Spannungen zwischen Deckschicht und Grundwerkstoff, wie Gl. (2.8) verdeutlicht. Einen besonders großen Wert können die Eigenspannungen annehmen, wenn z. B. die Deckschicht im Gegensatz zum Grundwerkstoff keine Phasenumwandlung erfährt, so daß ggf. die thermisch bedingten Eigenspannungen noch verstärkt werden. In austenitischen Deckschichten auf Stahl findet man auf Grund dieser Entstehungsmechanismen Zug-, im Grundwerkstoff Druckeigenspannungen. Auch ein Spannungsarmglühen kann diese Eigenspannungen deshalb nicht abbauen [2.61].

Bei der Fertigung von *Festkörperschaltkreisen* der Mikroelektronik ist bekannt, daß Eigenspannungen bei auf Trägermaterial eutektisch anlegierten oder angeklebten Chips auftreten. Zur Berechnung der Eigenspannungen wird ein Dreischichtsystem aus Chip,

Lotschicht und Träger betrachtet. Die Eigenspannungen in der aktiven Chip-Planarseite sollen möglichst klein sein. Neben der Einhaltung kritischer geometrischer Bedingungen wird vor allem die Anwendung duktiler, d. h. bleireicher Lote empfohlen [2.143].

Bei Lackschichten kann bewußt ein solcher Lack gewählt werden, der beim Schrumpfen nach dem Aufbringen unter isotropen hohen Zugspannungen steht, wie es beim *Reißlack* der Fall ist. Eine nachfolgende Zugbeanspruchung infolge äußerer Belastung bzw. Auslösung von Eigenspannungen bringt dann den Lack an Stelle hoher Zugspannungen zum Reißen (s. Abschnitt 3.).

Eigenspannungen sind mehr oder weniger ausgeprägt in *galvanischen Schichten* zu finden, wobei die technologischen Bedingungen von wesentlichem Einfluß sind. In elektrolytisch abgeschiedenen Metallschichten können je nach Abscheidungsbedingungen im Elektrolyten Zug- oder Druckspannungen auftreten. Für die Entstehung der Eigenspannungen gibt es eine Reihe von Theorien [2.147]. So können danach unterschiedliche Texturen von Grundwerkstoff und galvanischer Schicht, der Einbau von Fremdatomen in der Schicht, die Ausbildung von Versetzungen beim Abscheiden, die Entwicklung von Wasserstoff oder das hohe Aktivierungs-Überpotential von Metallen wie Nikkel und Eisen Ursache für die Eigenspannungen sein [2.144]. Durch z. B. Einbringen von Druckeigenspannungen mittels Kugelstrahlens in den Grundwerkstoff vor dem Galvanisieren oder Nachbehandlung des galvanisierten Teils, wie Tempern zur Austreibung des Wasserstoffs, kann gezielt auf die Eigenspannungsausbildung und damit auf das Verhalten des Bauteils Einfluß genommen werden [2.148]. Bei galvanischer Verzinkung wird die Bildung atomaren Wasserstoffs an der Oberfläche mit zunehmender Stromausbeute vermindert. In galvanisch abgeschiedenen Chromschichten können bei höheren Elektrolyttemperaturen der Zerfall der Chromhydride und das Herausdiffundieren des Wasserstoffs aus der wachsenden Schicht gefördert werden, so daß schließlich die Eigenspannungen und damit die Rißneigung in den Schichten gemindert werden. Die Wirkung der Elektrolyttemperatur kann aber nicht verallgemeinert werden, da sie nach *Spähn* und *Speckhardt* [2.145] in starkem Maße von der Zusammensetzung des Elektrolyten und der Stromdichte an der Kathode abhängt. Schließlich ist auch der Einfluß von Inhibitoren zu nennen. Je nach Art des Inhibitors können Druckspannungen z. B. durch organische Schwefelverbindungen oder Zugspannungen z. B. durch ungesättigte Alkohole erzeugt werden [2.145].

Ungünstig für das Schwingverhalten von Bauteilen sind Zugeigenspannungen in galvanischen Schichten, was insbesondere bei Erzeugung hartverchromter Schichten zur Instandhaltung verschlissener Teile zu beachten ist. Als günstig hat sich das Aufbringen einer Nickelzwischenschicht mit bestimmten Inhibitoren erwiesen [2.147]. Auch eine nachträgliche Oberflächenbehandlung durch Kugelstrahlen wandelt die Zugeigenspannungen in Druckeigenspannungen, die das Schwingverhalten günstiger beeinflussen, z. B. auch durch Hemmung des Wachstums bereits aufgetretener Anrisse in der galvanischen Schicht (s. Abschnitt 4.).

2.3. Besonderheiten bei Plastwerkstoffen

Die Höhe der Eigenspannungen bei *Plastwerkstoffen* liegt entsprechend ihrem niedrigen E-Modul etwa zwei Zehnerpotenzen unter der Eigenspannungshöhe von Metallen. Die Eigenspannungen können als thermische Eigenspannungen auftreten, die durch das Temperaturgefälle zwischen Außenwand und Kern bei der Abkühlung eines aus dem plastisch-zähfließbaren Zustand hergestellten Werkstoffs entstehen. Es bilden sich Druckspannungen am Rand, im Kern Zugspannungen (s. Abschnitt 2.2.1.). Bei *teilkristallinen Plasten* können während der Erwärmung und Abkühlung Phasen unterschiedlicher Volumenkontraktion entstehen. Allgemein wird das Temperaturgefälle aber zwischen Kern und Rand durch die niedrige Wärmeleitfähigkeit der Plaste noch gefördert, ebenso durch eine Erhöhung der Wanddicke.

Man unterscheidet die *energieelastischen Eigenspannungen* im Gegensatz zu den *entropieelastischen Orientierungen.* Orientierungen bilden sich aus, wenn Molekülketten durch einseitig gerichteten Druck in Strömungsrichtung ausgerichtet werden. Durch die schnelle Abkühlung unterhalb der Einfriertemperatur ist keine Reorientierung durch Brownsche Bewegung mehr möglich. Diese Orientierung bewirkt auch eine Doppelbrechung, der sich die Doppelbrechung durch Spannungen überlagert. Die Eigenspannungen sind durch Tempern z. T. zu beseitigen; bei höheren Temperaturen tritt dann auch eine Reorientierung auf, die mit Verwerfungen der Formteile verbunden ist. Zwischen Orientierungen und Eigenspannungen besteht ein Zusammenhang. Ob den Orientierungen eigene Orientierungsspannungen zuzuordnen sind, ist umstritten (s. Abschnitt 2.1.). Die Orientierung der Molekülketten bewirkt eine in der gleichen Richtung orientierte Wärmedehnung, wodurch richtungsabhängige Eigenspannungen entstehen. Dadurch sind infolge des Temperns Eigenspannungen nicht restlich zu beseitigen, wenn Orientierungen vorliegen.

Bei *Duroplasten* tritt beim Formfüllen ebenfalls eine Orientierung auf, insbesondere bei den Füllstoffen. Infolge der dadurch behinderten Kontraktion sowie der orientierungsbedingten Nachschwindung und ggf. Quellung entstehen Eigenspannungen. Bei Reaktionsharzen tritt hauptsächlich die Nachschwindung als Ursache für die Eigenspannungsausbildung auf. Dabei diffundieren flüchtige Stoffe aus dem Plastwerkstoff aus, die vor allem als Folge einer schlechten Harzaushärtung sowie einer Zersetzung von Harz oder Füllstoff besonders stark auftreten können [2.124].

Das *Spritzgießen* der *Thermoplaste* verursacht in hohem Maße Eigenspannungen. Größe und Verlauf hängen von vielen technologischen Parametern, wie Maschineneinstellung und Formmasse, und von den Umweltbedingungen ab. Durch Spritzdruck und Nachdruck wird vor allem der Spannungsverlauf beeinflußt. Bei hohem Druck wird eine verknäulte Plastmasse mit hoher Dichte und geringer Kettenlänge gebildet. Durch den Druck auf die Formwand können am Rande der Probe Zugeigenspannungen und im Kern Druckeigenspannungen auftreten.

Eine hohe Temperatur der Formmasse baut vor allem die Orientierungen ab. Auf die Eigenspannungen hat sie keinen wesentlichen Einfluß, da die Spannungen erst kurz vor Erreichen der Umgebungstemperatur elastisch aufgenommen werden können. Oberhalb dieser Temperatur werden die Eigenspannungen durch Fließvorgänge abgebaut. Die Einspritzgeschwindigkeit beeinflußt die Ausbildung der Eigenspannungen, da bei

langsamem Füllvorgang die Druckeigenspannungen in der Randzone erhöht werden. Weiterhin beeinflußt die Angußgestaltung die Eigenspannungen, da an diesem Ende stets eine Spannungskonzentration festzustellen ist. Sie wird durch eine günstige Gestalt des Angusses verringert. Die genannten Einflußparameter sind in ihrer Wirkung aber nicht unumstritten, allerdings hängen sie auch vom Werkstoff ab [2.125, 2.126].
Betrachtet man teilkristalline Plaste, so ist die Temperaturdifferenz zwischen Werkzeug und Spritzmasse von großem Einfluß, da große Differenzen die Kristallisation in der Mantelzone behindern. Eine Nachkristallisation in diesen Zonen bewirkt ein Nachschwinden und ruft somit Eigenspannungen hervor. Bei wiederholtem Spritzgießen ist zu beachten, daß sich mit dem dadurch verbundenen sinkenden Elastizitätsmodul auch die Höhe der Eigenspannungen verringert [2.126, 2.128].
Bei der Entformung unter Druck entstehen beim Öffnen des Werkzeugs durch die kälteren Außenschichten mit ihrem größeren Elastizitätsmodul in der Außenzone Zug-, im Kern Druckeigenspannungen. Hohe Formschließkräfte und steife Werkzeuge behindern diesen Effekt. Schließlich können Eigenspannungen noch durch Strömungseffekte entstehen. Dabei wird die Fließfront biaxial verstreckt, die beim Abkühlen eingefroren werden kann, da die niedrige Wandtemperatur eine Spannungsrelaxation behindert. Der Zugspannungseffekt in der Randzone durch Strömung korreliert mit einem Orientierungseffekt. Der Gesamtspannungszustand setzt sich also aus abkühl-, expansions- und strömungsbedingten Spannungen zusammen. So entstehen bei einem Formteil, das unter Druck entformt wird, am Rande ggf. Zugeigenspannungen [2.131].
Bei der Verarbeitung von *Duroplasten* sind vor allem Schwindungen für die Ausbildung von Eigenspannungen verantwortlich. Der Schwund tritt beim Übergang vom plastischen Zustand der Formmasse in den hartelastischen Zustand auf. Doch nur die bei diesem Übergang nach der Gelierung auftretenden Volumenänderungen verursachen Eigenspannungen. Polykondensationsprodukte weisen einen hohen Schwund auf. Bei Stoffen, die additiv reagieren, ist der Schwund gering (bei Epoxidharzen unter 3%). Durch richtige Auswahl von Harz und Härter können die Eigenspannungen beeinflußt werden. Eine Verringerung der Reaktionstemperatur kann den Schwund bis um 50% herabsetzen. Andererseits werden aber dadurch die Härtezeiten erheblich verlängert. Bei kalthärtenden Gemischen ist unbedingt eine Temperaturerhöhung während der Härterreaktion zu vermeiden, da sonst eine besonders große Schwindung auftritt [2.129].
Der zeitliche Verlauf der Härtung beeinflußt die Eigenspannungsausbildung. Zonen frühzeitiger Vernetzung bilden Druckeigenspannungen, zuletzt aushärtende Bereiche ergeben Zugeigenspannungen. Die Beimengung von Füllstoffen setzt den Schwund herab, da diese die Wärme besser leiten als die Plastmasse. Außerdem verdünnen sie die Plastmasse, so daß die Reaktionstemperatur herabgesetzt wird. Beim Zusatz von Füllstoffen ist aber die Beständigkeit gegen Quellung zu untersuchen, da sonst erneut Eigenspannungen entstehen können [2.130, 2.131].

2.4. Besonderheiten bei silikatischen Werkstoffen

Für die Eigenspannungsausbildung in *Glas* spielt dessen viskoelastisches Verhalten die entscheidende Rolle, insbesondere bei höheren Temperaturen. So ist der Eigenspannungszustand vor allem abhängig von der thermischen Ausdehnung, der Relaxation der thermischen Spannungen sowie von den Strukturänderungen in Abhängigkeit von der Temperatur und Formänderung. Eigenspannungen sind auch ein wichtiges Hilfsmittel zur Ermittlung und Untersuchung des Transformationsbereichs [2.136].
Glas erleidet eine ausgeprägte Schrumpfung bei der Abkühlung im Gebiet zwischen der Schmelze und dem *Transformationspunkt.* Die hiermit verbundenen Spannungen werden als *Kühlspannungen* bezeichnet. In den schneller abkühlenden Randzonen bzw. dünnen Querschnittsstellen hört die Schrumpfung eher auf. Die langsam abkühlenden Gebiete geraten unter Zugspannungen, da sie länger schrumpfen. Wegen dieser „eingefrorenen Spannungen" erfolgt nach der Formgebung eine Wiedererwärmung auf eine Temperatur, die über dem Transformationspunkt liegt. Die Formbeständigkeit muß noch gewährleistet sein. Der Spannungsabbau (sog. *innerer Glasfluß*) erfolgt dann in praktisch vertretbarer Geschwindigkeit. Danach wird langsam, d. h. gleichmäßig auf eine Temperatur unterhalb des Transformationspunkts abgekühlt. Die Temperaturerniedrigung auf Raumtemperatur ist dann mit größerer Geschwindigkeit möglich. Es ist hieraus verständlich, daß die Neigung zur Bildung von Eigenspannungen und ggf. von Rissen bei Gläsern mit kleinem thermischem Ausdehnungskoeffizienten gering ist.
Die Entmischung bei Mehrkomponentengläsern kann auch zu inhomogenen Eigenspannungsverteilungen führen.
In die Glasoberfläche werden gezielt Druckspannungen eingebaut, um die festigkeitsmindernde Wirkung der Oberflächenfehler, die durch Berührung mit der Umwelt entstehen, abzuschwächen. Die wichtigsten Verfahren sind die sog. *thermische Härtung* und die *chemische Härtung*, wobei aber effektiv die Festigkeit, und nicht in erster Linie die Härte erhöht wird. Deshalb sollte besser statt von Härtung von *Vorspannen* gesprochen werden.
Beim *thermischen Vorspannen* erfolgt eine Erwärmung auf eine Temperatur oberhalb des Transformationspunkts, wobei aber noch keine Formänderung durch die Eigenmasse erfolgen darf. Beim nachfolgenden raschen Abkühlen friert die Oberfläche zuerst ein. Durch die schnelle Abkühlung bilden sich, wie bereits erläutert, Druckeigenspannungen aus; im Innern entstehen Zugeigenspannungen. Die Druckspannungen am Rande erreichen etwa die doppelte absolute Größe der Zugeigenspannungen im Kern. Die Druckspannung am Rande nimmt mit der Glasdicke zu. Die untere Grenze für die Vorspannung liegt bei etwa 3 mm. Die Druckspannungszone umfaßt etwa $^1/_6$ der Glasdicke.
Beim *chemischen Vorspannen* werden bei Temperaturen 50 bis 100 K unterhalb des Transformationspunkts die kleineren Alkaliionen von hoch lithium- oder natriumhaltigem Glas in einer Kalium-Nitrat-Salzschmelze nach folgender Gleichung gegen die größeren Ionen durch Diffusion ausgetauscht:

$$(Na^+)_{Glas} + (K^+)_{Schmelze} \rightarrow (Na^+)_{Schmelze} + (K^+)_{Glas} \qquad (2.11)$$

Ebenso könnte die Gleichung für $(Li^+)_{Glas}$ entwickelt werden. Durch die um etwa 30% größeren Kaliumionen gerät die Randschicht unter Druckspannungen.
Beim chemischen Vorspannen werden im Vergleich zum thermischen Vorspannen höhere Druckspannungen und diese dann auch auf kleinerem Randgebiet (etwa 50 bis 200 μm) erreicht, wobei aber die obere Schichtdicke nur bei sehr langen Zeiten (1 Tag und mehr bei Natron-Kalk- und Bor-Silikat-Gläsern) erreicht wird (Bild 2.25). Die Druckspannungszone muß tiefer sein als die Oberflächenanrisse (etwa 30 μm).

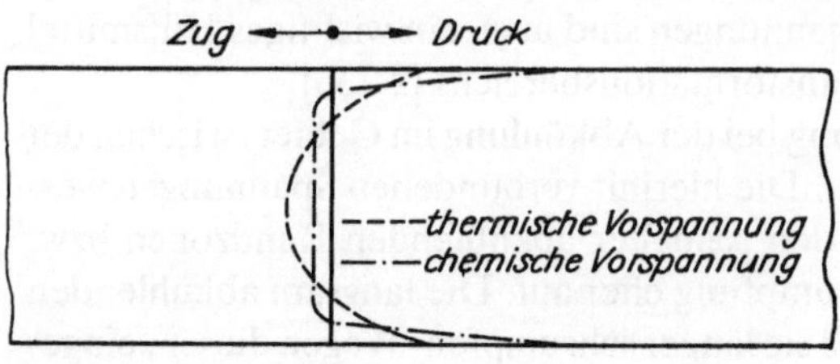

Bild 2.25. Schematischer Eigenspannungsverlauf in einer vorgespannten Glasplatte

Die chemisch und thermisch vorgespannten Gläser dürfen nur auf 280 bis 300 °C erwärmt werden, da die Spannungen sonst durch Relaxation abgebaut werden. Durch das thermische Vorspannen erzielt man z. B. den Krümelbruch des Einscheibensicherheitsglases im Kraftfahrzeugbau und im Bauwesen.
Das teurere chemische Vorspannen wird bei Brillengläsern und hochwertigen bruchfesten Laborgläsern (z. B. Pipettenspitzen und Zentrifugen) angewendet. Beide Vorspannverfahren erhöhen auch die Temperaturwechselfestigkeit im Bereich bis etwa 300 °C.
Weitere Möglichkeiten der Erzeugung von Druckvorspannungen zur Steigerung der Festigkeit sind die *Oberflächenkristallisation* und das *Überfangverfahren.* Bei der Oberflächenkristallisation erzeugt man durch ein Tempern oberhalb des Transformationspunkts eine kristalline Oberflächenschicht, die einen kleineren spezifischen Wärmeausdehnungskoeffizienten hat als der Grundwerkstoff. Beim Abkühlen gerät der Rand unter Druckeigenspannungen.
Beim Überfangverfahren bringt man, wie bei dem aus dem Kunsthandwerk bekannten Überfangglas, auf das Grundglas eine oder mehrere Schichten eines anderen Glases auf. Dabei weist das aufgebrachte Glas einen kleineren spezifischen Wärmeausdehnungskoeffizienten auf, so daß sich nach der Abkühlung am Rand Druck-, im Innern Zugeigenspannungen ergeben. Bei diesen beiden Verfahren bauen sich die Eigenspannungen beim Erwärmen zwar ab, kehren aber beim Abkühlen wieder [2.125, 2.132, 2.134].
Bei *keramischen Werkstoffen* will man, ebenso wie bei den Glaswerkstoffen, durch gezieltes Einbringen von Druckeigenspannungen die geringe Beanspruchbarkeit des Werkstoffs auf Zug verbessern. Bei technischen Porzellanen erfolgt das z. B. durch Überziehen mit einer Glasur, die nach dem Abkühlen infolge eines geringen thermischen Ausdehnungskoeffizienten im Vergleich zum Grundwerkstoff unter Druckeigenspannungen gerät.
Durch die kontrollierte Ausnutzung der tetragonal-monoklinen Phasenumwandlung dispergierter Zirkondioxid-Teilchen in der keramischen Matrix (z. B. Siliziumnitrid) entstehen örtliche Zugeigenspannungen, die zur Anrißbildung führen. Diese feinen Risse

rufen eine Dissipation der Energie großer Risse hervor, so daß der Bruchwiderstand der spröden Keramik erhöht wird.
Eigenspannungen sind auch die Ursache der hohen Festigkeit der *Vitrokeramiken* im Vergleich zu ihren Ausgangsgläsern, da die thermische Ausdehnung der Kristallphase meist größer ist als die der amorphen Glasmatrix. Damit steht die Glasmatrix unter Druckspannungen, was zu einer stärkeren Zugbelastbarkeit des Gesamtwerkstoffs führt.
Dieses Verbundprinzip findet auch bei *Beton* Anwendung, und zwar beim Spannbeton. Die Zugfestigkeit beträgt nur $^1/_{10}$ bis $^1/_{25}$ der Druckfestigkeit. Durch eine Zugvorspannung des als Bewehrung eingezogenen Stahls ist es möglich, den Beton unter Druckvorspannung zu setzen und die Zugspannungen vom Stahl aufzunehmen. Da Stahl und Beton etwa die gleichen Wärmeausdehnungskoeffizienten besitzen, haftet der Verbund auch an den Grenzschichten bei Temperaturänderungen. Da die zu übertragenden Zugkräfte dem Querschnitt des Bewehrungsstahls proportional sind, muß die Haftlänge, vor allem bei dicken Stählen, durch eine Profilierung (z. B. Haftrippen) vergrößert werden. Durch die Verrippung wird somit auch der Gefahr von Rissen, die schließlich eine Korrosion fördern, vorgebeugt. Über spezielle Eigenspannungen im Beton (hygrische Eigenspannungen) wird im Abschnitt 2. berichtet.

Literaturverzeichnis

[2.1] KDT-Richtlinie 069-79: Eigenspannungen. Berlin: KDT-Eigenverlag 1981

[2.2] *Tietz, H.-D.:* Definition, Einteilung und Symbolik von Eigenspannungen. Die Technik 34 (1979) 5, S. 276–277

[2.3] *Bierwirth, G.:* Röntgenographische Ermittlung von Eigenspannungen in Stahl nach plastischer Zugverformung. Archiv für Eisenhüttenwesen 35 (1964) 2, S. 133–138.

[2.4] *Kienzle, A.:* Mechanische Umformtechnik. Berlin, Heidelberg, New York: Springer-Verlag 1968

[2.5] *Masing, G.:* Eigenspannungen in kaltgereckten Metallen. Techn. Physik 6 (1925) S. 569–579

[2.6] *Macherauch, E.; Wohlfahrt, H.; Wolfstieg, U.:* Zur zweckmäßigen Definition von Eigenspannungen. Härterei-Techn. Mitt. 28 (1973) 3, S. 201–211

[2.7] *Hoffmann, H.; Bock, H.; Wenzek, R.:* Die Beanspruchungsverhältnisse in heterogenen Werkstoffen. Wiss. Z. Techn. Hochschule Magdeburg 16 (1971) 1, S. 31–39

[2.8] *Flügge, S.:* Handbuch der Physik. Bd. VII, Teil 1; Kristallphysik I. Bd. VII. Teil 2; Kristallphysik II. Berlin, Göttingen, Heidelberg, New York: Springer-Verlag 1955–1958

[2.9] *Schröder, G.; Warlimont, H.:* Metallkundliche Grundlagen, in: *K. Lange,* Lehrbuch der Umformtechnik. Bd. 1. Berlin, Heidelberg, New York: Springer-Verlag 1972

[2.10] *Kröner, E.:* Die inneren Spannungen und der Inkompatibilitätstensor in der Elastizitätstheorie. Z. angew. Phys. 7 (1955) 5, S. 249–257

[2.11] *Dehlinger, U.:* Die Entstehung von inneren Spannungen bei Vorgängen in Metallen. Z. Metallkunde 50 (1959) 3, S. 126–130

[2.12] *Kafka, V.:* Zur Thermodynamik der plastischen Verformung. ZAMM 54 (1979) S. 649–657

[2.13] *Okushima, K.; Kakino, Y.:* A study on the residual stress produced by metal cutting. Memoirs of Faculty of Engineering Kyoto University 34 (1972) T. 2, S. 234–248

[2.14] *Gertis, K.:* Hygrische Eigenspannungen und Verformungen von Gasbetonaußenbauteilen. Bautechnik (1975) 10, S. 329–337

[2.15] *Chatterjee-Fischer, R.:* Beispiele für durch Wärmebehandlung bedingte Eigenspannungen und ihre Auswirkungen. 1. Entstehung von Eigenspannungen, Härterei-Techn. Mitt. 28 (1973) 11, S.276–284

[2.16] *Rose, A.:* Eigenspannungen als Ergebnis von Wärmebehandlung und Umwandlungsverhalten. Härterei-Techn. Mitt. 21 (1966) 1, S. 1–6
[2.17] *Gregely, M.:* Eine Möglichkeit der Berechnung von Härtungsspannungen aufgrund der Umwandlungseigenschaften von Stahl. Härterei-Techn. Mitt. 27 (1972) 3, S. 184–187
[2.18] *Schreiber, E.:* Umwandlungseigenspannungen. Härterei-Techn. Mitt. 31 (1976) 1/2, S. 52 bis 55
[2.19] *Staudinger, O.:* Eigenspannungen in induktiv oberflächengehärteten Stählen. Härterei-Techn. Mitt. 15 (1960) 3, S. 160–164
[2.20] *Tietz, H.-D.; Teichert, K.; Hähnel, G.; Lehmann, G.:* Entstehung von Eigenspannungen im Prozeß der Wärmebehandlung und ihre Auswirkung auf das Bauteilverhalten. Neue Hütte 22 (1967) 6, S.307–312
[2.21] *Vatjev, E.:* Einfluß von Induktionshärtung und Anlaßverfahren auf den Eigenspannungsverlauf über den Querschnitt zylindrischer Proben. Karl-Marx-Stadt: TH, Diss., 1966.
[2.22] *Rose, A.:* Wärmebehandlung und Umwandlung als Ursache von Eigenspannungen, insbesondere in Kaltwalzen, Werkzeugen sowie einsatz- und oberflächengehärteten Bauteilen. Klepzig-Fachberichte, 1972, August, S. 424–429
[2.23] *Christian, H.:* Das röntgenographische Spannungsmeßverfahren und seine Anwendung bei der Bestimmung der Spannungszustände in oberflächenbearbeiteten und wärmebehandelten Proben. Braunschweig: TU, Diss., 1969
[2.24] *Wolfstieg, U.:* Spannungen und Verzug durch Badnitrieren. VDI-Ber. 46 (1961) S. 63–64
[2.25] *Härtel, M.:* Diplomarbeit, IH Zwickau 1979
[2.26] *Splittgerber, E.:* Innere Spannungen in Konstruktionsteilen als Schadenursache. Der Maschinenschaden 41 (1968) 4, S. 135–146
[2.27] *Riehle, M.:* Untersuchungen der Eigenspannungen in Boridschichten. Wiss. Z. TH Magdeburg 15 (1971) 5, S. 485–489
[2.28] *Moreaux, F.; Beck, G.:* Mise en evidence des paramétres qui determinent le niveau des contraintes thermiques residuelles de trempe. C. R. Acad. Sci. Ser. C (1974) 278, S. 749–751
[2.29] *Murry, G.:* Methode praktique de prêvision des déformations et contraintes apparaissant au cours de la tempe des aciers. Treatment thermique (1978) 130, S. 69–74
[2.30] *Bulckaen, V.; Paganini, L.; Gucci, N.:* Rilevamento delle autotensiodni lötenti in provini a forma di disco aventi subito untrattamento di indurimento superficiale su entrambe le facce. Metallurgia Italiania 67 (1975) 6, S. 307–314
[2.31] *Vannes, A.; Fougéres, R.; Théolier, M.:* Determination des contraintes subsistant aprés transformation martensitique et de leur évolution sous l'effect d'un revenu. Mem. Scient. Rev. Met. 71 (1974) 5, S. 307–317
[2.32] *Yonctai, S.; Shinohera, T.; Takahashi, K.:* On the residual stresses in carburized and quenched steels. Nippon Kinzoku Cakkai-Shi 44 (1980) 5, S. 467–473
[2.33] *Kroneis, M.:* Untersuchungen über den Spannungsabbau bei legierten und unlegierten Stählen durch Spannungsfreiglühen. Industrieblatt 57 (1959) 6, S. 277–278
[2.34] *Austel, W.; Grote, G.; Maidorn, C.; Schröder, J.:* Einfluß von Temperatur und Haltedauer beim Spannungsarmglühen auf den Abbau innerer Spannungen und die mechanisch-technologischen Eigenschaften von Stahl 22NiMoCr3.7. Archiv für Eisenhüttenwesen 45 (1979) 5, S. 309 bis 315
[2.35] *Riedel, D.:* Betrachtungen über den Abbau von Eigenspannungen beim Spannungsarmglühen am Beispiel des Stahles 13CrMo4.4. Stahl u. Eisen 93 (1973) 8, S. 322–338
[2.36] *Hoffmann, H.; Blumenauer, H.:* Eigenspannungen in Werkstoffen mit heterogenem Gefügeaufbau. In: Sitzungsberichte der AdW der DDR 6 N (1977) S. 30–44
[2.37] *Yu, H.-J.; Wolfstieg, U., Macherauch, E.:* Zum Durchmessereinfluß auf die Eigenspannungen in öl- und wasserabgeschreckten Stahlzylindern. Archiv für Eisenhüttenwesen 51 (1980) 5, S. 195–200
[2.38] *Rappe, H.-A.:* Betrachtungen zu Schweißeigenspannungen. Schweißen und Schneiden 26 (1974) 2, S. 45–50
[2.39] *Bader, W.:* Schadensfälle, Bd. 1, H. 50. ZIS Halle 1965
[2.40] *Christian, H.; Eltinger, F.-X.:* Eigenspannungen in Schweißnähten. Der Maschinenschaden 51 (1978) 3, S. 124–130

[2.41] *Wohlfahrt, H.; Macherauch, E.:* Die Ursachen des Schweißeigenspannungszustands. Materialprüfung 119 (1977) 8, S. 272–280
[2.42] *Bühler, H.; Rappe, H.-A., Rose, A.:* Der Einfluß des Umwandlungsverhaltens auf die Schweißeigenspannungen bei Stahl. Archiv für Eisenhüttenwesen 45 (1974) 10, S. 719–728
[2.43] *Bühler, H.; Jankowski, W.:* Einfluß von Streckenenergie und Vorwärmtemperatur auf die Schweißeigenspannungen in hochfestem, vergüteten Feinkornstahl. Archiv für Eisenhüttenwesen 48 (1977) 12, S. 633–638
[2.44] *Bühler, H.; Jankowski, W.:* Eigenspannungsfeld in mittig geschweißten Platten aus wasservergütetem Stahl StE70 und Einfluß der Schweißnahtlänge und Blechdicke auf die Schweißeigenspannungen. Archiv für Eisenhüttenwesen 49 (1978) 2, S. 83–87
[2.45] *Bühler, H.; Jankowski, W.:* Einfluß von Elektrodenwerkstoff und Spannungsarmglühtemperatur auf die Schweißeigenspannungen in hochfestem, vergüteten Feinkornstahl. Archiv für Eisenhüttenwesen 49 (1978) 2, S. 77–81
[2.46] *Teichert, K.:* Beitrag zur Spannungs- und Verformungskinetik von Stählen unter simulierten Schweißwärmezyklen. TH Karl-Marx-Stadt: Diss. 1975
[2.47] *Babajev, A. J.; Vajnerman, A. E.:* Eigenspannungen in aufgeschweißten Walzen (russ.) Avtom. svarka (1976) 2, S. 35–37
[2.48] *Malisius, R.:* Schrumpfungen und Eigenspannungen in geschweißten T- und Kreuz-Verbindungen. Der Praktiker (1975) 2, S. 29–30
[2.49] *Nguyen, Chi-Trung:* Eigenspannungen in Widerstandspunktschweißverbindungen. Schweißen und Schneiden 32 (1980) 1, S. 10–12
[2.50] *Ruge, J.; Schimmöller, H.:* Berechnung der Eigenspannungen in brenngeschnittenen Stahlblechen aus StE36. Journal de Soudure (1972) 7, S. 187–194
[2.51] *Kunz, H.-G.:* Stand und Anwendung des Flammenentspannens. Mitteilungen der BEFA 27 (1976) 1, S. 1–3
[2.52] *Seyffarth, P.; Beyer, M.; Herold, H.:* Mehr Mut zum vorwärmlosen Schweißen. Schweißtechnik 29 (1979) 11, S. 503–507
[2.53] *Wellinger, K.; Ludwig, N.:* Abbau von Schweißeigenspannungen durch fortschreitende Erwärmung unter 200 °C. Schweißen und Schneiden 3 (1951) 11; S. 344–347
[2.54] *Hänsch, H.; Krebs, J.:* Eigenspannungen und Schrumpfungen in Schweißkonstruktionen. Berlin: Verlag Technik 1961
[2.55] *Gorissen, E.:* Geschwindigkeit und Eigenspannungen beim Rohrschweißen. Blech (1975) 12, S. 490–495
[2.56] *Ksendzyk, G. V.:* Eigenspannungen in Walzen, die mit verschleißfestem Gußeisen auftragsgeschweißt wurden (russ.). Avtom. svarka (1972) 5, S. 33–34
[2.57] *Heinz, O.; Tippmann, G.:* Querspannungsverlauf in der Schweißnaht in Richtung der Blechdicke. Schweißtechnik 22 (1972) 11, S. 504–506
[2.58] *Jancenko, J. A.; Sagalevič, V. M.:* Einfluß der Ultraschallbearbeitung auf die Senkung der Eigenspannungen und Deformationen bei Schweißverbindungen aus hochfesten Stählen (russ.). Vestnik Mašinostr. (1978) 11, S. 60–63.
[2.59] *Schimmöller, H.:* Rechnerische Behandlung der Verlagerung von Eigenspannungen in einem Stabmodell durch Überbelastung. Z. Werkstofftechnik 3 (1972) 6, S. 301–306
[2.60] *Detert, K.; Banga, R., Bertram, W.:* Einfluß des Spannungsarmglühens auf die mechanischen Eigenschaften und das Gefüge von schweißsimulierend wärmebehandelten Proben aus warmfesten Feinkornstählen. Archiv für Eisenhüttenwesen 45 (1974) 4, S. 245–255
[2.61] *Schimmöller, R.; Ruge, J.:* Mechanische Wechselwirkungen an Werkstoffübergängen von Verbundkörpern aus ungleichartigen Werkstoffen. T. 1: Z. Werkstofftechnik 5 (1974) 7, S. 366 bis 373; T. 2: 6 (1975) 3, S. 73–82
[2.62] *Bertram, W.:* Eigenspannungen in austenitisch bandplattiertem dickwandigem Feinkornstahl. Braunschweig, TU, Diss. 1976.
[2.63] *Tietz, H.-D.; Glaser, B.:* Gußeigenspannungen. Gießereitechnik 24 (1978) 12, A. 367–370
[2.64] *Richter, R.:* Entstehung, Vermeidung und nachträgliche Beseitigung von Gußspannungen. T. 1: Gießereitechnik 12 (1966) 11, S. 339–343; T. 2: 12, S. 367–370
[2.65] *Richter, R.; Glaser, B.:* Die Gußstückabkühlung nach dem Gießen und ihr Einfluß auf das Entstehen von Eigenspannungen. Gießereitechnik 27 (1981) 2, S. 45–48
[2.66] *Pfrötzschner, G.:* Untersuchungen zum Einfluß der Ausleertemperatur auf die Eigenschaf-

ten von Gußstücken aus Gußeisen mit Lamellengraphit als ein Beitrag zur optimalen Gestaltung von Prozessen der Gußstückherstellung. Freiberg: BA,Diss. 1980

[2.67] *Bühler, H.; Pfalzgraf, H. G.:* Einfluß einer Langzeitlagerung auf die Eigenspannungen im Gußeisen. Gießerei 50 (1963) 26, S. 797–802

[2.68] *Bühler, H.; Pfalzgraf, H. G.:* Zur Frage der Verminderung der Gußspannungen durch Rütteln. Gießerei 51 (1964) 8, S. 194–205

[2.69] *Weiss, S.; Baker, G. S.; DAS Gupta, R. D.:* Vibrational residual stress relief in a plain carbon steel weldment. Weld. J. 35 (1976) 2, S. 47–51

[2.70] *Prohászka, J.; Hidasi, Bf.; Varga, L.:* Vibrationinduced internal stress relief. Perid. polytechn. mech. eng., Budapest 19 (1975) 1, S. 69–78

[2.71] *Steffens, H.-D.; Crostack, H. A.; Kunze, G.:* Untersuchung zur Eigenspannungsverteilung in Punktschweißverbindungen hochfester Stähle. Eigenspannungen, Bericht eines Symposiums 1979, Oberursel 1980, S. 283–291

[2.72] *Siebert, D.:* Beitrag zur Frage der Eigenspannungen in warmgewalzten Breitflanschträgern. Hannover: TU, Diss. 1973

[2.73] *Yu, H.-J.:* Berechnung von Abkühlungs-, Umwandlungs-, Schweiß- sowie Umformeigenspannungen mit Hilfe der Methode der finiten Elemente. Karlsruhe: TU, Diss., 1977

[2.74] *Masing, G.:* Grundlagen der Metallkunde in anschaulicher Darstellung. Berlin, Göttingen, Heidelberg: Springer-Verlag 1955

[2.75] *Buchholtz, O.-W.:* Beitrag zur Frage der Eigenspannungen und der Planheit von kaltgewalzten Feinblechen. Hannover: TU, Diss., 1973

[2.76] *Bühler, H.; Buchholtz, O. W.:* Eigenspannungsmessung an planem und unplanem Kaltband. Archiv für Eisenhüttenwesen 44 (1973) 12, S. 907–912

[2.77] *Jargstorf, P. u. a.:* Probleme bei der optimalen Führung des Kaltwalzprozesses an kontinuierlichen Kaltbandstraßen. Wiss. Zeitschrift TH Magdeburg 18 (1974) 1, S. 11–21

[2.78] *Reitzle, W.; Fischer, F.:* Ausbildung und Beeinflussung von Eigenspannungen in Stahlbreitband für Tiefziehzwecke. bänder bleche rohre (1975) 12, S. 515–519

[2.79] *Loose, J.; Zalavin, J. A.; Micheev, E. A.:* Dressiereffekt und physikalisch-struktureller Zustand von Tiefziehbändern. Neue Hütte 20 (1975) 1, S. 30–36

[2.80] *Guericke, W.; Winkelmann, W.:* Richten und Restspannungsabbau – wichtige Arbeitsgänge bei der Herstellung von Walzgut und Drahtseilen. Wiss. Zeitschrift TH Magdeburg 16 (1974) 4, S. 361–370

[2.81] *Neubauer, A.:* Untersuchung der Eigenspannungen I. Art beim Profilieren. Fertigungstechnik und Betrieb 17 (1967) 11, S. 673–678

[2.82] *Hoffmann, H.; Eichhorn, A.; Reichel, B.:* Untersuchungen über den Einfluß von Umformgrad und Blechdicke auf die Eigenspannungsverteilung in profilierten Blechen. Neue Hütte 18 (1973) 12, S. 718–721

[2.83] *Eichhorn, A.:* Untersuchung von Eigenspannungen I. Art in Leichtbauprofilen. Vortrag II. Kolloquium Eigenspannungen und Oberflächenverfestigung. Kurzfassungen. Zwickau 1979, S. 12

[2.84] *Palkowski, H.; Funke, P.:* Beeinflussung des Eigenspannungszustandes in Kaltprofilen durch einige Umformbedingungen. Stahl u. Eisen 100 (1980) 9, S. 478–483

[2.85] *Queener, C. A.; De Anglies, R. J.:* Elastic springback and residual stresses in sheet metal formed by bending. Trans. ASM 61 (1968) S. 757–768

[2.86] *Schumann, H.-D.; Holste, C.; Schmidt, G. K.:* Wiss. Zeitschrift TH Dresden (1979) 3, S. 37–47

[2.87] *Hartmann, U. R.:* Möglichkeiten und Grenzen der röntgendiffraktometrischen Spannungsanalyse (RSA) in der Martensit- und Austenitphase einsatzgehärteter Stähle. Karlsruhe, TU, Diss., 1973

[2.88] *Pobežimova, T. N.:* Die Änderung der Eigenspannungen beim Betrieb von Walzen (russ.). Metallov. term. obr. met. (1975) 1, S. 72–75

[2.89] *Bühler, H.; Buchholtz, H.:* Einfluß der Querschnittsminderung beim Kaltziehen auf die Spannungen in Rundstangen. Archiv für Eisenhüttenwesen 7 (1954) 7, S. 427–430

[2.90] *Wegener, U.:* Eigenspannungen: Entstehung, Ermittlung und Auswirkung – insbesondere bei Ziehwerkstoffen. Draht (1976) 6, 289–291

[2.91] *Minra, S.; Saeki, Y.; Matushita, T.:* Residual stresses in hydrostatically extruded carbon steel rods. Metals and Materials 1973, S. 441–447
[2.92] *Kreher, P.-J.:* Zur Frage der Eigenspannungen beim Kaltziehen von Drähten und Rohren. Metall 24 (1970) 10, S. 1068–1073
[2.93] *Ngyen van Y.:* Untersuchungen der Formabweichung an Stahlleichtprofilen bei der mechanischen Weiterverarbeitung. Magdeburg: TH, Diss., 1981
[2.94] *Peiter, A.:* Das Entspannen von Ziehgut durch Strecken, Richten und Anlassen. Metallkunde 57 (1966) 1, S. 1–8
[2.95] *Neubauer, A.; Eichhorn, A.; Hoffmann, H.:* Nachformen – eine neue Methode zur Verringerung der Eigenspannungen 1. Art in Stahlleichtbauprofilen. Wiss. Zeitschrift TH Magdeburg 20 (1976) 5, S. 563–569
[2.96] *Spähn, H.; Class, I.:* Einige Gesichtspunkte für die Auswahl von Stählen in der chemischen Höchstdrucktechnik. Z. Werkstofftechnik 4 (1978) 8, S. 401–409
[2.97] *Lewin, G.; Woywode, N.:* Dimensionierung und Materialökonomie im chemischen Apparatebau. IfL-Mitteilungen 17 (1978) 2, S. 41–46
[2.98] *Prášek, L.:* Analyse des Spannungszustandes von Turbinenscheiben bei Thermo- und Autofrettage. Skoda Revue (1977) 1, S. 5–10
[2.99] *Drescher, G.:* Fließvergütung von Böden stählerner zylindrischer Behälter. Die Technik 21 (1966) 4, S. 251–254
[2.100] *Metschke, M.:* Pulsierende Belastung und die Entstehung von Eigenspannungen. Karl-Marx-Stadt: TH, Diss., 1981
[2.101] *Papšev, D. D.:* Orgeločno-yupročnjajuščaja obrabotka poverchnostnym plastičeskim deformirovaniem. Moskva: Mašinostroenie 1978
[2.102] *Kudrjavzev, J. W.:* Ermüdungsfestigkeit und Eigenspannungen in Stahl und Gußeisen (russ.). ZNIITMASCH 1955, No. 70, Moskva 1955
[2.103] *Kolb, K.; Macherauch, E.:* Die Eigenspannungsausbildung in verformten Stählen. Archiv Eisenhüttenwesen 36 (1965) 1, S. 9–27
[2.104] *Schreiber, R.; Wohlfahrt, H.; Macherauch, E.:* Zur Eigenspannungsausbildung beim Kugelstrahlen des Einsatzstahles 16MnCr5. Härtereitechn. Mitt. (1976) 1/2, S. 95–97
[2.105] *Tietz, H.-D.; Hammacher, B.; Vetter, U.:* Einfluß des Kaltpilgerverfahrens auf die Eigenspannungen in Rohren der Stahlmarke 100Cr6. Neue Hütte 22 (1977) 4, S. 193–196
[2.106] *Bühler, H.; Altmeyer, G.:* Der Einfluß des Nachziehens und des Richtens auf die Eigenspannungen in Stahldrähten. Stahl und Eisen 78 (1958) 25, S. 1822–1827
[2.107] *Wellinger, K.; Kunz, A.:* Untersuchungen über die Versprödungsneigung von Kesselbau- und Druckbehälterstählen. VDI-Zeitschrift 118 (1976) 17118, S. 817–824
[2.108] *Rönnecke, J.:* Zum Einfluß spanloser mechanischer Oberflächenverfestigungsverfahren auf das Dauerfestigkeitsverhalten verfestigter Bauteile unter der Berücksichtigung von Eigenspannungs-, Härte- und Oberflächentopographie- und Gefügeänderungen. Zwickau: IH, Diss., 1981
[2.109] *Zeppelzauer, K.; Brezina, P.:* Ermittlung des Spannungsabbaus bei erhöhter Temperatur in Gußstücken aus verschiedenen Eisengußwerkstoffen. Gießerei-Rundschau 12 (1965) 12, S. 19–25
[2.110] *Müller, K.:* Fertigungsgerechte Gestaltung von Tempergußstücken. VEB GISAG Leipzig, Informationsblatt 2/77
[2.111] *Tönshoff, H. K.:* Eigenspannungen und plastische Verformungen im Werkstück durch spanende Bearbeitung. Hannover: TH, Diss., 1965
[2.112] *Klein, H.-D.:* Biegespannungen und deren Verminderung in metallischen Werkstücken durch spanende Bearbeitung. Hannover: TH, Diss., 1969
[2.113] *Nicolai, M.; Hegler, R.-P.:* Werkstückstemperatureinflüsse beim Drehen. VCI-Zeitschrift 122 (1980) 6, S. 225–228
[2.114] *Babaij, Ju. I.; Berežinskaja, M. F.:* Ausbildung von Eigenspannungen beim Zerspanen von Stahl und ihr Einfluß auf das Dauerverhalten von Maschinenteilen (russ.) Technol. Mašinosjtrojenija (1975), 10, S. 65–70
[2.115] *Syren, B.:* Der Einfluß spanender Bearbeitung auf das Biegewechselverformungsverhalten von Ck 45 in verschiedenen Wärmebehandlungszuständen. Karlsruhe: TU, Diss., 1975

[2.116] *Franz, H. E.:* Bestimmung der Eigenspannungen an definiert bearbeiteten Oberflächen der Werkstoffe TiAl6V6 und TiAl6V6Sn2. Härterei-Techn. Mitt. 34 (1979) 1, S. 24–34.

[2.117] *Kaczmarek, J.:* Eigenschaften der Oberflächenschicht und deren Abhängigkeit von der Bearbeitungsart. C.I.R.P.-Annalen 11 (1962/63) 3, S. 141–147

[2.118] *Kiethe, H.:* Oberflächengestalt und Eigenspannungsausbildung beim Walzenfräsen von Flachstahl aus Ck 45. Karlsruhe: TU, Diss., 1973

[2.119] *Okushima, K.; Kakino, Y.:* A study on the residual stress produced by metal cutting. Mem. Faculty of Eng. Kyoto Univ. 34 (1972) part 2, S. 234–248

[2.120] *Schreiber, E.:* Eigenspannungsausbildung beim Schleifen gehärteten Stahls. Härterei-Techn. Mitt. 28 (1978) 3, S. 186–200

[2.121] *Nakyama, M.:* Entstehung der Restspannungen beim Bandschleifen von Stahl. Industrie-anzeiger (1972) 3, S. 111–113

[2.122] *Dölle, H.; Cohen, J. B.:* Residual stresses in ground steels. Met. Trans. A 11 A (1980) S. 159–164

[2.123] *Letner, H. R.:* Residual grinding stresses in hardened steel. Trans. Amer. Soc. Mech. Eng. 77 (1955), S. 1079–1098

[2.124] *Kleinert, H.; Poppe, R.:* Untersuchungen zur Oberflächenspannung und Oberflächen-struktur ausgehärteter Gießharze. Plaste und Kautschuk 18 (1971) 4, S. 270–278

[2.125] *Wolters, E.; Buchberger, H. L.; Kohlhepp, K. G.:* Zusammenhang zwischen Gefügeaufbau und mechanischem Verhalten von Spritzgußteilen aus Hostaform. Plastverarbeiter 24 (1973) 9, S. 549–555

[2.126] *Kalinšev, E. L.; Ostrovski, A. M.:* Der Einfluß des Spritzgießens auf die Eigenschaften der Formteile (russ.). Plast. Massy (1972) 9, S. 14–21

[2.127] *Hubeny, H.; Graf, H.:* Spannungszustände in Spritzgußteilen. Plastverarbeiter 19 (1968) 4, S. 278–284

[2.128] *Peiter, A.:* Einfluß der Spritzbedingungen auf Eigenspannungen in Normkleinstäben aus Polystyrol. Plastverarbeiter 18 (1967) 12, S. 883–890

[2.129] *Daschko, N. M.; Sporjagin, E. A.:* Die Ermittlung von inneren Spannungen in Spritzguß-teilen (russ.). Plast. Massy, Moskau (1969) 10, S. 62–64

[2.130] *Rothenpieler, A.:* Durch wiederholtes Spritzgießen hervorgerufene Eigenschaftsänderungen von Polystyrol. Kunststoffe 55 (1965) S. 487

[2.131] *Henning, H.; Krekeler, K.; Menges, G.; Mittrop, F.:* Einfluß der Verarbeitungsbedingungen auf die Eigenschaften von Kunststoffen. Forschungsberichte des Landes Nordrhein-Westfalen, Nr. 1777. Köln, Opladen 1966

[2.132] *Wübken, G.:* Eigenspannungen in Spritzgießteilen. Plastverarbeiter 26 (1975) 1, S. 17–23

[2.133] *Lohmeyer, S. u. a.:* Werkstoff Glas. Grafenau: expert-Verlag 1979

[2.134] *Kühne, K.:* Werkstoff Glas. Berlin: Akademie-Verlag 1976

[2.135] *Frischat, G. H.:* Ionic Diffusion in Oxide Glasses. Aedermannsdorf: Trans. Tech. Publ. 1975

[2.136] *Pindera, J. T.; Sinha, N. K.:* On the studies of residual stresses in glasses plates. Proc. Soc. Exper. Stress Anal. 28 (1971) 1, S. 113–120

[2.137] *Gulivan, T. F.; Scott, D.; Haddrill, D. M.; Glen, J.:* The influence of stress relief on the properties of O and Mn pressure-vessel plate steels. West Scottland Iron and Steel Inst., Glasgow 80 (1972/73) S 149–175

[2.138] *Dechtjar, L. I.; Provir, S. G.:* Bestimmung von Eigenspannungen und der Elastizitätscharakteristiken in Teilen, die einer plastischen Oberflächenverformung unterzogen wurden (russ.). Zav. Lab. 43 (1977) 4, S. 487–490

[2.139] *Niku-Lari, A.; Flavenot, J. F.:* La meagure contraintes residuelles: Methode de la fleche, méthode da la source de contraintes, VDI-Berichte 313 (1978) S. 493–502

[2.140] *Schmohl, H.-P.:* Ermittlung funkenerosiver Bearbeitungseigenspannungen in Werkzeugstählen. Hannover: TU, Diss., 1979

[2.141] *Adrian, H.; Haneke, M.;Straßburger, C.:* Stähle für Bohrinseln und Förderplattformen. 3 R International 16 (1977) 11/12, S. 686–695

[2.142] *Bartnig, K.:* Beitrag zur meßtechnischen Charakterisierung des Zustandes von Standardprüfkörpern aus Polystyrol unter besonderer Berücksichtigung von Eigenspannungen. Leuna-Merseburg: TH, Diss., 1982

[2.143] *Kriebel, F.; Lochmann, S.:* Deformationen und mechanische Spannungen bei weichgelöteten Festkörperschaltchips. Feingerätetechnik 30 (1971) 10, S. 452–454

[2.144] *Paatsch, W.:* Prüfung und Kontrolle galvanotechnisch beschichteter Werkstoffe. Galvanotechnik 70 (1979) 5, S. 412–419

[2.145] *Spähn, H.; Speckhardt, H.:* Funktionelle Galvanotechnik heute. Z. Werkstofftechnik 12 (1981) S. 110–126

[2.146] *Nover, G.; Raub, C. J.; Speckhardt, H.:* Dauerschwingfestigkeit von hartverchromten und vernickelten Umlaufbiegeproben unter Berücksichtigung der Eigenspannungen in der Auflage. Metalloberfläche 34 (1980) 4, S. 169–173

[2.147] *Kuschner, J. B.:* J. of. Electroplaters Soc. 112 (1965) S. 413–430

[2.148] *Tietz, H.-D.:* Erzeugung, Prüfung und Bewertung von Eigenspannungen in der Praxis. Fertigungstechnik und Betrieb 30 (1980) 1, S. 54–55

[2.149] *Wolfstieg, U.; Macherauch, E.:* Zum thermischen Abbau von Eigenspannungen. Eigenspannungen, Bericht über ein Symposium 1979, Oberursel 1980, S. 345–353

3 Meßverfahren für Eigenspannungen

3.1. Allgemeine Betrachtungen

Die Messung von Eigenspannungen kann mittels zerstörender oder zerstöfungsfreier Verfahren erfolgen. Am ältesten sind die zerstörenden Prüfverfahren. So hat bereits 1887 *Kalakuckij* berichtet, daß Längsspannungen in Stäben durch Formänderungsmessungen nach dem Schlitzen der Stäbe ermittelt werden können [3.51]. Nicht immer erfolgt eine vollständige Zerstörung des Bauteils, sondern nur eine Beschädigung. Bekannte zerstörende Verfahren sind: Abdrehen, Ausbohren, Schlitzen, Einbringen einer Bohrung, Herausarbeiten eines Ringkerns (im Gegensatz zum Bohrlochverfahren), einseitiges Abtragen usw. Die Bezeichnungen für die einzelnen mechanischen Verfahren sind in der Literatur nicht einheitlich.

Grundlage für das Messen von Eigenspannungen durch zerstörende Methoden ist das Auslösen von Eigenspannungen beim mechanischen Eingriff. Die mit den ausgelösten Eigenspannungen verbundenen Formänderungen müssen gemessen werden. Bei der mechanischen Bearbeitung eigenspannungsbehafteter Teile im Produktionsprozeß ist diese Erscheinung als Verzug bekannt (s. Abschnitt 4.1.). Da die Formänderungen oft nur klein sind, müssen Verfahren mit geringer Meßunsicherheit zum Einsatz gelangen. Meist werden Dehnmeßstreifen (Draht-, in letzter Zeit in zunehmendem Maße Folienmeßstreifen) verwendet. An die Dehnmeßstreifen sind besondere Forderungen zu stellen. Diese ergeben sich nicht nur daraus, daß auch geringe Spannungen nachzuweisen sind, sondern daß sich die Messungen oft über einen längeren Zeitraum erstrecken, so z. B. Messungen nach schrittweiser mechanischer Bearbeitung. Neben den punktweise arbeitenden Verfahren rücken auch Feldmeßverfahren wie die Holographie in den Blickpunkt [3.3, 3.4]. Trotz relativ hohen Aufwands stellt aber die Ausmessung des gesamten Feldes mit dem Erkennen von Spannungsspitzen einen erheblichen Vorteil dar. In den letzten Jahren wendet man sich in verstärktem Maße der Entwicklung zerstörungsfreier Verfahren zu, weil nur diese eine Serienprüfung sinnvoll ermöglichen. Dabei ist auch bei derartigen Verfahren aus Gründen der Rationalisierung der Werkstoffprüfung nicht immer eine 100 %ige Prüfung anzustreben, sondern eine Prüfung auf der Basis der statistischen Qualitätskontrolle. In Fällen, wo das Versagen der Bauteile schwerwiegende Folgen haben kann, strebt man eine Messung aller Bauteile an. Es muß

aber betont werden, daß eine 100%ige Prüfung nicht mit einer 100%igen Sicherheit gleichgesetzt werden darf. Vielmehr sind die Unsicherheiten der Meßverfahren und damit die Sortierunsicherheiten zu beachten [3.1, 3.2].
Das bekannteste der zerstörungsfreien Prüfverfahren ist die röntgenographische Spannungsmessung, die etwa zu der Zeit entwickelt wurde, als die Ausbohr- bzw. Abdrehverfahren publiziert wurden. Trotz intensiver Weiterentwicklung dieses Spannungsmeßverfahrens hinsichtlich weiterer Ausschöpfung des Informationsgehalts der Beugungslinien und erheblicher Verringerung des Meßaufwands werden in den letzten Jahren auch andere zerstörungsfreie Prüfverfahren bezüglich ihrer Eignung für die Spannungs- und Eigenspannungsmessung herangezogen, so vor allem die Ultraschall-Meßtechnik und die magnetischen Verfahren.
Die spannungsoptischen Verfahren haben als Feldmeßverfahren für die Spannungsanalyse belasteter Modellbauteile eine weite Verbreitung gefunden. Für Eigenspannungsanalyse finden sie aber in der Regel nur für durchsichtige Bauteile, z. B. aus Glas oder Plast, Verwendung, z. T. aber auch für metallische Bauteile mit spannungsoptischen Oberflächenschichten [3.6, 3.7]. Neben den Meßmethoden finden auch Berechnungsverfahren Anwendung. Dazu gibt es eine Vielzahl von Ansätzen, um z. B. aus den (meist instationären) Temperaturfeldern und den Feldern plastischer Verformung auf Eigenspannungen zu schließen. Vielfach wird dabei auch die Methode der finiten Elemente angewendet. Meist erfolgt aber dann nach der Berechnung ein Vergleich mit experimentellen Methoden. Es werden auch Berechnungs- und Meßverfahren als sog. *hybride Verfahren* kombiniert.

3.2. Zerlege- und Abtragverfahren

3.2.1. Anforderungen an die Meßgeräte

Da Eigenspannungsmessungen sich infolge schrittweisen Auslösens der Spannungen über längere Zeiten erstrecken und die Werte oft weit unterhalb der Fließgrenze liegen, sind besonders hohe Anforderungen an die Meßtechnik erforderlich.

3.2.1.1. Dehnmeßstreifen

Für die Spannungsmessungen gelangen meist *Dehnmeßstreifen* mit metallischem Gitter zum Einsatz, nämlich *Folien-* und *Draht-Dehnmeßstreifen.* Folienmeßstreifen setzen sich vor allem bei Meßstreifen mit kleinerem Meßgitter und komplizierten Meßgitterformen (z. B. Rosetten) immer mehr durch. Geht man davon aus, daß die größte Verformbarkeit bei Draht- und Dehnmeßstreifen mit einer Meßgitterlänge unter 6 mm bei 0,7 bis 1 %, bei einer Meßgitterlänge über 6 mm bei 2 bis 3 % liegt, bei Folien-Dehnmeßstreifen unter 6 mm bei 1,5 bis 2 %, über 6 mm bei 3 bis 4 % beträgt, so werden Spannungen von 1000 MPa mit einer Formänderung von etwa 0,5 % für hochfeste Stähle sicher erfaßt [3.53].

Für Dehnmeßstreifen sind nachfolgende Kenngrößen und Angaben zur Meßtechnologie wichtig, um einerseits die Meßfehler gering zu halten und andererseits die Reproduzierbarkeit zu gewährleisten:

k-Faktor

Der Wert wird vom Hersteller und im allgemeinen auf der Dehnmeßstreifenpackung vermerkt. Der *k*-Faktor gibt das Verhältnis zwischen der relativen Widerstandsänderung $\frac{\Delta R}{R_0}$ und der sie erzeugenden Dehnung ε an [3.27]:

$$\frac{\Delta R}{R_0} = k \cdot \varepsilon \tag{3.1}$$

Die Linearität der Beziehung ist in dem für Eigenspannungsanalysen interessierenden Meßbereich erfüllt. Bei den meisten metallischen Dehnmeßstreifen (im Gegensatz zu Dehnmeßstreifen aus Halbleitern) liegt der Wert des *k*-Faktors bei etwa 2, da durch technologische Einflüsse bei der Herstellung des Meßgitterwerkstoffs Toleranzen von ± 0,5% bis ± 1% auftreten [3.8].
Der *k*-Faktor ist von einer Reihe von Einflußgrößen, u. a. von den Bedingungen des Aufklebens des Dehnmeßstreifens, abhängig, so vom Kleber, der Klebschichtdicke und dem Trägerwerkstoff des Dehnmeßstreifens, in den das Meßgitter eingebettet ist. Aus diesem Grund wird vom Anwender z. T. selbst eine Ermittlung des *k*-Faktors durchgeführt.
Als Körper bzw. Belastung kommen zur Überprüfung des *k*-Faktors im allgemeinen folgende Fälle nach Bild 3.1 in Frage (ε örtliche Dehnung, f Durchbiegung):

a) einseitig eingespannter Biegebalken (Bild 3.1 a)

$$\varepsilon = \frac{6\,Fx}{bh^2E} \tag{3.2}$$

$$f = \frac{4\,l^3F}{bh^3E} \tag{3.3}$$

b) Biegebalken auf zwei Stützen mit mittigem Kraftangriff (Bild 3.1 b)

$$\varepsilon = \frac{3\,Fx}{bh^2E} \tag{3.4}$$

$$f = \frac{l^3F}{4\,bh^3E} \tag{3.4 a}$$

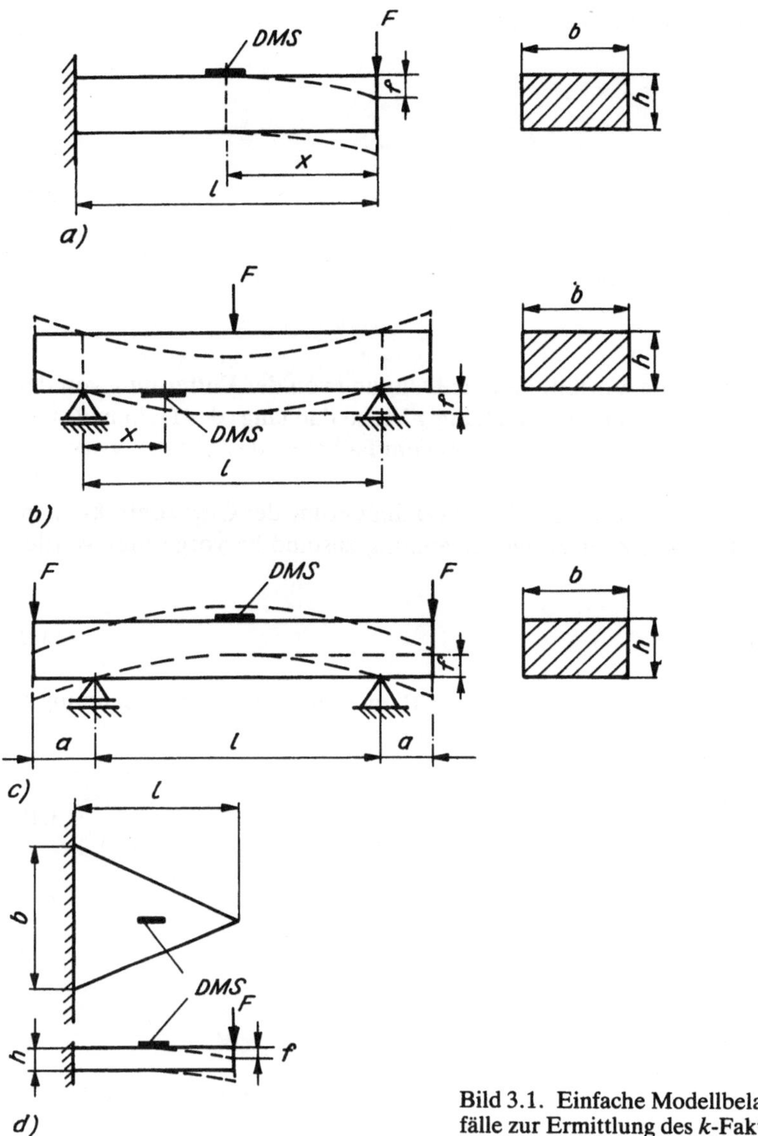

Bild 3.1. Einfache Modellbelastungsfälle zur Ermittlung des k-Faktors

c) Biegebalken auf zwei Stützen mit Kraftangriff an den Balkenenden (Bild 3.1 c)

$$\varepsilon = \frac{6\,al}{bh^2E} \tag{3.5}$$

$$f = \frac{3\,al^2E}{2\,bh^3E} \tag{3.6}$$

d) dreieckförmiger Biegebalken, einseitig eingespannt

$$\varepsilon = \frac{6\, lF}{bh^2E} \tag{3.7}$$

$$f = \frac{6\, l^3F}{bh^3E} \tag{3.8}$$

ε Dehnung am Dehnmeßstreifen (DMS)
F Kraft
E Elastizitätsmodul

Die Fälle c) und d) haben den Vorteil, daß die Dehnung von der Entfernung von den Auflagern bzw. von der Einspannung unabhängig ist, so daß längs des Dehnmeßstreifens kein Dehnungsgradient auftritt. Besonders dem Fall c) ist deshalb der Vorzug zu geben.
Bei einachsiger Biegung ist zu beachten, daß bei Behinderung der Querkontraktion infolge kleiner Probendicke ein zweiachsiger Spannungszustand hervorgerufen werden kann. Es gilt nach [3.259]

$$\sigma_y = m\sigma_x \tag{3.9}$$

mit $0 < m < \mu$, wobei σ_y bzw. E_y senkrecht zur Biegespannung σ_x bzw. -dehnung ε_x wirkt. Es wird ein scheinbarer E-Modul E' wirksam:

$$E' = \frac{E}{1 - m\mu} \tag{3.10}$$

mit dem experimentell zu ermittelnden Wert

$$m = \frac{\mu\varepsilon_x + \varepsilon_y}{\mu\varepsilon_y + \varepsilon_x} \tag{3.11}$$

μ Poissonsche Konstante

Die Ermittlung des k-Faktors kann systematische Einflüsse, z. B. der Klebetechnologie, nicht aber die Toleranzen der Meßstreifen untereinander erfassen. Der k-Faktor hängt nicht so stark von der Dicke der Kleber- und der Trägerschicht ab, wie oft angenommen wird. Vor allem wirken Einflüsse an den Enden der Meßgitter, so daß große Meßgitterlängen weniger diesen Einflüssen unterliegen. Auch das Verhältnis der Elastizitätsmoduln von Träger und Meßdraht wirkt wesentlich stärker auf den k-Faktor, wie Berechnungen des k-Faktors für Drahtmeßstreifen ergaben [3.104].
Werden systematische Abweichungen des k-Faktors erkannt, sind diese zu korrigieren. Das geschieht am einfachsten, wenn das Dehnungsmeßgerät einen k-Faktor-Wähler besitzt. Ist das Gerät auf einen festen Wert von $k_G = 2{,}0$ eingestellt, so ist der Meßwert ε_{gem} rechnerisch unter Beachtung des für den Meßstreifen ermittelten k-Faktors k_{DMS} zu korrigieren:

$$E_{Korr} = \varepsilon_{gem} \frac{k_G}{k_{DMS}} \tag{3.12}$$

Temperatureinflüsse

Trotz Konstanz der mechanischen Bedingungen können temperaturabhängige Veränderungen des vom Dehnmeßstreifen abgegebenen Signals eintreten. Ursache dafür können wie folgt sein [3.8]:

- Wärmedehnung des Meßobjekts
- Wärmedehnung des Meßgitterwerkstoffs des Meßstreifens
- Temperaturkoeffizient des elektrischen Widerstands des Meßgitterwerkstoffs
- Temperaturkoeffizient von Anschlußkabeln und Verbindungsleitungen
- Temperaturänderung selbst

Da Temperatureinflüsse eine wesentliche Rolle bei Eigenspannungsmessungen spielen, soll auf diese näher eingegangen werden. Die Dehnmeßstreifen sind vom Hersteller mit solchen Meßgitterwerkstoffen ausgerüstet, daß deren Ausdehnungskoeffizient auf den für den Einsatz vorgesehenen Bauteilwerkstoff abgestimmt ist. Die Temperaturempfindlichkeit des Dehnmeßstreifens selbst resultiert daraus, daß der *k*-Faktor temperaturabhängig ist, weil sich die Eigenschaften des Meßgitterwerkstoffs mit der Temperatur ändern. So wird z. B. der *k*-Faktor für den meist verwendeten Konstantanwerkstoff (etwa 60% Kupfer, 40% Nickel, sehr geringe Mengen Eisen und Mangan) mit höherer Temperatur größer. (Konstantan ist eine Legierung, deren elektrischer Widerstand weitgehend temperaturunabhängig ist.) Andererseits verringert sich aber mit höherer Temperatur die Fähigkeit der Klebstelle, Dehnungen zu übertragen, vor allem bei Verwendung von Thermoplasten und auch von Duroplasten, wenn sie einen geringen Aushärtungsgrad besitzen.
Zur *Temperaturkompensation* wird oft ein Dehnmeßstreifen gleichen Typs innerhalb der Brückenschaltung des Dehnungsmeßgeräts zugeschaltet, wobei der Anschluß so erfolgen kann, daß der Kompensationsstreifen gleicher oder entgegengesetzter Belastung wie der Meßstreifen unterliegt. Der Meßwert wird damit unter Umständen verdoppelt. Für Eigenspannungsmessungen lassen sich die Meßstreifen vielfach nicht an Stellen anbringen, die gleiche Dehnungen beim Abtrag oder Zerlegen erfahren. Deshalb bringt man den Kompensations-Dehnmeßstreifen auf einem unbelasteten Teil an. Voraussetzung ist in jedem Fall, daß beide Dehnmeßstreifen der gleichen Temperatur unterliegen. (So sollen die räumliche Entfernung möglichst gering, die Wärmeleitfähigkeit sowie die Wärmekapazität und der Wärmeausdehnungskoeffizient beider Objekte, auf die die Meßstreifen ggf. getrennt aufgeklebt sind, gleich sein, damit keine Differenz bei Temperaturänderungen auftritt.) Ferner müssen die Dehnmeßstreifen gleiche Meßgitterwerkstoffe, vor allem gleiche Widerstände und Widerstandsänderungen mit der Temperatur, besitzen und gleiche Klebetechnologie erfahren. Die Meßstreifen sind der gleichen Packung zu entnehmen. Die Abweichungen zwischen den tatsächlichen Widerstandswerten der beiden Streifen sollen $\leqq \pm 1\%$ sein [3.10]. Ausführlich wird bei *Haß* [3.105] über den Temperatureinfluß beim Messen mit Dehnmeßstreifen berichtet.

So konnte nachgewiesen werden, daß die Temperaturänderungen, die allein durch das Einschalten des Brückenstroms entstehen, bis 2 K betragen. Mit größerer Werkstückabmessung wird dieser Einfluß kleiner. Unter anderem wird erst nach 3 bis 4 Stunden ein stationärer Zustand erreicht. Oft kann bei Meß- und Kompensationsdraht keine Temperaturgleichheit erzielt werden, z.B. infolge verschiedener Abmessungen der Teile, auf die Dehnmeßstreifen geklebt werden. Dafür wird von *Haß* [3.105] eine Korrekturformel angegeben. Danach ergibt sich die wahre Dehnung ε_{eff} als Differenz der angezeigten Dehnung ε_{anz} und eines Störterms

$$\varepsilon_{eff} = \varepsilon_{anz} - \delta_A (\vartheta_A - \vartheta_0) + \delta_K (\vartheta_K - \vartheta_0) + a_B (\vartheta_A - \vartheta_K) \quad (3.13)$$

δ_A vorgetäuschte Dehnung je K des aktiven Dehnmeßstreifens
δ_B vorgetäuschte Dehnung je K des Kompensationsstreifens
ϑ_0 gemeinsame Temperatur von Meßobjekt und Kompensationsteil beim Abgleich
ϑ_A Temperatur an der Stelle des aktiven Dehnmeßstreifens
ϑ_K Temperatur an der Stelle des Kompensationsstreifens
a_B Wärmeausdehnungskoeffizient des Dehnmeßstreifens

Wichtig ist die Auswahl solcher Dehnmeßstreifen als aktive und Kompensationsstreifen, die den gleichen Temperaturkoeffizienten aufweisen. Dazu gibt *Haß* [3.105] eine Klemmvorrichtung aus dem Bauteilwerkstoff an, für den die Koeffizienten der Meßstreifen in Verbindung mit diesem Bauteilwerkstoff ermittelt werden sollen. Die Vorrichtung wird in einer wärmeisolierten Kammer Temperaturänderungen von etwa 4 K unterworfen, um den Koeffizienten δ zu ermitteln. Dabei zeigte es sich, daß Meßstreifen gleichen Typs positive und negative Koeffizienten aufweisen können. Eine Kombination solch unterschiedlicher Meßstreifen als aktiver und Kompensationsstreifen bedingt bei Temperaturänderungen u.a. erhebliche Fehler bei der Dehnungsmessung.

In letzter Zeit werden für die Kompensation des Einflusses eines begrenzten Temperaturbereichs, wie sie durch Änderungen der Raum- oder Umgebungstemperatur auftreten, selbsttemperaturkompensierende Dehnmeßstreifen eingesetzt. Diese werden für bestimmte Wärmeausdehnungskoeffizienten von Werkstoffen und begrenzte Temperaturbereiche hergestellt. Diese Methode erlaubt keine so vollständige Kompensation, wie sie durch Kompensationsstreifen erfolgt. Der Restfehler infolge der Nichtlinearität beteiligter Parameter liegt im vorgesehenen Temperaturbereich zwischen $-50\,\mu m/m$ und $+50\,\mu m/m$ [3.8]. Selbsttemperaturkompensierende Dehnmeßstreifen sind für ebene Flächen ausgelegt.

Nach *Hoffmann* [3.9] behält ein Dehnmeßstreifen auf ebenen Flächen der Bauteildehnung die Länge bei, auf gekrümmten Flächen hingegen die Winkel, so daß die Unterschiede mit größerer Krümmung und wachsender Klebschichtdicke zunehmen.

Schließlich sei auf den Temperaturgang der Meßkabel hingewiesen, der vor allem eintritt, wenn Hin- und Rückleitung zum Dehnmeßstreifen verschiedener Temperatur ausgesetzt sind und in einem Brückenarm liegen. Eine Kompensation ist schaltungstechnisch möglich, wenn Hin- und Rückleitung an benachbarte Brückenarme angeschlossen werden [3.9], was aber gleiche Eigenschaften beider Leitungen voraussetzt. Dieser Einfluß der Meßkabel auf den Temperaturgang ist aber bei Eigenspannungsmessungen von untergeordneter Bedeutung.

Der Einfluß der Temperaturänderung ist für Eigenspannungsmessungen, insbesondere bei größeren Qualitätsschwankungen der Dehnmeßstreifen, wie vorangegangene Ausführungen zeigen, nicht unerheblich. Bei Messungen im Labor wird deshalb das Messen in klimatisierten Räumen nach entsprechend langer Auslagerung (etwa 24 Stunden) bei vorhergehender Zerlegung bzw. vorhergehendem Abtrag, der mit Temperaturerhöhungen verbunden ist, empfohlen.

Kriechen

Da bei Eigenspannungsmessungen der Dehnmeßstreifen vielfach längere Zeit, z. B. infolge schrittweisen Abtrags und Auslagerung zwecks Temperaturausgleichs, unter Beanspruchung steht, ist dem Kriechproblem Beachtung zu schenken. Dazu ist die Änderung des Meßwerts, bezogen auf den Anfangswert der Dehnung, in Abhängigkeit von der Zeit zu messen. Die Werte sind analog zu Gl. (3.1) zu korrigieren. Da bei dem Auslösen der Eigenspannungen mit mechanischen Verfahren meist Temperaturerhöhungen auftreten, ist ggf. auch der Kriecheinfluß bei dieser Temperatur zu ermitteln und zu berücksichtigen. Als Ursache für die Kriechneigung dürften neben Alterungserscheinungen vor allem irreversible Formänderungen des Klebers wirksam sein. In [3.53] wird berichtet, daß bei Meßgitterlängen von 3 bis 10 mm und bei Verwendung eines Zweikomponentenklebers durch Kriechen ein Fehler $\leqq \pm 5\ \mu\text{m/m}$ entsteht. Nach *Andrae* [3.54] ist selbst bei Formänderungen über 1% das relative Kriechen $\Delta\varepsilon/\varepsilon < 1\%$. Dehnmeßstreifen mit kurzem Meßgitter kriechen stärker als Dehnmeßstreifen mit langem. Auch zeigen Folien-Dehnmeßstreifen im Vergleich zu Draht-Dehnmeßstreifen infolge der gebänderten Umkehrstelle ein geringeres Fließen. Ein Abdecken der Dehnmeßstreifen mit einem Kleber schützt nicht nur vor mechanischer Beschädigung, infolge der Zurückdrängung des Feuchtigkeitseinflusses wird auch das Kriechen gehemmt.

Weitere Einflüsse

Hier sei an erster Stelle der Einfluß der *Leitungswiderstände* genannt, der vor allem bei längeren Meßkabeln bzw. bei kurzen Kabeln mit dünnen Leiteradern oder Leiterwerkstoffen mit großem spezifischem Widerstand auftritt. Für die mit einem Kompensationsstreifen K betriebene Halbbrücke gilt, daß beide Meßstreifen und beide Kabel jeweils die gleichen Widerstände haben (R_{DMS} und R_{K}). Somit ergibt sich als Korrekturformel nach [3.8] nach dem gemessenen Dehnungswert:

$$\varepsilon_{\text{Korr}} = \varepsilon_{\text{gem}} \frac{R_{\text{DMS}} + R_{\text{K}}}{R_{\text{DMS}}} \tag{3.14}$$

Daraus folgt, daß der Widerstand der Kabel vernachlässigbar ist, wenn ihr Widerstand mindestens zwei bis drei Größenordnungen kleiner ist als der Widerstand des Dehnmeßstreifens, der meist 120 Ω beträgt (z. T. auch 600 und 350 Ω).
Die *Widerstandsmessung* setzt relativ genaue Widerstandsmeßverfahren (1% bis 1‰ Meßunsicherheit) voraus, wie Dekaden-Widerstandsmeßbrücken. Deshalb wird zur Eliminierung der Kabeleinflüsse auch häufig ein Kalibriergerät verwendet, das anstelle des Dehnmeßstreifens einen Meßeffekt simuliert. Der Zusammenhang zwischen Dehnung und Brückenverstimmung muß bekannt sein.

Neben dem Einfluß des Leitungswiderstands seien als mögliche Einflüsse auf das Meßergebnis die *Thermospannungen* für die Kontaktkombinationen Meßgitter-, Anschlußbzw. Zuleitungswerkstoff genannt. Für Plastwerkstoffe spielt noch die Federkonstante eine Rolle, unter der das Verhältnis zwischen aufgewendeter Kraft und erreichter Dehnung für den freien, nicht aufgeklebten Dehnmeßstreifen von Wichtigkeit ist. Die Federkonstante spielt bei kompakten metallischen Werkstoffen keine Rolle.
Die *Querempfindlichkeit* ist bei den heutigen Meßstreifen, insbesondere bei Folienmeßstreifen, durch verstärkte Umkehrstellen des mäanderförmigen Meßgitters herabgesetzt (etwa 0,5%). Sie ist als Verhältnis der Dehnungsempfindlichkeiten im einachsigen Spannungszustand quer und längs zur Meßrichtung des Dehnmeßstreifens zu ermitteln.

3.2.1.2. Trägerfrequenzmeßgeräte

Zur Spannungsversorgung von Dehnmeßstreifen dient meist eine Wechselspannung, d. h. eine Trägerfrequenz. Da die elektrischen Signale des Meßstreifens aber nur klein sind, wird noch ein Verstärker dazugeschaltet. Die *Trägerfrequenz-Meßverstärker* sind besonders für statische Messungen mit kleinen Meßwerten geeignet, wie sie bei Eigenspannungsmessungen vorliegen. Im Gegensatz zu den Gleichspannungs-Meßverfahren wirken Stör-Gleichspannungen wie Thermospannungen im Meßkreis oder Stör-Wechselspannungen mit Frequenzen kleiner als die Trägerfrequenz (z. B. 5 kHz) nicht auf das Meßergebnis. Auch lassen sich beim Wechselspannungs-Meßverfahren Ausgangs- und Eingangskreis galvanisch trennen, was bei den Spannungsmessungen z. T. neuerdings angestrebt wird. Die Linearitätsfehler können bis auf $\leqq \pm 0{,}05\%$ vom Endwert gesenkt werden [3.12].
Auf den Eigenspannungs-Meßwert wirken geräteseitig Linearitätsabweichungen und Nullpunktstabilität (infolge Temperatur-, Betriebsspannungseinfluß, Drift bei konstanter Temperatur und Betriebsspannung und Verstärkungsstabilität bzw. Einlaufverhalten). Es empfiehlt sich deshalb, diese Einflüsse für Präzisionsmessungen, um die es sich bei Eigenspannungsmessungen oft handelt, zu untersuchen, wobei das Signal des Dehnmeßstreifens möglichst simuliert werden soll, sofern nicht die Systemeinflüsse aus Meßverstärker, Zuleitungen, Dehnmeßstreifen einschließlich Klebung zu erfassen sind. Diese komplexen Einflüsse sind dann im Betrieb aber reproduzierbar zu halten.
Die *Linearität* der Anzeige des Meßgeräts wird durch definierte Widerstandsänderungen untersucht. Dazu wird z. B. eine Halbbrücke durch zwei Dekadenwiderstände simuliert, und durch eine Parallelschaltung mit einem Brückenzweig lassen sich Widerstandsänderungen simulieren.
Bild 3.2 zeigt eine derartig durchgeführte Linearitätsuntersuchung am Trägerfrequenzmeßgerät N 2302 [3.13]. Die Messung der relativen Dehnungsbeträge erfolgte im Meßbereich 20 μm/m, der für Eigenspannungsmessungen vielfach gewählt wird. Die zwei Dekadenwiderstände der Halbbrücke betragen je 100 Ω ($\pm$ 0,1%). Zur Abstimmung eines Brückenzweiges dienten zwei in Reihe geschaltete Dekadenwiderstände $10 \times 10000\ \Omega$, die durch eine Parallelschaltung mit einem Brückenzweig definierte Widerstandsänderungen zwischen 0,0076 und 0,4029 Ω verwirklichen. Die Widerstandsänderungen werden, ausgehend vom Grundwiderstand 100 Ω, nur in Form von Zunahmen vorgenommen, d. h., es wurden positive Formänderungen simuliert. Als Idealver-

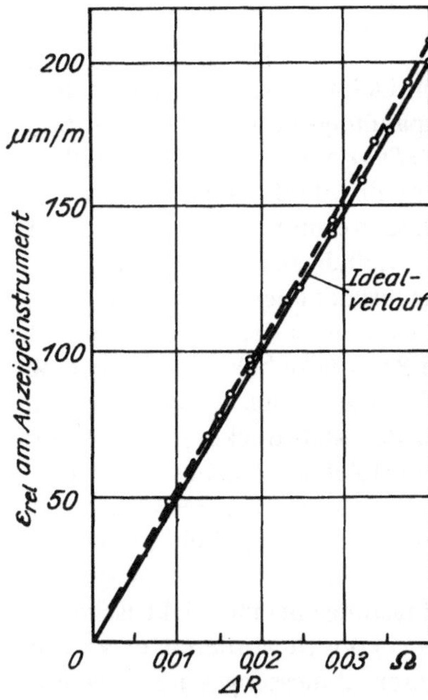

Bild 3.2. Linearität der Anzeige eines Trägerfrequenzmeßgeräts, Typ N 2302

lauf wurde eine Gerade eingezeichnet, die sich bei einem *k*-Faktor von 2 ergeben müßte. Dieser *k*-Faktor wurde vorausgesetzt, weil die in der Praxis verwendeten Folien- und Drahtdehnungsmeßstreifen eine Empfindlichkeit aufweisen, die im Bereich von etwa 2 liegt. Es ist zu erkennen, daß die Abweichung etwa ± 5 μm/m am Meßbereichsende beträgt. Aus dem Einlaufverhalten ist zu erkennen, nach welcher Dauer nach dem Einschalten das Gerät eine konstante Anzeige aufweist. Aus der Drift des Nullpunkts ist eine eventuelle Langzeitkorrektur zu ermitteln. Der Einfluß von Speisespannungsschwankungen wird meist durch die Meßgeräte in dem zu erwartenden Bereich (etwa ± 15%) kompensiert.

Möglichst zu vermeiden ist das Umschalten des Meßbereichs während einer Meßreihe des schrittweisen Freilegens von Spannungen durch Abtrag, da dann ggf. ein neuer Nullabgleich erforderlich wäre. Ist das Umschalten doch unerläßlich gewesen, so ist das Umschaltverhalten zu beachten und in die Fehlerbehandlung einzubeziehen. Eine Korrektur ist wegen der Reproduzierbarkeit nur sehr bedingt möglich. Bei der Bereichswahl ist deshalb vorher abzuschätzen, in welcher Größenordnung die zu messenden Werte liegen [3.13].

Werden Trägerfrequenzmeßgeräte mit Mehrbereichs-Umschaltgeräten kombiniert, die von unterschiedlichen Herstellern stammen, so sind durch die evtl. nicht optimale Anpassung systematische Meßfehler zu erwarten. Das System ist folglich vorher mit Messungen an definierten Verformungen zu kalibrieren.

Es sei an dieser Stelle noch erwähnt, daß die Meßbereiche in der Dimension $\Delta l/l$ (l Länge) angegeben werden, für Spannungsmessungen meist μm/m. Eine Angabe in Prozent oder Promille, wie sie in der metallverarbeitenden Industrie für die Dehnung ε üblich ist, erweist sich für die Dehnungsmessung nicht als zweckmäßig (1 mm/m = 1‰). Bei der Angabe μm/m läßt sich ohne Mißverständnis der Meßfehler in Prozent hinzufügen (z. B. 200 μm/m ± 2,5%).

3.2.1.3. Mechanische Geräte

Mechanisch arbeitende Geräte weisen gegenüber den Dehnmeßstreifen eine größere Meßunsicherheit auf. Trotzdem haben sich für Eigenspannungsmessungen an bestimmten Bauteilen einzelne Geräte bewährt. So wird die *Meßuhr* mit einer Skaleneinteilung von 1 µm vor allem für Messungen nach der Biegepfeilmethode eingesetzt, um die Durchbiegung des Bauteils oder einer eingesägten Zunge zu ermitteln. Besondere Sorgfalt ist auf die Fixierung der Lage des Bauteils unter der Meßuhr zu legen (Prisma o. ä.).
Zum Messen von Oberflächendeformationen nach Eigenspannungsauslösungen gelangen *Setzdehnungsmesser* zum Einsatz. Diese Geräte werden an dem Prüfort justiert. Zur Kompensation des Temperatureinflusses werden Prüfstücke bekannter Länge bei gleicher Temperatur wie bei der Prüfung des Bauteils ausgemessen. Durch geeignete Hebelübersetzungen können Vergrößerungsfaktoren der Meßstrecke von 1000 und mehr erreicht werden. Beim Huggenberg-Tensometer erfolgt das Ausmessen über das Führen des Übersetzungshebels über eine Skale. Andere Setzdehnungsmesser ermöglichen die Meßwertablesung über eine Meßuhr. Es werden Meßunsicherheiten von weniger als 1 μm (meist 0,2 bis 1 μm) erreicht [3.14].
Schließlich ist eine Kombination der mechanischen Abtastung mit einer elektrischen Signalausgabe bei den *induktiven Dehnungsaufnehmern* gekoppelt worden. Der Vergrößerungsfaktor beträgt 50000 und mehr. Trotz geringerer Abmessungen und kleinerer Meßunsicherheit dieser Geräte gegenüber den rein mechanischen Geräten ist die benötigte Anpreßkraft oder die Rückstellkraft relativ hoch [3.15].
Nachteilig für die Eigenspannungsmessung bei allen diesen hier genannten Verfahren der mechanischen Meßstellenabtastung ist das Fixieren der Meßmarken, das im allgemeinen bei der Dehnungsmessung durch Einschlagen von Körnerspitzen oder aber durch Einschlagen gehärteter Kugeln erfolgt, die im Material verbleiben und auf die die Spitzen der Abtaster gesetzt werden. Durch diesen Eingriff ändert sich der Eigenspannungszustand, insbesondere bei kleinen Meßlängen. Deshalb wird für Eigenspannungsmessungen empfohlen, Kugelmarken an den betreffenden Stellen aufzukleben. Der Abstand der Kugeln kann in einem Streifen fixiert sein. Diese mechanischen Dehnmeßstreifen werden dann wie die elektrischen Dehnmeßstreifen aufgeklebt [3.16]. Die minimale Meßlänge der mechanischen Geräte beträgt etwa 10 mm.

3.2.1.4. Elektrolytisches Abtragen

Für das mechanische Abtragen sind die Parameter so zu wählen, daß möglichst nur geringe Eigenspannungen infolge der Bearbeitung entstehen (s. Abschnitt 2.2.4.5.).
Häufig wird das *elektrolytische Abtragen* angewandt, um dünne Schichten ohne nennenswerte Erzeugung von Eigenspannungen entfernen zu können. Dazu ist das abzutragende Bauteil als Anode geschaltet. Die Katode ist in der Form der Anode anzupassen. Die Katode besteht aus Blei oder aus säurefestem Werkstoff.
Für ebene Teile, die abzutragen sind, ist in Bild 3.3a eine Vorrichtung nach [3.131] dargestellt. Die Messung der Deformation kann mittels Meßuhr, Dehnmeßstreifens, induktiv oder mechanisch-optisch erfolgen. Für letztgenannte Methode wird in [3.131] eine Konstruktion angegeben, wo der Übertragungshebel 2 in Bild 3.3 einen Hebel axial dreht, der mit einem Spiegel verbunden ist. Ein Lichtstrahl wird von einer Lampe über

den Spiegel auf lichtempfindliches Papier geworfen. Damit ist eine kontinuierliche Messung möglich. Die erzielte Meßunsicherheit für die Durchbiegung beträgt mit dieser mechanisch-optischen Methode ± 1 μm. Die Dicke der abgetragenen Schicht wird vor und nach dem Abtrag unter der Annahme ermittelt, daß die Abnahme der Probendicke linear mit der Zeit erfolgt. Bei dünnen ebenen Teilen sind die Halterungen entsprechend dünn (Kupferblech), damit die Probendurchbiegung dadurch nicht beeinflußt wird [3.139]. Eine Anlage mittels induktiver Messung der Deformation in bestimmten Zeitintervallen und Übertragung auf einen x-y-Schreiber wird in [3.140] beschrieben. Auf die Probe kann auch in die Mitte der der Ätzfläche gegenüberliegenden Seite eine kleine Kugel gelötet werden, in die der Aufnehmer greift [3.139]. Bild 3.4 zeigt eine Anlage nach *Waisman* und *Philips* [3.144], die sich besonders zur Messung von ebenen Teilen nach Abschnitt 3.2.7.4. eignet.

Stellen, die nicht abgetragen werden sollen, sind mit Lack oder Wachs abzudecken. Es ist darauf zu achten, daß das Abdeckmaterial durch die Temperatur des Elektrolyten nicht zerstört wird.

Der Elektrolyttemperatur ist besondere Beachtung zu schenken, da diese das Meßergebnis in hohem Maße beeinflußt. Deshalb werden Rührwerke, Säurepumpen, Thermostate bzw. Kühlschlangen und rotierende Katoden (bei Rundteilen) eingebaut. Das Rührwerk soll außerdem einer Erhöhung der Gleichmäßigkeit des Abtrags dienen. Dazu wird von *Szyrle* [3.141] eine Siebkatode vorgeschlagen, durch deren Löcher der Elektrolyt auf das anodische Probenmaterial zwangsgeleitet wird.

Trotz aller Bemühungen um Konstanthaltung der Temperatur ist dennoch an Kanten, z. B. beim Beginn des Abtrags infolge Stromeinschaltung, mit einer Temperaturerhöhung zu rechnen, die mittels Infrarot-Thermographie je nach Bewegung des Elektrolyten 20 bis 30 K betragen soll. Erst nach etwa 2 bis 3 Minuten verschwindet die Temperaturdifferenz [3.142].

Weitere systematische Einflüsse, die am Anfang das Meßergebnis beeinflussen, sind Durchschläge, die Absorptionsschichten, Oxidschichten usw. der Probe beseitigen bzw. zum Aufbau der sog. Helmholtz-Schicht führen. Um diese Einflüsse zu eliminieren, schlägt *Zukowski* [3.143] eine induktive Differenzmessung zwischen der Durchbiegung einer Probe mit Eigenspannungen und einer ohne Eigenspannungen sowie Registrierung dieser Differenz auf einem *x-y*-Schreiber vor (zwei Anordnungen nach Bild 3.3 und 3.4).

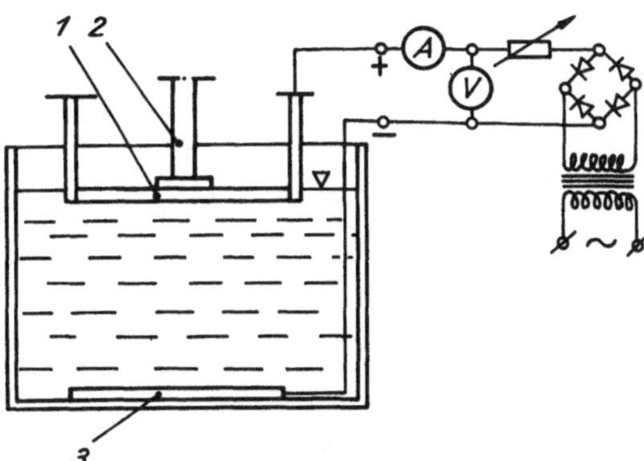

Bild 3.3. Elektrolytische Abtragvorrichtung für ebene Teile

1 Probe; *2* Übertragungshebel; *3* Katode

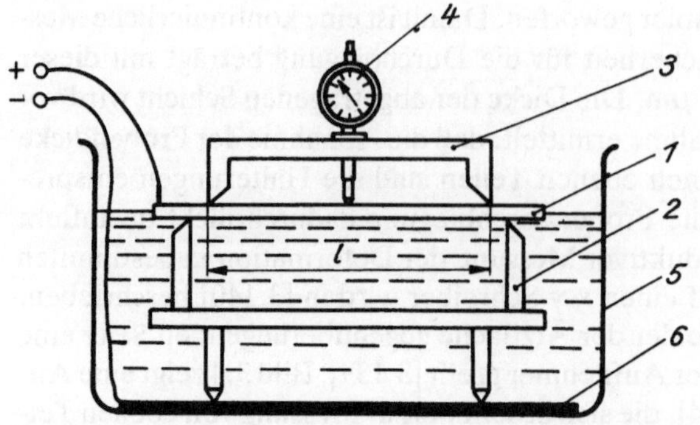

Bild 3.4. Elektrolytische Abtragvorrichtung für ebene Teile (nach [3.14])

1 Prüfling; *2* Auflage des Prüflings; *3* Auflage des Meßfühlers; *4* Meßfühler; *5* Gefäß mit Elektrolyt; *6* Katode

Der Vorteil des elektrochemischen Abtrags besteht darin, daß die Abtraggeschwindigkeit durch die Änderung der Stromdichte und Elektrolyttemperatur in einem relativ weiten Bereich beeinflußt werden kann. Ein Mangel dieses Verfahrens ist die Gefahr einer Wasserstoffaufnahme, die wiederum zu Eigenspannungen führen kann [3.143]. Nachfolgend sollen einige Elektrolyte bzw. chemische Ätzmittel als Beispiele angegeben werden. Die Auswahl hat so zu erfolgen, daß keine interkristalline Spannungsrißkorrosion erfolgt.

Nach [3.145] für un- und niedriglegierte Stähle:
66 cm^3 Methylalkohol
12 cm^3 Glyzerin
22 cm^3 Schwefelsäure ($\rho = 1{,}89$ g/cm^3)
Spannung 18 bis 25 Volt
Stromdichte 30 bis 40 A/cm^2
Abtraggeschwindigkeit 0,2 bis 0,3 mm/h

Nach [3.93] für un- und niedriglegierte Stähle:
850 cm^3 Orthophosphorsäure
150 cm^3 Schwefelsäure ($\rho = 1{,}89$ g/cm^3)
50 g Chromanhydrit
bzw. Königswasser:
350 cm^3 Schwefelsäure
250 cm^3 Salpetersäure
bzw.
30%ige Salpetersäure

Für hitzebeständige Legierungen auf Nickelbasis:
450 cm^3 Orthophosphorsäure
450 cm^3 Schwefelsäure
100 cm^3 Wasser

Nach [3.131] und [3.146] für un- und niedriglegierte Stähle:
15%ige Kochsalzlösung
Stromdichte 0,4 A/cm^2 (Es werden in der Literatur auch wesentlich kleinere Kochsalz-

gehalte (0,2%) angegeben, wobei der Abtrag etwa 1,2 mm je Stunde beträgt [3.451])
Für Aluminiumlegierungen:
15%ige Natronlauge
Nach [3.150] für Titan und Titanlegierungen als rein *chemische Ätzung*:
250 cm^3 Salzsäure
4 cm^3 Natriumfluorid
710 cm^3 Wasser

Nach [3.385] wird für Titanlegierungen mit α, $\alpha + \beta$ und β-Phase und geringer Wasserstoffanlagerung als chemisches Ätzen angegeben:
70% Salpetersäure
30% Fluorwasserstoffsäure
Für Stähle wird zur Vermeidung der Korrosion ein *Passivieren* empfohlen (z. B. 30 g Denatriumhydrogenphosphat und 10 g calzinierte Soda auf 1 l Wasser) [3.451].

3.2.2. Vollständiges Zerlegen oder Ausschneiden

Das vollständige Zerlegen oder Ausschneiden wird meist bei Teilen komplizierter Form angewendet, wo einfache Ansätze der Mechanik zur Beziehung zwischen Spannungen und Dehnungen unter Berücksichtigung der Bauteilform nicht existieren. Bild 3.5 zeigt eine solche Zerlegung an Doppel-T-Trägern. Die Lage der Dehnmeßstreifen an der Oberfläche und die Schnitte zum Herausnehmen der Scheiben sind zu erkennen [3.53, 3.54]. Auch Eisenbahnschienen sind auf diese Weise untersucht worden [3.17].
Das vollständige Zerlegen erfolgt bis auf das Heraustrennen von Klötzen (Bild 3.5c), wobei sich die Größe dieser dann nach dem zu erwartenden Eigenspannungsgradienten und den Basisabmessungen der Meßstreifen richtet. Das Heraustrennen hat so zu erfolgen, daß eine zu starke Erwärmung vermieden wird (s. Abschnitt 2.4.5.), da sonst die Eigenspannungsausbildung und der Dehnmeßstreifen bzw. vor allem die Klebung beeinflußt werden.
Das vollständige Zerlegeverfahren ist prinzipiell nur für ein- oder zweiachsige Spannungszustände, also für Eigenspannungszustände an der Oberfläche geeignet, da im Innern der Bauteile im allgemeinen keine Meßelemente anzubringen sind (Ausnahmen: Eingießen z. B. bei *Beton* oder *Formstoffen*). Deshalb ist das vollständige Zerlegen oder Ausschneiden besonders für ebene, scheibenförmige Körper geeignet, weil dort

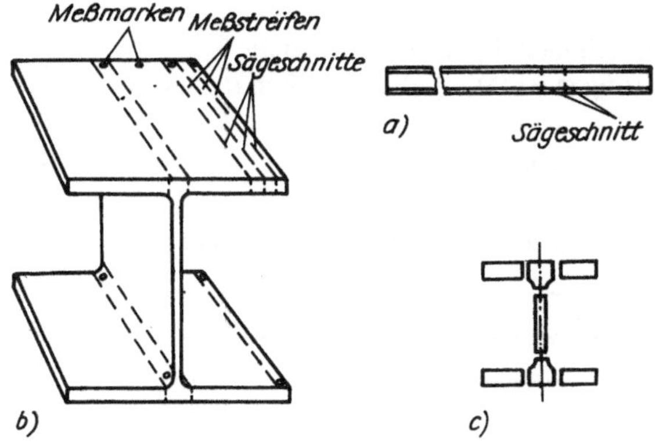

Bild 3.5. Das vollständige Zerlegungsverfahren bei Doppel-T-Trägern (nach [3.53, 3.55])
a) Träger mit eingezeichneten Sägeschnitten
b) herausgetrennter Abschnitt
c) Zerlegung des Abschnitts zu Klötzchen

der Einfluß der 3. Spannungskomponente beim Zerlegen gering ist, bzw. es liegt bei dünnen Scheiben überhaupt nur ein ebener Spannungszustand vor.
Um einen vollständigen ebenen Spannungszustand zu ermitteln, sind die beiden Hauptspannungen σ_1 und σ_2 sowie ihre Richtungen anzugeben. Deshalb sind diese 3 Unbekannten aus 3 Formänderungsmessungen zu ermitteln. An der freizulegenden Stelle werden deshalb z. B. 3 Dehnmeßstreifen so angebracht, daß die Meßstrecken radial um jeweils 45° gedreht sind, sog. *Rosetten* (s. Abschnitt 3.2.3.).
Für die meist verwendete 0°/45°/90°-Rosette ergeben sich die Hauptspannungen σ_1 und σ_2 aus den Dehnungen ε_a, ε_b, ε_c entsprechend Bild 3.6:

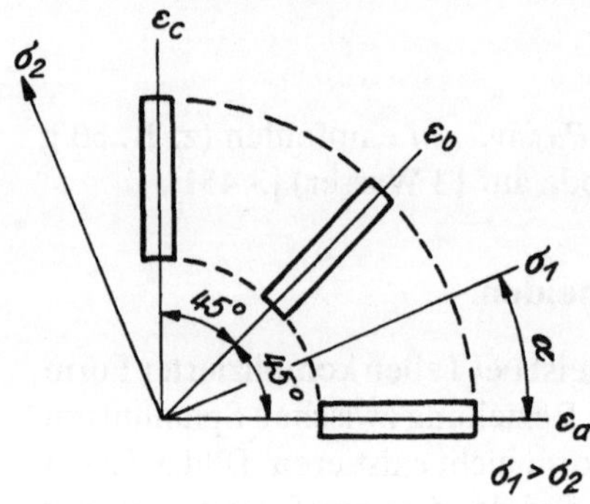

Bild 3.6. Beziehungen bei der 0°/45°/90°-Rosette

$$\sigma_1 = \frac{E}{1-\mu}\,\frac{\varepsilon_a + \varepsilon_c}{2} + \frac{E}{1+\mu}\cdot\frac{1}{\sqrt{2}}\sqrt{(\varepsilon_a - \varepsilon_b)^2 + (\varepsilon_b - \varepsilon_c)^2} \tag{3.15}$$

$$\sigma_2 = \frac{E}{1-\mu}\,\frac{\varepsilon_a + \varepsilon_c}{2} - \frac{E}{1+\mu}\cdot\frac{1}{\sqrt{2}}\sqrt{(\varepsilon_a - \varepsilon_b)^2 + (\varepsilon_b - \varepsilon_c)^2} \tag{3.16}$$

$$\tan 2\alpha = \frac{2\,\varepsilon_b - \varepsilon_a - \varepsilon_c}{\varepsilon_a - \varepsilon_c} \tag{3.17}$$

Die Eindeutigkeit des Winkels α ergibt sich nach Bild 3.6 und Tabelle 3.1.
Die Spannung in einer beliebigen Richtung φ ist (Winkel φ zwischen σ_φ und σ_1):

$$\sigma_\varphi = \frac{1}{2}(\sigma_1 + \sigma_2) + \frac{1}{2}(\sigma_1 - \sigma_2)\cos 2\varphi \tag{3.18}$$

Tabelle 3.1. Winkel α in Abhängigkeit von den Vorzeichen von Zähler und Nenner in Gleichung (3.40) (nach [3.20])

Zähler	$\geqq 0$	> 0	$\geqq 0$	> 0
Nenner	> 0	$\leqq 0$	< 0	$\geqq 0$
α	$0° \leqq \alpha < 45°$	$45° \leqq \alpha > 90°$	$90° \leqq \alpha < 135°$	$135° \leqq \alpha < 180°$

Sind die Hauptspannungsrichtungen etwa bekannt, wie es bei den erwähnten Schienen und Trägern der Fall ist, so bringt man 2 zueinander senkrechte Dehnmeßstreifen an, die bei kleinen Meßstellen auch übereinander liegen können. Für den in der Meßpraxis oft auftretenden Fall, daß die vorgesehene Meßrichtung und die Lage des Meßgitters des Dehnmeßstreifens nicht identisch sind, ist nach [3.53, 3.55] die gemessene Formänderung ε_a in die Formänderung der geplanten Meßrichtung ε_x umzurechnen, wenn a der Winkel zwischen beiden Richtungen bedeutet:

$$\varepsilon_a = \frac{\varepsilon_x - \mu\varepsilon_x}{2} + \frac{\varepsilon_x + \mu\varepsilon_x}{2} \cos 2a \tag{3.19}$$

μ Poissonsche Konstante

Will man mit dem vollständigen Zerlegeverfahren Aussagen über den räumlichen Eigenspannungszustand treffen, so kann man nach jedem Zerlegeschritt die Formänderungen messen bzw. bei kompakten Teilen neue Meßstreifen an freigelegten Schnittflächen anbringen und die Formänderungen beim nachfolgenden Schnitt messen. Die schrittweise gemessenen Formänderungen sind zu überlagern [3.18, 3.19].
Unbedingt ist beim Zerlegen darauf zu achten, daß durch Auslösen großer Eigenspannungen kein plastisches Fließen eintritt. Die Zerlegungen sollen in so großer Entfernung vom Meßwert beginnen, daß die schrittweise Verminderung der Eigenspannung dort nicht zum Fließen führt. Der Meßwert an dem herausgetrennten Meßkörper stellt sich schrittweise ein. In [3.53] nähert man sich z. B. der Meßstelle am Doppel-T-Träger in Schritten von $n \cdot h/4$ (h Trägerhöhe).
Für das vollständige Zerlegen und ebenso für die nachfolgenden Fälle der Zerlegung von Teilen mit leicht definierbarer geometrischer Form gelten nach *Birger* folgende Grundsätze:

- Unabhängigkeit der Ergebnisse von der Reihenfolge der Durchführung der Schnitte
- statisches Gleichgewicht der Kräfte in der vollständigen Schnittfläche
- *Prinzip von St. Venant:* Wenn an einem bestimmten endlichen Teil der Oberfläche des Körpers ein sich selbst ausgleichendes System von Kräften einwirkt, so werden die Spannungen und Verformungen, die von diesem System hervorgerufen werden, in solchen Entfernungen vernachlässigbar klein, die mit den linearen Abmessungen des belasteten Abschnitts der Oberfläche vergleichbar sind. Speziell auf diesem Prinzip beruht eine Reihe von Methoden zur Eigenspannungsermittlung.

3.2.3. Bohrlochverfahren

Über das Bohrlochverfahren zur Eigenspannungsmessung wurde erstmalig 1933 von *Mathar* [3.20] berichtet. Der Vorteil der Methode besteht vor allem darin, daß die Beschädigung des Teils gering ist und u. a. in den Bereich von Bearbeitungszugaben gelegt werden kann. Es wird ein ebener Spannungszustand angenommen. Die 3 Unbekannten Hauptnormalspannungen σ_1 und σ_2 und Spannungsrichtung a werden aus 3 Verformungsmessungen ermittelt. An der Stelle, wo die Eigenspannungen ermittelt werden sollen, löst man diese durch Bohren eines Lochs mit dem Radius a aus. Die dabei auftretenden Verformungen erfaßt man heute meist mit Dehnmeßstreifen, die um das Loch herum vor dem Bohren aufgeklebt wurden. Durch Verwendung von drei Dehnmeßstreifen und ihre Vereinigung in einer *Dehnmeßstreifen-Rosette* sind Messungen dicht am Bohrungsrand möglich. Für die Punkte O oder P gelten folgende einfache Beziehungen der Festigkeitslehre (s. Bild 3.7) bezüglich der Radialspannung σ_r und der Tangentialspannung σ_t:

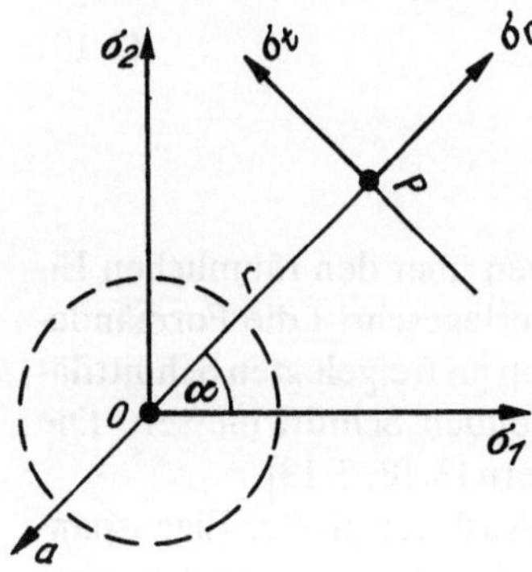

Bild 3.7. Beziehung zur Ableitung der Spannung in Polarkoordinaten

$$\sigma_r = \sigma_1 \cos^2\alpha + \sigma_2 \sin^2\alpha \tag{3.20}$$

$$\sigma_t = \sigma_1 \sin^2\alpha + \sigma_2 \cos^2\alpha \tag{3.21}$$

oder nach Einführung trigonometrischer Beziehungen:

$$\sigma_r = \frac{1}{2}(\sigma_1 + \sigma_2) + \frac{1}{2}(\sigma_1 - \sigma_2) \cos 2\alpha \tag{3.22}$$

$$\sigma_t = \frac{1}{2}(\sigma_1 + \sigma_2) - \frac{1}{2}(\sigma_1 - \sigma_2) \sin 2\alpha \tag{3.23}$$

Durch Einbringen einer Bohrung gilt für den Punkt P im Abstand r vom Punkt O, unter Beachtung der Lösung für die gelochte Scheibe nach *Kirsch* [3.21], wenn man den ebenen Spannungszustand als Überlagerung zweier Spannungszustände in Richtung der Hauptspannungen σ_1 und σ_2 annimmt:

$$\sigma_r' = \frac{\sigma_1}{2}\left[1 - \frac{a^2}{r^2} + \left(1 - 4\frac{a^2}{r^2} + 3\frac{a^4}{r^4}\right)\cos 2\alpha\right] + \frac{\sigma_2}{2}\left[1 - \frac{a^2}{r^2} - \left(1 - 4\frac{a^2}{r^2} + 3\frac{a^4}{r^4}\right)\cos 2\alpha\right] \tag{3.24}$$

$$+\sigma_t' = \frac{\sigma_1}{2}\left[1 + \frac{a^2}{r^2} - \left(1 + 3\,\frac{a^4}{r^4}\right)\cos 2\alpha\right] +$$

$$+\frac{\sigma_2}{2}\left[1 + \frac{a^2}{r^2} + \left(1 + 3\,\frac{a^4}{r^4}\right)\cos 2\alpha\right] \qquad (3.25)$$

Der Spannungszustand ändert sich durch das Einbringen der Bohrung am Punkt P damit wie folgt:

$$\Delta\sigma_r = \sigma_r' - \sigma_r \qquad (3.26)$$

$$\Delta\sigma_r = -\frac{a^2}{r^2}\,\frac{\sigma_1 + \sigma_2}{2} + \frac{\sigma_1 - \sigma_2}{2}\left(-4\,\frac{a^2}{r^2} + 3\,\frac{a^4}{r^4}\right)\cos 2\alpha \qquad (3.27)$$

$$\Delta\sigma_t = \sigma_t' - \sigma_t \qquad (3.28)$$

$$\Delta\sigma_t = \frac{a^2}{r^2}\,\frac{\sigma_1 + \sigma_2}{2} - \frac{\sigma_1 - \sigma_2}{2}\cdot 3\frac{a^4}{r^4}\cos 2\alpha \qquad (3.29)$$

Für die Dehnungen in radialer und tangentialer Richtung kann geschrieben werden [3.22]:

$$\varepsilon_r = \frac{1}{E}\,(\Delta\sigma_r - \mu\Delta\sigma_t) \qquad (3.30)$$

$$\varepsilon_t = \frac{1}{E}\,(\Delta\sigma_t - \mu\Delta\sigma_r) \qquad (3.31)$$

μ Poissonsche Konstante
E Elastizitätsmodul

Betrachtet man nun nicht einen Punkt P, sondern die Dehnung im Bereich des Meßgitters eines Dehnmeßstreifens ε_a mit der Länge $l = r_2 - r_1$, so folgt für die mittlere Dehnung in radialer Richtung unter dem Winkel α entsprechend Bild 3.8:

$$\varepsilon_a = \frac{1}{r_2 - r_1}\int_{r_1}^{r_2} \varepsilon_r\, dr \qquad (3.32)$$

Unter Beachtung der Gl. (3.30) für ε_r, der Integration und der Einführung von Faktoren A und B, die die Parameter des Werkstoffs und der Rosette beinhalten, ergibt sich:

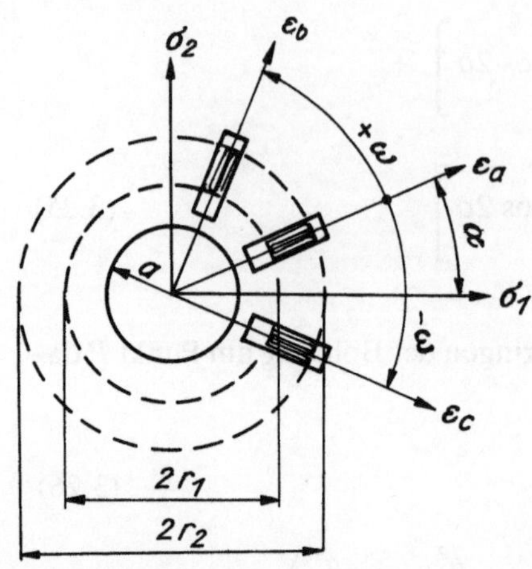

Bild 3.8. Schematische geometrische Beziehungen einer Dehnmeßstreifen-Rosette

$$\varepsilon_a = \frac{A}{E}(\sigma_1 + \sigma_2) + \frac{B}{E}(\sigma_1 - \sigma_2)\cos 2\alpha \tag{3.33}$$

mit

$$A = -\frac{a^2}{2}\;\frac{1+\mu}{r_1 \cdot r_2} \tag{3.34}$$

$$B = \frac{2\,a^2}{r_1\,r_2}\left(-1 + \frac{1+\mu}{4}\,a^2\,\frac{r_1^2 + r_1\,r_2 + r_2^2}{r_1\,r_2}\right) \tag{3.35}$$

Analog gilt für ε_b und ε_c:

$$\varepsilon_b = \frac{A}{E}(\sigma_1 + \sigma_2) + \frac{B}{E}(\sigma_1 - \sigma_2)\cos 2\,(\alpha + \omega) \tag{3.36}$$

$$\varepsilon_c = \frac{A}{E}(\sigma_1 + \sigma_2) + \frac{B}{E}(\sigma_1 - \sigma_2)\cos 2\,(\alpha - \omega) \tag{3.37}$$

Für die häufig anzutreffende 0°/45°/90°-Rosette ($\omega = +45°$ bzw. $-45°$) gilt nach [3.16]:

$$\sigma_1 = \frac{E}{4\,A}(\varepsilon_b + \varepsilon_c) + \frac{E}{4\,B}\sqrt{(2\,\varepsilon_a - \varepsilon_b - \varepsilon_c)^2 + (\varepsilon_c - \varepsilon_b)^2} \tag{3.38}$$

$$\sigma_2 = \frac{E}{4\,A}(\varepsilon_b + \varepsilon_c) - \frac{E}{4\,B}\sqrt{(2\,\varepsilon_a - \varepsilon_b - \varepsilon_c)^2 + (\varepsilon_c - \varepsilon_b)^2} \tag{3.39}$$

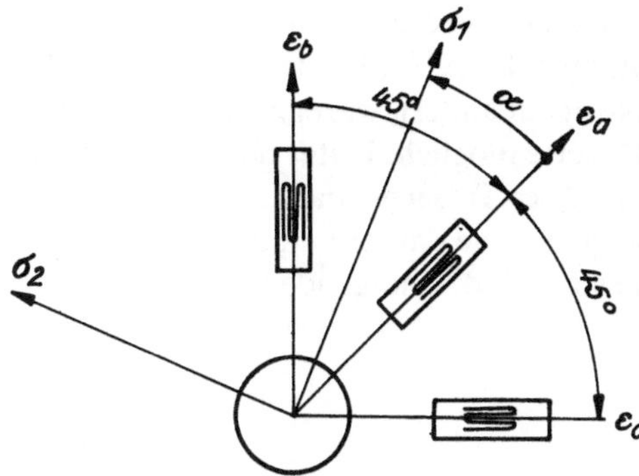

Bild 3.9. Beziehungen bei der 0°/45°/90°-Bohrlochrosette

Der Winkel der Richtung der Dehnung ε_a mit der Hauptspannung σ_1 ergibt sich entsprechend Bild 3.9 für die 0°/45°/90°-Rosette zu

$$\tan 2\alpha = \frac{\varepsilon_b - \varepsilon_c}{2\,\varepsilon_a - \varepsilon_b - \varepsilon_c} \tag{3.40}$$

Der Orientierungswinkel α zwischen der Rosettenrichtung a und der Hauptspannung σ_1 wird im mathematisch positiven Sinne an die Richtung a aufgetragen. Da der Winkel α im Bereich $0° \leqq \alpha \leqq 180°$ liegt, ist die Gl. (3.40) nicht eindeutig. Erfahrungsgemäß kommt es dadurch in der Meßpraxis zu Vertauschungen von σ_1 und σ_2 [3.31]. Deshalb gilt für die Ermittlung des Vorzeichens Tabelle 3.1.
Vielfach werden die Spannungsgleichungen für die Rosette über die Hauptdehnungen und unter Hinzuziehung des Mohrschen Verformungskreises aufgestellt. Hierzu sei jedoch auf die Literatur verwiesen [3.40].
Für eine Rosette mit Anordnung der Dehnmeßstreifen unter einem beliebigen Winkel ω entsprechend Bild 3.8 gilt:

$$\sigma_1 = \frac{\varepsilon_b + \varepsilon_c - 2\,\varepsilon_a \cos^2\omega}{A \sin^2\omega} + \frac{\sqrt{(2\,\varepsilon_a - \varepsilon_b - \varepsilon_c)^2 + \tan^2\alpha\,(\varepsilon_c - \varepsilon_b)^2}}{B \sin^2\omega} \tag{3.41}$$

$$\sigma_2 = \frac{\varepsilon_b + \varepsilon_c - 2\,\varepsilon_a \cos^2\omega}{A \sin^2\omega} - \frac{\sqrt{(2\,\varepsilon_a - \varepsilon_b - \varepsilon_c)^2 + \tan^2\alpha\,(\varepsilon_c - \varepsilon_b)^2}}{B \sin^2\omega} \tag{3.42}$$

$$\tan 2\alpha = \tan\omega\,\frac{\varepsilon_c - \varepsilon_b}{2\,\varepsilon_a - \varepsilon_b - \varepsilon_c} \tag{3.43}$$

Allgemeine Ableitungen für die Hauptspannungen bei verschiedenen anderen Lagen der Dehnmeßstreifen zum Bohrungsloch erfolgten z. B. in [3.23, 3.16, 3.41].
Wenn sich der Spannungszustand über die Dicke linear ändert, wie er z. B. beim Biegen auftritt, so ist ebenfalls eine Messung mittels Rosette möglich. Unter der Annahme eines über die Länge konstanten Biegemoments und der Tatsache, daß Länge und Breite des Prüfstücks im Vergleich zur Dicke groß sind, gehen die Faktoren A und B, die in den Gln. (3.34) und (3.35) für Zug bzw. Druck dargestellt sind, in folgende Form für die *Biegung* (A_b und B_b) über:

$$A_b = \frac{a^2}{2} \; \frac{1 + \mu}{r_1 \, r_2} \tag{3.44}$$

$$B_b = -\frac{a^2 \, (1 - \mu^2)}{2 \, (3 + \mu)} \; \frac{r_1^2 + r_1 \, r_2 + r_2^2}{r_1^3 \, r_2^3} \tag{3.45}$$

Es ist zu erkennen, daß $A_b = A$ ist [s. Gl. (3.34)]. Der Faktor B_b geht bei großer Dicke im Vergleich zur Länge und Breite des Bauteils in den Faktor B über [s. Gl. (3.35)].
Zur Beschreibung des Eigenspannungszustands, der aus jeweils zweiachsigen Zug- oder Druckspannungs- und Biegespannungszuständen zusammengesetzt ist, sind also vier Hauptspannungen und ihre 2 Richtungen zu ermitteln. Für die dazu nötigen sechs Formänderungsmessungen empfehlen *Boiten* und *Ten Cate* [3.24], zentrisch gegenüberliegend Bohrlochrosetten aufzukleben. Zur Justierung der beiden Rosetten zueinander ist eine Vorbohrung von 2 mm Durchmesser durch das Bauteil hindurch zweckmäßig. Nach dem Aufkleben der Rosetten wird dann auf den üblichen Durchmesser von etwa 8 bis 12 mm aufgebohrt. Die durch die Vorbohrung bedingte Beeinflussung des Eigenspannungszustands ist vernachlässigbar [3.22].
Zur Ermittlung des reinen Normalspannungszustands ergibt sich:

$$\varepsilon_{an} = \frac{\varepsilon_{av} + \varepsilon_{ah}}{2} \tag{3.46}$$

$$\varepsilon_{bn} = \frac{\varepsilon_{bv} + \varepsilon_{bh}}{2} \tag{3.47}$$

$$\varepsilon_{cn} = \frac{\varepsilon_{cv} + \varepsilon_{ch}}{2} \tag{3.48}$$

und für die reine Biegebeanspruchung:

$$\varepsilon_{ab} = \frac{\varepsilon_{av} - \varepsilon_{ah}}{2} \tag{3.49}$$

$$\varepsilon_{bb} = \frac{\varepsilon_{bv} - \varepsilon_{bh}}{2} \tag{3.50}$$

$$\varepsilon_{cb} = \frac{\varepsilon_{cv} - \varepsilon_{ch}}{2} \tag{3.51}$$

Der 1. Index (*a, b, c*) kennzeichnet den Dehnmeßstreifen in der Rosette, der 2. Index den Spannungszustand (*n* Normalspannung, *b* Biegespannung) bzw. die Lage der Rosette (*v* Vorderseite, *h* Rückseite). Diese Werte nach Gln. (3.46) bis (3.51) sind in die Gln. (3.38) und (3.39) einzusetzen, um den Normalspannungs- und Biegezustand getrennt zu berechnen. Die resultierende Gesamtspannung erfolgt durch algebraische Überlagerung für jede Schnittebene parallel zur Oberfläche getrennt für die konstanten Normalspannungen σ_1 und σ_2 und die linear über die Dicke veränderlichen Biegespannungen σ_{1b} und σ_{2b}.

Bisherige Betrachtungen gingen von der linearen Änderung der Eigenspannungen über die Dicke aus. Das ist für Abschätzungen ausreichend. Im Falle einer nichtlinearen Verteilung und ihrer Ermittlung durch das Bohrlochverfahren ist bei homogenen Spannungszuständen, deren Hauptspannungen in einer Fläche parallel zur Bauteiloberfläche liegen, die Änderung der Eigenspannungen mit der Tiefe *z* durch eine Ortsfunktion $f(z)$ zu beschreiben [3.22, 3.25, 3.26, 3.29]:

$$\varepsilon_0(z) = f(z)\ \varepsilon_0 \tag{3.52}$$

wobei ε_0 die an der Oberfläche ausgelöste Dehnung nach dem Durchbohren der Oberfläche ist.

Durch Differentiation dieser Gleichung und Umstellung erhält man für die tatsächliche Dehnung in der Schicht in der Tiefe *z*:

$$\varepsilon\,(z) = \frac{\dfrac{d\,\varepsilon_0(z)}{dz}}{\dfrac{df(z)}{dz}} \tag{3.53}$$

Der Wert $\varepsilon(z)$ kann an der Stelle *i* z. B. in die Spannung $\sigma(z)$ umgerechnet werden, wenn die Tiefenkurve entsprechend Bild 3.10 aufgenommen und der Differentialquotient der Ortsfunktion $f(z)$ experimentell an einer Probe mit homogenem Spannungszu-

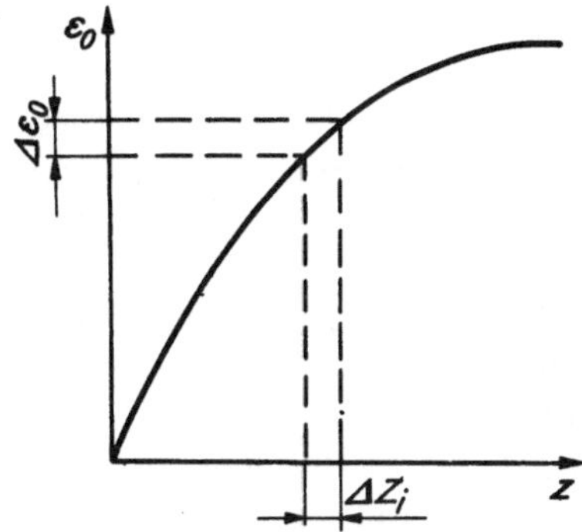

Bild 3.10. Tiefenkurve $\varepsilon_o(z)$: An der Oberfläche ermittelte Dehnung während des Bohrens in Abhängigkeit von der Tiefe *z*

stand an der Stelle *i* bei gleichen Versuchsbedingungen ermittelt wurden (z. B. im Zugversuch). Analog verfährt man bei dem erläuterten Ring-Kern-Verfahren (Abschnitt 3.2.5.).

Etwas einfacher gestaltet sich Gl. (3.52), wenn man die Tiefenkurve durch eine Differenzbetrachtung ersetzt, d. h. die Änderung der Dehnung $\Delta\varepsilon_0(z)$ bei Vertiefung der Bohrung um Δz und einen von der Bohrtiefe abhängigen *Abklingfaktor K* einführt:

$$\Delta\varepsilon_0\,(z) = K\,\frac{\sigma_{zi}}{E} \tag{3.54}$$

Für eine 0°/45°/90°-Rosette kann entsprechend dem Hookeschen Gesetz für den ebenen Spannungszustand und unter Beachtung der Abklingfaktoren K_1 und K_2 für die Richtungen *x* und *y* geschrieben werden [3.22, 3.26]:

$$\Delta\varepsilon_x = K_1\,\frac{\sigma_x}{E} - \mu K_2\,\frac{\sigma_y}{E} \tag{3.55}$$

$$\Delta\varepsilon_y = K_1\,\frac{\sigma_y}{E} - \mu K_2\,\frac{\sigma_x}{E} \tag{3.56}$$

Daraus ergeben sich die Spannungen σ_x und σ_y in der Tiefe z_i

$$\sigma_x = \frac{E}{K_1^2 - \mu K_2^2}\,(K_1\,\Delta\varepsilon_x + \mu K_2\,\Delta\varepsilon_y) \tag{3.57}$$

$$\sigma_y = \frac{E}{K_1^2 - \mu K_2^2}\,(K_1\,\Delta\varepsilon_y + \mu K_2\,\Delta\varepsilon_x) \tag{3.58}$$

Die Abklingfaktoren K_1 und K_2 sind, ebenso wie oben für *f*(*z*) erläutert, experimentell zu ermitteln.

Nach *Birkenfeld* [3.22] ist diese Methode der Ermittlung nichtlinearer Eigenspannungsverläufe geeignet, wenn die Tiefe der Bohrung den halben Bohrungsdurchmesser nicht überschreitet. Bei Tiefen von etwa der Größe des Bohrungsdurchmessers *d* tritt keine Tiefenabhängigkeit der gemessenen Dehnungswerte mehr auf, so daß das Bohrlochverfahren generell nicht bis zum Durchbohren, sondern nur bis $z \approx d$ betrieben werden muß, was sich auch günstig auf die Vermeidung unzulässiger Erwärmungen auswirkt [3.28]. Die Gleichungen (3.52) bis (3.58) sind nur für eine Dehnungsrichtung abgeleitet. Tatsächlich sind sie für die Dehnungen ε_a, ε_b, ε_c sowie ε_{ab}, ε_{bb} und ε_{cb} zu entwickeln, so daß für jeden Meßstreifen die Abklingfaktoren bzw. die Tiefenkurve zu ermitteln ist.

Die Berechnung der Hauptspannungen bzw. des Eigenspannungszustands erfolgt dann so, wie bereits bei linearer Änderung der Spannungen über die Dicke erläutert. Generell ist hier isotropes Material vorausgesetzt. In [3.30, 3.31] sind die Betrachtungen auf rechtwinklig orthotropes Material (z. B. Faserverbunde) erweitert worden. Die genannten Methoden der Aufnahme der Tiefenkurve setzen voraus, daß der Einfluß des Lochs selbst auf die Dehnungsänderung infolge des schichtweisen Ausbohrens ohne Einfluß bleibt. Für große Spannungsgradienten und für Spannungsverteilungen über die Tiefe, wo das Vorzeichen wechselt, treten größere Meßfehler auf, so daß dieser systematische Fehler durch zusätzliche Kalibriermessungen zu eliminieren ist, wie sie in [3.32] beschrieben werden.

Eingehende *Fehlerbetrachtungen* über das Bohrlochverfahren werden in [3.33] und [3.24] angestellt. Das Meßgitterende des Dehnmeßstreifens soll sich möglichst dicht am Bohrungsrand befinden, d. h., r_1 nach Bild 3.7 soll klein sein, während r_2 groß zu wählen ist. Eine Meßgitterlänge $r_2 - r_1 > 10\ a$ bringt keine wesentliche Steigerung der Empfindlichkeit, die sich in einer Vergrößerung der Faktoren A und B nach Gln. (3.24) und (3.35) äußert. Die Ableitung der Gleichungen des Bohrlochverfahrens nach der Theorie von *Kirsch* setzt voraus, daß es sich um eine dünne gelochte (unendlich) große Scheibe handelt, d. h., der Lochdurchmesser darf im Vergleich zur Scheibendicke nicht zu klein sein. Aus den Untersuchungen in [3.34] folgt auch, daß der Lochdurchmesser auf alle Fälle größer als die halbe Blechdicke sein soll. Die Entfernung des Bohrlochs vom Rand soll 30 a sein, ebenso die Entfernung zum nächsten Bohrloch, wenn die Eigenspannungsanalyse durch mehrere Bohrungen erfolgt [3.39, 3.36]. Der Messung des Bohrungsdurchmessers ist große Beachtung zu schenken, ebenso der Präzision des Bohrungsvorgangs selbst. So werden meist mechanische Bohrvorrichtungen verwandt, die auch mit Meßmikroskopen ausgerüstet sein können [3.33]. Die Zentrierung für die Bohrung enthalten vielfach die Rosetten selbst. Nach *Motzfeld* [3.34] wird eine Meßunsicherheit beim Bohrlochverfahren von etwa $\pm$ 100 N m^{-2} erreicht, wobei die Unsicherheiten für die Berechnung nach dem Fehlerfortpflanzungsgesetz wie folgt angenommen werden: k-Faktor $\pm$ 1,5%, Fehler des Radius a $\pm$ 0,05 mm, der Strecke r_1 0,1 mm und des Winkels zwischen Meßstreifen der Rosette 0,5°. Dieser Fehler ist aber gegenüber dem realen Eigenspannungszustand sicher viel zu gering. Nach *Finckenstein* u. a. [3.184] wird für weichgeglühten Stahl ein Fehler von $\pm$ 12 N mm^{-2} angegeben. Bei hochfesten Stählen sollen die Fehler noch größer sein, da größere Kräfte zum Bohren erforderlich sind. Die Fehler infolge zusätzlicher Spannungen beim Bohren sollen die größten sein. Wenn die gemessenen Eigenspannungen etwa 30% der Fließgrenze des Werkstoffs überschreiten, so sind speziell ermittelte Korrekturfaktoren einzuführen [3.184].

Nach *Motzfeld* [3.34] wird die Meßunsicherheit mit maximal $\pm$ 10% angegeben, was besser den realen Verhältnissen entsprechen dürfte. Relativ hoch ist der Fehler für den Winkel α nach Gl. (3.40), den schon geringe Meßunsicherheiten der Dehnungsmessungen in den drei Richtungen (a, b, c) der Rosette verursachen. Für eine 0°/45°/90°-Rosette bei einem homogenen zweiachsigen Spannungszustand ergibt nach Gl. (3.40) ein Fehler für ε_2 von 1 μm/m einen maximal möglichen Fehler von 45°. Der Einfluß der Bearbeitungsspannungen wurde zu $-$ 40 μm/m mit einer Streuung von $\pm$ 10 μm/m ermittelt, wenn Fräswerkzeuge mit Handleier zum Einsatz gelangen. (Der Vergleich erfolgte mit spannungsarm geglühten Blechen.) Die Fräswerkzeuge hatten geringere Eigenspannungen zur Folge als die Bohrer. Der für jeden Meßtechniker, jedes Bohrwerkzeug und jeden Werkstoff gesondert zu ermittelnde Wert (im Beispiel $-$ 40 μm/m $\pm$ 10 μm) wurde zu jedem Dehnungswert addiert, also + 40 μm/m. Die Unsicherheit der Hauptspannungen infolge der Dehnungsunsicherheit von $\pm$ 10 μm/m betrug bei der 0°/45°/

90°-Rosette 12 MPa [3.33]. Nach *Michailov* [3.37] liegt der mittlere quadratische Fehler für Spannungen von 0 bis 100 MPa im Bereich von 5 bis 10 MPa. Aus der Arbeit [3.36] ist zu schlußfolgern, daß bei linearer Änderung der Spannungen über die Tiefe, und wenn die Spannung in einer Tiefe gleich dem Lochdurchmesser Null ist, die gemessenen Spannungen 80% der Oberflächenwerte betragen.

Nach *Peiter* u. a. [3.185] kann der Einfluß der endlichen Breite der Meßgitter gegenüber anderen Einflußfaktoren vernachlässigt werden. Aus Vergleichen zwischen verschiedenen Rosetten in Deltaform konnte geschlußfolgert werden, daß die Meßunsicherheiten für die 0°/60°/120°-Rosette (Deltaform) geringer sein sollen als für die 0°/45°/90°-Rosette. Die Unterschiede werden aber mit größerer Unsicherheit für den E-Modul kleiner. Die üblichen, relativ hohen Meßunsicherheiten für die Poissonsche Konstante sind für die Meßunsicherheit ohne praktische Bedeutung [3.38].

In unmittelbarer Nähe des Bohrungsrands, insbesondere wenn r_1 sehr klein gehalten wird, ist beim Auslösen großer Eigenspannungen infolge Spannungskonzentration durch die Bohrung mit plastischem Fließen zu rechnen, wodurch Fehlmessungen auftreten. In [3.16] wird aus der Tatsache, daß beim ebenen homogenen Eigenspannungszustand $\sigma_1 = \sigma_2 = \sigma$ die Spannungsüberhöhung am Lochrand überall $2\,\sigma$ ist, und unter Zugrundelegung der Schubspannungshypothese für den Fließbeginn abgeleitet, daß die Grenze der plastischen Verformung konzentrisch um das Bohrloch mit dem Radius

$$r_p = \sqrt{\frac{2\,\sigma}{R_e}} \tag{3.59}$$

liegt, wobei R_e die Streckgrenze des Bauteilwerkstoffs bedeutet. Als maximaler Radius ergibt sich für den Grenzfall $\sigma = 0{,}9\ R_e$ [3.42]:

$$r_p \approx 1{,}5\ a \tag{3.60}$$

Die Gleichung (3.60) kann aber nur eine erste Abschätzung sein, da bei einem einachsigen Spannungszustand eine Spannungskonzentration, begrenzt auf die Stelle am Lochrand senkrecht zur Spannung, mit dem Faktor 3 auftritt.

Um die Gefahr des Einbringens von Eigenspannungen beim Bohren herabzusetzen, wurde in den Berkeley Nuclear Laboratorien die „airbrasive method" entwickelt, über die auch neuerdings berichtet wird [3.180]. Das Loch wird durch Erosion eingebracht, die ein Schleifkornstrahl verursacht. Nach dieser Methode sind auch harte Werkstoffe zu bearbeiten.

Bild 3.11 zeigt eine derartige Schleifkornstrahleinrichtung, wie sie z. B. in [3.184] beschrieben ist. Im allgemeinen wird als Schleifmittel Tonerde mit einer Körnung von 50 μm verwendet. Art und Körnung des Mittels können der Werkstoffestigkeit angepaßt werden. Somit sind auch harte Werkstoffe zu untersuchen. Die Düse ist exzentrisch gelagert. Der Abstand zwischen Schleifkornstrahlung und Rosettenmitte kann je nach Bohrungsdurchmesser verändert werden. Der minimale Bohrungsdurchmesser beträgt etwa 1,8 mm. Die Einstellung der Exzentrizität der Düse erfolgt über ein in die Laufbuchse eingesetztes Meßmikroskop, so daß der Fehler maximal $\pm$ 13 μm beträgt. Der Winkel zwischen Strahlrichtung und Prüflingsoberfläche ist verstellbar. Der gün-

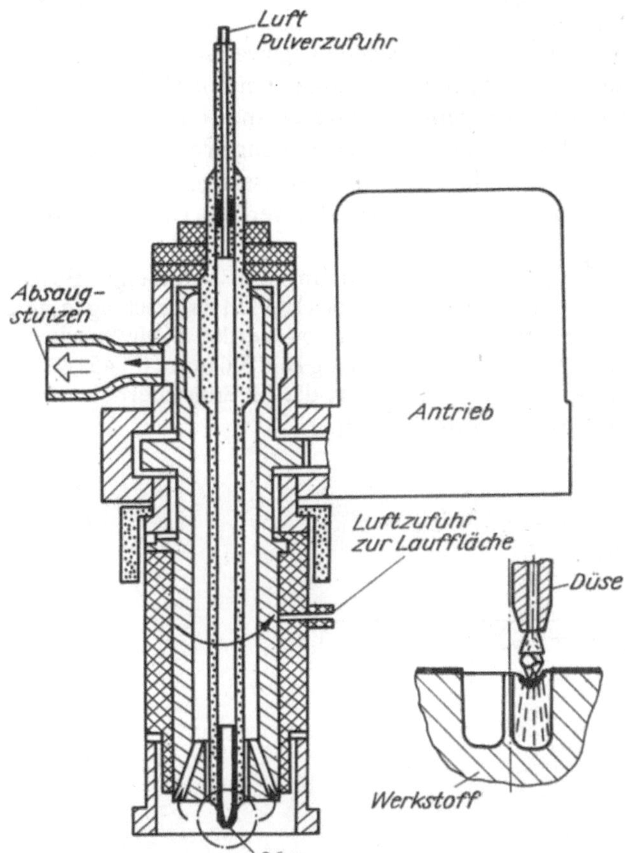

Bild 3.11. Strahlvorrichtung der "airbrasive method" (nach [3.184])

stigste Abstand zwischen Düse und Oberfläche soll zwischen 1 und 1,5 mm liegen [3.184]. Trotzdem sind Rundungen am Locheintritt und am Boden bei dieser Methode nicht zu vermeiden.

Es soll an dieser Stelle noch darauf verwiesen werden, daß versucht wurde, die Bohrlochmethode nicht nur in Verbindung mit Dehnmeßstreifen, sondern auch mit Feldmeßverfahren, wie der Spannungsoptik, dem Deckschichtverfahren [3.43], dem Reißlackverfahren [3.111] und der holographischen Interferometrie [3.50, 3.183], anzuwenden. Der Vorteil besteht darin, daß die Positionierung des Lochs zur Lage der Meßstreifen wesentlich exakter sein muß als bei den Feldmeßverfahren. Nachteilig sind z. B. beim spannungsoptischen Deckschichtverfahren die Beeinflussung des Bohrungsrands durch das Bohren und die geringe Empfindlichkeit des Verfahrens durch die kleine Schichtdicke. Der Aufwand bei der spannungsoptischen und holographischen Methode ist hoch. Das Reißlackverfahren läßt nur qualitative Aussagen zu.

3.2.4. Trepanierverfahren

Das *Trepanierverfahren* wird vorwiegend für ebene Bleche angewandt, aus denen mit Hilfe eines kreisförmigen Fräsers ein kleiner Zylinder herausgeschnitten wird, über dessen Durchmesser vor dem Ausschneiden der Eigenspannungszustand konstant sein soll. Aus den Verformungen des Zylinders lassen sich die Eigenspannungen an der ausgefrästen Stelle vor dem Zerlegen berechnen. Für die Verformungsmessungen können prinzipiell Dehnmeßstreifen oder Setzdehnungsmesser verwendet werden. Das Verfahren wird meist mit Setzdehnungsmessern betrieben.
Bei dem Verfahren nach *Gunnert* [3.35] gelangen Setzdehnungsmesser mit einer Basis von 9 mm zum Einsatz. Als Meßmarken werden Körner in das Bauteil eingeschlagen, in die die Setzdehnungsmesser eingreifen. Bei diesen Verfahren werden 8 Meßmarken eingebracht, die 4 Dehnungen zu messen erlauben, die analog Bild 3.6 unter 0°, 45°, 90°, 135° liegen (ε_0; ε_{45}; ε_{90}; ε_{135}). Die 4. Richtung verringert die Meßunsicherheit. Die Hauptspannungen und die Richtung ergeben sich zu [3.34]

$$\sigma_1 + \sigma_2 = -\frac{E}{2(1-\mu)}(\varepsilon_0 + \varepsilon_{45} + \varepsilon_{90} + \varepsilon_{135}) \tag{3.61}$$

$$\sigma_1 - \sigma_2 = \frac{E}{1+\mu}\sqrt{(\varepsilon_0 + \varepsilon_{45})^2 + (\varepsilon_{90} + \varepsilon_{135})^2} \tag{3.62}$$

$$\tan 2\alpha \; \frac{\varepsilon_{135} - \varepsilon_{90}}{\varepsilon_0 - \varepsilon_{45}} \tag{3.63}$$

Diese Beziehungen stellen im Vergleich zum Bohrlochverfahren nur eine grobe Näherung dar. Vor dem Einbringen der Meßmarken erfolgt die Markierung der Meßstelle durch ein leichtes Anfräsen (Fräserdurchmesser 15 mm). Die Messung der Dehnung ε_0, ε_{45}, ε_{90}, ε_{135} erfolgt dann nach dem Ausfräsen des Zylinders von 9 mm Durchmesser. Generell ist zum Ausfräsen zu bemerken, daß nach jeweils geringen Bohrtiefen (etwa 0,3 mm) die Späne aus der Nut zu entfernen sind, um ein Verklemmen des Bohrers zu vermeiden [3.53]. Je Meßstelle beträgt der Aufwand 4 bis 5 Stunden, um die Eigenspannungen zu ermitteln. Der Fühlhebelabstand ist einstellbar beim Setzdehnungsmesser und muß durch Vergleichsstücke kalibriert werden. Der mittlere Fehler der Dehnungsmessung beträgt 75 μm/m. Der Fehler der Spannungsmessung ergibt sich daraus zu 15 N mm^{-2}. Der herausgefräste Zylinder enthält jedoch noch nicht unbeträchtliche Eigenspannungen. Das Einbringen der Meßmarken verursacht die relativ größte Beeinflussung des Eigenspannungszustands. Der herausgetrennte Zylinder zeigt an der oberen und unteren Kreisfläche meist unterschiedliche Verformungen, da die Eigenspannungen im noch nicht ausgefrästen unteren Zylinderteil anwachsen, wobei auch ein Fließen einsetzen kann. Die Verformungen der Deckfläche des Zylinders bleiben von einer bestimmten Frästiefe an nicht konstant [3.34]. Wenn das Verfahren trotz seiner nicht unerheblichen systematischen Fehler hier angeführt wird, dann deshalb, weil es im Betrieb eine gewisse Verbreitung gefunden hatte, vor allem zur Messung an Schweißnähten [3.182].

3.2.5. Ring-Kern-Verfahren

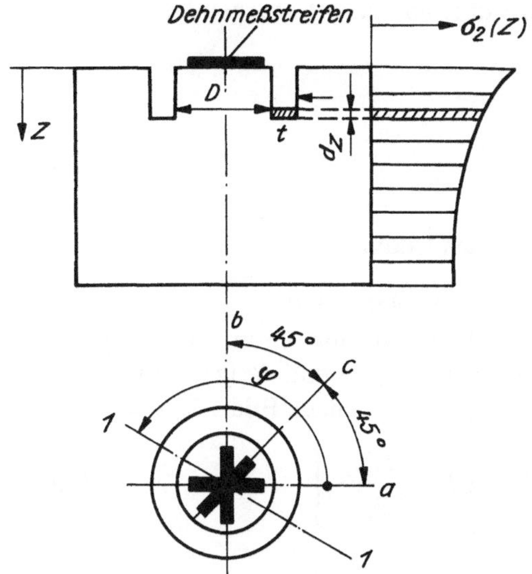

Bild 3.12. Das Ring-Kern-Verfahren

1 – 1: Richtung der Hauptspannung σ_1

Beim *Ring-Kern-Verfahren* nach *Böhm* und *Wolf* [3.43] wird eine Ringnut eingefräst. Der stehenbleibende Kern erfährt durch das Auslösen von Eigenspannungen Formänderungen, die an der kreisscheibenförmigen Oberfläche mit einer Dehnmeßstreifen-Rosette gemessen werden. Der Kern wird nicht völlig herausgetrennt. Die Ringnut wird etwa 3 bis 5 mm tief eingefräst. Das Einbringen erfolgt schrittweise. Im Bild 3.12 ist schematisch das Ring-Kern-Verfahren dargestellt. Es wurde hier nur eine Hauptspannung (σ_2) eingezeichnet, die sich in Richtung z ändert. Betrachtet man nur das Wirken einer Hauptspannung $\sigma(z)$, so ändert sich bei einer Variation der Ausfrästiefe um dz die Dehnung an der Oberfläche um $d\varepsilon$:

$$d\varepsilon(z) = K \cdot \frac{1}{E} \sigma(z)\, dz \tag{3.64}$$

Der Faktor $K = K(z)$ ist eine ***Abklingfunktion***, die von der Ausfrästiefe z, von der Meßstellengeometrie, der Anordnung der Dehnmeßstreifen usw. abhängt [3.48]. Die Abklingfunktion $K(z)$ kann deshalb an anderen Werkstoffen, aber bei gleicher Meßstellengeometrie und gleichen Meßelementen und deren Anordnung ermittelt werden. Der Werkstoff wird einer definierten äußeren Belastung (z. B. einachsiger Zugversuch) unterworfen. Die Abklingfunktion lautet:

$$K(z) = \frac{E'}{\sigma'(z)} \cdot \frac{d\varepsilon'(z)}{dz} \tag{3.65}$$

Aus bekanntem E-Modul, aus der durch die konstante Belastung bekannten Spannung

$\sigma'(z)$ (σ = const) ergibt sich die angezeigte Dehnungsänderung $d\varepsilon'(z)$ bei Änderung der Tiefe um dz und damit die Abklingfunktion $K(z)$. Die gestrichenen Symbole beziehen sich auf den Kalibrierversuch. Nun wird $\varepsilon(z)$ am zu untersuchenden Bauteil als Funktion der Ausfrästiefe z gemessen.
Aus der Beziehung

$$\sigma(z) = \frac{E}{K(z)} \cdot \frac{d\varepsilon(z)}{dz} \tag{3.66}$$

kann die Ermittlung der Eigenspannung $\sigma(z)$ nach Bildung von $\dfrac{d\varepsilon(z)}{dz}$ (z. B. graphisch) an jeder Stelle der Funktion $\varepsilon(z)$ erfolgen [3.45].
Für einen zweiachsigen Spannungszustand gelten folgende Grundgleichungen des Ring-Kern-Verfahrens [3.48], wobei $\sigma_a(z)$, $\sigma_b(z)$ und $\sigma_c(z)$ und $d\varepsilon_a(z)$, $d\varepsilon_b(z)$, $d\varepsilon_c(z)$ die Spannungen und Dehnungen in den Richtungen *a, b, c* nach Bild 3.12 sind:

$$\sigma_a(z) = \frac{E}{K_1^2 - \mu K_2^2}\left[K_1 \frac{d\varepsilon_a(z)}{dz} + \mu K_2 \frac{d\varepsilon_b(z)}{dz}\right] \tag{3.67}$$

$$\sigma_b(z) = \frac{E}{K_1^2 - \mu K_2^2}\left[K_1 \frac{d\varepsilon_b(z)}{dz} + \mu K_2 \frac{d\varepsilon_a(z)}{dz}\right] \tag{3.68}$$

$$\sigma_c(z) = \frac{E}{K_1^2 - \mu K_2^2} \times$$

$$\times \left[K_1 \frac{d\varepsilon_c(z)}{dz} + \mu K_2 \left(\frac{d\varepsilon_a(z)}{dz} + \frac{d\varepsilon_b(z)}{dz} + \frac{d\varepsilon_c(z)}{dz}\right)\right] \tag{3.69}$$

Für die Hauptspannungen lassen sich dann nach folgenden Beziehungen ermitteln:

$$\sigma_1 \doteq \frac{\sigma_a(z) + \sigma_b(z)}{2} +$$

$$+ \sqrt{\frac{1}{2}\,[\sigma_a(z) - \sigma_c(z)]^2 + [\sigma_c(z) - \sigma_b(z)]^2} \tag{3.70}$$

$$\sigma_2 = \frac{\sigma_a(z) + \sigma_b(z)}{2} -$$

$$- \sqrt{\frac{1}{2}\,[\sigma_a(z) - \sigma_c(z)]^2 + [\sigma_c(z) - \sigma_b(z)]^2} \tag{3.71}$$

Der Winkel φ kann in der Orientierung nach Bild 3.12 berechnet werden:

$$\tan 2\varphi = \frac{2\sigma_c(z) - [\sigma_a(z) + \sigma_b(z)]}{\sigma_a(z) - \sigma_b(z)} \tag{3.72}$$

$K_1 = K_1(z)$ und $K_2 = K_2(z)$ sind Abklingfunktionen in zwei zueinander senkrechten Richtungen, die z. B. analog zu Gl. (3.65) im einachsigen Zugversuch aufgenommen werden. Die Meßstellengeometrie und die verwendeten Meßelemente am Kalibrierwerkstoff und Untersuchungswerkstoff müssen gleich sein.

Bei der Ermittlung der Gleichungen für die Abklingfunktionen ist von der Erweiterung der Gl. (3.65) auf den ebenen Spannungszustand, d. h. Spannungen in den Richtungen a und b nach Bild 3.12, auszugehen:

$$K_1(z) = \frac{E'}{\sigma_a'(z)} \cdot \frac{d\varepsilon_a'(z)}{dz} \tag{3.73}$$

$$K_2(z) = \frac{E'}{\sigma_b'(z)} \cdot \frac{d\varepsilon_b'(z)}{dz} \tag{3.74}$$

$$K_2(z) = -\frac{E'}{\mu'\sigma_a'(z)} \cdot \frac{d\varepsilon_a'(z)}{dz} \tag{3.75}$$

$$K_2(z) = -\frac{E'}{\mu'\sigma_b(z)} \cdot \frac{d\varepsilon_b'(z)}{dz} \tag{3.76}$$

Durch Auflösung jeweils nach $d\varepsilon_a$ bzw. $d\varepsilon_b$, Überlagerung der Dehnungen und für den Fall der einachsigen Beanspruchung in a-Richtung mit $\sigma_b(z) = 0$ ergeben sich die beiden Abklingfunktionen schließlich zu

$$K_1 = \frac{E'}{\sigma_a'(z)} \cdot \frac{d\varepsilon_a'(z)}{dz} \tag{3.77}$$

$$K_2 = \frac{E'}{\mu'\sigma_a'(z)} \cdot \frac{d\varepsilon_b'(z)}{dz} \tag{3.78}$$

Die Poissonsche Konstante des Kalibrierwerkstoffs (μ') und des Werkstoffs vom zu untersuchenden Bauteil (μ) müssen gleich sein. Die Bildung der Differentialquotienten dieser beiden Gleichungen kann graphisch oder mittels Rechenprogramms vorgenommen werden.

In der Praxis haben sich Kerndurchmesser von 14 mm, Frässtufen von etwa 0,5 mm und Nutbreiten von 2 mm bewährt [3.47]. Auch über Ausfrässtufen von 0,1 mm bei der Ermittlung der Eigenspannungen infolge Oberflächenbearbeitung wird berichtet [3.48]. Die Meßunsicherheit der Spannungswerte wird nach dieser Methode mit ± 50 MPa

angegeben [3.44]. Die Dehnmeßstreifen werden übereinander in Rosettenform geklebt. Derartige *Rosetten* für dieses Verfahren sind z. T. schon handelsüblich. Als Brückenergänzung und zur Temperaturkompensation dient ein vierter, an unbeanspruchter Stelle aufgeklebter Dehnmeßstreifen. Im genannten Meßfehler ist der Fehler durch das An- und Ablöten der Meßstreifen enthalten. Die Auswertung im Bereich der ersten Ausfrässtufe von 0,5 mm ist unsicher. Die Tiefe des Einfräsens beträgt etwa die Hälfte des Kerndurchmessers [3.47]. Für die aufgeführten Werte des Kerndurchmessers und eine konstante Frästiefenvergrößerung von $\Delta z = 0{,}5$ mm liegen Nomogramme zur Ermittlung der Hauptspannungen vor [3.48]. Zum zweckmäßigen Einbringen der Fräsnut wird über eine spezielle Vorrichtung berichtet [3.43]. Für große Tiefen (> 5 mm) werden die Abklingfunktionen stufenweise bei Bohrungsschritten von etwa 20 mm Durchmesser aufgenommen. Die Rosetten müssen nach dem Ausbohren des freigelegten Kerns am Bohrungsgrund neu aufgeklebt werden. Das Ausfräsen des Rings erfolgt dann mit kleinerem Durchmesser [3.460].
Nach *Wolf* u. a. [3.46] sind die Grundgleichungen des Ring-Kern-Verfahrens (3.67) bis (3.69) für Stahl bei $z_1 = 0$ und $z_2 = 5{,}9$ mm unbestimmt. Im ersten Fall sind $K_1(z) = 0$ und $K_2(z) = 0$, d. h. $\sigma = 0/0$, und im zweiten Fall wird $K_1^2 - \mu K_2^2 = 0$. Dieser zweite Fall ist somit abhängig von der Geometrie der Ringnut. Für die Fräsvorrichtung nach *Wolf* ergibt sich $z \approx 5{,}9$ mm. Aus diesem Grund sollen die Bereiche für $z = 0$ bis 0,15 mm und 5 bis 7 mm bei der Analyse ausgeklammert werden.
Nach *Böhm* u. a. [3.181] ist es zweckmäßig, ein Differenzenverfahren anzuwenden. Die Hauptrichtungen des Eigenspannungszustands müssen bekannt sein und mit den Meßrichtungen a und b übereinstimmen. Innerhalb eines Tiefungsschritts wird der Eigenspannungszustand als konstant angesehen. Die Tiefungsschritte Δz sind untereinander gleich

$$\sigma_1 = A\Delta\varepsilon_1 + B\Delta\varepsilon_2 \tag{3.79}$$

$$\sigma_2 = A\Delta\varepsilon_2 + B\Delta\varepsilon_1 \tag{3.80}$$

mit den Dehnungsdifferenzen $\Delta\varepsilon$, die bei den Nuttiefen $z = \Delta z$ und $z = 2\,\Delta z$ gemessen werden

$$\Delta\varepsilon_1 = \varepsilon_{1;2z} - \varepsilon_{1;z} \tag{3.81}$$

$$\Delta\varepsilon_2 = \varepsilon_{2;2z} - \varepsilon_{2;z} \tag{3.82}$$

Die Konstanten A und B werden ebenso wie die Abklingfunktionen beim einachsigen Zugversuch ermittelt:

$$\varepsilon_1^* = \frac{\sigma_1^*}{E} \tag{3.83}$$

Die Gleichungen (3.81) und (3.82) ergeben sich bei diesem Zugversuch und unter Bezug auf die Dehnung ε_1^*

$$\Delta\varepsilon_1^* = \frac{\varepsilon_{1;2z}^*}{\varepsilon_1^*} - \frac{\varepsilon_{1;z}^*}{\varepsilon_1^*} \tag{3.84}$$

$$\Delta\varepsilon_2^* = \frac{\varepsilon_{2;2z}^*}{\varepsilon_1^*} - \frac{\varepsilon_{2;z}^*}{\varepsilon_1^*} \tag{3.85}$$

Somit folgt für die Konstanten

$$A = \frac{E\Delta\varepsilon_1^*}{(\Delta\varepsilon_1^*)^2 - (\mu\Delta\varepsilon_2^*)^2} \tag{3.86}$$

$$B = \frac{\mu E\Delta\varepsilon_2^*}{(\Delta\varepsilon_1^*)^2 - (\mu\Delta\varepsilon_2^*)^2} \tag{3.87}$$

3.2.6. Nockenverfahren

Das Verfahren wurde von *Bühler* ursprünglich zur Eigenspannungsmessung an Gußstücken entwickelt [3.56]. Es beruht darauf, daß bei der Herstellung von Gußstücken *Nocken* oder nockenförmige Bahnen und Leisten mit angegossen werden, deren Abmessungen nach Bild 3.13 als optimal ermittelt wurden. Die Eigenspannungen im Bauteil setzen sich in den angegossenen Nocken fort. Zur Eigenspannungsermittlung in den Nocken erfolgt ihr Abtrennen, Schlitzen oder Einfräsen einer Ringnut usw. Die Schlitz- oder Einfrästiefe ist gleich der Nockenhöhe. Die mit den ausgelösten Eigenspannungen verbundenen Formänderungen werden durch Dehnmeßstreifen ermittelt, wobei auch Rosetten zum Einsatz gelangen können, um den vollständigen ebenen Spannungszustand an der Oberfläche zu ermitteln.

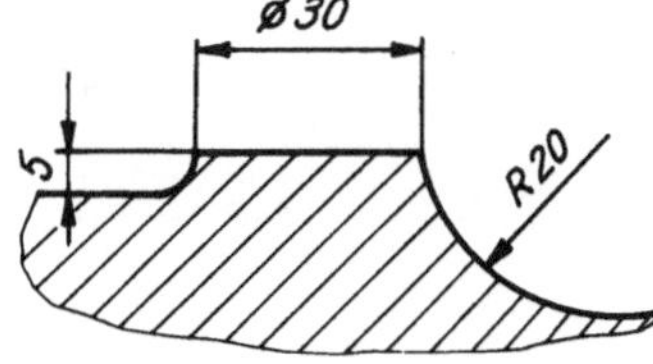

Bild 3.13. Abmessungen der Nocken für das Nockenverfahren

Dieses Verfahren läßt nicht die exakte Eigenspannungsverteilung an der Oberfläche des Bauteils, also für den Fall, daß die Nocken nicht angebracht sind, zu. Vielmehr soll meist nur festgestellt werden, ob sich die Eigenspannungen im Verlaufe der Weiterbearbeitung im technologischen Prozeß, z. B. beim Spannungsarmglühen, ändern. Diese Kenntnis ist für die spanende Bearbeitung durch Auftreten eines Verzugs wichtig [3.57, 3.59].

Das Übertragungsverhältnis φ ist das Verhältnis der Eigenspannungen an der Bauteiloberfläche mit Nocken zu den Eigenspannungen an der endgültigen Bauteiloberfläche ohne Nocken. Messungen an einachsig beanspruchten Balken aus Stahl und Gußeisen ergaben ein φ von 0,61 bis 0,67.

In Erweiterung des Nockenverfahrens lassen sich Nocken entsprechend Bild 3.13 als *Ringe* an großen Wellen herausarbeiten, die im Rahmen der Bearbeitungszugabe zunächst stehenbleiben, d. h. Ringe mit einer Breite von 30 mm und einer Höhe von 5 mm bei einem Radius des Querschnittsübergangs von 20 mm. Grundsätzliche Untersuchungen [3.58] ergaben, daß Dehnmeßstreifen mit kleiner Meßgitterlänge günstig sind, so daß Meßgitterlängen von 3 mm, Schlitzabstände von 10 mm und eine Schlitztiefe von 5 mm empfohlen wurden. Das Schlitzen soll mit einem Hartmetallkreissägeblatt von 100 mm Durchmesser und 1 mm Breite erfolgen. Für das Bohren einer Ringnut werden Hohlbohrer mit 16 mm Innen- und 20 mm Außendurchmesser empfohlen.
Untersuchungen des Übertragungsverhältnisses für Längs- und Tangentialspannungen, d. h. φ_l und φ_q, ergaben, daß $\varphi_l \approx 0{,}85$ und $\varphi_q \approx 0{,}64$ für Wellen mit etwa 1000 mm Durchmesser betragen. Da bei diesen Wellen die Längs- und Tangentialspannungen etwa gleich groß sind [3.45], reicht die Ermittlung der Tangentialspannungen aus, die einfacher möglich ist.
Die Längs- (σ_l) und Tangentialeigenspannungen (σ_t) lassen sich danach wie folgt überschläglich angeben, wenn die gestrichenen Symbole die durch das Nockenverfahren ermittelten Werte darstellen:

$$\sigma_t = \frac{\sigma_t'}{g_l\,\varphi_l} \tag{3.88}$$

$$\sigma_l = \frac{\sigma_l'}{g_t\,\varphi_t} \tag{3.89}$$

Der Auslösungsgrad g der Eigenspannungen durch das Schlitzen beträgt etwa 0,9 [3.56]. Für große Wellen wird unter Beachtung der erwähnten Übertragungsverhältnisse angegeben [3.58]:

$$\sigma_t \approx 1{,}3\ \sigma_t' \tag{3.90}$$

$$\sigma_l \approx 1{,}75\ \sigma_l' \tag{3.91}$$

mit $g \approx g_l \approx g_t \approx 0{,}9$

3.2.7. Abtragverfahren für geometrisch einfache Bauteile

3.2.7.1. Hohl- und Vollzylinder

3.2.7.1.1. Verfahren nach *Heyn* und *Bauer*

Bei diesem Verfahren [3.60] wird von der vereinfachenden Annahme ausgegangen, daß nur Längseigenspannungen in einem *Zylinder* vorhanden sind. Diese Vereinfachung ist für einige Fälle sicher ausreichend (z. B. für lange, schlanke Zylinder), bei Vorhandensein ausgeprägter Radial- und Tangentialeigenspannungen jedoch können Fehler bis

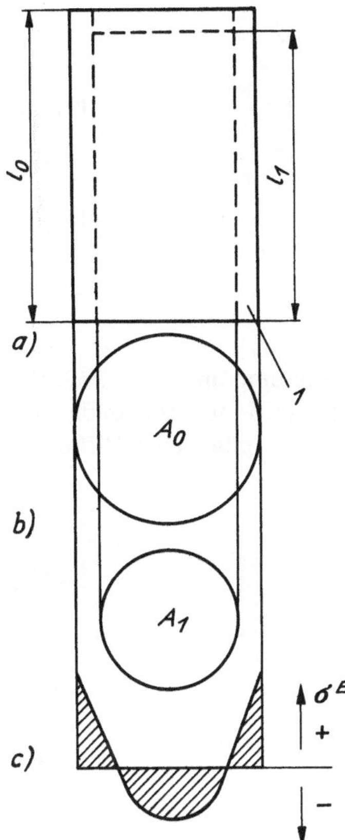

Bild 3.14. Verfahren nach *Heyn* und *Bauer*
a) Längenänderung beim Auslösen
b) Querschnittsänderung beim Abtrag
c) Eigenspannungsverlauf über den Querschnitt

30% und mehr auftreten [3.61], z. T. werden Fehler von 100% angegeben [3.74]. Die vorhandenen Längseigenspannungen σ_l würden beim Auslösen eine Längenänderung $\Delta l = l_0 - l_1$ bewirken (Bild 3.14):

$$\sigma_l = E \frac{l_0 - l_1}{l_0} = E\varepsilon_1 \tag{3.92}$$

Wenn in der äußeren ringförmigen Schicht 1 eine mittlere Längseigenspannung σ_{l1} wirkt, so fällt nach dem Abdrehen die Kraft $(A_0 - A_1)\,\sigma_{l1}$ fort. Die Gleichgewichtsbedingung erfordert, daß

$$\sigma_{l1}\,(A_0 - A_1) = \sigma_l\,A_1 \tag{3.93}$$

bzw. bei Ausdruck nach den zu den Flächen A_0 und A_1 gehörenden Durchmessern D_0 und D_1

$$\sigma_{l1}\,\frac{\pi}{4}\,(D_0^2 - D_1^2) = \sigma_l\,\frac{\pi}{4} D_1^2 \tag{3.94}$$

und unter Einbeziehung der Gl. (3.92) ergibt sich

$$\sigma_{l1} = E \frac{l_0 - l_1}{l_0} \cdot \frac{D_1^2}{D_0^2 - D_1^2} \tag{3.95}$$

$$\sigma_{l1} = E \frac{A_1}{\Delta A} \varepsilon_1 \tag{3.96}$$

ε_1 in Längsrichtung gemessene Dehnung

Diese Überlegungen zur Aufstellung der Gleichgewichtsbedinung analog Gl. (3.94) lassen sich fortsetzen für eine abgetragene 1., 2., ... n-te Schicht. Indiziert man die abgetragene Fläche für den 1., 2., 3. ... n-ten Abtragsschritt, so ergibt sich in differentieller Schreibweise [3.61]:

$$\sigma_{l1} = \frac{A_1 E}{dA_1} d\varepsilon_1 \tag{3.97}$$

$$\sigma_{l2} = \frac{A_2 E}{dA_2} d\varepsilon_2 - E d\varepsilon_1 \tag{3.98}$$

$$\sigma_{ln} = \frac{A_n E d\varepsilon_n}{dA_n} - E\,(d\varepsilon_1 + d\varepsilon_2 + \ldots + d\varepsilon_{n-1}) \tag{3.99}$$

$$\sigma_l = EA \frac{d\varepsilon}{dA} - E \int\limits_{m=1}^{n-1} d\varepsilon_m \tag{3.100}$$

Der Faktor $\frac{d\varepsilon}{dA}$ kann aus der graphischen Differentiation gewonnen werden.
Das Verfahren ist auch für *Rohre* anwendbar. Die Fläche A ist dann die Rohrfläche. Das Rohr kann abgedreht oder ausgebohrt werden. Mit diesem Verfahren haben *Heyn* und *Bauer* in Nickelstahlstangen mit 25% Nickel außen Zug- und innen Druckspannungen nachgewiesen. Die Gleichungen waren ursprünglich nur für einen stufenweisen Abtrag, also in Differenzenform formuliert [3.60]. So ergibt sich für die Längsspannung in der n-ten Schicht vor dem Abtrag:

$$\sigma_{ln} = \frac{EA_n''\,(l_n - 1) - A_{n-1}''\,\,(l_{n-1} - 1)}{lA_n'} \tag{3.101}$$

A_n Fläche der n-ten abgedrehten Schicht
A_n'' Fläche des Restzylinders nach Abdrehen der n-ten Schicht

Das Verfahren wurde von *Mesnager* [3.62] aufgegriffen, der es auf die Messung der Durchmesseränderung ausgebohrter Rohre erweiterte [3.62]. *Schmitz* [3.88] weist jedoch nach, daß beim Ausbohren eines endlich langen Zylinders die Veränderungen der Längseigenspannungen stets mit Änderungen der Radial- und Tangentialeigenspannungen verbunden wären.

3.2.7.1.2. Verfahren nach Sachs

Das Verfahren [3.63] ist insbesondere für lange dickwandige Rohre geeignet. Massive Rundstäbe werden axial aufgebohrt und anschließend stufenweise weiter aufgebohrt. Je Abtragstufe werden etwa 5% vom Querschnitt entfernt. Durch Messung der Längs- und Tangentialformänderungen beim Abtrag ist es möglich, die drei Hauptspannungen, nämlich die Längs-(σ_l), Radial-(σ_r) und Tangentialeigenspannungen (σ_t), in ihrem Verlauf über den Querschnitt zu ermitteln. Voraussetzung für dieses Verfahren ist das Vorhandensein von nur Normaleigenspannungen mit rotationssymmetrischer Verteilung. Die Voraussetzung für ein langes Rohr ist nach allgemeiner Auffassung gegeben, wenn die Rohrlänge $l \geqq 3\ D$ (D Rohrdurchmesser) ist.
Sachs geht davon aus, daß der Zusammenhang zwischen den Hauptspannungen σ_l, σ_t, σ_r und den in die gleiche Richtung fallenden Hauptformänderungen wie folgt beschrieben werden kann:

$$\varepsilon_l = \frac{1}{E} (\sigma_l - \mu\sigma_t - \mu\sigma_r) \tag{3.102}$$

$$\varepsilon_t = \frac{1}{E} (\sigma_t - \mu\sigma_r - \mu\sigma_l) \tag{3.103}$$

$$\varepsilon_l = \frac{1}{E} (\sigma_r - \mu\sigma_t - \mu\sigma_l) \tag{3.104}$$

Die Lage von σ_l, σ_t und σ_r ist in Bild 3.15 zu erkennen. An der Oberfläche ($r = R$) liegt ein ebener Spannungszustand vor:

$$\sigma_{lR} = \frac{E}{1 - \mu^2} (\varepsilon_{lR} + \mu\varepsilon_{tR}) \tag{3.105}$$

$$\sigma_{tR} = \frac{E}{1 - \mu^2} (\varepsilon_{tR} + \mu\varepsilon_{lR}) \tag{3.106}$$

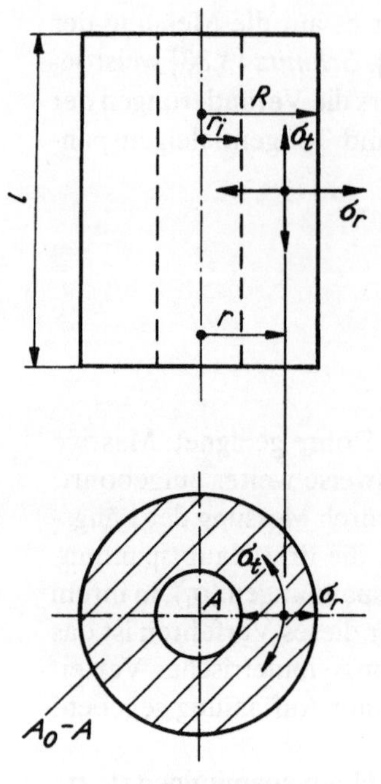

Bild 3.15. Lage der Hauptspannungen im dickwandigen Rohr

Ringfläche: $A_0 - A$

$$\sigma_{rR} = 0 \tag{3.107}$$

Durch Dehnmeßstreifen werden beim *Ausbohren* ε_{lR} und ε_{tR} direkt an der Manteloberfläche gemessen.

Als zweckmäßig hat sich die Einführung folgender Größen erwiesen:

$$\Lambda = \varepsilon_l + \mu\varepsilon_t \tag{3.108}$$

$$\Theta = \varepsilon_t + \mu\varepsilon_l \tag{3.109}$$

Analog zu Gl. (3.100) kann dann für σ_l geschrieben werden:

$$\sigma_l = \frac{E}{1-\mu^2}\left[(A_0 - A)\frac{d\Lambda}{dA} - \Lambda\right] \tag{3.110}$$

Schwieriger ist die Ableitung der Radial- bzw. Tangentialeigenspannungen: Bezüglich der Einzelheiten wird auf die Literatur verwiesen [3.16, 3.61]. Für die Radialspannungen wird angegeben [3.61]:

$$\sigma_r = \frac{E}{1-\mu^2}\;\frac{A_0 - A}{2A}\;\Theta \tag{3.111}$$

Aus der Beziehung für das Gleichgewicht am Punkt r gilt:

$$r\frac{d\sigma_r}{dr} = \sigma_t - \sigma_r \tag{3.112}$$

und unter Beachtung der Gl. (3.111) ergibt sich für die Tangentialspannung bei Substitution:

$$\frac{d\Theta}{dr} = \frac{d\Theta}{dA} \frac{dA}{dr} = 2\pi r \frac{d\Theta}{dA} \tag{3.113}$$

$$\sigma_t = \frac{E}{1-\mu^2}\left[(A_0 - A)\frac{d\Theta}{dA} - A\frac{A_0 + A}{2A}\Theta\right] \tag{3.114}$$

Die Ermittlung der Eigenspannungen nach den *Sachsschen Differentialgleichungen* (3.110, 3.111, 3.114) erfolgt so, daß das Rohr in 10 bis 20 Stufen bis auf eine möglichst geringe Wanddicke ausgedreht wird. Da die Voraussetzung der rotationssymmetrischen Eigenspannungsverteilung nicht immer gegeben ist, bringt man die Dehnmeßstreifen für ε_l und ε_t jeweils in einer Winkelverteilung an und mittelt die Werte.
Man trägt die für jede Stufe an der Oberfläche gemessenen Werte Λ und Θ über der jeweiligen ausgebohrten Querschnittsfläche A auf und zeichnet die Kurven. Sodann werden für runde Werte von A die Werte von Λ und Θ sowie die Abteilungen $d\Lambda/dA$ und $d\Theta/dA$ graphisch ermittelt [3.70]. Anstelle des graphischen Fehlerausgleichs der Kurven wird auch ein analytischer Fehlerausgleich nach der Methode der kleinsten Quadrate vorgeschlagen. Als Ausgleichsfunktion genügt meist eine Parabel zweiten Grads infolge des oft nur schwach gekrümmten Verlaufs der Formänderungskurven über den Querschnitt [3.68]. Bei der Wahl der Ausgleichsfunktion ist die Bedingung zu beachten, daß an der Innenwand des Rohres Formänderungen vor dem Ausbohren nicht existieren, so daß diese Kurve dem wahren Verlauf noch besser angepaßt werden kann [3.69].
Analog zum Ausbohren können auch die Differentialgleichungen für das *Abdrehen* formuliert werden, wenn die Dehnungen in Längs- und tangentialer Richtung auf der Wand einer zur Körperachse konzentrischen Bohrung gemessen werden [3.65]:

$$\sigma_l = -\frac{E}{1-\mu^2}\left[(A - A_0)\frac{d\Lambda}{dA} + \Lambda\right] \tag{3.115}$$

$$\sigma_l = -\frac{E}{1-\mu^2}\left[(A - A_0)\frac{d\Theta}{dA} + \frac{A + A_0}{2A}\Theta\right] \tag{3.116}$$

$$\sigma_r = -\frac{E}{1-\mu^2}\frac{A - A_0}{2A}\Theta \tag{3.117}$$

A_0 ist hier nicht der Vollquerschnitt wie beim Ausbohrverfahren, sondern der Bohrungsquerschnitt vor dem Ausdrehen. A ist die jeweilige Querschnittsstelle vom Kreismittelpunkt aus gemessen.
Für den Fall des Abätzens und der kontinuierlichen Formänderungsmessung interessieren die Änderungen der Länge l und des Durchmessers d. Es ergeben sich nach [3.131] die Außendurchmesseränderungen an der Stelle i

$$\varepsilon_{ti} = \frac{d_i - d_{i-1}}{d_{i-1}} \tag{3.118}$$

und die Längsdehnungen aus:

$$\varepsilon_{li} = \frac{l_i - l_{i-1}}{l_{i-1}} \tag{3.119}$$

Meßtechnisch ist das Erfassen der Längenänderungen in der Bohrung schwierig. Durch Kombination von Aus- und Abdrehverfahren kann der Querschnittsteil, über den die Formänderungskurve extrapoliert werden muß, meßtechnisch erfaßt werden [3.64]. Es bleibt zwischen dem ausgebohrten und abgetragenen Teil ein Restzylinder übrig, über den hinweg interpoliert werden muß, wenn die Untersuchung mit beiden Methoden am gleichen Bauteil erfolgt. Das ist aber bei den Eigenspannungsmessungen meist notwendig.

Wegen der quadratischen Abhängigkeit der Fläche vom Radius ist der extrapolierte Kurvenanteil beim Ausbohren relativ groß. Andererseits darf die Restwanddicke wegen der Gefahr der Verformung beim Einspannen zur Drehbearbeitung nicht zu klein sein. Bei Untersuchungen an Rohren aus dem Werkstoff 100Cr6 z. B. mußte deshalb die Wanddicke des Restrohrs mindestens 3 mm betragen [3.71].

Stimmen die Hauptspannungsrichtungen nicht mit den Hauptsymmetrierichtungen des Zylinders überein, so treten auch *Schubspannungen* auf. Zu ihrer Erfassung klebt man zweckmäßig unter 45° zur Zylinderachse einen zusätzlichen Dehnmeßstreifen und mißt beim Abtrag die Dehnung ε_{45}, die mit dem Scherwinkel γ_{lt} in folgendem Zusammenhang steht [3.75]:

$$\gamma_{lt} = 2\,\varepsilon_{45} - \varepsilon_t - \varepsilon_l \tag{3.120}$$

Wählt man einen beliebigen Winkel α des Meßstreifens zur Zylinderachse, so gilt

$$\varepsilon_\alpha = \frac{\varepsilon_l + \varepsilon_t}{2} + \frac{\varepsilon_l - \varepsilon_t}{2}\cos 2\alpha + \frac{\gamma_{lt}}{2}\sin 2\alpha \tag{3.121}$$

Für die Schubspannungen folgt im Falle des *Ausbohrverfahrens*

$$\tau_{lt} = \frac{G}{R}\left[r\gamma_{lt} + \frac{r^2}{4}\left(1 - \frac{R^4}{r^4}\right)\frac{d\gamma_{lt}}{dr}\right] \tag{3.122}$$

mit G dem Schubmodul und R und r den Radien nach Bild 3.15.

Analog gilt die Beziehung für das *Abdrehen* auf den jeweiligen Radius r und für den Bohrungsradius R_0

$$\tau_{lt} = \frac{G}{R}\left[r\gamma_{lt} + \frac{r^2}{4}\left(1 - \frac{R_0^4}{r^4}\right)\frac{d\gamma_{lt}}{dr}\right] \tag{3.123}$$

Analog zur Schreibweise der Sachsschen Gleichungen ist auch folgende Darstellung für das Abdrehen möglich [3.66]:

$$\tau_{lt} = -2 \frac{A - A_0^2}{\sqrt{A_0 A}} \quad \frac{d\varepsilon_{45}}{dA} + 2\,G \sqrt{\frac{A}{A_0}} \tag{3.124}$$

Die Hauptspannungen und ihre Richtung errechnet man aus σ_l, σ_t und γ_{lt} dann nach den Grundbeziehungen der Elastizitätstheorie.
Die Differentialgleichungen von *Sachs* lassen sich durch ein *Differenzenverfahren* nach *Bühler* und *Schreiber* [3.66] vereinfachen:

$$\sigma_l = \frac{E}{1 + \mu^2} \left[\frac{N - n}{2} (\Lambda_{n+1} - \Lambda_{n-1}) - \Lambda_n \right] \tag{3.125}$$

$$\sigma_t = \frac{E}{1 + \mu^2} \left[\frac{N - n}{2} (\Theta_{n+1} - \Theta_{n-1}) - \frac{N + n}{2\,n} \Theta_n \right] \tag{3.126}$$

$$\sigma_r = \frac{E}{1 + \mu^2} \quad \frac{N - n}{2\,n} \Theta_n \tag{3.127}$$

Die Werte ε_l und ε_t werden als Funktion des jeweils zerspanten Querschnitts von $A = 0$ bis $A = A_n$ aufgetragen, und Ausgleichskurven werden gezeichnet. Die Ausgleichskurven werden in N Teilintervalle gleicher Breite ΔA geteilt, und die zugehörigen Werte für $\varepsilon_{l1}, \varepsilon_{l2}, \varepsilon_{l3} \ldots \varepsilon_{ln}$ bzw. $\varepsilon_{t1}, \varepsilon_{t2}, \varepsilon_{t3} \ldots \varepsilon_{tn}$ entsprechen Λ_n und Θ_n. Die Querschnittslaufkoordinate n erstreckt sich über $0, 1, 2 \ldots N$. Bild 3.16 zeigt die über den Querschnitt aufgenommenen Längs- und Tangentialformänderungen an einem kaltgepilgerten Rohr aus dem Werkstoff 100Cr6 [3.72]. Der Querschnitt wurde in 10 Intervalle geteilt. Nach dem Differenzenverfahren ergibt sich daraus ein Verlauf der Längs-, Tan-

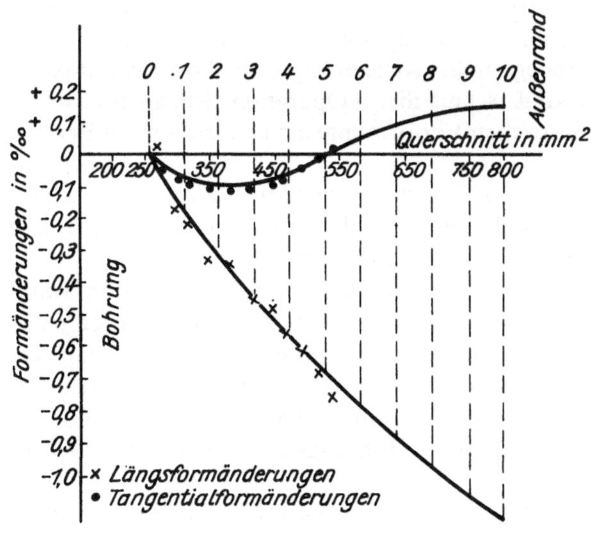

Bild 3.16. Formänderungen am ausgebohrten kaltgepilgerten Rohr, Werkstoff: 100Cr6

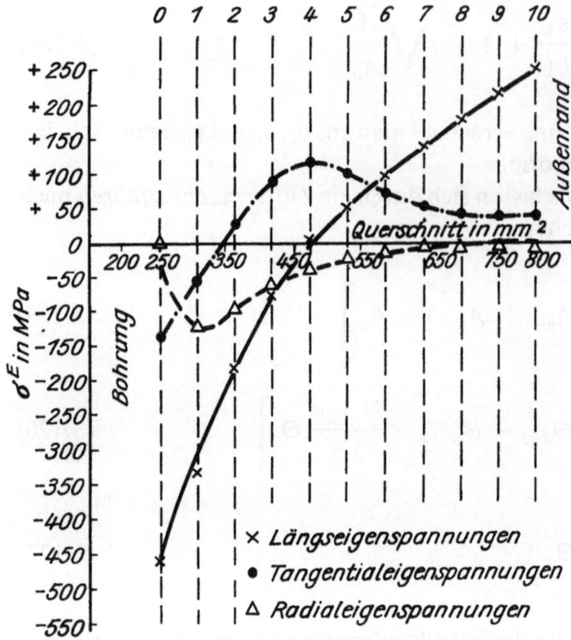

Bild 3.17. Eigenspannungsverlauf über den Querschnitt an kaltgepilgertem Rohr, Werkstoff: 100Cr6

gential- und Radialeigenspannungen, wie er im Bild 3.17 wiedergegeben ist. Bei diesen Untersuchungen wird der Verlauf der Formänderungen mittels EDV nach den Methoden der kleinsten Quadrate ermittelt, wobei gleichzeitig durch die ermittelte Ausgleichsfunktion eine Extrapolation bis zum Rand erfolgt. Die dabei ebenfalls ermittelte Abweichung der Einzelwerte von den Ausgleichskurven für die Längs- und Tangentialformänderungen ist kleiner als $0{,}1 \cdot 10^3$ μm/m gewesen. Die Ausgleichskurve beschreibt sehr gut den Formänderungsverlauf.

Zur Überprüfung der Richtigkeit der Extrapolation werden die in Längs- und Tangentialrichtung aufgeklebten Dehnmeßstreifen vollständig freigelegt. Die so ermittelten Formänderungen müssen dann etwa mit den Endpunkten der extrapolierten Ausgleichskurve zusammenfallen. Die Freilegung hat so zu erfolgen, daß der Schnitt bzw. das Einbringen radialer Bohrungen zum Abschluß dieser Operation dicht am Meßstreifen, jedoch unter Vermeidung von plastischen Verformungen und unzulässigen Erwärmungen vorgenommen wird. [3.92].

Der Auswertung der vollständig freigelegten Dehnmeßstreifen werden die klassischen Gleichungen der Elastizitätstheorie zugrunde gelegt [s. Gln. (3.129) und (3.130)], d. h., es sind sowohl für σ_l und σ_t die Werte von ε_l und ε_t auszuwerten.

Trotz der Vielzahl von Einflüssen auf das Meßergebnis bei dem Ausbohrverfahren kann der Fehler bei sorgfältiger Beherrschung der Einflußfaktoren so gering gehalten werden, daß der Fehler der Formänderungen in der Größenordnung der Abweichung der Meßwerte von den errechneten Ausgleichskurven oder sogar darunter liegt. Aus der Anwendung des Fehlerfortpflanzungsgesetzes für die Gln. (3.98), (3.99) und (3.100) ergab sich für spezielle Fälle kaltgepilgerter Rohre am Bohrungsrand ein Fehler für σ_l von $\pm$ 43 MPa und für σ_t von $\pm$ 30 MPa [3.76].

Ein wesentliches Problem stellt bei der Methode nach *Sachs* die Wahl der Probenlänge

dar. Es wird meist angegeben, daß der *Stirnflächeneinfluß* der Proben bei einer Probenlänge $l = 3\ D\ (D = 2\ R)$ vernachlässigbar ist. Dabei wird davon ausgegangen, daß der Stirnflächeneinfluß über eine Länge $l = D$ wirkt und somit im mittleren Teil der Probe, wo die Dehnmeßstreifen aufgebracht sind, ein ungestörter Spannungsverlauf zu erwarten ist. Die Angaben über den Stirnflächeneinfluß sind jedoch keineswegs einheitlich. So wird auch berichtet, daß auch bei kürzeren Proben die Verteilung der Eigenspannungen im Querschnitt der Probenmitte grundsätzlich erhalten bleibt, so bei $l = 2\ D$ für Vollzylinder und bei noch kürzeren Längen für Hohlzylinder [3.78, 3.79]. Bei kleineren Längen werden vor allem die Längsspannungen beeinflußt. Die Tangentialeigenspannungen sind bis $l = D$ größenordnungsmäßig ermittelbar [3.82]. Der Stirnflächeneinfluß und damit die Probenlänge sind vor allem von der Größe der Stirnfläche im Verhältnis zur Längsschnittfläche abhängig.
Unter Zugrundelegung der *Schalentheorie* kann der Stirnflächeneinfluß bei Rohren auch mathematisch erfaßt werden [3.80]. Es wird davon ausgegangen, daß ein Moment M_{s0} freigesetzt wird, wenn ein unter Eigenspannungen stehendes Rohr quer zur Längsachse geschnitten wird. Danach berechnet sich bei einer vorgegebenen Länge l die noch herrschende Randstörung z beim Radius r_i zu

$$\ln z = -\sqrt{\frac{3(1-\mu^2)}{(D/2)^2\,(R-r_i)}}\cdot l \tag{3.128}$$

Zum Beispiel ergeben sich für Rohre mit einem Außendurchmesser R von 91 mm und einer Wanddicke von $R - r_i = 8{,}5$ mm je nach Probenlänge folgende Randstörungen:

$l = 3\ D$ $\quad z = 0{,}00\%$
$l = 2\ D$ $\quad z = 0{,}07\%$
$l = 1\ D$ $\quad z = 3{,}7\%$
$l = 0{,}33\ D$ $\quad z = 36{,}1\%$

Daraus ist zu erkennen, daß erst bei $l = 3D$ kein Stirnflächeneinfluß nachweisbar ist. Bei $l < 0{,}25\ D$ können die Längsspannungen vernachlässigbar sein. Nach *Birger* [3.85, 3.86] sollen beim Ablängen nicht nur Längseigenspannungen abgebaut werden, sondern auch Radial- und Tangentialeigenspannungen erhöht werden.
Werden Eigenspannungsuntersuchungen an Proben durchgeführt, bei denen an der Meßstelle eine Beeinflussung durch die Stirnflächen infolge Ablängens zu erwarten ist, sind diese freigelegten Eigenspannungen wie folgt zu erfassen:

$$\sigma_{lR} = -\frac{E}{1-\mu^2}(\varepsilon_{lR} + \mu\varepsilon_{tR}) \tag{3.129}$$

$$\sigma_{tR} = -\frac{E}{1-\mu^2}(\varepsilon_{tR} + \mu\varepsilon_{lR}) \tag{3.130}$$

Dabei bedeuten σ_{lR} und σ_{tR} die freigelegten Manteleigenspannungen in Längs- und Tangentialrichtung. Der Eigenspannungszustand im Mantel ergibt sich dann durch Addition der beim Ablängen und Ausbohren ermittelten Werte.

Das Verfahren nach *Sachs* hat eine Reihe von Modifizierungen erfahren. So wird bei großen Spannungsgradienten von Rohren, wie sie nach einer mechanischen Oberflächenverfestigung auftreten, die äußere Mantelfläche elektrolytisch abgetragen. Die Messung von ε_l, ε_t und ε_{45} erfolgt durch Dehnmeßstreifen, die auf die Innenfläche der Bohrung geklebt werden. Da infolge der mechanischen Oberflächenverfestigung u. U. das Achsensystem des Rohrs nicht mit den Hauptspannungsachsen übereinstimmt, sind die *Schubeigenspannungen* über ε_{45} zu ermitteln. Bei dem elektrolytischen Abtrag ist darauf zu achten, daß anfangs eine Temperaturerhöhung auftritt. Zur Kompensation des Temperatureinflusses erfolgt z. B. parallel ein Abtrag an einer geometrisch gleichen, aber spannungsarm geglühten Probe. Nur mit Messungen von ε_l und ε_t in der Bohrung untersuchte *Tönshoff* die Eigenspannungen an einer Zylinderoberfläche infolge mechanischen Abtrags [3.89, 3.90, 3.91].
Da das Verfahren nach *Sachs* relativ aufwendig ist, wird nach Wegen zur Vereinfachung gesucht. So wurde von *Schmitz* das einstufige Ausbohrverfahren für zylindrische Bauteile [3.88] entwickelt, das in der Literatur oft falsch zitiert wird. So schlägt *Schmitz* vor, daß an Proben mit gleichem Eigenspannungszustand jeweils nur ein Abtrag (unterschiedlicher Tiefe) erfolgt, um verfahrensbedingte Schwierigkeiten bei kleinen Proben auszuschalten. Hat man in einem grundlegenden Versuch für einen Körper das Verhältnis von Radial-, Tangential- und Längseigenspannungen festgestellt, was aber bei Variation technologischer Parameter erfahrungsgemäß oft nicht auftritt (es sei denn, zwei Spannungen sind von den Abmessungen des Teils unabhängig), so würde die Ermittlung einer Spannung ausreichen; bei linearer Verteilung reicht ein Wert.
Häufiger findet man einen in erster Näherung quadratischen Verlauf der Längs- und Tangentialeigenspannungen über den Rohrquerschnitt. Auf dieser Annahme beruht das folgende Schnellverfahren [3.73].
Die Berechnung der Eigenspannung basiert auf der Messung der Formänderungen mit Dehnmeßstreifen in zwei Ausbohrstufen, wodurch der quadratische Verlauf der Spannungen über die Wanddicke erfaßt wird.
Unter der Voraussetzung eines rotationssymmetrischen Spannungszustands können die quadratischen Anteile, wie auch bei anderen Verfahren, nur durch das Einschalten von Zerlegungsschritten bestimmt werden. Im mittleren Teil eines langen Rohrs gilt, wenn man Längs- und Ringspannungen als quadratisch veränderlich annimmt:

$$\sigma_l = \sigma_{l1} \frac{2z}{h} + \sigma_{l2} \left[1 - 12 \left(\frac{z}{h} \right)^2 \right] \tag{3.131}$$

$$\sigma_t = \sigma_{t1} \frac{2z}{h} + \sigma_{t2} \left[1 - 12 \left(\frac{z}{h} \right)^2 \right] \tag{3.132}$$

Hierbei ist $z = r_1 - r_m$ (Bild 3.18), und σ_{t1}, σ_{t2} sowie σ_1 und σ_2 sind noch zu ermitteln.
Aus einer Gleichgewichtsbetrachtung an einem kleinen Element (Bild 3.19) ergibt sich

$$\frac{d}{dr} (\sigma_r r) - \sigma_t = 0 \tag{3.133}$$

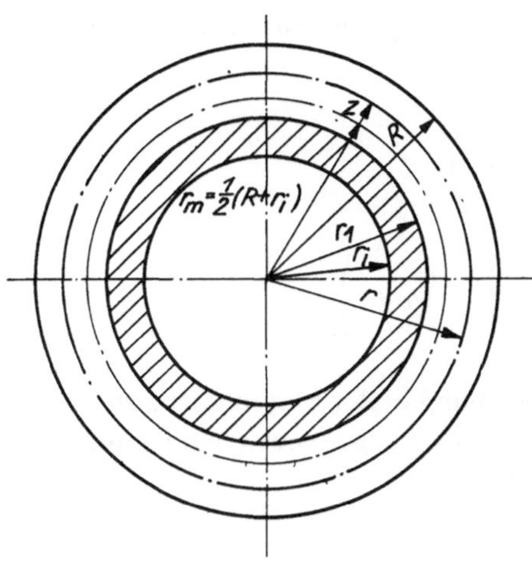

Bild 3.18. Prinzipdarstellung zur Ableitung des zweistufigen Ausbohrens

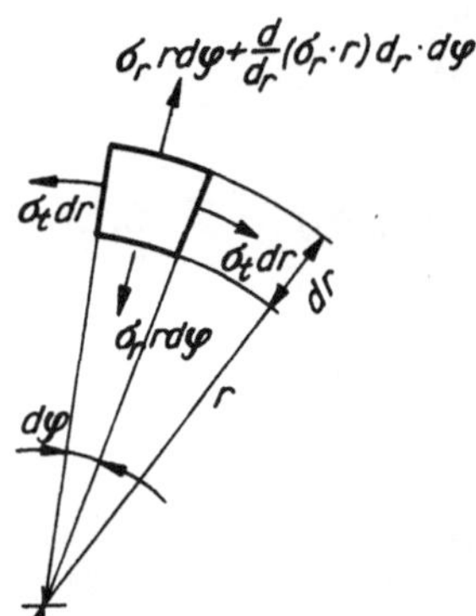

Bild 3.19. Gleichsgewichtsbetrachtung zur Ableitung der Radialeigenspannungen beim zweistufigen Ausbohren

Mit dem nach Gl. (3.132) gegebenen Verlauf der Tangentialspannungen folgt für die Radialspannungen durch Integration

$$\sigma_r = \frac{1}{r}\left(1 - \frac{4\,z^2}{h^2}\right)\left(-\,\sigma_{t1}\,\frac{h}{4} + \sigma_{t2}\cdot z\right) \tag{3.134}$$

Die Integrationskonstante wurde aus der Randbedingung bestimmt, daß σ_r an den Stellen $z = +\,h/2$ verschwindet.

Wird von der Rohrprobe eine Schicht mit dem Radius r_1 abgedreht (Bild 3.18), ist der verbleibende Teil durch eine entgegengesetzt gerichtete Spannung σ_{r1}^* an der Stelle r_1 belastet. Desgleichen wird der verbleibende Teil durch eine zusätzliche Längsspannung σ_{l1}^* beeinflußt. Aus einer Gleichgewichtsbetrachtung in axialer Richtung folgt mit geringfügigen Vereinfachungen und $a_1 = r_1 - r_m$

$$\sigma_{l1}^* \approx \frac{r_1 - r_2}{R^2 - r_1^2} \int\limits_{z=-h/2}^{a_1} \sigma_l\, dz \tag{3.135}$$

Damit ergeben sich die Randspannungen, die als Belastung auf den verbleibenden Teil mitwirken, zu

$$\sigma_{r1}^* = \frac{1}{r_1}\left(1 - \frac{4\,a_1^2}{h^2}\right)\left(\sigma_{t1}\,\frac{h}{4} - \sigma_{t2}\,a_1\right) \tag{3.136}$$

$$\sigma_{l1}^* = -\frac{r_1 + r_2}{R^2 - r_1^2}\left(1 - \frac{4\,a_1^2}{h^2}\right)\left(\sigma_{l1}\,\frac{h}{4} - \sigma_{l2}\,a_1\right) \tag{3.137}$$

Es ist jetzt möglich, die zugehörige Tangentialspannung in der Mantelfläche zu ermitteln und über das Hookesche Gesetz eine Verbindung zu den gemessenen Dehnungen herzustellen. Nach einigen Zwischenrechnungen folgt:

$$\sigma_{l1}\,\frac{h}{4} - \sigma_{l2}\,a_1 = -\frac{E}{(1-\mu^2)\,(r_1 + r_2)}\;\frac{R^2 - r_1^2}{1 - 4\,\dfrac{a_1^2}{h^2}}\,(\varepsilon_{l1} + \mu\varepsilon_{t1}) \tag{3.138}$$

$$\sigma_{t1}\,\frac{h}{4} - \sigma_{t2}\,a_1 = -\frac{E}{2\,(1-\mu^2)\,r_1}\;\frac{R^2 - r_1^2}{1 - 4\,\dfrac{a_1^2}{h^2}}\,(\varepsilon_{t1} + \mu\varepsilon_{l1}) \tag{3.139}$$

Wird der verbleibende Teil des Rohrs nun auf r_2 ausgebohrt, ergibt sich analog:

$$\sigma_{l1}\,\frac{h}{4} - \sigma_{l2}\,a_2 = -\frac{E}{(1-\mu^2)\,(r_1 + r_2)}\;\frac{R^2 - r_2^2}{1 - 4\,\dfrac{a_2^2}{h^2}}\,(\varepsilon_{l2} + \mu\varepsilon_{t2}) \tag{3.140}$$

$$\sigma_{t1}\,\frac{h}{4} - \sigma_{t2}\,a_2 = -\frac{E}{2\,(1-\mu^2)\,r_2}\;\frac{R^2 - r_2^2}{1 - 4\,\dfrac{a_2^2}{h^2}}\,(\varepsilon_{t2} + \mu\varepsilon_{l2}) \tag{3.141}$$

Damit stehen 4 Gleichungen zur Ermittlung der Unbekannten σ_{t1}, σ_{t2}, σ_{l1} und σ_{l2} zur Verfügung. Der günstigste Wert für a_1 liegt bei $\approx 1/\sqrt{3} \cdot h/2 \approx 0{,}3\,h$, für a_2 liegt er bei $\approx 0{,}6\,h$. Die Eigenspannungen an der Bohrungswand (B) und am Außenmantel (M) ergeben sich dann aus den Gln. (3.131) und (3.132) $z = \pm\,h/2$ zu

$$\sigma_{lM} = \sigma_{l1} - 2\,\sigma_{l2} \tag{3.141 a}$$

$$\sigma_{lB} = -\,\sigma_{l1} - 2\,\sigma_{l2} \tag{3.141 b}$$

$$\sigma_{tM} = \sigma_{t1} - 2\,\sigma_{t2} \tag{3.141 c}$$

$$\sigma_{tB} = -\,\sigma_{t1} - 2\,\sigma_{t2} \tag{3.141 d}$$

Die Ausbohrungen sind dabei in hinreichend großem Abstand vom Bohrungsrand bzw. voneinander vorzunehmen, um eine möglichst geringe Unsicherheit zu gewährleisten. Am günstigsten ist im ersten Schritt ein Abstand von 0,3 h und im zweiten Schritt von 0,6 h.

Die Unsicherheit der errechneten Spannungswerte ist stark von den Fehlern abhängig, die durch die Messung der Formänderungen auftreten, d. h., diese beeinflussen Höhe und Verlauf der Spannungen. Dieser Einfluß kann durch weitere Ausbohrstufen und damit durch mehr Gleichungen verringert werden. Dadurch wird aber der Aufwand in jeder Beziehung sofort erhöht. Eine Verringerung der Auswerteunsicherheit ist auch dadurch zu erreichen, daß die Formänderungsmessung noch in einer dritten Ausbohrstufe erfolgt und eine Ausgleichskurve der Formänderungen über den Querschnitt gezeichnet wird, wobei diese durch den Nullpunkt und die drei Meßwerte gelegt wird. Aus zwei Formänderungen, die an beliebigen Querschnittsstellen von dieser Kurve abgegriffen werden, kann die Berechnung nach den genannten Gleichungen erfolgen. Wird die gesamte Auswertung mit Hilfe der EDV durchgeführt, ist die Ermittlung der Ausgleichskurve noch günstiger zu gestalten, da subjektive Einflüsse entfallen.

Im folgenden sollen die Ergebnisse des mehrstufigen Ausbohrverfahrens, durchgeführt an Wälzlagerrohren der Stahlmarke 100Cr6, mit den aus dem vorgeschlagenen Verfahren errechneten Spannungen verglichen werden. In den Bildern 3.20 und 3.21 sind die durch das Ausbohrverfahren ermittelten Formänderungen und Eigenspannungen dargestellt, wobei die Rohrprobe folgende Ausgangsabmessungen hatte: r_i = 15,35 mm,

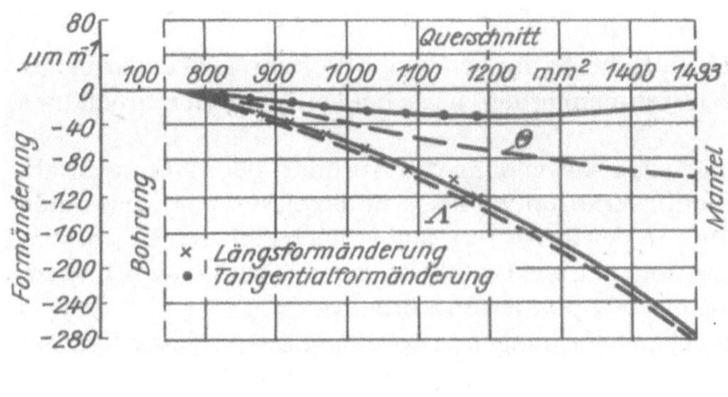

Bild 3.20. Formänderungen einer kaltgepilgerten Rohrprobe

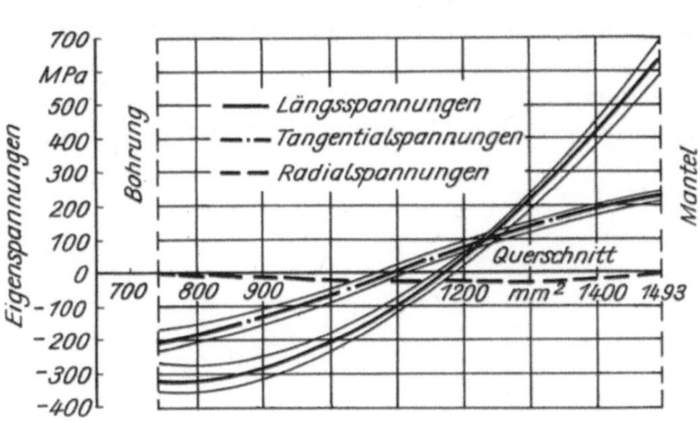

Bild 3.21. Eigenspannungsverlauf über den Querschnitt mit Angabe der Fehlerstreubreite

$R = 21{,}8$ mm, $r_m = 18{,}575$ mm und $h = 6{,}45$ mm. Als Ausbohrradien und entsprechende Formänderungen für die vorgeschlagene vereinfachte Auswertemethode wurden gewählt:

$$r_1 = 16{,}1 \text{ mm}, \quad \varepsilon_{l1} = -\ 124\ \mu\text{m m}^{-1}, \ \varepsilon_{t1} = -\ 40\ \mu\text{m m}^{-1}$$

$$r_2 = 19{,}4 \text{ mm}, \quad \varepsilon_{l2} = -\ 1231\ \mu\text{m m}^{-1}, \ \varepsilon_{t2} = -\ 262\ \mu\text{m m}^{-1}$$

Daraus wurden nachstehende Randeigenspannungen errechnet:

$$\sigma_{lB} = -\ 264 \text{ MPa}, \quad \sigma_{tB} = -\ 187 \text{ MPa}$$

$$\sigma_{lR} = +\ 734 \text{ MPa}, \quad \sigma_{tR} = +\ 262 \text{ MPa}$$

Diesen stehen folgende Werte gegenüber, die mittels des mehrstufigen Ausbohrverfahrens erhalten wurden (Bild 3.21).

$$\sigma_{lB} = -\ 310 \text{ MPa}, \quad \sigma_{tB} = -\ 210 \text{ MPa}$$

$$\sigma_{lB} = +\ 650 \text{ MPa}, \quad \sigma_{tR} = +\ 230 \text{ MPa}$$

B Bohrung
R Mantel

Wie zu erkennen ist, ergibt sich im Rahmen der bei diesem Verfahren zu erwartenden Fehler eine hinreichende Übereinstimmung der nach beiden Methoden erhaltenen Werte.
Bei den bisherigen Betrachtungen zur Anwendung des Ausbohr- oder Abtragverfahrens nach *Sachs* setzten alle Modifizierungen voraus, daß die elastischen Konstanten über den Querschnitt gleich sind. In der Praxis treten aber auch Fälle der Eigenspannungsanalyse auf, wo diese Voraussetzung nicht erfüllt ist, nämlich bei *Verbundkörpern* wie Preß- und Schrumpfpassungen sowie plattierten Körpern.
So hat *Krägeloh* [3.94] die Sachsschen Gleichungen so erweitert, daß die Ermittlung der Eigenspannungen auch in inhomogenen Zylindern ermöglicht wird. Bei der Ableitung wird nicht von Spannungsgleichungen für den dünnwandigen Zylinder, wie bei der Ableitung der Gleichungen nach *Sachs*, ausgegangen, sondern von den Formänderungsgleichungen. Eine detaillierte Ableitung findet man in [3.95]. Für den Fall der stetigen Veränderung des Elastizitätsmoduls $E = E\ (r)$ gilt hinsichtlich des Abdrehverfahrens

$$
\left.
\begin{aligned}
\sigma_l = & - \frac{d\varepsilon_l}{dA} \int_A^{A_0} E'(r)\, dA - \\
& - \frac{d\varepsilon_t}{dA} \int_A^{A_0} E'(r) \cdot \mu(r) \frac{A_0 + A}{2A} dA - \\
& - E'(r) \left[(\varepsilon_l + \mu(r) \frac{A_0 + A}{2A} \cdot \varepsilon_t \right]
\end{aligned}
\right\} \quad (3.142)
$$

$$
\left.
\begin{aligned}
\sigma_t = & - r \frac{d\varepsilon_t}{dr} \int_r^{r_1} \frac{E'(r)}{r} \times \\
& \times \frac{A_0 + A}{2A} dr - r \frac{d\varepsilon_l}{dr} \int_r^{r_1} \frac{E'(r)}{r} \mu(r)\, dr - \\
& - E'(r) \left[\frac{A_0 + A}{2A} \varepsilon_t + \mu(r)\, \varepsilon_l \right]
\end{aligned}
\right\} \quad (3.143)
$$

$$
\sigma_r = E'(r) \left[\frac{A_0 + A}{2A} \varepsilon_t - \mu(r)\, \varepsilon_l \right] \quad (3.144)
$$

$$
E' = \frac{E}{1 - \mu^2}
$$

A_0 Bohrungsfläche

Die Längs- und Tangentialformänderungen ε_l und ε_t werden bei der Querschnittsfläche A bei der Abtragung (r = veränderlicher Radius) an der Bohrungswand ermittelt. Die Lösung der Gln. (3.142) und (3.144) erfolgt über ein Rechenprogramm oder graphisch analytisch. Dazu werden die Meßwerte ε_l und ε_t sowie die über den Radius r veränderlichen elastischen Konstanten E und μ über den Querschnitt A aufgetragen. Nach Multiplikation mit den entsprechenden Faktoren werden die Integrale bzw. Differentiale als Flächen bzw. Kurvenanstiege ermittelt [3.16].

Die Gleichungen (3.142) bis (3.144) und die Gleichungen nach *Sachs* für das Abdrehen [(3.115) bis (3.117)] liefern wegen ihres unterschiedlichen Ansatzes nicht identische Werte, wenn man für die erstgenannten Gleichungen E und μ als konstant über den Querschnitt annimmt. Nach *Szieslo* [3.95] ist der Unterschied bei den Längseigenspannungen geringer als bei den Tangentialeigenspannungen. Der Unterschied nimmt zu, je größer die Rohrwanddicke ist. Die Tangentialeigenspannungen können für inhomogene Werkstoffe am Mantel der Probe doppelt so hohe Werte annehmen wie für homogene Werkstoffe. In der Bohrungswand liefern beide Verfahren gleiche Längs- und Tangentialspannungen. Die Radialspannungen sind in beiden Fällen aufgrund der Annahme eines Rohrs geringer Wanddicke klein. Eine Aussage, welches Verfahren die richtigen Eigenspannungen liefert, ist nur sehr schwer möglich, zumal Eigenspannungszustände kaum voll reproduzierbar bei der Erzeugung sind.

Von *Szieslo* [3.96] wurden die Gln. (3.142) bis (3.144) für ein geschichtetes Zweistoffsystem integriert, wie es bei metallgespritzten *Verbundkörpern*, Preß- und Schrumpfpassungen, plattierten Werkstücken, Kleb-, Lötverbindungen usw. vorliegt. Die Schichten werden als quasiisotrop angenommen. Da die Gleichungen nur für Hohlzylinder gelten, sind bei Vollzylindern Näherungen mit beliebig kleinen Bohrungen nötig, um die Spannungen im Kern abschätzen zu können. Bei der Abschätzung ist zu beachten, daß bei Vollzylindern im Kern die Tangentialspannungen gleich den Radialspannungen sind.

Für das Abdrehverfahren ergibt sich für eine außen aufgebrachte *Spritzschicht* und Messungen am Bohrungsrand folgendes Gleichungssystem [3.96]:

Spannungen in der aufgebrachten Schicht

$$\left.\begin{aligned}\sigma_l = &- \Bigg\{ E_1' \frac{d\varepsilon_l}{dA} (A_E - A) + \\ &+ \frac{1}{2} E'' \mu_1 \frac{d\varepsilon_t}{dA} \left[A_0 \ln \frac{A_E}{A} + (A_E - A) \right] + \\ &+ E_2' \frac{d\varepsilon_l}{dA} (A_0 - A_E) + \\ &+ \frac{1}{2} E_2' \mu_2 \frac{d\varepsilon_t}{dA} \left[A_0 \ln \frac{A_0}{A_E} + (A_0 - A_E) \right] \Bigg\} - \\ &- E_1' \left(\varepsilon_l + \mu_1 \frac{A_0 + A}{2\,A} \varepsilon_t \right)\end{aligned}\right\} \quad (3.145)$$

$$\left.\begin{aligned}\sigma_t = & - \left\{E_1' \frac{d\varepsilon_t}{dr}\left[-\frac{r_i^2}{4}\left(\frac{1}{r_E^2}-\frac{1}{r^2}\right)+\frac{1}{2}\ln\frac{r_E}{r}\right]+\right.\\ & + E_1' r\mu_1 \frac{d\varepsilon_l}{dr}\ln\frac{r_E}{r}+\\ & + E_2' r\frac{d\varepsilon_t}{dr}\left[-\frac{r_i^2}{4}\left(\frac{1}{r_i^2}-\frac{1}{r_E^2}\right)+\frac{1}{2}ln\frac{r_i}{r_E}\right]+\\ & \left.+ E_2 r\mu_2\frac{d\varepsilon_l}{dr}\ln\frac{r_i}{r_E}\right\}-\\ & - E_1'\left(\frac{r_i^2+r^2}{2\,r^2}\varepsilon_t+\mu\varepsilon_i\right)\end{aligned}\right\} \quad (3.146)$$

$$\sigma_r = E_1'\left(\frac{A_0 - A}{2\,A}\varepsilon_t - \mu_1\varepsilon_l\right) \quad (3.147)$$

Spannungen im Grundkörper

$$\left.\begin{aligned}\sigma_l = & - \left\{E_2'\frac{d\varepsilon_l}{dA}(A_0 - A)+\right.\\ & \left.+ \frac{1}{2}E_2'\mu_2\frac{d\varepsilon_t}{dA}\left[A_0 \ln\frac{A_0}{A}+(A_0 - A)\right]\right\}-\\ & - E_2'\left[\varepsilon_l+\mu_2\frac{A_0+A}{2\,A}\varepsilon_t\right]\end{aligned}\right\} \quad (3.148)$$

$$\left.\begin{aligned}\sigma_t = & -\left\{E_2' r\frac{d\varepsilon_t}{dA}\left[-\frac{r_i^2}{4}\left(\frac{1}{r_i^2}-\frac{1}{r^2}\right)+\frac{1}{2}ln\frac{r_i}{r}\right]+\right.\\ & \left.+ E_2' r\mu_2\frac{d\varepsilon_l}{dr}\ln\frac{r_i}{r}\right\}-\\ & - E_2'\left(\frac{A_0+A}{2\,A}\varepsilon_t+\mu\varepsilon_l\right)\end{aligned}\right\} \quad (3.149)$$

$$\sigma_r = E_2' \left(\frac{A_0 - A}{2\,A} \varepsilon_t - \mu \varepsilon_l \right) \tag{3.150}$$

Die Legende zu den Gleichungen (3.142) bis (3.144) ist für diese Gleichungen gültig. Fernerhin kennzeichnet Index 1 die aufgebrachte Schicht, Index 2 den Grundkörper und Index E den Übergang beider Schichten.

Das Gleichungssystem kann auch für das Ausbohrverfahren modifiziert werden. Dazu ist das Vorzeichen vor den geschweiften Klammern von − in + zu verwandeln. Weiterhin ist für r_i entsprechend Bild 3.15 gleich R zu setzen. A_0 ist dann die gesamte Fläche des Rohrs einschließlich der Bohrung. Die Dehnungen ε_l und ε_t werden bei den einzelnen Abtragstufen an der Manteloberfläche ermittelt. Ein Gleichungssystem für die Spannungsermittlung in Hohlzylindern mit unterschiedlichen Elastizitätsmoduln gibt auch *Koo* an [3.467].

Generell ist zu bemerken, daß bei den Verfahren nach *Sachs* nach dem Abtrag ein Auslagern der Probe erfolgen muß. Es wird berichtet, daß nicht nur der Temperaturausgleich dafür der Grund ist. Es sollen *Spannungsrelaxationen* auftreten, die erst nach maximal 24 Stunden abgeklungen sind, wenn die abgetragene Fläche groß ist (Bild 3.22) [3.97]. Die Feststellung gilt sinngemäß auch für andere Zerlegungsverfahren..

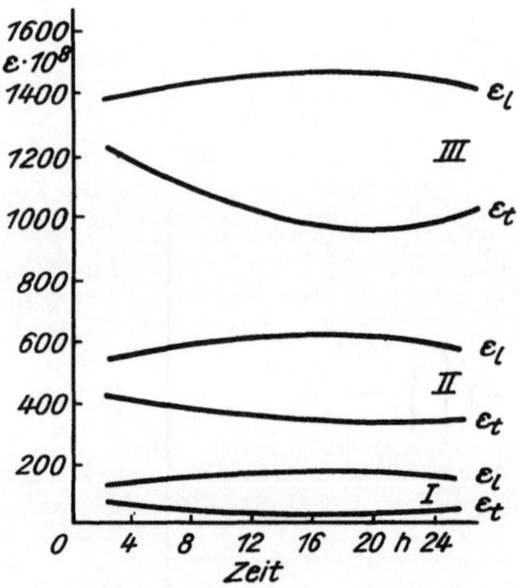

Bild 3.22. Änderung der Dehnung mit der Zeit

Abtragfläche *I* 12,6 mm²; *II* 28,3 mm²; *III* 50,3 mm²

3.2.7.1.3. Verfahren nach *Davidenkov*

Da das Verfahren nach *Sachs* eine sehr hohe Meßgenauigkeit infolge der geringen Formänderungen nach jeder Abtragstufe erfordert, wurde von *Davidenkov* ein anderes *Verfahren für dünnwandige Rohre* entwickelt [3.98, 3.99]. Dazu wird das Rohr entlang der Mantellinie durchgeschnitten. Die auftretenden Biegedeformationen sind im allgemeinen größer als die Formänderungen beim Verfahren nach *Sachs*. Anschließend wird das Rohr schichtweise innen oder außen abgetragen (meist durch Ätzen), so daß eine Biegedeformation entsteht. Nachfolgend soll die Ableitung des Verfahrens erfolgen [3.100].

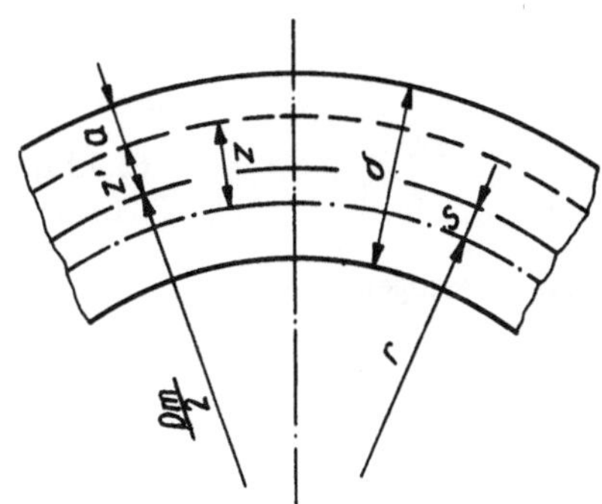

Bild 3.23. Koordinaten des betrachteten Punktes nach der Methode von *Davidenkov*

Die Gesamtspannung einer beliebigen Schicht im Probenquerschnitt setzt sich aus 3 Komponenten zusammen:

$$\sigma = \sigma' + \sigma'' + \sigma''' \tag{3.151}$$

Dabei ist σ' die Spannung, die in der Schicht durch das Aufschlitzen ausgelöst wird, σ'' die Spannung, die durch das Abtragen der betrachteten Schicht aufgehoben wird, und σ''' ist die Spannung, die in der Schicht ausgelöst wurde, wenn die vorhergehenden Schichten abgetragen wurden.

Zur Ermittlung der Eigenspannungen, die beim Aufschlitzen ausgelöst werden, ist von dem folgenden Zusammenhang zwischen der Änderung des Außendurchmessers D_a des Rohres ΔD und dem Moment M der ausgelösten Eigenspannungen (nur Tangentialspannungen, Längseigenspannungen werden vernachlässigt) auszugehen:

$$M = \frac{ES}{(1 - \mu^2)\, D_m} \Delta D \tag{3.152}$$

S ist das statische Moment des Rohrquerschnitts, bezogen auf die neutrale Faser; D_m ist der Durchmesser, bezogen auf die Mitte der Wanddicke.

Der Abstand s der neutralen Faser von der Mittellinie ist nach Bild 3.23

$$s = \frac{D_m}{2} - r = \frac{\delta^2}{6\, D_m} \tag{3.153}$$

r Radius der neutralen Faser
δ Rohrwanddicke

Somit ergibt sich für das statische Moment

$$S = As = \frac{\delta^3}{6\, D_m} \tag{3.154}$$

bzw. für Gl. (3.152)

$$M = \frac{E\delta^3}{6(1-\mu^2)D_m}\Delta D \tag{3.155}$$

A Querschnittsfläche der Rohrwand (auf eine Rohrlängeneinheit bezogen)

Nach der Gleichung für den gekrümmten Balken gilt:

$$\sigma_t' = \frac{M}{s}\;\frac{z}{r+z'} \tag{3.156}$$

z ist der Abstand eines betrachteten Punkts von der neutralen Faser, *z'* der Abstand von der Mittellinie. Da $z = z' + s$, ergibt sich schließlich:

$$\sigma_t' = \frac{E}{1-\mu^2}\;\frac{\Delta D}{D_m}\;\frac{z' + \dfrac{\delta^2}{6\,D_m}}{z' + \dfrac{D_m}{2}} \tag{3.157}$$

mit $z' = \dfrac{\delta}{2} - a$, wenn der betrachtete Punkt auf die Rohroberfläche bezogen wird.

Gleichung (3.157) wird auch zur Abschätzung der Eigenspannungen herangezogen. Sollen nun in der Schicht *Q* im Abstand *a* von der Oberfläche (Bild 3.24) noch die Spannungen σ'' und σ''' ermittelt werden, sind schrittweise Schichten abzutragen, z. B. durch Ausbohren oder Abätzen von der Bohrung her, wie hier angenommen werden soll. Äquivalent dem Abtrag bis zur Schicht *Q* ist die Biegebeanspruchung im verbleibenden Querschnitt

$$dM = \sigma_t''\,da\,\frac{a}{2} \tag{3.158}$$

Gleichung (3.155) ist wie folgt zu schreiben:

$$dM = \frac{Ea^3}{6\,(1-\mu^2)\,(D_0-a)^2}\,dD \tag{3.159}$$

Somit ergeben die beiden Gleichungen eine Beziehung zwischen der Spannung σ'' und der Änderung des ursprünglichen Außendurchmessers D_0 um dD:

$$\sigma_t'' = -\,\frac{Ea^2}{3\,(1-\mu^2)\,(D_0-a)^2}\;\frac{dD}{da} \tag{3.160}$$

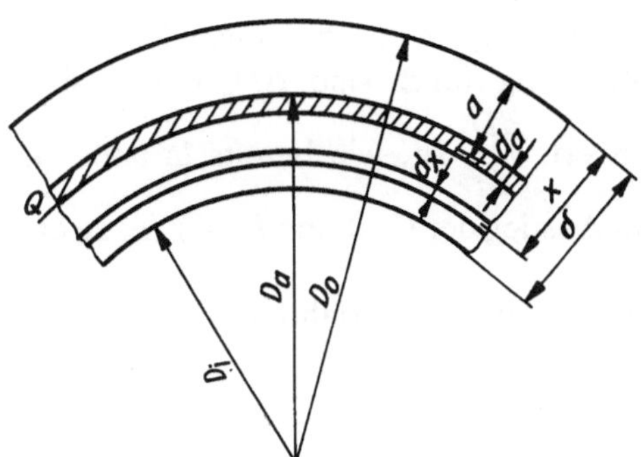

Bild 3.24. Schema des Abtrags der Schichten von der Bohrung aus für die Methode von *Davidenkov*

Komplizierter ist die Ableitung für σ''', so daß hier nur die Endgleichung angegeben werden soll. Da der Einfluß des Abtrags der Schichten vor der Schicht Q auf diese Schicht untersucht wird, ist die laufende Koordinate x, bezogen auf die Rohroberfläche, einzuführen:

$$\left.\begin{aligned}\sigma_t''' = \frac{2E}{(1-\mu^2)(D_0-2a)D_0}\Bigg[&- 3a(D_a - D_i) + \\ &+ \frac{D_0 - 2a}{D_0}\int_{D_i}^{D_a} x dD + \\ &+ \frac{D_0 - a}{D_0}\int_{D_i}^{D_a} x^2 dD\Bigg]\end{aligned}\right\} \tag{3.161}$$

Zur Berechnung der Integrale sind die Funktionen $x = f_1(D)$ und $x^2 = f_2(D)$ aufzunehmen, die Flächen zwischen den Ordinaten $x = a$ und $x = \delta$ ergeben die Integrale. Vereinfacht kann angenommen werden:

$$\sigma_t''' = \frac{2}{3}\,\frac{E}{1-\mu^2}\int_{D_i}^{D_a}\frac{x-3a}{(D_0-x)^2}\,dD \tag{3.162}$$

Als summarische Gleichung gibt *Papšev* [3.471] für die Tangentialspannungen an:

$$\left.\begin{aligned}\sigma_t = {} & \frac{2E\,\Delta D_p}{(D_0-a)^2}\left(\frac{a}{2} - \Delta a\right) - \\ & - \frac{E(a-\Delta a)^2}{3[D_0-(a+\Delta a)]^2}\,\frac{dD}{da} + \\ & + \frac{E(4a - 5\Delta a)}{3[D_0-(a+\Delta a)]^2}\,\Delta D\end{aligned}\right\} \tag{3.163}$$

wobei ΔD_p die Änderung des Rings nach dem Schlitzen, Δa die abzutragende Schicht und ΔD die Durchmesseränderung bei der Entfernung von Δa sind. ΔD_p und ΔD sind positiv, wenn sich der Ringdurchmesser vergrößert. $\frac{dD}{da}$ ist, wie bereits in anderen Gleichungen dargelegt, z. B. graphisch aus dem Anstieg der Funktion $D = f(a)$ zu ermitteln.

Zur Ermittlung der Längsspannungen wird prinzipiell ebenso verfahren:

$$\sigma_l = \sigma_l' + \sigma_l'' + \sigma_l''' \tag{3.164}$$

Dazu wurden schmale Streifen parallel zur Rohrachse herausgeschnitten, deren Durchbiegung gemessen wird:

$$\sigma_l' = \frac{2E\left(\frac{\delta}{2} - a\right)}{b^2} f \tag{3.165}$$

f Durchbiegung (positiv bei Lage der abgetragenen Schicht auf der konvexen Seite)
b Halbsehne (halbe Länge des abgetragenen Abschnitts)
δ Streifendicke
a Abstand von der Oberfläche des Streifens

Der herausgeschnittene Streifen wird mit rechteckigem Querschnitt angenommen.

$$\sigma_l'' = -\frac{Ea^2}{3b^2}\frac{df}{da} \tag{3.166}$$

$$\sigma_l''' = \frac{2E}{3b^2}\int_{f_i}^{f_a} x\,df - \frac{2Ea}{b^2}(f_a - f_i) \tag{3.167}$$

Für die Längsspannungen gibt *Papsev* [3.471] an:

$$\left.\begin{aligned} \sigma_l = &-\frac{2E}{b^2} f_p \left(\frac{\delta}{2} - \Delta\delta\right) + \\ &+ \frac{E}{3b^2}\left[(\delta - \Delta\delta)^2 \frac{df}{d\delta} - 4(\delta - \Delta\delta) f + \Delta\delta f\right] \end{aligned}\right\} \tag{3.168}$$

wobei δ die Dicke des Streifens, b die halbe Länge des abgetragenen Abschnitts, $\Delta\delta$ die abgetragene Schicht, f_p die Durchbiegung nach dem Heraustrennen des Streifens aus dem Zylinder und f die Durchbiegung des Prüflings nach Entfernen von $\Delta\delta$ bedeuten. (Die Durchbiegungen sind positiv, wenn die abgetragene Schicht auf der konvexen Seite liegt.)

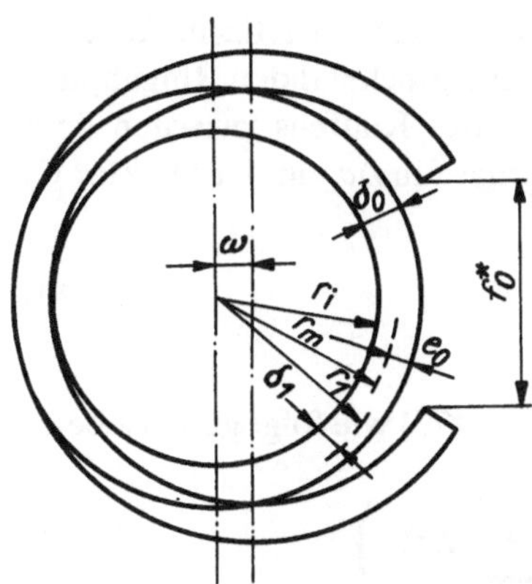

Bild 3.25. Rohrquerschnitt vor und nach dem Aufschlitzen des Rohrs

Ähnlich den Methoden von *Davidenkov* geben auch *Sachs* und *Espey* [3.81] Gleichungen zur Spannungsberechnung durch Aufschlitzen an.

Das Verfahren nach *Davidenkov* wurde von *Babičev* [3.100] noch erweitert für *Verbundrohre*, die aus zwei Schichten mit unterschiedlichem E-Modul bestehen. Während die Gleichungen nach *Davidenkov* nur für dünnwandige Rohre gelten, ist dadurch eine Erweiterung auf dickwandige Rohre möglich.

Die Gleichungen werden sowohl für das Abdrehen als auch für das Ausbohren entwikkelt. Das Rohr wird aber nicht als unendlich lang angenommen ($1 \geqq 2\ D_0$), sondern es werden Ringe betrachtet. Der Ring muß außerdem beim Zerlegen im Querschnitt eine T-Form haben.

Wesentlich zur Methode von *Davidenkov* ist noch das Meßverfahren. Man mißt anstelle der Durchmesseränderung die Änderung des Aufklaffens des geschlitzten Rings, die jeweils für D_0 oder D_i um den Faktor π größer ist (Bild 3.25 für Innendurchmesser).

Für das Abheben der Schichten des Rohrs gibt *Babičev* [3.100] spezielle Vorrichtungen (Futter beim Ausdrehen und Dorn beim Abdrehen) an, die eine Deformation beim Einspannen verhindern. Jede Schicht wurde mit einer Dicke von 0,25 mm bei entsprechender Vorsicht abgetragen, so daß keine unzulässigen Erwärmungen auftreten. Es wird die qualitative Temperaturüberwachung mittels Wachsschicht empfohlen, die nicht aufschmelzen darf. Eine Überwachung mittels Farbstiften, die durch bestimmte Temperaturen einen Farbumschlag zeigen, erlaubt quantitative Differenzierungen.

Die erwähnten Vorrichtungen ermöglichen zwar nur die Bearbeitung von Ringen, lassen sich aber prinzipiell auch für Rohre mit $l \geqq 2\ D_0$ erweitern. Damit sind sie auch für das Verfahren von *Sachs* anwendbar.

Das Verfahren von *Davidenkov* wurde vereinfacht für Ringe, z. B. von *Halm* und *Höhne* [3.102] und von *Djačenko* und *Podosenova* [3.106] für in der Bohrungswand kaltverfestigte Teile, indem die Gl. [3.160] abgewandelt wurde zu

$$\sigma_t \approx \sigma_t'' = -\ c_2\ \frac{\Delta f_n^*}{\Delta a_n} \tag{3.169}$$

wobei C_2 ein von dem Werkstoff und der Ringform abhängiger Faktor ist und errechnet werden kann [3.102]. Die Spannungen σ_t' und σ_t''' konnten vernachlässigt werden, da die

Eigenspannungen durch das Härten in erster Linie an der Manteloberfläche konzentriert sind. Längs- und Radialeigenspannungen wurden entsprechend den Ringabmessungen ebenfalls vernachlässigt. Δf_n^* gibt die Differenz des Klaffens zwischen dem Schlitzen f_0^* und dem (elektrochemischen) Abtrag des Rings um Δa_n an. Der Faktor C_2 beträgt

$$C_2 = \frac{K_{2\,E}}{(1 - \mu^2)\, 2\, \pi} \tag{3.170}$$

Nicht vereinfacht wird die Gl. (3.169) entsprechend Gl. (3.170) wie folgt geschrieben:

$$\sigma_t = \frac{E}{(1 - \mu^2)\, 2\, \pi} \left(K_1 f_0^* - K_2 \frac{\Delta f_n^*}{a_n} + K_3 \sum_{n-1}^{k} \Delta f_n^* \right) \tag{3.171}$$

Die Faktoren K_1, K_2, K_3 sind für verschiedene geometrische Formen zylindrischer Ringe mit einer Nut, wie sie bei Wälzlagerringen auftreten, in [3.103] angegeben, wobei $l \geqq 5\, D_0$ und $\delta \leqq {}^1/_5\, D_0$ vorausgesetzt werden.
Von *Peiter* wurde das Verfahren zum kontinuierlichen Schlitzverfahren erweitert, das nachfolgend erläutert wird [3.101].

3.2.7.1.4. Verfahren nach *Sautter* und *Gruhl*

Das Verfahren ist dem Verfahren nach *Davidenkov* ähnlich und auch als *Radialaufschlitzverfahren* bekannt [3.79]. Es erlaubt ebenfalls zunächst nur die Ermittlung der Tangentialspannungen in Rohren. Das Aufklaffen läßt sich gut ermitteln. So wurde bei Rohren aus Aluminium mit einem Durchmesser von 100 mm ein Klaffen von 10 mm gemessen. Auf dem Rohrmantel erfolgt das Anreißen von Geraden in Rohrlängsrichtung im Abstand von etwa 20 mm. Nach dem Schlitzen zwischen zwei Marken wird der Abstand f_0^* (s. Bild 3.25) ermittelt. Dieser Abstand wird dann als f^* nach jedem Abtrag durch Ausbohren oder Abdrehen erneut ermittelt. Um das Abdrehen technisch gut durchführen zu können, werden nach dem Aufschlitzen zwei Scheiben eingesetzt, die etwas größer als der Bohrungsdurchmesser sind. Die Scheiben haben Ausbuchtungen, die in den Rohrschlitz passen. Beim Ausbohren werden entsprechend geformte Ringe aufgesetzt. Durch das Aufklaffen des geschlitzten Rings infolge Freisetzung eines Biegemoments verschiebt sich der Mittelpunkt des Rohrs um ω

$$f_0^* = \omega \cdot 2\pi \tag{3.171a}$$

Die Tangentialspannungen ändern sich durch das Schlitzen um $\Delta\sigma_{t(\delta_0)}$, d.h., die Wanddicke des Rohrs beträgt noch δ_0 (s. Bild 3.25). Für die Eigenspannungen in der Außenfaser, die durch das Schlitzen freigesetzt wurde, gilt im Falle einer linearen Verteilung über die Dicke δ_0:

$$\Delta\sigma_{ta} = \frac{E\, \delta_0\, f_0^*}{(1 - \mu^2)\, 4\, \pi r_m^2} \tag{3.172}$$

r_m mittlerer Rohrradius im Ausgangszustand

Für die Innenfaser gilt dann

$$\Delta\sigma_{ti} = -\,\Delta\sigma_{ta} \tag{3.173}$$

Damit ist die Tangentialspannungsverteilung über die Dicke bekannt. Im Falle einer nichtlinearen Verteilung muß nun ein Abdrehen erfolgen, d. h., δ_0 verringert sich um $\Delta\delta$ zu δ_1, wodurch sich das Klaffen von f_0^* zu f_1^* ändert. Die mittlere Tangentialspannung in der abgedrehten Schicht $\Delta\delta$ ist

$$\overline{\sigma_{ta}} = \frac{E\,\delta_0^2}{(1-\mu^2)\,12\,\pi\,r_m^2\,\Delta\delta}\left(f_o^* - f_1^*\,\frac{r_m^2\,\delta_1^3}{r_1^2\,\delta_0^3}\right) \tag{3.174}$$

Der Index 0 charakterisiert die Ausgangswerte, der Index 1 die Werte nach der 1. Abtragstufe.
Erfolgt anstelle des Abdrehens ein Ausbohren, so ist in Gl. (3.174) ein negatives Vorzeichen einzuführen. Für die weiteren Abtragschritte sind die Indizes entsprechend zu ändern: $0 \rightarrow 1 : 1 \rightarrow 2$ für den 2. Schritt usw.
Zur Ermittlung der ursprünglich in der 1. Schicht vorhandenen Eigenspannungen ist anzusetzen:

$$\Delta\sigma_t = \overline{\sigma_{ta}} \cdot \frac{\Delta\delta}{\delta_1} \tag{3.175}$$

Für die n-te Schicht sind entsprechend alle vorher ausgelösten Eigenspannungen zu dem Ergebnis nach Gl. (3.174), die für σ_{tn} zu formulieren ist, entsprechend Gl. (3.175) die Spannungen zu addieren.
Zur Ermittlung der Längseigenspannungen wird von *Sautter* und *Guhl* [3.79] vorgeschlagen, einen Längsstab aus dem Rohr herauszutrennen und ihn einseitig abzutragen, um die Spannungsverteilung über die Dicke zu erhalten.
Erfolgt das Abdrehen von n Schichten der Dicke dr bis zur Stelle δ_1, so ändern sich die Tangentialspannungen jeweils um $d\sigma_{t(n)}$. In der letzten Schicht N wirkt die Spannung $\sigma_{t(N)}$. Somit ergeben sich die Tangentialeigenspannungen im Rohrquerschnitt zu

$$\sigma_t = \Delta\sigma_{t(\delta_0)} + \int_{\delta_0}^{\delta_1} d\sigma_{t(n)} + \sigma_{t(N)} \tag{3.176}$$

Für die 3 Summanden gelten schließlich folgende Gleichungen:

$$\Delta\sigma_{t(\delta_0)} = \frac{E\,(2\,\delta_1 - \delta_0)}{4\,\pi\,r_m^2} \cdot f_0^* \tag{3.176a}$$

r_m mittlerer Radius

Da nur Tangentialeigenspannungen betrachtet werden und die Längseigenspannungen zu Null angenommen werden, ist für den linearen Spannungszustand anstelle des Faktors $\frac{E}{1-\mu^2}$ bei *Sautter* und *Gruhl* hier nur E zu setzen.

$$d\sigma_{t(n)} = \frac{E}{2\pi} \; \frac{(r_i + e)\, e\, df^* + (r_i - e)\, f^* de}{(r_i + e)^3} \tag{3.177}$$

mit

$$f^* = -\frac{(\delta/r_i + \delta/2)\, df^*}{(3\, r_i + \delta/2)\, d\delta} \tag{3.178}$$

$$e = \delta_1 - \delta/2 \tag{3.179}$$

$$de = -\, d\delta/2 \tag{3.180}$$

$$\sigma_{t(N)} = \frac{E\delta_1^2}{12\,\pi\,(r_i + \delta_{1/2})^2} \; \frac{df^*}{d\delta} \tag{3.181}$$

Setzt man Gl. (3.181) in Gl. (3.171) ein, so ist für $\sigma_{t(n)}$ der Index 1 wegzulassen.

Voraussetzung für die Gültigkeit der Beziehungen ist, daß $\delta_0 \leqq \frac{r_m}{5}$. Wird anstelle des Abdrehens ausgebohrt, so sind nur bei den Gln. (3.177) und (3.181) r_i durch $r_i + \delta_0$ zu setzen; die Restwanddicke δ ist abzuziehen. Ebenso ist bei den Gln. ein Minuszeichen einzuführen.
Als Näherung wird von *Peiter* [3.101] für Gl. (3.176) angegeben:

$$\sigma_t = \frac{E}{12\,\pi\, r_m^2} \left[\delta^2 \frac{df^*}{d\delta} + 4\,\delta f^* - f_0^*\,\delta_0 + 2 \int_{\delta_0}^{\delta} f^* d\delta \right] \tag{3.182}$$

Diese Näherung liefert am Mantel zu große, an der Bohrung zu kleine Eigenspannungen. Der relative Fehler beträgt für $\delta_0 = r_0/10$ etwa ± 9%. Im Falle des Ausbohrens ist in Gl. (3.182) anstelle von plus minus zu setzen.
Zur Ermittlung der Längseigenspannungen ist ebenso wie bei der Methode nach *Davidenkov* zu verfahren, d. h., es erfolgt ein Heraustrennen und einseitiges Abtragen von Längsstäben aus dem Rohr.

3.2.7.1.5. Weitere Verfahren unter vereinfachten Annahmen

Bei *dünnen zylindrischen Proben* mit einem Durchmesser von 10 bis etwa 30 mm sind meßtechnisch nur Längsformänderungen zu ermitteln. Deshalb sind die Längsspannungen nach den Ansätzen von *Heyn* und *Bauer*, d. h. nach Gl. (3.100), zu ermitteln. Nach *Peiter* [3.16] werden durch diese vereinfachende Annahme die Längsspannungen um et-

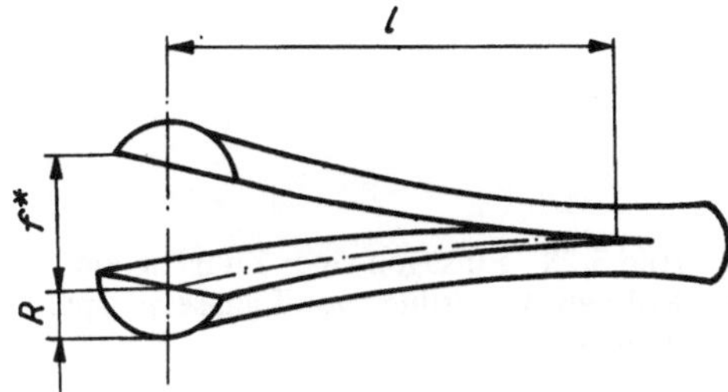

Bild 3.26. Schlitzen eines zylindrischen Körpers

wa 30% zu niedrig ermittelt. Der Abtrag erfolgt meist nur elektrolytisch. Für die Annahme von schließlich sogar nur linear über dem Radius der Probe verteilten Längsspannungen vereinfachen sich die Berechnungen.
Hierzu schneidet man einen Stab in der Mitte um den Betrag l längs auf, so daß bei Vorhandensein von Zugeigenspannungen im Mantel und Druckeigenspannungen im Kern ein Aufklaffen von f^* auftritt (Bild 3.26). Nach *Peiter* [3.74] ergibt daraus die Längsspannung

am Mantel

$$\sigma_{LM} = 0{,}6588\, ER\, \frac{f^*}{l^2} \tag{3.183}$$

und im Kern

$$\sigma_{lK} = -2\, \sigma_{lM} \tag{3.184}$$

R Probenradius

Bei diesen Beziehungen wird vorausgesetzt, daß die lineare Spannungsverteilung rotationssymmetrisch ist und damit im Abstand von $\frac{2}{3} R$ vom Mittelpunkt die Spannungen von Zug- zu Druckspannungen übergehen [3.107]. Außerdem soll $l \geqq 10R$ sein [3.74].
Die einschränkenden Annahmen der Zugspannungen am Mantel und Druckspannungen im Kern können entfallen, wenn ein einseitiges Abtragen erfolgt. Die Probe erfährt eine Ausbiegung um die Stelle, an der Zugeigenspannungen herrschten (Bild 3.27). Man mißt den Biegepfeil f nach Abtrag bis zur Hälfte des Durchmessers. Es gilt dann für $l \gg f$ [3.107].

$$\sigma_{lM} = \pm\, 5{,}2704\, ER\, \frac{f}{l^2} \tag{3.185}$$

$$\sigma_{lK} = -2\, \sigma_{lM} \tag{3.186}$$

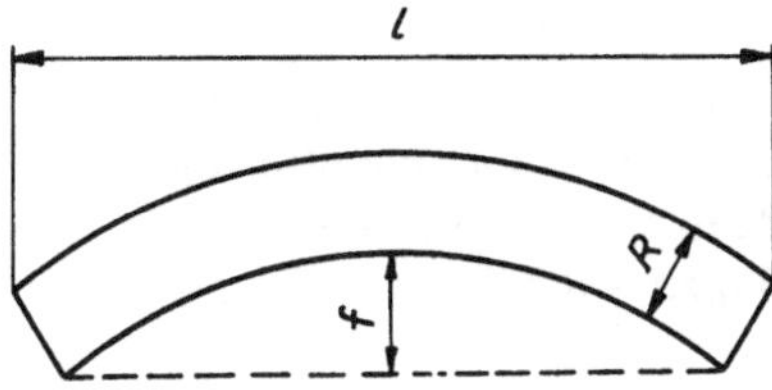

Bild 3.27. Einseitiges Abtragen eines zylindrischen Körpers

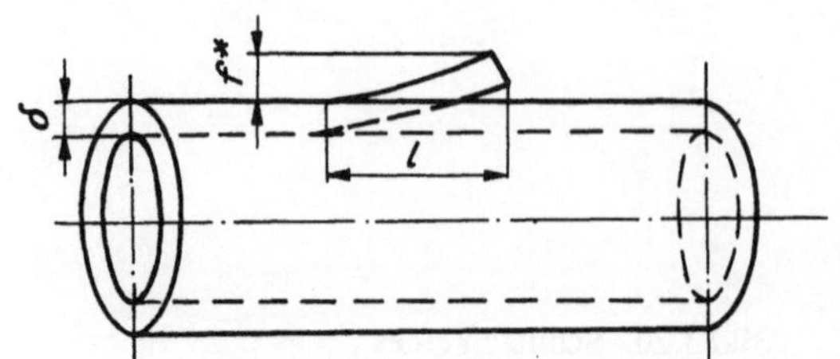

Bild 3.28. Einsägen einer Zunge in ein Rohr zur Ermittlung von Längseigenspannungen

Die Längseigenspannungen lassen sich auch durch das *Einsägen einer Zunge* an einem Rohr ermitteln [3.81, 3.108]. Dazu wird in Längsrichtung eine schmale Zunge herausgesägt, die sich durch ausgelöste Eigenspannungen krümmt (Bild 3.28). Die Längsspannungen ergeben sich danach zu

$$\sigma_l = E\,\frac{\delta f^*}{l^2} \tag{3.187}$$

wobei f^* das Klaffen der Zunge, l die Zungenlänge und δ die Rohrwanddicke bedeuten. Schneidet man die Zunge in tangentialer Richtung heraus, so gibt Gl. (3.187) die tangentialen Eigenspannungen an. Bei dem Zungenverfahren ist aber zu beachten, daß der nicht ausgelöste Eigenspannungsanteil noch relativ groß ist. Nach *Peiter* [3.16] soll die Zungenbreite etwa ein bis drei Zehntel des Rohraußendurchmessers betragen.
Die Tangentialspannungen lassen sich nach [3.109] für einen Vollzylinder durch ein einfaches *Längsschlitzen* bis zur Mitte (Bild 3.29) wie folgt angeben:

$$\sigma_t = E\,\frac{\Delta D}{D} \tag{3.188}$$

D Zylinderdurchmesser

Für ein längs über die Wanddicke geschlitztes Rohr kann geschrieben werden [3.110, 3.61]:

$$\sigma_t = E\delta\left(\frac{1}{D} - \frac{1}{D + \Delta D}\right) \tag{3.189}$$

wenn δ die Rohrwanddicke, D die Ausgangsrohrdicke und ΔD die Durchmesseränderung infolge des Schlitzens bedeuten. Bei den Verfahren entsprechend Gln. (3.187) bis (3.189) ist eine Konstanz der Längseigenspannungen über den Querschnitt angenommen.
Es sei schließlich noch erwähnt, daß nach *Siebel* und *Mühlhäuser* unter Zugrundelegung von Gl. (3.187) die Längs- bzw. Tangentialeigenspannungen in näpfchenförmigen *tiefgezogenen Teilen* durch Einschlitzen von schmalen Zungen in Längs- und Tangentialrichtung überschläglich ermittelt werden können. Dazu wird Gl. (3.187) nach der Krümmung k ausgedrückt (δ Blechdicke):

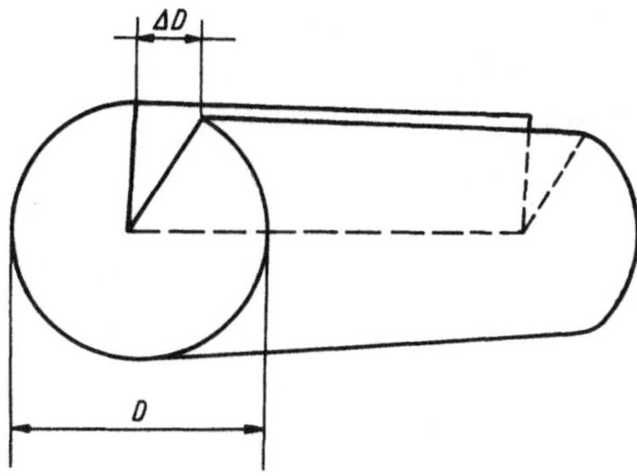

Bild 3.29. Längsschlitzen eines Vollzylinders bis zum Mittelpunkt zur Ermittlung von Tangentialeigenspannungen

$$\sigma = \frac{E\delta}{2} k \tag{3.190}$$

mit

$$k' = \frac{l^2}{2 f^*} \tag{3.191}$$

Die Krümmung k ergibt sich als Differenz aus der Krümmung des tiefgezogenen Teils und der Krümmung k' der Zunge (f*).

Im Falle konstanter Tangentialeigenspannungen auf dem Umfang ist ein Heraustrennen von Ringen, deren Schlitzen und Auswertung nach Gl. (3.189) erfolgt, vorzunehmen.

Alle in diesem Abschnitt genannten Verfahren gehen von der Existenz jeweils nur einer Hauptspannung aus. Ist mit dem Auftreten von $\sigma_l \approx \sigma_t$ entsprechend den Rohr- bzw. Zylinderabmessungen zu rechnen, so ist anstelle des E-Moduls der Faktor $\frac{E}{1 - \mu^2}$ zu setzen, da dann ein ebener Spannungszustand vorliegt. Radialspannungen werden in jedem Falle vernachlässigt.

Diese Verfahren liefern wegen ihrer erheblichen Vereinfachung in erster Linie qualitative Aussagen über Eigenspannungen, so daß nach dem Feststellen dieser präzisere Verfahren einzusetzen sind.

3.2.7.2. Scheiben und Ringe

3.2.7.2.1. Vereinfachte Verfahren für Zylinder und Rohre

Bei kreisrunden *Scheiben* und *Ringen* wird angenommen, daß ihre Breite gleich oder kleiner als ein Fünftel des Außendurchmessers ist. Damit werden die Längseigenspannungen fast Null. Da auch die Deformationen in Längsrichtung vernachlässigt werden, sind die Gln. nach *Sachs* für das Abdrehen und Ausbohren anwendbar, jedoch entfallen die Glieder mit ε_l. Somit werden die Gln. (3.111) und (3.114) bzw. (3.116) und (3.117) vereinfacht und für Scheiben und Ringe angewandt.

Ausbohren

$$\sigma_r = \frac{E}{1-\mu^2} \quad \frac{A_0 - A}{2\,A}\,\varepsilon_t \tag{3.192}$$

$$\sigma_t = \frac{E}{1-\mu^2}\left[(A_0 - A)\;\frac{d\varepsilon_t}{dA} - \frac{A_0 + A}{2\,A}\,\varepsilon_t\right] \tag{3.193}$$

Abdrehen

$$\sigma_r = \frac{E}{1-\mu^2} \quad \frac{A - A_0}{2\,A}\,\varepsilon_t \tag{3.194}$$

$$\sigma_t = \frac{E}{1-\mu^2}\left[(A - A_0)\;\frac{d\varepsilon_t}{dA} - \frac{A + A_0}{2\,A}\,\varepsilon_t\right] \tag{3.195}$$

Für die Erläuterung der Symbole sei auf die Darstellung der genannten Gleichungen verwiesen. Mit diesen Gleichungen lassen sich auch die Schrumpfspannungen in Ringen messen, wenn beide Ringe gleiche elastische Konstanten haben und eine Intervallgrenze nach Abschnitt 3.2.7.1.2. auf der Passungsstelle liegt [3.83]. Auch das Radialaufschlitzen ist anwendbar (s. Abschnitt 3.2.7.1.4.). Wird in den Ringen nur das Vorhandensein von Tangentialspannungen angenommen, wie es bei Reifen der Fall ist, so wird aus Gl. (3.176)

$$\Delta\sigma_t = \frac{E\delta_0 f^*}{4\,\pi r_m^2} \tag{3.196}$$

Da nur ein einachsiger Spannungszustand angenommen wird, ist gegenüber Gl. (3.172) anstelle des Faktors $\frac{E}{1-\mu^2}$ nur E zu setzen. (Erläuterung der Symbole siehe Gleichung (3.172)).

Bei dem Verfahren nach *Davidenkov* wurde bereits auf Ringe z. T. eingegangen (s. Abschnitt 3.2.7.1.3.).

3.2.7.2.2. Verfahren nach *Kalakuckij*

Das Verfahren beruht auf dem von *Kalakuckij* [3.51] geäußerten Gedanken, Ringe aus Scheiben herauszuschneiden. Eine anschauliche Darlegung findet sich bei *Birger*, die hier zugrunde gelegt werden soll [3.113].
Beim Herausschneiden dünner Ringe erfolgt eine Deformation in radialer Richtung ε_r und in tangentialer Richtung:

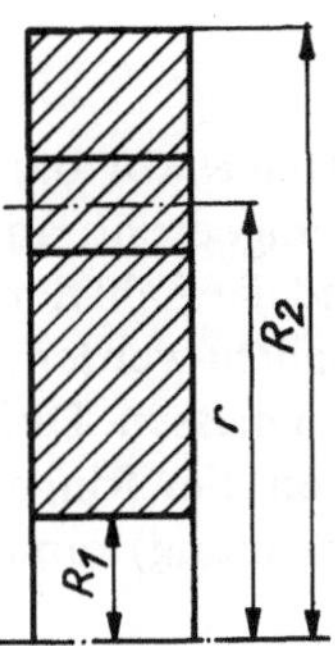

Bild 3.30. Bemaßung zur Methode nach *Kalakuckij*

$$\varepsilon_t = -\frac{1}{E}(\delta_t - \mu\sigma_r) \tag{3.197}$$

Weiterhin gilt die Gleichgewichtsbeziehung

$$\frac{d\sigma_r}{dr} = \frac{1}{r}(\alpha_t - \sigma_r) \tag{3.198}$$

Aus diesen beiden Gleichungen ergibt sich nach Substitution von σ_t

$$-\frac{E\varepsilon_t}{r} = \frac{d\sigma_r}{dr} + \frac{1-\mu}{r}\sigma_r \tag{3.199}$$

Daraus folgt

$$\sigma_r(r) = r^{\frac{1}{1-\mu}} \int_r^{R_2} \frac{E\varepsilon_t}{r^\mu}\, dr \tag{3.200}$$

$$\sigma_t(r) = \mu\sigma_r - E\varepsilon_t \tag{3.201}$$

Entsprechend Bild 3.30 gelten die Randbedingungen

$$\sigma_r(R_2) = 0 \quad \text{und} \quad \sigma_r(R_1) = 0$$

Für den Fall $R_1 \approx 0{,}2\ R_2$ kann angenommen werden für $r = R_1$ und Messung von σ_t an R_1

$$\sigma_r = \sigma_t = -\frac{E\varepsilon_t}{1-\mu} \tag{3.202}$$

3.2.7.2.3, Verfahren nach *Kalakuckij* und *Davidenkov*

Dieses Verfahren stellt eine Weiterentwicklung des Verfahrens von *Davidenkov* dar [3.112]. Auf der Scheibenmantelfläche werden äquidistant Ringnuten eingedreht, an denen anschließend Ringe abgestochen werden. Die Nuten sind klein und die Zahl der Ringe groß zu wählen. Durch Anreißen auf der Mantellinie soll es ermöglicht werden, 3 Durchmesser, jeweils um 120° verdreht, vor und nach dem Abstechen zu messen. Die Tangentialspannungen werden über die Ringbreite konstant angenommen. Für Ringe mit großem Außendurchmesser D_0 und kleiner Wanddicke (in radialer Richtung) kann überschläglich angenommen werden:

$$\sigma_t = - E \frac{\Delta D}{D_0} \tag{3.203}$$

ΔD Durchmesseränderung nach dem Abstechen

Exaktere Werte erhält man, wenn die Ringe nach dem Herausschneiden längs einer Mantellinie durchtrennt und dabei die Änderung des Ringdurchmessers ermittelt werden. Vorausgesetzt für eine vereinfachte Betrachtung ist, daß die Tangentialspannungen linear über die Dicke des Rings verteilt sind

$$\sigma_t(r) = k\,(r - r_m) \tag{3.204}$$

wobei r_m entsprechend Bild 3.31 den mittleren Radius darstellt. Für die Konstante k gilt

$$k = \frac{E \Delta D}{2\, r_m^2} \tag{3.205}$$

(Anstelle der Durchmesseränderungen ist auch die Messung des Klaffens möglich [s. Abschnitt 3.2.7.1.].)
Nach *Crampton* [3.110] gilt der Ansatz:

$$\sigma_t(r) = F(r) + \sigma_t(R_1) \tag{3.206}$$

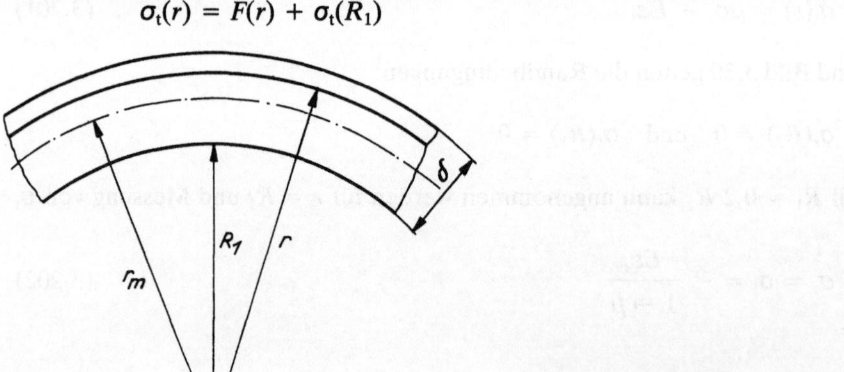

Bild 3.31. Bemaßung zur Methode nach *Kalakuckij* und *Davidenkov*

Dabei ist

$$F(r) = \int_{R_1}^{r} f(r)\, dr$$

$$f(r)\, dr = \frac{d\sigma_\Theta\,(r)}{dr} \tag{3.207}$$

d. h., die Funktion $f(r)$ ist infolge Änderung der Umfangsspannung beim Durchschneiden der Ringe an verschiedenen Radien bekannt. Damit ergeben sich schließlich für eine Scheibe mit Bohrung

$$\sigma_t(r) = F(r) - \frac{1}{R_2 - R_1} \int_{R_1}^{R_2} F dr \tag{3.208}$$

$$\sigma_r(r) = \frac{1}{r} \left[\int_{R_1}^{r} F dr - \frac{r - R_1}{R_2 - R_1} \int_{R_1}^{R_2} F dr \right] \tag{3.209}$$

Liegt eine Scheibe ohne Bohrung vor, so nimmt man für die Rechnung zunächst $R_1 \approx (0{,}1 - 0{,}2)\, R_2$ an [3.85]. Aus der Annahme $\sigma_t\,(R_1) = \sigma_r\,(R_1)$, die sonst nur für das Zentrum einer Vollscheibe gilt, resultieren Vereinfachungen der Gln. (3.208) und (3.209).

Babičev beschreibt noch eine genauere Lösung des Problems der Spannungen in Scheiben, wobei auch der Wechselwirkung der Ringe untereinander Rechnung getragen wird [3.100].

Beim Schlitzen der Ringe ist z. T. zu beachten, daß sich nicht nur der Durchmesser verändert, sondern auch ein Auseinanderziehen wie bei einer Federwindung auftritt (Bild 3.32). Diese Erscheinung ist durch das Wirken von Schubspannungen zu erklären, d. h., die Richtung der Hauptspannungen fällt nicht mit den Hauptachsen des Rings zusammen. Nach *Timofeev* [3.468] resultiert die Schubspannung in der Außenschicht des Rings aus 2 Teilen:

$$\tau = \tau_1 + \tau_2 \tag{3.210}$$

wobei τ_1 die Schubspannung ist, die das schraubenförmige Aufbiegen verursacht, und τ_2 die Schubspannung, die in der oberen Schicht wirkt und nur nach deren Abheben ausgelöst wird. Es gilt

$$\tau_1 = \frac{\beta\delta G \Delta\lambda}{2\,\pi r_m^2 a} \sin\frac{\pi y}{\delta} \tag{3.211}$$

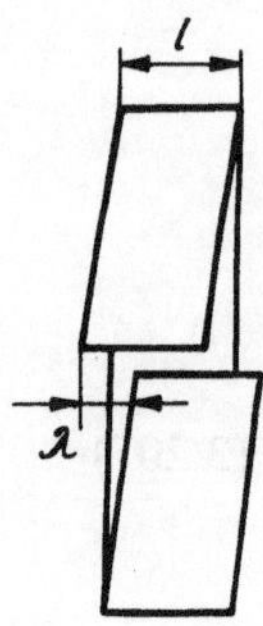

Bild 3.32. Aufspringen eines Rings beim Schlitzen infolge des Wirkens von Tangentialspannungen

Dabei bedeuten δ die Ringbreite, r_m der mittlere Ringradius, y die laufende Koordinate in radialer Richtung, beginnend bei r_m (τ_{max} bei $y = \delta/2$), λ das Aufbiegen des Rings (s. Bild 3.32), G der Gleitmodul und α sowie β Konstanten, die abhängig vom Verhältnis b/δ sind und in [3.469] tabelliert sind. Schließlich gilt für τ_2

$$\tau_2 = \frac{\beta G a d\lambda}{\pi r_m^2 da} \tag{3.212}$$

$\frac{d\lambda}{da}$ ist der Tangens des Winkels der Tangente der Kurve $\lambda = f(a)$, die aufgenommen wird als Änderung des Auseinanderbiegens λ in Abhängigkeit von der Dicke a der entfernten Schicht von der Ringmantelfläche, gemessen in der Mitte des abgetragenen Intervalls. Negative Werte charakterisieren die Verringerung des Auseinanderbiegens.

3.2.7.2.4. Verfahren des sukzessiven Schlitzens

Das Verfahren ist nur ein Näherungsverfahren, aber relativ einfach zu handhaben. Man *schlitzt einen Ring* mit der Dicke δ und dem mittleren Durchmesser d_m, woraus eine Durchmesseränderung ΔD_δ resultiert. Anschließend wird in der dem Schlitz gegenüberliegenden Seite ein zweiter Schlitz eingebracht mit der Tiefe a, der sukzessive um da vergrößert wird (Nutbreite t). Dieser zweite Schlitz wird wie ein ebener Balken bei der Spannungsauslösung behandelt, dessen Krümmung infolge des sukzessiven Auslösens der Tangentialspannung durch die Durchmesseränderung ΔD angezeigt wird (s. Bild 3.33) [3.114]. Die Tangentialspannungen können aus 3 Gliedern berechnet werden

$$\sigma_t(a) = -\sigma'(a) + \sigma''(a) + \sigma'''(a) \tag{3.213}$$

Spannungen infolge des Schlitzens

$$\sigma'(a) = -\frac{2E(\delta/2 - a)}{d_m^2}\Delta D_s \tag{3.213a}$$

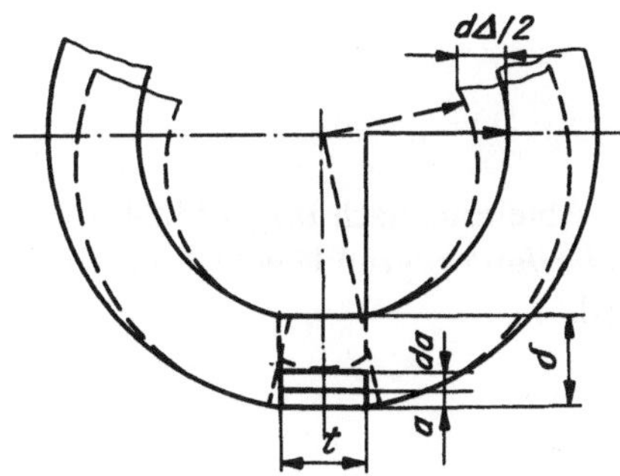

Bild 3.33. Ermittlung von Tangentialeigenspannungen nach dem sukzessiven Fräsen

Spannungen in der Schicht a vor ihrer Entfernung

$$\sigma''(a) = -\frac{E\,(\delta - a)^2}{3\,t\,(d_m - a)}\;\frac{d\Delta D}{da} \tag{3.213b}$$

Spannungen in der Schicht a infolge der vorher abgetragenen Schichten

$$\sigma'''(a) = \frac{2\,E}{3\,t}\int_0^a \frac{(2\,\delta - 3\,a + \xi)}{(d_m - \xi)}\;\frac{d\Delta D}{d\xi}\,d\xi \tag{3.213c}$$

wobei ξ die laufende Koordinate bis zur Schicht a ist.
Die Methode ist für dünnwandige Ringe im Bereich des Außendurchmessers von 80 bis 200 mm geeignet. In [3.114] wird bei einem Außendurchmesser von 55 mm und einer Wanddicke von 10 mm eine Nutbreite von 5 mm gewählt.

3.2.7.3. Kugeln

Zur Eigenspannungsermittlung in *Hohl-* und *Vollkugeln* gibt *Peiter* [3.89] für ein Abdrehverfahren folgende Beziehungen an:

$$\sigma_t = \frac{E}{1-\mu}\left[(V - V_0)\,\frac{d\varepsilon_t}{dV} + \frac{2\,V + V_0}{3\,V}\,\varepsilon_t\right] \tag{3.214}$$

$$\sigma_r = -\frac{E}{1-\mu}\;\frac{2\,(V - V_0)}{3\,V}\,\varepsilon_t \tag{3.215}$$

V_0 stellt das Hohlvolumen der Hohlkugel dar. Bei der Vollkugel ist $V_0 = 0$. Bei Vollkugeln ist dazu ein Dehnmeßstreifen mittels kleiner Bohrung in den Kugelmittelpunkt zu bringen, während er bei Hohlkugeln an der Innenwand zu befestigen ist.

3.2.7.4. Stäbe

3.2.7.4.1. Verfahren nach *Birger*

Für das Problem der Spannungsermittlung soll einer Ableitung nach *Birger* [3.84,3.93] gefolgt werden. Es sei ein *Stab mit rechteckigem Querschnitt* zugrunde gelegt, der entsprechend Bild 3.34 um die Schicht *a* vermindert wird.

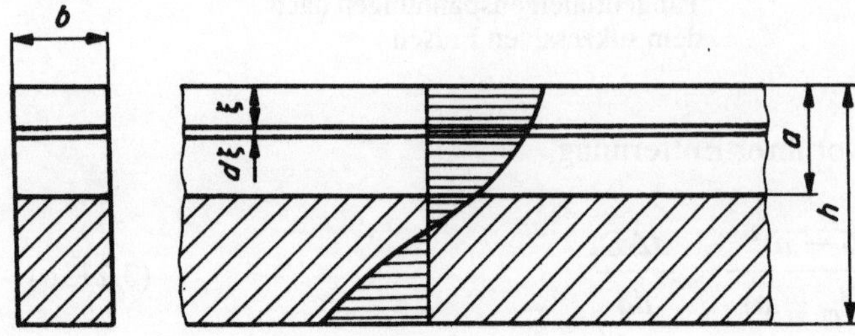

Bild 3.34. Eigenspannungsermittlung in einem Stab

Im Abstand ξ, von der Staboberkante entfernt, tritt die Spannung σ/ξ auf. Durch die Entfernung der Schicht *a* wirkt ein Moment, bezogen auf die Mittelachse des Restquerschnitts:

$$M = \int_0^a \sigma(\xi) \left[\frac{1}{2}(h + a) - \xi\right] b d\xi \tag{3.216}$$

wobei *b* die Stabbreite ist. Die Mittellinie biegt sich um *f* aus (Bild 3.35)

$$f = \frac{Ml^2}{8\,EI} \tag{3.217}$$

mit dem Trägheitsmoment

$$I = \frac{b\,(h - a)^3}{12} \tag{3.218}$$

Aus diesen Gleichungen folgt

$$f = \frac{3\,l^2}{2E} \frac{\int_0^a \sigma(\xi) \left[\frac{1}{2}(h + a) - \xi\right] d\xi}{(h - a)^3} \tag{3.219}$$

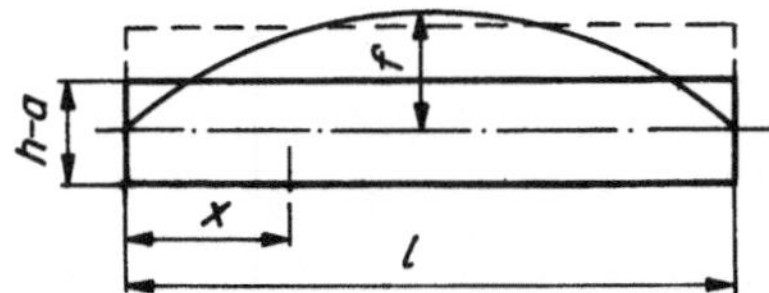

Bild 3.35. Durchbiegung eines Stabs

bzw. nach einigen Zwischenrechnungen [3.93]

$$\sigma(a) = \frac{4\,E}{3\,l^2}\left[(h-a)^2\,\frac{df}{da} - \right.$$

$$\left. - 4\,(h-a)\,f\,(a) + 2\int_0^a f(\xi)\,d\xi \right] \tag{3.220}$$

Diese Beziehung entspricht der Form, wie sie auch von *Davidenkov* (jedoch auf anderem Wege) abgeleitet wurde [3.115]. In [3.149] wird die Gl. (3.220) zugrunde gelegt, um die Deformation infolge Ausbiegung beim elektrolytischen Abtrag mittels Holographie zu messen.

Für den Rand, dessen Eigenspannungen meistens interessieren, gilt $a = 0$:

$$\sigma(0) = \frac{4\,Eh^2}{3\,l^2}\;\frac{df}{da}\,(0) \tag{3.221}$$

Es wird also nur die Durchbiegung nach Wegnahme einer Schicht gemessen. Für geringe Spannungsgradienten am Rand kann vereinfacht werden:

$$\frac{df}{da} \approx \frac{f_1}{a_1} \tag{3.222}$$

Eine bessere Näherung erhält man sowohl für den Rand als auch für eine beliebig andere Entfernung a, indem eine Parabel durch die 3 Punkte $(a_n; f_n)$ $n = i-1$; $n = i$; $n = i+1$ gelegt wird. Es folgt für $f(a)$ nach Bild 3.36 mit $a_{i-1} < a_i < a_{i+1}$ die parabolische Interpolation

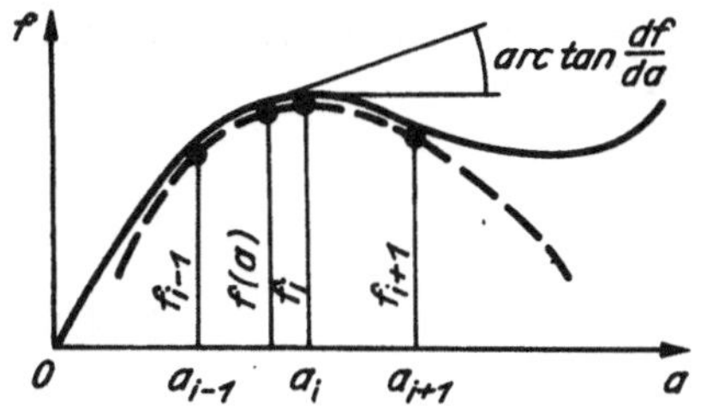

Bild 3.36. Parabolische Annäherung für die Berechnung des Kurvenverlaufs und der Ableitung $\frac{df}{da}$ (nach [3.84])

$$\left.\begin{aligned} f(a) = {} & f_{i-1} \frac{(a - a_i)(a - a_{i+1})}{(a_{i-1} - a_i)(a_{i-1} - a_{i+1})} + \\ & + f_i \frac{(a - a_{i-1})(a - a_{i+1})}{(a_i - a_{i-1})(a_i - a_{i+1})} + \\ & + f_{i+1} \frac{(a - a_{i-1})(a - a_i)}{(a_{i+1} - a_{i-1})(a_{i+1} - a_i)} \end{aligned}\right\} \quad (3.223)$$

Für die Ableitung gilt

$$\left.\begin{aligned} \frac{df}{da}(a) = {} & f_{i-1} \frac{2a - a_i - a_{i+1}}{(a_{i-1} - a_i)(a_{i-1} - a_{i+1})} + \\ & + f_i \frac{2a - a_{i-1} - a_{i+1}}{(a_i - a_{i-1})(a_i - a_{i+1})} \\ & + f_{i+1} \frac{2a - a_{i-1} - a_i}{(a_{i+1} - a_{i-1})(a_{i+1} - a_i)} \end{aligned}\right\} \quad (3.224)$$

Zur praktischen Berechnung und tabellarischen Erfassung wird die Gleichung in einfacher Faktorenform geschrieben:

$$\frac{df}{da}(a) = f_{i-1} K_i' + f_i K_i'' + f_{i+1}''' K_i \quad (3.225)$$

Für die letzte Schicht ist $i = n$

$$\frac{df}{da}(a) = f_{n-2} K_n' + f_{n-1} K_n'' + f_n K_n''' \quad (3.226)$$

Bild 3.36 zeigt die graphische Differentiation. Für die Betrachtung einer Oberflächenschicht kann man $i = 1$ setzen. Somit ergibt sich für die Messung aus 2 Abtragsstufen

$$\frac{df}{da}(a) = \frac{f_1}{a_1(a_1 - a_2)}(2a - a_2) + \frac{f_2}{a_2(a_2 - a_1)}(2a - a_1) \quad (3.227)$$

bzw. für $a = 0$

$$\frac{df}{da}(0) = \frac{f_1 a_2}{a_1(a_2 - a_1)} - \frac{f_2 a_1}{a_2(a_2 - a_1)} \quad (3.228)$$

Nach Einsetzen in Gl. (3.220) ergibt sich die gegenüber Gl. (3.221) insbesondere für größere Spannungsgradienten bessere Beziehung

$$\sigma(0) = \frac{4\,Eh^2}{3\,l^2}\left(\frac{f_1 a_2}{a_1(a_2 - a_1)} - \frac{f_2 a_1}{a_2(a_2 - a_1)}\right) \tag{3.229}$$

Zur Berechnung des Integrals in Gl. (3.220) kann für $a = a_n$ nach *Birger* [3.84] geschrieben werden:

$$\int_0^{a_n} f(\xi)d\xi = \sum_{i=0}^{n} \frac{1}{2}\,\Delta_i\,(f_{i-1} + f_i) \tag{3.230}$$

wobei Δ_i die Schichtdicke zwischen a_{i-1} und a_i bei $f(0) = 0$ ist. Die Integralberechnung kann auch graphisch über die Fläche unter der Kurve bis zur Querschnittsstelle a erfolgen.

Für praktische Fälle kann Gl. (3.220) bei $h/a > 15$ vereinfachend geschrieben werden

$$\sigma(a) = \frac{4\,E}{3\,l^2}\left[(h - a)^2\,\frac{df}{da} - 4(h - a)\,f(a)\right] \tag{3.231}$$

bzw. für $h/a > 50$ kann noch weiter vereinfacht werden

$$\sigma(a) = \frac{4\,E}{3\,l^2}\cdot(h - a)^2\frac{df}{da}\,(a) \tag{3.232}$$

Diese Beziehung wird in der Eigenspannungsmeßtechnik häufig angewendet [3.138]. Die Messung der Durchbiegung erfolgt mit dem Meßmikroskop oder mittels *induktiven Wegaufnehmers*. Die induktive Messung erlaubt eine sehr genaue Messung, die mit 10^{-6} etwa die Auflösung der Dehnmeßstreifen erreicht. Ihre Temperaturkompensation ist aber schwieriger. Für den Fall, daß bei einseitigem Abtrag des Stabes nicht die Durchbiegung, sondern mittels Dehnmeßstreifens die Dehnung ε auf der dem Abtrag gegenüberliegenden Fläche gemessen wird, gibt *Rozental* folgende Beziehung an, die von *Birger* [3.93] präzisiert wurde:

$$\sigma(a) = -\,\frac{1}{2}\,E(h - a)\,\frac{d\varepsilon}{da}(a) +$$

$$+\,3\,E\,\varepsilon(a) - 3\,E(h - a)\int_0^a \frac{\varepsilon(\xi)}{(h - \xi)^2}\,d\xi \tag{2.233}$$

$\varepsilon(a)$ ist die Dehnung an der Unterseite nach Wegnahme der Schicht a auf der Oberseite.

Für die Eigenspannungen in der Oberflächenschicht ($a = 0$) vereinfacht sich diese Beziehung zu

$$\sigma(0) = -\frac{1}{2} Eh \frac{d\varepsilon}{da}(0) \tag{3.234}$$

mit

$$\frac{d\varepsilon}{da}(0) = \frac{\varepsilon_1 a_2}{a_1(a_2 - a_1)} - \frac{\varepsilon_2 a_1}{a_2(a_2 - a_1)} \tag{3.235}$$

wenn die Dehnungen ε_1 und ε_2 nach Wegnahme der Schichten a_1 bzw. a_2 gemessen werden.
Für oberflächennahes Gebiet gilt die Näherung

$$\sigma(a) \approx -\frac{1}{2} E(h - a) \frac{d\varepsilon}{da}(a) + 2 E\varepsilon(a) \tag{3.236}$$

Für die Ermittlung von $\frac{d\varepsilon}{da}(a)$, d. h. $\frac{d\varepsilon}{da}(a_i)$ im allgemeinen und $\frac{d\varepsilon}{da}(a_n)$ für die letzte Schicht sind die gleichen Beziehungen, wie sie die Gln. (3.224) und (3.226) ausdrücken, gültig.
Von *Ovseenko* [3.150] wurde das Verfahren der Messung der Stabkrümmung zur Ermittlung der Längseigenspannungen in *zylindrischen Stäben* angewandt. Dazu wird der Stab in der Mitte der Länge nach getrennt. Es stellt sich eine Anfangsdurchbiegung ein. Der Halbzylinder wird auf der Mantelfläche abgeätzt, während die Schnittfläche vor Angriff geschützt wird. Dafür gilt die Beziehung (s. Bild 3.37)

$$\sigma_z(a) = 1{,}32 \frac{E}{l^2} \left[\frac{df(a)}{da} (R - a)^2 - 6 f(a) (R - a) + 6 \int_0^a f(\xi)\, d\xi \right] + 1{,}55 \left(1 - 3 \frac{a}{R}\right) \sigma_{in} \tag{3.237}$$

mit

$$\sigma_{in} = \pm \frac{ERf_0}{3 \pi l^2} \tag{3.238}$$

a Abtrag, gemessen von der Mantelfläche
R Anfangsradius des Zylinders
l Stablänge
f_0 Anfangsdurchbiegung nach Halbierung

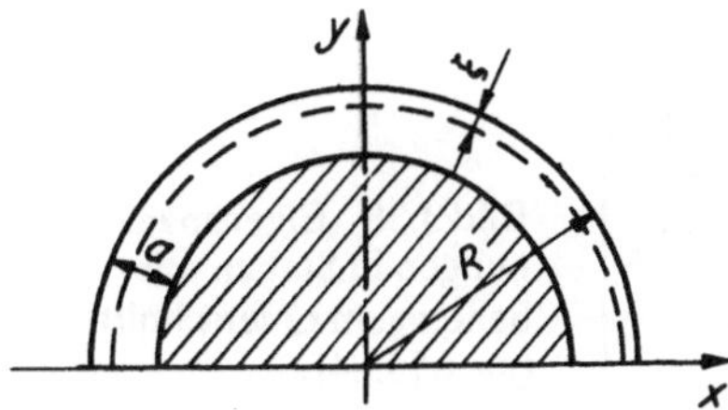

Bild 3.37. Ermittlung von Längseigenspannungen in einem Halbzylinder

Das Vorzeichen + gilt für den Fall, daß die Krümmung nach dem Trennen konkav ist. Die Beziehung (3.237) ist für $a/R > 0{,}1$ zu verwenden. Bei $a/R < 0{,}1$ kann angenähert werden

$$\sigma_z(a) = 1{,}32 \, \frac{E}{l^2} \left[\frac{df(a)}{da} (R - a)^2 - 6\, f(a)\, (R - a) \right] + \\ + 1{,}55 \left(1 - 3 \, \frac{a}{R} \right) \sigma_{in} \tag{3.239}$$

Für Eigenspannungen in dünnen Schichten gilt

$$\sigma_t(a) = 1{,}32 \, \frac{E}{l^2} (R - a) \, \frac{df}{da} (a) + 1{,}55 \left(1 - 3 \, \frac{a}{R} \right) \sigma_{in} \tag{3.240}$$

Die Tangential- und Radialeigenspannungen haben keinen Einfluß auf die Stabkrümmung. In [3.150] werden mit diesem Verfahren Oberflächenschichten nach mechanischer Verfestigung an Stäben mit 40 mm Länge und 6 mm Durchmesser untersucht. Für *Stäbe mit beliebigem Querschnitt* (s. Bild 3.38) stellten *Glikman* und *Grekov* [3.118] folgende Beziehung auf:

$$\sigma(a) = \frac{8\,E}{l^2} \left\{ \frac{I(a)}{h - a - e(a)\, b(a)} \cdot \frac{df}{da} (a) - \right. \\ - \int_0^a \left[h - a - e(\xi) + \right. \\ \left. \left. + \frac{I(\xi)}{A(\xi)\, [h - \xi - e(\xi)]} \right] \frac{df}{d\xi} \, d\xi \right\} \tag{3.241}$$

Dabei ist, wie bei der Erläuterung der Beziehungen für den Stab mit Rechteckquerschnitt, *a* der Abstand der Schicht, in der die Spannungen ermittelt werden, von der Oberseite, während ξ die laufende Koordinate bis zur Schicht *a* ist, mit der der Einfluß

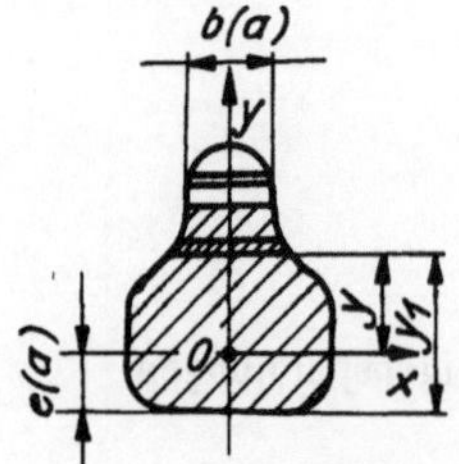

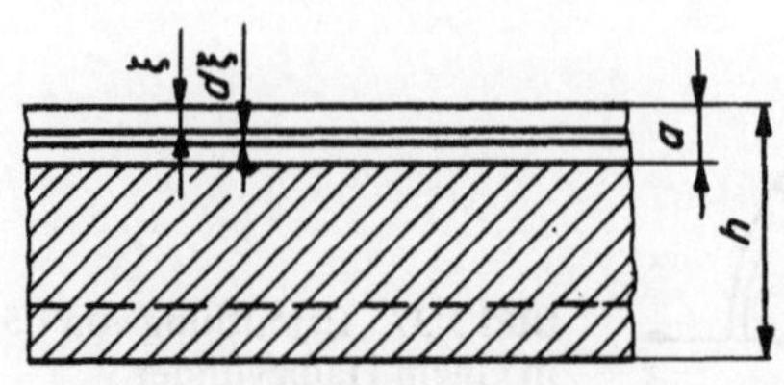

Bild 3.38. Eigenspannungen in Stäben mit beliebigem Querschnitt (nach [3.84])

der Spannungen der oberhalb a abgetragenen Schichten auf die Spannungen in der Schicht a ermittelt wird.

Somit sind die Funktionen $e(a)$ bzw. $e(\xi)$ der von der Unterseite gemessene Abstand des Schwerpunkts nach Abtrennen der Schicht a bzw. ξ von der Oberseite, $I(a)$ bzw. $I(\xi)$ das Trägheitsmoment und $A(a)$ bzw. $A(\xi)$ die Fläche der Querschnitte des Stabs nach der Entfernung der Schicht a bzw. ξ.

Für einen Rechteckquerschnitt werden

$$e(a) = \frac{1}{2}(h - a) \tag{3.242}$$

$$I(a) = \frac{(h - a)^3 b}{12} \tag{3.243}$$

$$A(a) = b(h - a) \tag{3.244}$$

Für Eigenspannungen in der Oberflächenschicht gilt folgende vereinfachte Beziehung der Gl. (3.241):

$$\sigma(0) = \frac{8\,E}{l^2} \quad \frac{I(0)}{h - e(0)\,b(0)} \quad \frac{df}{da}(0) \tag{3.245}$$

Dabei bedeuten $I(0)$ das Trägheitsmoment des gesamten Stabquerschnitts, $b(0)$ die Breite des Stabs an der Oberseite und $e(0)$ der Abstand des Flächenschwerpunkts vom unteren Punkt des Querschnitts. Für eine oberflächennahe Zone kann man Gl. (3.241) vereinfachen:

$$\sigma(a) \approx \frac{8E}{l^2}\left[\frac{I(a)}{h - a - e(a)\,b(a)}\;\frac{df}{da}(a) - h - a - e(a)\,f(a)\right] \tag{3.246}$$

Für einen Rechteckquerschnitt geht diese Gl. in die Form der Gl. (3.236) über.

Wenn anstelle der Messung der Durchbiegung f eine Dehnungsmessung ε auf der der Abtragseite entgegengesetzten Seite des Stabs erfolgt, ist nachstehende Gleichung bei Stäben mit beliebigem Querschnitt anzuwenden:

$$\sigma(a) = -E\left\{\frac{1}{\left[\frac{(h-a-e(a))\,e(a)}{I(a)} - \frac{1}{A(a)}\right] b(a)} \cdot \frac{d\varepsilon}{da}(a) - \int_0^a \lambda(\xi)\frac{d\varepsilon}{d\xi}\,d\xi\right\} \tag{3.247}$$

wobei

$$\lambda(\xi) = \frac{\frac{h-\xi-e(\xi)}{I(\xi)}(h-a-e(\xi)) + \frac{1}{A(\xi)}}{\frac{h-\xi-e(\xi)}{I(\xi)}\,e(\xi) - \frac{1}{A(\xi)}} \tag{3.248}$$

Für einen Rechteckquerschnitt werden

$$e(a) = \frac{1}{2}(h-a) \tag{3.249}$$

$$I(a) = \frac{b(h-a)^3}{12} \tag{3.250}$$

$$A(a) = b(h-a) \tag{3.251}$$

$$\lambda(\xi) = \frac{1}{2}\,\frac{4h+2\xi-6a}{h-\xi} \tag{3.252}$$

und durch Einsetzen in Gl. (3.247) ist diese dann in Gl. (3.233) zu überführen. Für Spannungen an der Oberseite des Stabes kann Gl. (3.247) vereinfacht werden

$$\sigma(a) \approx -E\,\frac{1}{\left[\frac{(h-a-e(a))\,e(a)}{I(a)} - \frac{1}{A(a)}\right] b(a)} \cdot \frac{d\varepsilon}{da}(a) \tag{3.253}$$

bzw. bei weiterer Vereinfachung

$$\sigma(a) \approx -E\,\frac{1}{\left(\frac{(h-e)\,e}{I} - \frac{1}{A}\right) b(a)}\,\frac{d\varepsilon}{da}(a) \tag{3.254}$$

wobei *e, I, A* die jeweiligen Werte tur den gesamten Querschnitt des Stabes bedeuten. Bisher galten alle Beziehungen nur für ebene Schichten, die abgetragen wurden. Für einen zylindrischen Stab mit dem Durchmesser D_0 wird für Spannungen in der Oberfläche von *Birger* [3.93] folgende Beziehung für die Messung der Durchbiegung *f* angegeben:

$$\sigma = \frac{\pi}{4} \frac{E D_0^2}{l^2} \frac{df}{da} \tag{3.255}$$

bzw. für die Messung der Dehnung ε in der unteren Stabfaser

$$\sigma = -\frac{\pi}{16} E D_0 \frac{d\varepsilon}{da} \tag{3.256}$$

Wenn der Elastizitätsmodul E in verschiedenen Querschnittsschichten in y-Richtung des Stabes unterschiedlich, jedoch längs des Stabes konstant ist (s. Bild 3.38), so gilt nach *Birger* [3.84]

$$\left.\begin{aligned} \sigma(a) = \frac{8}{l^2} \Bigg\{ & \frac{B^*(a)}{h-a-e(a)\,b(a)} \frac{df}{da}(a) - E(a) \times \\ & \times \int_0^a \left[h-a-e(\xi) + \frac{B^*(\xi)}{A^*(\xi)\,[h-\xi-e(\xi)]} \right] \frac{df}{d\xi} d\xi \Bigg\} \end{aligned}\right\} \tag{3.257}$$

mit

$$e(a) = \frac{\int_0^{h-a} y_1 E(y_1)\, b(y_1)\, dy_1}{\int_0^{h-a} E(y_1)\, b(y_1)\, dy_1} \tag{3.258}$$

und den Funktionen

$$B^*(a) = \int_{-e(a)}^{h-a} E(y) y^2\, b(y) dy \tag{3.259}$$

$$A^*(a) = \int_{-e(a)}^{h-a} E(y)\, b(y) dy \tag{3.260}$$

Bisher ist stets angenommen worden, daß die Eigenspannungen über die Stablänge l konstant sind. In der Praxis ist aber mit Fällen zu rechnen, wo das nicht zutrifft, insbesondere an den Rändern des Stabs. Unter dieser Bedingung ist auch mit dem Auftreten von Schubspannungen zu rechnen. Die Ableitung nachstehender Beziehungen erfolgte durch *Birger* und *Archipov* [3.119]. Die Normalspannungen ergeben sich zu

$$\left.\begin{aligned}\sigma(x;a) = -\frac{E}{6}\Bigg[&(h-a)^2\frac{\partial\lambda}{\partial a}(x;a) - 4(h-a)\lambda(x;a) + \\ &+ 2\int_0^a \lambda(x;\xi)\,d\xi\Bigg]\end{aligned}\right\} \quad (3.261)$$

und die Schubspannungen

$$\tau(x;a) = -\frac{E}{6}\left[(h-a)^2\frac{\partial\kappa}{\partial x}(x;a) - 2(h-a)\int_0^a \frac{\partial\kappa}{\partial x}(x;\xi)\,d\xi\right] \quad (3.262)$$

mit

$$d\kappa(x;a) = d\left[\frac{\partial^2 f}{\partial x^2}(x;a)\right] \quad (3.263)$$

Es ergibt sich also die Notwendigkeit, die Durchbiegung f auch in Abhängigkeit von der Ortskoordinate x zu messen (s. Bild 3.35). Dabei ist $\Delta x \ll h$ zu wählen.
Für den Fall, daß die Ausbiegung f über die Länge l konstant ist, wird

$$\kappa(x;a) = -\frac{8}{l^2}f(a) \quad (3.264)$$

und Gl. (3.261) geht in die Form der Gl. (3.220) über.
Bei $l \gg h$ kann der Einfluß der Schubspannungen vernachlässigt werden.
Wird bei Stäben mit unterschiedlichen Eigenspannungen in Längsrichtung nicht die Durchbiegung $f(a;\, x)$, sondern die Dehnung an der dem Abtrag gegenüberliegenden Seite gemessen, so gilt entsprechend Gl. (3.233):

$$\left.\begin{aligned}\sigma(x;a) = &-\frac{1}{2}E(h-a)\frac{\partial\varepsilon}{\partial a}(x;a) + 2E\varepsilon(x;a) - \\ &- 3E(h-a)\int_0^a \frac{\varepsilon(x;\xi)}{(h-\xi)^2}\,d\xi\end{aligned}\right\} \quad (3.265)$$

Für die Schubspannungen ergibt sich

$$\left.\begin{aligned} \tau(x;a) = -\frac{1}{2}E\Bigg[&(h-a)\frac{\partial\varepsilon}{\partial x}(x;a) - 3(h-a)^2 \times \\ &\times \int_0^a \frac{1}{(h-\text{o})^2}\frac{\partial\varepsilon}{\partial x}(x;\xi)\,d\xi\Bigg] \end{aligned}\right\} \quad (3.266)$$

Hat der Stab keinen Rechteckquerschnitt, sondern gemäß Bild 3.38 einen beliebigen Querschnitt, so gelten für die Messung der Durchbiegung $f(x;a)$ die Beziehungen

$$\left.\begin{aligned} \sigma(x;a) = -E\Bigg\{&\frac{I(a)}{b(a)\,(h-a-e(a))}\frac{\partial\kappa}{\partial a}(x;a) - \\ &-\int_0^a\left[h-a-e(\xi)+\frac{I(\xi)}{A(\xi)\,(h-\xi-e(\xi))}\right]\times \\ &\times\frac{\partial\kappa}{\partial\xi}(x;\xi)\,d\xi \end{aligned}\right\} \quad (3.267)$$

$$\left.\begin{aligned} \tau(x;a) = -&\int_0^a\frac{I(\xi)}{b(\xi)\,(h-\xi-e(\xi))}\frac{\partial}{\partial\xi}\left[\frac{\partial\kappa}{\partial x}(x,\xi)\right] - \\ &-\int_0^\xi\left[h-\xi-e(\xi_1)+\frac{I(\xi_1)}{A(\xi_1)\,(h-\xi_1-e(\xi_1))}\right]\times \\ &\times\frac{\partial}{\partial\xi_1}\left(\frac{\partial\kappa}{\partial x}(x;\xi_1)\,d\xi_1\right)d\xi \end{aligned}\right\} \quad (3.268)$$

Zur Erläuterung der Symbole sei auf die Erklärung zu der Gl. (3.241) verwiesen. ξ ist eine weitere laufende Koordinate. Bei Stäben mit Rechteckquerschnitt gehen die Gln. (3.267) und (3.268) unter Beachtung der Gln. (3.242), (3.243) und (3.244) in die Gln. (3.261) und (3.262) über.

Bei Messung der Dehnung ε auf der dem Abtrag gegenüberliegenden Seite ergibt sich bei beliebigem Querschnitt des Stabs

$$\left.\begin{aligned}\sigma(x;a) = -E\left[\frac{1}{b(a)\,\omega(a)}\frac{\partial\varepsilon}{\partial a}(x;a) + \varepsilon(x;a) - (h-a)\times\right.\\ \left.\times\int\limits_0^a \frac{h-\xi-e(\xi)}{I(\xi)\,\omega(\xi)}\frac{\partial\varepsilon}{\partial\xi}(x;\xi)\,d\xi\right]\end{aligned}\right\} \qquad (3.269)$$

$$\left.\begin{aligned}\tau(x;a) = -\int\limits_0^a \left\{\frac{1}{b(\xi)\,\omega(\xi)}\frac{\partial}{\partial\xi}\left[\frac{\partial\varepsilon}{\partial x}(x;\xi)\right] + \right.\\ + \frac{\partial\varepsilon}{\partial x}(x;\xi) - (h-\xi)\int\limits_0^\xi \frac{h-\xi_1-e(\xi_1)}{I(\xi_1)\,\omega(\xi_1)} + \\ \left. + \frac{\partial}{\partial\xi_1}\left[\frac{\partial}{\partial x}(x;\xi_1)\right]d\xi_1\right\}d\xi\end{aligned}\right\} \qquad (3.270)$$

mit

$$\omega(a) = \frac{h-a-e(a)}{I(a)}\,e(a) - \frac{1}{F(a)} \qquad (3.271)$$

$$\omega(\xi) = \frac{h-a-e(\xi)}{I(\xi)}\,e(\xi) - \frac{1}{F(\xi)} \qquad (3.272)$$

3.2.7.4.2. Messung an gekrümmten Blechen

Bisher wurden immer nur gerade Stäbe betrachtet. Liegt in einer Richtung eine Anfangskrümmung $K_0 = \frac{1}{\rho_0}$ vor, so ergibt sich nach *Aljuschin* u. a. [3.147] für *dünne Bleche* die Spannung in der Richtung, in der die Krümmung auftritt:

$$\left.\begin{aligned}\sigma(z) = -K\Bigg[&-2(h-a)^2\frac{1}{\rho^3}\cdot\frac{d\rho}{da}+\\&+E(h-a)\left(\frac{1}{\rho_0}-\frac{1}{\rho}\right)+\frac{1}{2}\int_0^a\frac{1}{\rho}\,da+\\&+\left(\frac{h}{2}-a\right)\frac{1}{\rho_0}-\frac{h-z}{2}\cdot\frac{1}{\rho}\Bigg]\end{aligned}\right\}\tag{3.273}$$

ρ_0 Anfangskrümmungsradius
ρ $\rho\,(a)$ Radius nach Entfernung der Schicht a
h Blechdicke

$$K = \frac{E}{12\,(1-\mu^2)}\tag{3.274}$$

Die Gleichung gilt für den Abtrag von der konkaven Seite her. Bei dem Ätzen von der konvexen Seite aus ist das Vorzeichen umzukehren. Die Beziehungen $\int_0^a \frac{1}{\rho}\,da$ und $\frac{d\rho}{da}$ werden aus der Kurve $\rho = f(a)$ als Fläche bzw. Anstieg ermittelt.
Ebenfalls für gekrümmte Bleche gilt eine Beziehung nach *Queener* u. a. [3.148]:

$$\left.\begin{aligned}\sigma = -\frac{E}{6\,(1-\mu^2)}\Bigg[&\left(\frac{h}{2}+y'\right)^2\frac{dP}{dy'}+\\&+4\left(\frac{h}{2}+y'\right)P-2\int_y^{h/2}P\,dy'\Bigg]\end{aligned}\right\}\tag{3.275}$$

h Blechdicke

y' Abstand der geätzten Schicht von der ursprünglichen neutralen Faser: $\frac{h}{2}-a$ und

$$P = \pm\left(\frac{1}{\rho_0}-\frac{1}{\rho}\right)\tag{3.276}$$

Das positive Vorzeichen gilt für das Ätzen von der konvexen Seite, das negative Vorzeichen für das Ätzen von der konkaven Seite her.

3.2.7.4.3. Verfahren nach *Stäblein*

Nachdem bisher die gut in der Praxis zur Eigenspannungsermittlung an Stäben brauchbaren Beziehungen von *Birger* dargelegt wurden, soll noch auf die ebenfalls in der Eigenspannungsanalyse verwendeten Beziehungen von *Stäblein* [3.120] eingegangen werden, wie sie z. B. in [3.16] dargelegt sind.
Danach ergeben sich die in der Längsrichtung konstanten Spannungen zu

$$\sigma(a) = \frac{E}{6}\left[a^2 \frac{dk}{da} + 4a(k-k_0) + 2k_0(h-a) - 2\int_a^h k\,da \right] \tag{3.277}$$

Die Symbole a und h entsprechen Bild 3.24. Anstelle der Durchbiegung f enthält diese Beziehung die Krümmung k, die mit der Durchbiegung f wie folgt zusammenhängt:

$$k = \frac{8f}{l^2} \tag{3.278}$$

Der Vorteil der Gleichung nach *Stäblein* besteht in der Erfassung einer Anfangskrümmung k_0, die bei $a = 0$ dem Stab aufgeprägt ist.
Wird anstelle der Ausbiegung die Dehnung ε an der dem Abtrag gegenüberliegenden Seite gemessen, so sind diese ineinander umzurechnen durch die einfache Beziehung

$$k = \pm\,\frac{2\varepsilon}{a} \tag{3.279}$$

Durch eine graphische Darstellung bzw. funktionale Beschreibung von $k = f(a)$ ist eine Ausmittelung über die Streuung der Meßwerte und eine Extrapolation über den nicht abgetragenen Restquerschnitt möglich.
Um den zeitaufwendigen Abtrag zu umgehen, der meist elektrolytisch erfolgt, wird von *Stäblein* ein Einsägen an der Seite vorgeschlagen, wo Druckeigenspannungen auftreten (s. Bild 3.39). Dabei soll $d \leqq 3\,t$ sein, um mindestens 95 % der Eigenspannungen auszulösen [3.16]. Mit zunehmender Einsägetiefe t kann damit die Zahl der Einsägungen verringert werden.
Für den Fall, daß die Eigenspannungen in Richtung der Längsachse des Stabes nicht konstant sind, haben *Klöppel* [3.121] und *Schönbach* [3.122] das Verfahren nach *Stäblein* weiterentwickelt. Dazu wird angenommen, daß die Eigenspannungen durch Eigen-

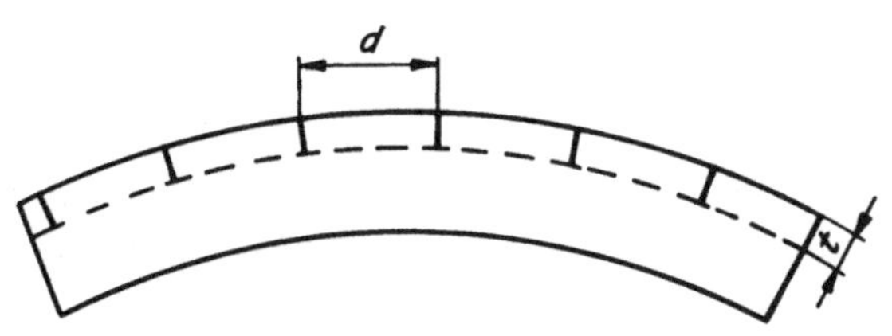

Bild 3.39. Vereinfachtes Biegepfeilverfahren durch Einsägen

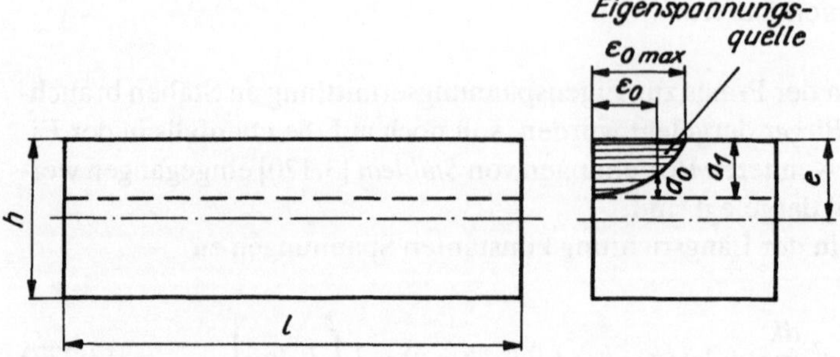

Bild 3.40. Eigenspannungen in einem Stab mit Eigenspannungsquelle

spannungsquellen hervorgerufen werden, deren Anfangsdehnung an der Staboberfläche ε_0 ist. Nimmt man diese als Stauchung an, so gilt im Bereich der Wirkung dieser Stauchung für einen Stab mit Rechteckquerschnitt nach Bild 3.40

$$\sigma_x = E\left\{\frac{S_0}{I}\,e + \frac{V_0}{A} - \varepsilon_0\right\} \tag{3.280}$$

Dabei bedeuten:
I äquatoriales Trägheitsmoment für einen Stab mit der Breite 1:

$$I = \frac{1\,h^3}{12} \tag{3.281}$$

Stabquerschnitt:

$$A = h - 1 \tag{3.282}$$

Fläche der Eigenspannungsquelle:

$$A_0 = \int_0^{a_1} \varepsilon_0\,da \tag{3.283}$$

Abstand des Schwerpunkts von der Oberfläche: e

Moment der Eigenspannungsquelle:

$$S_0 = \int_0^{a_1} \varepsilon_0\,dA_0 \cdot a_0 \tag{3.284}$$

Volumen der Eigenspannungsquelle:

$$V_0 = \int_0^{a_1} \varepsilon\,dA_0 \tag{3.285}$$

Die Gleichung (3.280) ist nur schwierig zu handhaben. Eine Umformung dieser Gleichung nach der Messung der Durchbiegung *f* ist nur für den Fall einer einfach symmetrischen Verteilung der Eigenspannungsquelle und gleichmäßiger plastischer Verformung auf der ganzen Stablänge sowie für prismatische Stäbe mit einfachem symmetrischem Querschnitt, wie Rechteck, Kreis, Doppel-T-Profil, publiziert.
Danach lassen sich die Eigenspannungen in dem jeweiligen Teilquerschnitt ermitteln, der nachfolgend abgetragen wird. Wegen der Kompliziertheit der Beziehungen sei auf die Literatur [3.121] verwiesen.
Für eine Anwendung der Eigenspannungsberechnung in Stäben unter anderen Bedingungen als Gl. (3.227) sind die Gln. nach *Birger* entsprechend Abschnitt 3.2.7.4.1. zu empfehlen, da sie wesentlich universeller und z. T. einfacher sind.

3.2.7.4.4. Summenverfahren

Dieses Verfahren eignet sich besonders für den schrittweisen oder kontinuierlichen Abtrag, wie er beim Angriff von Elektrolyten erfolgt. Dadurch lassen sich die entsprechenden Beziehungen auch leicht in ein Rechenprogramm fassen. *Gribowski* [3.139] hat für die Längseigenspannungen in prismatischen Stäben in einer Schicht *i* abgeleitet:

$$\sigma_{li} = \sigma_{li}' + \sigma_{li}'' + \sigma_{li}''' + \sigma_{li}'''' \qquad (3.286)$$

σ_{li}' Eigenspannungen, die durch die Bearbeitung bzw. Heraustrennung des Stabs erzeugt bzw. abgebaut werden; dieser Anteil wird in der Regel vernachlässigt
σ_{li}'' Eigenspannungen in der Schicht, die sich durch deren Abtrag ergeben
σ_{li}''' und σ_{li}'''' Eigenspannungen in der Schicht *i*, die sich durch die vor der Schicht *i* abgetragenen Schichten ergeben

$$\sigma_{li}'' = \frac{4\,E a_i^2\,\Delta l_i}{3\,ML^2(1-\mu)\,a_{i-1}\Delta a_i} \qquad (3.287)$$

$$\sigma_{li}''' = \frac{4\,E a_i\,l_{i-1}}{3\,ML^2(1-\mu)} \qquad (3.288)$$

$$\sigma_{li}'''' = \frac{\sum_{i=0}^{i-1} \sigma_{li}\,\Delta\,a_i}{a_{i-1}} \qquad (3.289)$$

a_i Dicke des prismatischen Stabs nach Abtrag der Schicht *i*
Δl_i Betrag der vertikalen Formänderungskurve während der Entfernung der Schicht *i*
M Vergrößerungsmaßstab der Anlage
L Länge, über die die Krümmung Δl gemessen wird, entspricht der Länge des Stabs, der zwischen zwei dünnen Kupferstreifen gespannt ist (Streifen werden angelötet und halten den Stab)
a_{i-1} Dicke des prismatischen Stabs vor Entfernung der Schicht *i*
Δa_i Dicke der untersuchten Schicht *i*

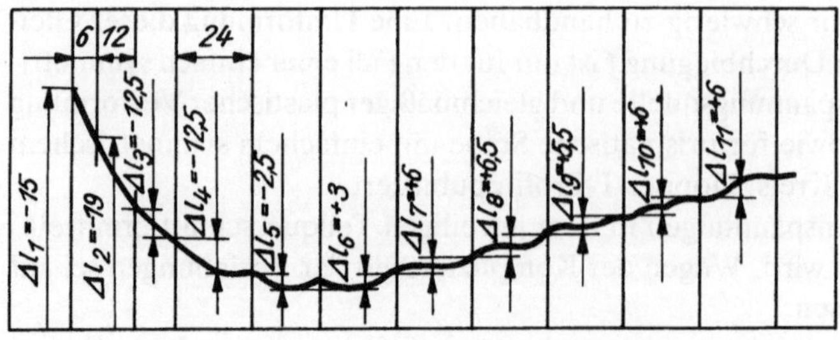

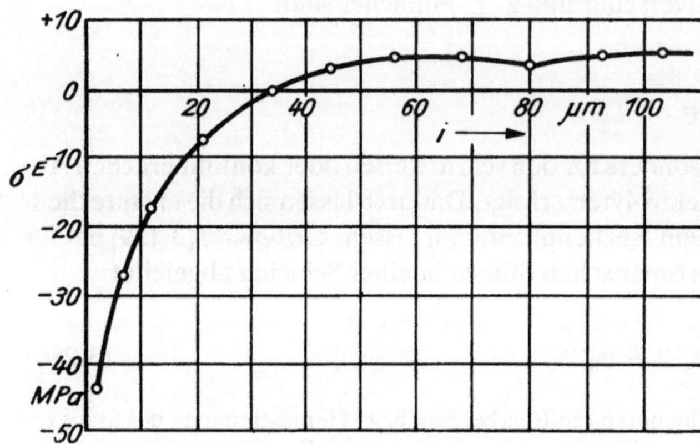

Bild 3.41. Formänderungskurve (oben) und errechnete Spannungen in dem Stab nach der Methode von *Gribowski* [3.139]

Änderung der Formänderungskurve in vertikaler Richtung während des fortschreitenden Abtrags der Schichten

$$l_{i-1} = \sum_{i=0}^{i-1} \Delta l_i \tag{3.290}$$

Bild 3.41 zeigt die Formänderungskurve mit den eingezeichneten Δl-Werten. Gemessen wird die aus der Durchbiegung in Stabmitte auftretende Formänderung des Stabs Δl. Dieses Verfahren mit den genannten Gleichungen wird auch für Stäbe angewendet, die nicht rein prismatisch sind, z. B. aus Turbinenschaufeln herausgetrennte stabförmige Teile. Auch Teile mit Anfangskrümmung sind zu messen, da nur die Formänderung Δl infolge Krümmungsänderung erfaßt wird. Die Messung der Formänderungen Δl erfolgt in vorgegebenen Zeitintervallen, wobei vorausgesetzt ist, daß der Abtrag proportional der Ätzzeit ist.

Bei dem Verfahren nach *Waisman* und *Philips* [3.144] wird ebenfalls die Durchbiegung gemessen. Auch hier setzt sich die Längseigenspannung in der Schicht *i* aus verschiedenen Anteilen zusammen:

$$\sigma_{li} = \sigma_{li}' + \sigma_{li}'' + \sigma_{li}''' \tag{3.291}$$

σ_{li}' die in der betrachteten Schicht abgebauten Spannungen infolge des Herausschneidens der Probe aus dem untersuchten Bauteil

σ_{li}'' die Spannungen, die mit der betrachteten Schicht gleichzeitig abgebaut werden

σ_{li}''' die in der betrachteten Schicht abgebauten Spannungen als Ergebnis aller vorher abgeätzten Schichten

$$\sigma_{li}' = \frac{2\,CE}{l^2} f_0 (a_i - 0{,}5\,h) \tag{3.292}$$

$$\sigma_{li}'' = \frac{CE}{3\,l^2} a_i^2 \frac{f_i - f_{i-1}}{a_i - a_{i-1}} \tag{3.293}$$

$$\sigma_{li}''' = \frac{2\,CE}{l^2} \left[a_i (f_i - f_0) - \frac{1}{3} \sum_{i=0}^{n} a_i (f_i - f_{i-1}) \right] \tag{3.294}$$

f_0 Ausgangsdurchbiegung

f_i Durchbiegung nach Wegnahme der Schicht i

a_i Abstand der Meßoberfläche von der Mitte des Stabs

$2l$ Meßlänge, über der f ermittelt wird

l Probendicke

C Faktor, der den Maßstab der Anlage und ggf. die Probenbefestigung berücksichtigt

3.2.7.4.5. Vereinfachte Verfahren

Sie haben meist nur zum Ziel, qualitativ einzuschätzen, ob große Eigenspannungen vorhanden sind, um dann mit präziseren Verfahren die Verteilung quantitativ zu erfassen. Wird ein Stab in der Mitte aufgeschlitzt, so bewirkt dies im Fall von Zugeigenspannungen auf der Ober- und Unterseite sowie Druckeigenspannungen im Kern ein Aufklaffen f. Bei linearer Eigenspannungsverteilung ergibt sich für den Rand (Bild 3.42)

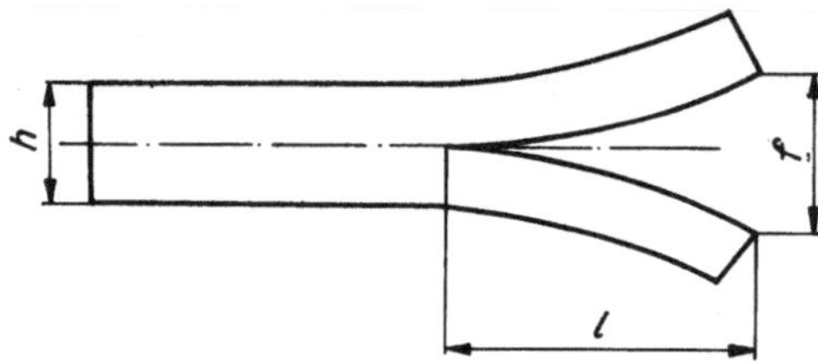

Bild 3.42. Schlitzen eines Stabes

$$\sigma_R = \frac{Ehf}{2l^2} \tag{3.295}$$

und für den Kern

$$\sigma_K = -\sigma_R \tag{3.296}$$

Durch das Schlitzen werden die Eigenspannungen nur z. T. abgebaut.
Es wird empfohlen, daß $l > 5\,h$ ist. Diese Breite des Schlitzes kann das Ergebnis stark beeinflussen, da bei einem Stab mit kleinem Durchmesser die Schwächung des Kernquerschnitts prozentual größer ist als bei Stäben mit größerem Durchmesser. Es werden dadurch größere Randspannungen vorgetäuscht [3.88].

3.2.7.4.6. Verbundwerkstoffe infolge Beschichtung

Die Eigenspannungsmessung an *Verbundwerkstoffen* spielt vor allem bei *galvanischen Schichten* eine große Rolle. Im Gegensatz zu den bisherigen Verfahren mißt man vielfach nicht den Eigenspannungsabbau durch Abtrag, sondern den Eigenspannungsaufbau durch das Abscheiden von Schichten.
In der Praxis haben sich mehrere mechanische Meßmethoden durchgesetzt [3.123]. Relativ einfach ist das Verfahren nach *Stoney* [3.127], bei dem als Katode ein einseitig außerhalb des Bads eingespannter Metallstreifen einseitig beschichtet wird, indem die andere Seite isoliert wird. Aus der Biegung kann auf die Spannung in der galvanischen Schicht geschlossen werden [3.16]. Die Längseigenspannung in der Schicht ergibt sich zu

$$\sigma_{IS} = \frac{4\,E}{3}\,\frac{(d_0 + h)^3}{d_0\,h l^2}\,f \tag{3.297}$$

d_0 Dicke des Grundwerkstoffs
h Schichtdicke
l Streifenlänge
f Durchbiegung des Streifens in der Mitte

Mißt man die Dehnung ε auf der isolierten Seite, so ist folgende Gleichung heranzuziehen [3.16]:

$$\sigma_{IS} = \frac{E\,d_0}{3\,h}\,\varepsilon \tag{3.298}$$

Für den Fall, daß der Streifen beim Galvanisieren fest eingespannt ist und sich erst nach dem Galvanisieren beim Lösen der Einspannung durchbiegt, ergibt sich nach *Spähn* [3.124] aus der Überlagerung von Biege- und konstanten Längseigenspannungen

$$\sigma_{IS} = \frac{E\,(d_0 + h)^3}{3\,h\,d_0\,l^2}\,f \tag{3.299}$$

bzw.

$$\sigma_{IS} = \frac{E(d_0 + l^2)}{3hd_0}\,\varepsilon \tag{3.300}$$

Die Symbole entsprechen den aufgeführten Gln., die Durchbiegung f wird jedoch am Stabende gemessen. In den Fällen der Gültigkeit der Gln. (3.297) bis (3.299) ist einschränkend vorausgesetzt, daß Grund- und Deckwerkstoff den gleichen Elastizitätsmodul besitzen. Während bisher nur die Spannungen als Mittelwerte zu berechnen sind, kann man für das Errechnen über die Dicke die in den Abschnitten 3.2.7.4.1. und 3.2.7.4.2. beschriebenen Methoden bei laufender Messung von f oder ε anwenden.
Für sehr dünne Schichten (Folien) mit einem Verhältnis $d_0/h > 100$ wird auch folgende Beziehung nach *Stoin* angegeben [3.179]:

$$\sigma_{IS} = \frac{E\,d_0^2}{6(1-\mu)\rho h} \tag{3.301}$$

wobei ρ der Krümmungsradius der Unterlage nach Aufbringen der Folie bedeutet. Dazu wird auch eine optische Meßvorrichtung vorgestellt.
Eine Unzulänglichkeit beim Messen der Durchbiegung galvanischer Überzüge besteht auch darin, daß dadurch Veränderungen in der Schicht erfolgen bzw. bei dicken Trägermetallen gar keine Verformung mehr erfolgen kann. Deshalb wird in [3.125] die Messung der Rückstellkraft F empfohlen, die eine Biegung verhindert. Für eine Grundwerkstoffdicke d_0, eine Schichtdicke h und eine Stablänge l sowie eine Stabbreite b ergibt sich

$$\sigma_{IS} = \frac{4Fl}{3bhd_0} \tag{3.302}$$

wenn die Rückstellkraft am Ende der Stablänge angreift. Bei der Ableitung dieser Beziehung ist berücksichtigt, daß zwar das vom Überzug verursachte Biegemoment an jedem Punkt der Länge des Streifens gleich ist, doch das von der Rückstellkraft verursachte Biegemoment ist proportional dem Abstand zum Punkt des Angriffs der Kraft, so daß doch ein geringes Biegen des Streifens eintritt.
Relativ einfach ist auch die Spannungsmessung mit dem *»Internal-Stress-Meter«* (IS-Meter) nach der sog. *Streifendehnungsmethode* [3.126]. Beim Beschichten der Vorder- und Rückseite eines Streifens entsteht eine Längskraft, die eine Deformation Δl des Streifens in Längsrichtung bewirkt (Bild 3.43). Es gilt die Beziehung

$$\sigma_{IS} = \frac{E_S d_0 \Delta l}{2lh} \tag{3.303}$$

Es ist der E-Modul der Schicht, der gesondert ermittelt wird. Die übrigen Symbole entsprechen Gl. (3.297). Der Vorteil dieser Methode besteht darin, daß der E-Modul des Grundwerkstoffs nicht bekannt sein muß. Die beidseitige Beschichtung, die weniger Verspannungen hervorruft, entspricht den Verhältnissen der Praxis. Die Verlänge-

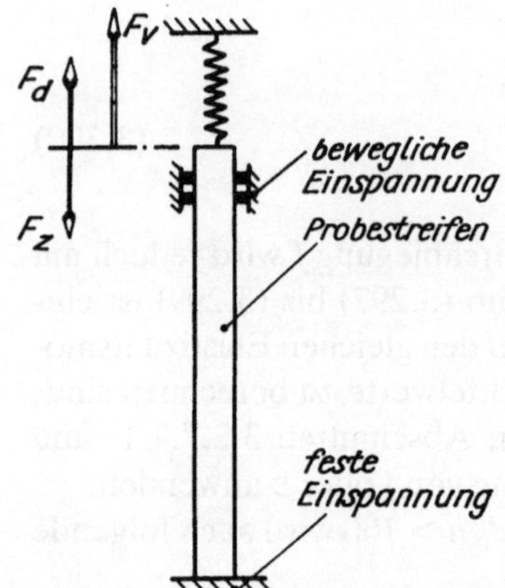

Bild 3.43. Schematische Darstellung der auf einen Probestreifen wirkenden Kräfte infolge galvanischer Beschichtung auf beiden Seiten (nach [3.123])

F_d Kraft bei Druckspannung; F Kraft bei Zugspannung; F_v Vorspannkraft

rungsmessung läßt sich leicht über Aufnehmer und Schreiber nach dem Dilatometerprinzip kontinuierlich und automatisch gestalten [3.178]. In einer Erweiterung der Methode nach *Wagner* [3.128] lassen sich die Abscheidungseigenspannungen einer Schicht mit i Elementen wie folgt berechnen:

$$\sigma_{\mathrm{Ii}}{}' = E_{\mathrm{S}} \frac{\Delta l_{\mathrm{i}}}{l_{\mathrm{i}}\, \delta_{\mathrm{i}}} \left(\frac{E_{\mathrm{G}}}{E_{\mathrm{S}}}\, d_0 + h_{\mathrm{i}} \right) \tag{3.304}$$

Der Index i bezieht die jeweiligen Größen auf die Schicht i; δ_{i} ist die Dicke eines Schichtelements; E_{G} ist der E-Modul des Grundwerkstoffs.

Die nach beendeter Abscheidung in den jeweiligen Elementen wirkenden Eigenspannungen setzen sich aus Abscheidungseigenspannungen und Eigenspannungen, die durch die im betrachteten Element bis zum Aufbau der ganzen Schicht h hervorgerufen werden, zusammen. Diese Eigenspannungen nach der Abscheidungen in den jeweiligen Schichten ergeben das Eigenspannungsprofil. Für eine Schicht mit i Elementen ergibt sich

$$\sigma_{\mathrm{Iji}} = \sigma_{\mathrm{Ij}}{}' + E_{\mathrm{S}} \sum_{k=j}^{i} \frac{\Delta l_{\mathrm{k}}}{l_{\mathrm{k}}} \tag{3.305}$$

mit $j = 1, \ldots, i$, d. h., i ist das zuletzt abgeschiedene Element, j kennzeichnet die vorher abgeschiedenen Schichten.

Die mittlere Eigenspannung einer Gesamtschicht h mit i Elementen ist

$$\overline{\sigma_{\mathrm{IS}}} = \frac{1}{h} \sum_{k=j}^{i} \sigma_{\mathrm{Iji}} \cdot \delta_{\mathrm{j}} \tag{3.306}$$

Stimmen Badtemperatur und Temperatur der Umgebung, in der der als Meßkatode benutzte Streifen nach dem Herausnehmen liegt, nicht überein, so rufen die Temperaturänderungen $\Delta\,\vartheta$ zusätzlich Eigenspannungen hervor. Die zusätzlichen Spannungen $\sigma_{\mathrm{I}\vartheta\mathrm{S}}$ in der Schicht sind

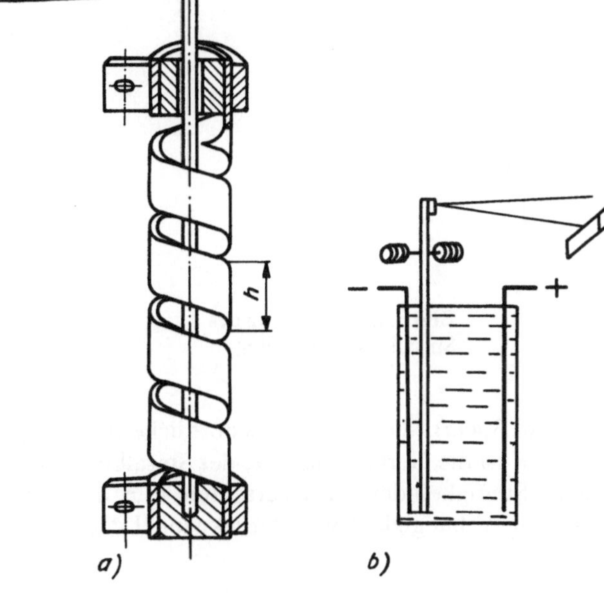

Bild 3.44. Spiralkontraktometer (nach [3.131])
a) Schema des Geräts
b) Einbau des Geräts im elektrolytischen Bad

$$\sigma_{l\vartheta S} = E_S \frac{\Delta - 1}{\frac{E_S}{E_G}\,\frac{h}{d_0} + 1}, \tag{3.307}$$

mit

$$\Delta = \frac{1 + \alpha_G \Delta\vartheta}{1 + \alpha_S \Delta\vartheta} \tag{3.308}$$

wobei α_G und α_S die Temperaturkoeffizienten der Längenänderung für Grundwerkstoff und Deckschicht sind. Gegebenenfalls sind also die Ergebnisse der Gln. (3.306) und (3.307) zu überlagern. Eine ausführliche Beschreibung der Meßanlage ist in [3.130] zu finden.

Häufig wird in der *Galvanik* zur Ermittlung von Eigenspannungen das *Spiralkontraktometer* nach *Bremer* und *Senderoff* verwendet [3.129]. Die Probe besteht aus dünnem Blech, das zu einem Spiralband geformt wird. Bei einseitigem Abscheiden einer Schicht dreht sich die Spirale. Bild 3.44 zeigt schematisch das Spiralkontraktometer und seine Anordnung in einem galvanischen Bad. Die Drehung der Spirale wird über ein Getriebe auf einen Zeiger übertragen. Um die Meßunsicherheit zu verringern, ist das Übertragungsverhältnis groß zu wählen.

Die Längseigenspannungen in der Schicht sind nach [3.131]

$$\sigma_{lS} = K \frac{2\varphi}{b\,d_0\,h}\left(1 + \frac{h}{d_0}\right) \tag{3.309}$$

φ Drehwinkel
K Konstante in N · mm

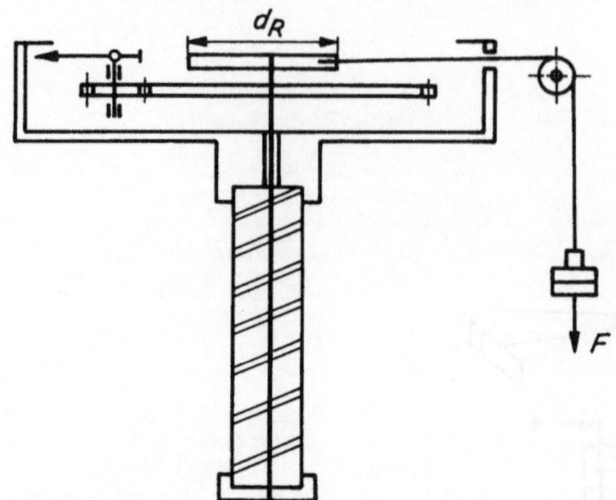

Bild 3.45. Belastung des Spiralkontraktometers

Die Werte für die Bandbreite b (s. Bild 3.44*a*), die Grundwerkstoffdicke d_0 und die Schichtdicke h sind in mm einzusetzen. K ist die Gerätekonstante des Spiralkontraktometers. Sie wird durch die Messung der Steifigkeit der Spirale ermittelt, d. h. durch die Aufnahme der Funktion Belastung G in Abhängigkeit vom Druckwinkel φ entsprechend Bild 3.45. Aus der Beziehung

$$\varphi \cdot K = F \frac{d_R}{2} \tag{3.310}$$

läßt sich K als Anstieg der Geraden $\alpha = f(F)$ ermitteln (d_R – Raddurchmesser). Da sich die Dicke und Breite der Spirale beim Abscheiden nicht wesentlich ändern, kann in Gl. (3.309) das Glied $\frac{2K}{b\,d_0}$ als konstant angesehen und dafür eine Konstante K' des Spiralkontraktometers eingeführt werden:

$$K' = \frac{2K}{b\,d_0} \tag{3.311}$$

Da der Summand $\frac{h}{d_0}$ in Gl. (3.309) als klein angesehen werden kann (praktisch ist $0 < \frac{h}{d_0} < 0{,}1$), wird anstelle Gl. (3.309) oft folgende Näherung zugrunde gelegt für Schichtdicken bis 30 μm [3.172]:

$$\sigma_{IS} \approx K' \frac{\varphi}{h} \tag{3.312}$$

Nach *Orth* [3.173] entwickelte *Faiss* eine Gl., die die unterschiedlichen Elastizitätsmoduln vom Grundwerkstoff bzw. Spiralenwerkstoff E_1 und Überzugswerkstoff E_2 berücksichtigt.

$$\left.\begin{aligned} \sigma_{\mathrm{IS}} = K\varphi \, \frac{d_0 + h}{d_0 h} \Bigg[1 + \frac{E_2 - E_1}{E_1} \, \frac{h}{h + d_0} - \\ - \frac{14}{3} \, \frac{E_2 - E_1}{E} \left(\frac{h}{h + d_0} \right)^2 \Bigg] \end{aligned} \right\} \qquad (3.313)$$

Bei kleinen Schichtdicken soll der Unterschied der Werte nach Gl. (3.309) und Gl. (3.313) nur etwa 0,1 % betragen. Er beträgt aber bei 40 μm Nickelschicht schon 2 % [3.173].

Wagner hat ebenso wie für das IS-Meter (s. Gln. (3.304) bis (3.306)) Gleichungen zur Ermittlung der Abscheidespannungen, des Eigenspannungsprofils in der Schicht und der mittleren Eigenspannungen abgeleitet [3.128], die jedoch kompliziert sind und sicher nur Sonderfällen vorbehalten sein werden, so daß auf ihre Wiedergabe hier verzichtet wird.

Vergleicht man das Spiralkontraktometer mit dem IS-Meter, so zeichnet sich das erstgenannte Gerät dadurch aus, daß größere Formänderungen auftreten und damit robuste mechanische Meßwertaufnehmer einsetzbar sind. Die größere Reibung, die sich dadurch im Vergleich zum IS-Meter ergibt, erhöht aber die Meßunsicherheit.

Neben diesen Verfahren wird auch in der Galvanotechnik die sog. »Waage« angewandt, die von *Hoar* und *Arrowsmith* [3.174, 3.171] entwickelt wurde. Scheidet sich auf einem Metallstreifen einseitig eine Schicht ab, so entsteht eine Krümmung des Streifens, wie man sie z. B. mit dem Spiralkontraktometer mißt. Es ist aber auch möglich, den Streifen in seinen vorangegangenen verspannten Zustand zurückzudrücken und die dabei benötigte Kraft zu messen. Die Kraft F wird z. B. mittels einer Spule, die sich in einem starken Magnetfeld befindet, aufgebracht. Zwischen Spule und Metallstreifen befindet sich ein Übertragungsglied, z. B. eine Glasnadel, durch deren Bewegung ein Kontakt geschlossen wird. Auch der Übergangswiderstand der Kontaktstelle ist meßbar. Die Einrichtung wird justiert, indem anstelle des Metallstreifens eine Waage benutzt wird [3.171], um z. B. die Schichtdicke in Zeiteinheiten zu kalibrieren.

Die Spannungen ergeben sich zu

$$\sigma_{\mathrm{IS}} = \frac{2 F l k}{d_0 h b} \qquad (3.314)$$

l galvanisierte Länge des Streifens
b galvanisierte Breite des Streifens
k Korrekturfaktor

Diese Gleichung wird aber auch modifiziert, indem der Spannungsrelaxation Rechnung getragen wird [3.175]. Die Unsicherheit der Meßergebnisse dieser Methode wird mit $\pm$ 10 % angegeben [3.171].

Alle genannten Verfahren ermitteln nur Längseigenspannungen auf Streifen. Dadurch sind z. B. leicht Prüfungen der galvanischen Bäder möglich. Will man jedoch die Eigenspannungen in Schichten auf realen Bauteilen ermitteln, so müssen die Abtragverfahren in anderen Abschnitten oder andere Verfahren, wie röntgenographische Verfahren oder Härtemessung, eingesetzt werden.

Analog zum Biegestreifen nach Gl. (3.297) erfolgt auch die Eigenspannungsmessung in Emailschichten, die als Verfahren nach *Steger* [3.132] bekannt ist. Ein einseitig emaillierter Prüfstab, der an einem Ende in einer Halterung fest eingespannt ist, wird in einem Ofen aufgeheizt. Die infolge der Temperaturänderung entstehende Biegung ist ein Maß für die Eigenspannungen (s. Gl. (3.297) bzw. (3.299)). Die Stäbe sind im allgemeinen 260 mm lang und 15 bis 20 mm breit. Die Dicke beträgt 6 mm, in der Mitte, d. h. auf einer Länge von 80 mm, nur 3 mm, um den Einfluß der nicht emaillierten Stabenden zu eliminieren. Neuerdings wird eine Widerstandserwärmung des Stabs von 1 mm Dicke empfohlen, wobei die nicht emaillierten Randgebiete ggf. durch Sicken versteift werden, um ihren Einfluß bei der Durchbiegung zu beseitigen [3.132].

3.2.7.5. Platten

3.2.7.5.1. Verfahren des Heraustrennens von Streifen

Bei den *Platten* bzw. *Blechen* wird angenommen, daß entsprechend Bild 3.46 in einer Schicht senkrecht zur z-Richtung konstante Spannungen in den Richtungen x und y wirken, über die Dicke h der Platte veränderliche Spannungen. In z-Richtung sollen keine Spannungen wirken. σ_x und σ_y sollen Hauptspannungen sein, so daß Schubspannungen fehlen. Für die Gleichungen zur Eigenspannungsmessung in Platten sind verschiedene Ableitungen publiziert worden. Am bekanntesten sind die Ableitungen z. B. von *Treuting* und *Read* [3.134] sowie *Leaf* [3.135]. Nachfolgend soll analog zu den Ausführungen über Stäbe das Verfahren nach *Birger* gewählt werden [3.84]. Dazu schneidet man einen Streifen gemäß Bild 3.46 heraus, auf den dann die Eigenspannungen über eine äußere Belastung wirken als $\sigma_{x\delta}$ mit der Verformung $\varepsilon_{x\delta}$; seitlich soll die Spannung-σ_y angreifen:

$$\varepsilon_{x\delta} = \frac{1}{E}\,(\sigma_{x\delta} + \mu\sigma_y) \tag{3.315}$$

bzw.

$$\varepsilon_{x\delta} = \frac{1}{E}\,\sigma_{y\delta} + a\vartheta \tag{3.316}$$

d. h., die Dehnung, die der 2. Summand ausdrückt, wird als Deformation infolge eines Temperaturunterschieds ϑ mit den thermischen Ausdehnungskoeffizienten a betrachtet:

$$\frac{\mu}{E}\,\sigma_y = a\,\vartheta \tag{3.317}$$

Danach ergibt sich für den Stab aus der Theorie der Thermoverformung [3.90]:

$$\sigma_{x\delta} = \frac{\mu}{A}\int_A \sigma_y\,dA + \frac{\mu z}{I_y}\int_A z\sigma_y\,dA - \mu\sigma_y \tag{3.318}$$

wobei A die Querschnittsfläche ist.

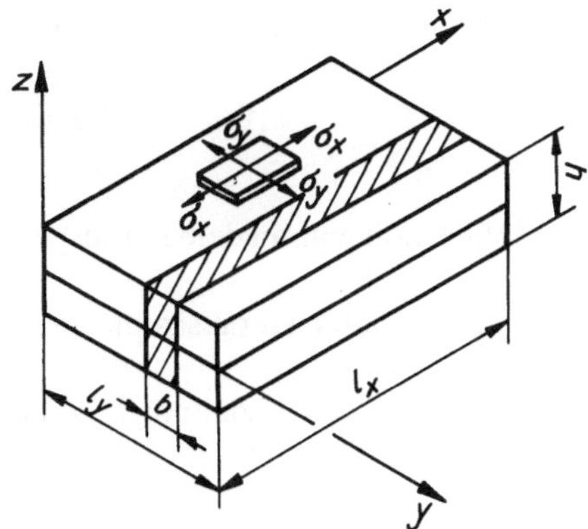

Bild 3.46. Spannungen in einer Platte; Streifenmethoden

Für einen Querschnitt der Platte bei $y = \text{const}$ gilt für den Querschnitt $A_1 = h \cdot l_x$

$$\int_A \sigma_y \, d A_1 = 0 \tag{3.319}$$

$$\int_A z \, \sigma_y \, d A_1 = 0 \tag{3.320}$$

und damit für den Fall, daß σ_y über l_x konstant ist

$$\int_{A_1} \sigma_y \, d A_1 = \frac{l_x}{b} \int_A \sigma_y \, d A = 0 \tag{3.321}$$

$$\int_{A_1} z \, \sigma_y \, d A_1 = \frac{l_x}{b} \int_A z \, \sigma_y \, d A = 0 \tag{3.322}$$

Da die Poissonsche Konstante μ im Stab überall gleich ist, wird

$$\sigma_{x\delta} = - \mu \, \sigma_y \tag{3.323}$$

Somit ergeben sich die Eigenspannungen im Stab zu

$$\sigma_{xn} = \sigma_x + \sigma_{x\delta} = \sigma_x - \mu \, \sigma_y \tag{3.324}$$

Zieht man die Gl. (3.220) hinzu für die Spannungen im Stab n bei Messung der Durchbiegung f, ergibt sich

$$\sigma_{xn}(a) = \frac{4}{3 l^2} \left[(h-a)^2 \frac{df}{da}(a) - 4 (h-a) f(a) + 2 \int_0^a f(\xi) \, d\xi \right] \tag{3.325}$$

Für den Fall, daß $\sigma_x = \sigma_y$, wie er bei vielen Oberflächenschichten etwa erfüllt ist, wird

$$\sigma_x = \frac{\sigma_{xn}}{1-\mu} \tag{3.326}$$

d. h., für Stahl sind die Spannungen σ_x in der Platte 1,43fach höher als in dem herausgetrennten Streifen.
Im allgemeinen Fall, daß $\sigma_x \neq \sigma_y$, so wird σ_{yn} ganz analog zu σ_{xn} durch Heraustrennen eines Streifens parallel zur y-Richtung ermittelt.
Die Spannungen σ_x und σ_y ergeben sich dann mittels der elementaren Beziehung für den ebenen Spannungszustand zu

$$\sigma_x = \frac{1}{1-\mu^2}(\sigma_{xn} + \mu\,\sigma_{yn}) \tag{3.327}$$

$$\sigma_y = \frac{1}{1-\mu^2}(\sigma_{yn} + \mu\,\sigma_{xn}) \tag{3.328}$$

Analog sind die Beziehungen von *Leaf* [3.134].

3.2.7.5.2. Verfahren des schichtweisen Abtrags

Bei diesem Verfahren, das von *Treuting* und *Read* [3.13, 3.61] beschrieben wird, werden Schichten der Platte über ihre gesamte Ebene gleichmäßig abgetragen, wobei wieder angenommen wird, daß die Spannungen in der x-y-Ebene an allen Punkten gleich sind. Dazu wird die Platte zweckmäßig mit einem Plastkleber auf eine biegesteife Unterlage geklebt. Dann erfolgt ein schichtweises gleichmäßiges Abtragen, meist durch Ätzen. Nach jedem Abtrag wird die Messung der Durchbiegung f_x in x-Richtung und f_y in y-Richtung bzw. des Krümmungsradius r_x in x-Richtung und r_y in y-Richtung durchgeführt (Bild 3.47). Dazu wird die Platte von der Unterlage vorher gelöst, z. B. durch vorsichtiges Erwärmen des Klebers.
Es gelten die Beziehungen:

$$r_x = \frac{l^2}{8 f_x} \tag{3.329}$$

$$r_y = \frac{l^2}{8 f_y} \tag{3.330}$$

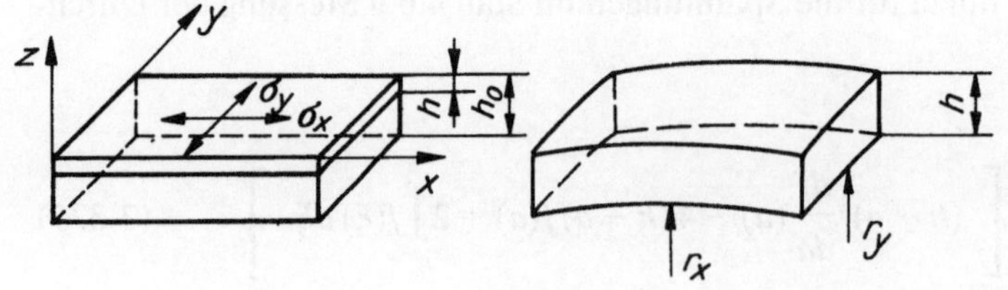

Bild 3.47. Spannungsermittlung in einer Platte durch schichtweisen Abtrag

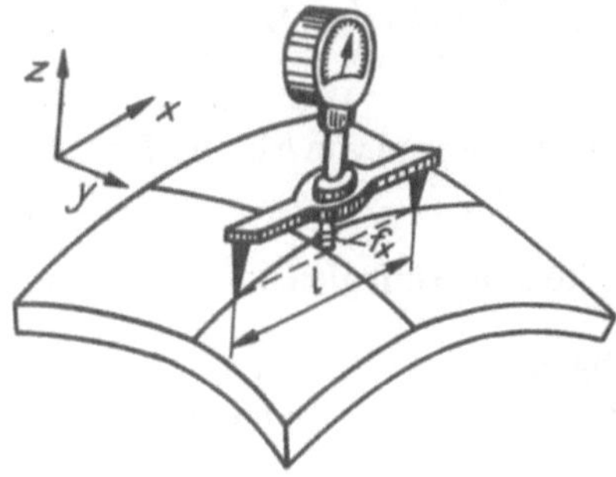

Bild 3.48. Messung der Plattendurchbiegung (in x-Richtung) (nach [3.93])

mit

$$l_x = l_y = l$$

Entsprechend der Beziehung

$$r = \frac{h}{2\varepsilon} \tag{3.331}$$

sind auch die Dehnungen an der Plattenunterseite anstelle des Biegeradius bzw. der Durchbiegung zu messen. Die Messung der Durchbiegung zeigt Bild 3.48.
Es gilt für die Spannungen in x-Richtung an der Stelle $z = h$

$$\sigma_x = -\frac{E}{6(1-\mu^2)}\left[(h_o + h)^2 \frac{dR_x^*}{dh} + 4(h_o + h) R_x^* - 2\int_h^{h_0} R_x^* \, dh\right] \tag{3.332}$$

und in y-Richtung

$$\sigma_y = -\frac{E}{6(1-\mu^2)}\left[(h_o + h)^2 \frac{dR_y^*}{dh} + 4(h_o + h) R_y^* + \int_h^{h_0} R_y^* \, dh\right] \tag{3.333}$$

mit

$$R_x^* = \frac{1}{r_x} + \frac{\mu}{r_y} \tag{3.334}$$

$$R_y^* = \frac{1}{r_y} + \frac{\mu}{r_x} \tag{3.335}$$

Man trägt nach [3.61] zweckmäßig R_x bzw. R_y über f auf und ermittelt z. B. $\frac{dR_x}{dh}$ als Kurvenanstieg und $\int_h^{h_0} R_x \, dh$ als Fläche unter der Kurve in den Grenzen von h bis h_0. Der Abtrag erfolgt bis $\frac{h}{2}$. Für die zweite Hälfte wird eine zweite Platte mit gleichen Eigenspannungen genommen, die von der anderen Seite aus abgetragen wird.
In Erweiterung des Verfahrens von *Stäblein* (s. Abschnitt 3.2.7.4.3.) kann für Platten geschrieben werden [3.3]:

$$\left.\begin{aligned}\sigma_y = \frac{E}{6(1-\mu^2)} \Bigg\{ & a^2 \frac{d}{da} [k_z(a) + \mu k_y(a)] + \\ & + 4a [k_x(a) + \mu k_y(a)] - 2 \int_a^h [k_x(a) + \mu k_y(a)] \, da \Bigg\} \end{aligned}\right\} \tag{3.336}$$

$$\left.\begin{aligned}\sigma_x = \frac{E}{6(1-\mu^2)} \Bigg\{ & a^2 \frac{d}{da} [k_y(a) + \mu k_x(a)] + \\ & + 4a [k_y(a) + \mu k_x(a)] - 2 \int_a^h [k_y(z) + \mu k_x(z)] \, dz \Bigg\} \end{aligned}\right\} \tag{3.337}$$

Zur Krümmungsmessung k_x in x-Richtung und k_y in y-Richtung sei auf die Ausführungen im Abschnitt 3.2.7.4.3. verwiesen.
In [3.3] wird über eine Messung der Plattendeformation mittels holographischer Interferometrie berichtet.
Für eine Platte, die aus isotropen Teilplatten mit unterschiedlichen elastischen Konstanten besteht, werden in [3.135] in Weiterentwicklung der Gln. (3.270) und (3.271) umfangreiche Beziehungen abgeleitet, so daß auf deren Darlegung verzichtet werden kann.

3.2.7.5.3. Vereinfachte Verfahren

Von *Jankowski* [3.136] wird für nicht zu dünne Platten (z. B. 10 mm Dicke) ein Verfahren angegeben, das auch die Ermittlung von unterschiedlichen Spannungen σ_x und σ_y in der x-y-Ebene und in Abhängigkeit von der z-Richtung erlaubt. Dazu werden von der Ober- und Unterseite der Platte Sacklochbohrungen von etwa 7 mm Durchmesser eingebracht. Durch die Wahl optimaler Bearbeitungsparameter sind die Bearbeitungsspannungen zu minimieren. Damit bleiben die Eigenspannungen in den Stegen zwischen den Bohrungen etwa erhalten. Werden die Stege mit Dehnmeßstreifen, z. B. Dehnmeßketten, beklebt, so sind nach dem vollständigen Zerlegen die Eigenspannungen aus den Dehnungen der Stege zu ermitteln. Werden an mehreren Proben mit gleichen Eigenspannungszuständen Stege durch Bohrungen in unterschiedlichen Tiefen herausgearbeitet, so erhält man nach dem Freilegen der Stege die Eigenspannungsver-

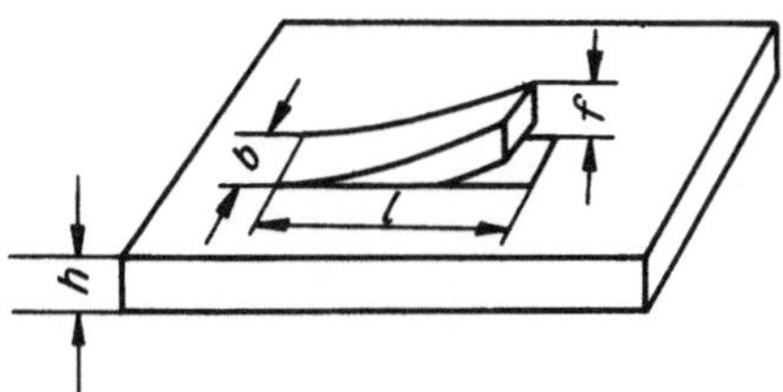

Bild 3.49. Einschneideverfahren für Platten

teilung über die Dicke der Platte. Der Abstand der Bohrungen vom Plattenrand und untereinander soll etwa dem vierfachen Bohrungsdurchmesser entsprechen. Als Übersichtverfahren kann bei Platten das Einschneideverfahren (Bild 3.49) angewendet werden.

Für den Fall einer linearen, einachsigen Eigenspannungsverteilung ergibt sich nach [3.16] beim Schlitzen einer Zunge mit der Länge l und der Breite b aus der Durchbiegung f die Spannung zu

$$\sigma = \frac{Ehf}{l^2} \tag{3.338}$$

Als Schnellmethode eignet sich auch das Herausschneiden von Stäben in x- und y-Richtung entsprechend Bild 3.46 (Stab in x-Richtung). Aus Messung der dabei entstehenden Dehnungen in x- bzw. y-Richtung der jeweiligen Stäbe erhält man

$$\sigma_x = \frac{E}{1-\mu^2}(\varepsilon_x + \mu\varepsilon_y) \tag{3.339}$$

$$\sigma_y = \frac{E}{1-\mu^2}(\varepsilon_y + \mu\varepsilon_x) \tag{3.340}$$

3.3. Härtemessung

3.3.1. Einfluß der Spannungen auf die Härte

Die Härtemessung findet in der Technik vielfältige Anwendung – auch zur empirischen Ermittlung anderer Werkstoffkennwerte [3.151] –, so daß der Gedanke einer Spannungsermittlung mit Hilfe der *Härtemessung* naheliegt, zumal der Härteeindruck keine Werkstoffzerstörung, sondern nur eine mehr oder weniger bedeutsame Beschädigung hervorruft. In qualitativer Abschätzung, unter Verwendung sowohl der Misesschen als auch der Hauptschubspannungshypothese, wird in [3.152] verallgemeinert, daß Zug-

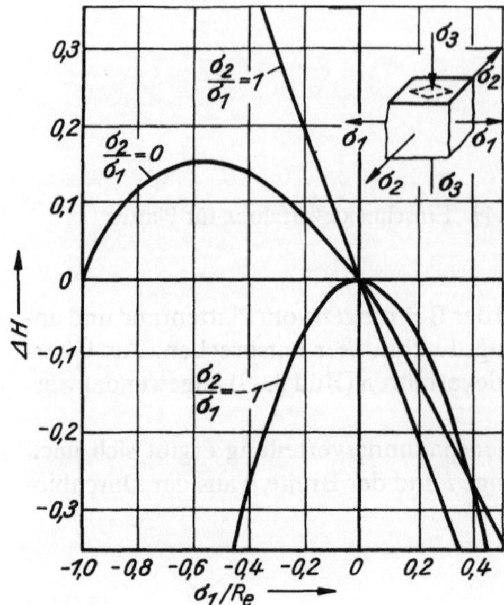

Bild 3.50. Zusammenhang zwischen bezogenen Härteänderungen und bezogenen Spannungen für drei ausgezeichnete Spannungszustände (nach [3.156])

spannungen die Härte proportional verringern, während von Druckspannungen kein wesentlicher Einfluß auf die Härte zu erwarten ist. Mit gleichen Überlegungen wird in [3.153] bei der Betrachtung des Einflusses von Spannungen auf den Beginn der ersten plastischen Deformation gearbeitet, wenn eine Kugel auf eine Ebene gedrückt wird. In [3.154] wird ebenfalls unter Verwendung einer Kombination von Kugel und Ebene der Einfluß von Spannungen auf die Härte diskutiert. Es konnte gezeigt werden, daß im Ergebnis der Überlagerung der durch die Kugel eingeleiteten Druckspannungen mit Zugeigenspannungen die resultierenden Schubspannungen im Werkstoff vergrößert werden. Dadurch können weitere Bereiche unterhalb des Eindringkörpers durch Überschreiten der kritischen Schubspannungen plastiziert werden. Auch in [3.16] wird der Spannungseinfluß auf die Eindringhärte auf der Basis der Ansätze in [3.155] diskutiert. In [3.156] werden die Einflüsse ein- und zweiachsiger Spannungszustände auf die Eindringhärte theoretisch erörtert. Entsprechend der Hypothese der maximalen Gestaltänderungsarbeit wird folgender allgemeiner Zusammenhang zwischen der bezogenen Härteänderung ΔH und den Spannungen abgeleitet:

$$\Delta H = -\frac{1}{2}\,\frac{\sigma_1+\sigma_2}{R_e} \pm \sqrt{1-\frac{3}{4}\,\frac{\sigma_1^2+\sigma_2^2}{R_e^2}+\frac{3}{2}\,\frac{\sigma_1\sigma_2}{R_e}} - 1 \qquad (3.341)$$

R_e Streckgrenze

Unter Anwendung von Gl. (3.341) wird dieser Zusammenhang für drei Spezialfälle berechnet (Bild 3.50):

$$\sigma_2 = 0;\ \sigma_2 = \sigma_1 \text{ und } \sigma_2 = -\sigma_1$$

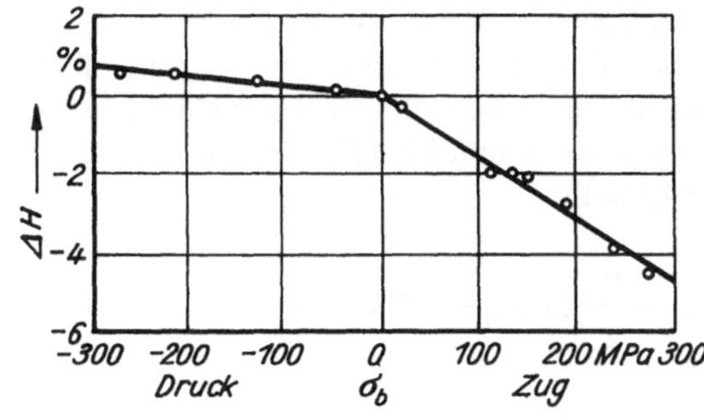

Bild 3.51. Einfluß der Biegespannungen auf die Rockwellhärte (nach [3.154])

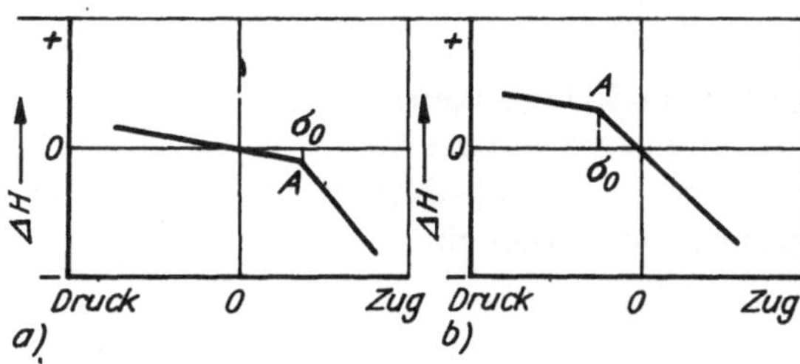

Bild 3.52. Einfluß der Biegespannungen auf die Rockwellhärte (nach [3.157])

Bemerkenswert sind dabei das Auftreten eines Maximums im Druckspannungsbereich (einachsig) und die Lösung für den Fall $\sigma_2 = -\sigma_1$. Wie experimentelle Ergebnisse von verschiedenen Verfassern zeigen, konnten die theoretischen Abschätzungen zum Teil recht gut bestätigt werden. Auch Eigenspannungsmessungen über die Tiefe sind auf diese Weise in oberflächennahen Bereichen erfolgt [3.169, 3.170].

Bei Härtemessungen an Stahlproben, die durch Zug- bzw. Druck-Biegespannungen beansprucht wurden, kann der unterschiedliche Einfluß dieser Biegespannungen auf die *Rockwellhärte* festgestellt werden [3.154], (Bild 3.51).

In diesem Zusammenhang bietet sich nach *Hausseguy* u. a. [3.157] eine Möglichkeit, Eigenspannungen zu messen (Bild 3.52), indem diese durch Lastspannungen kompensiert werden. Die Lage des Übergangspunktes *A* zwischen Zug- bzw. Druckspannungen entspräche genau dem Punkt, in dem sich Last- und Eigenspannungen kompensieren. Die Größe der Eigenspannungen entspräche quantitativ der der äußeren Lastspannungen, allerdings mit entgegengesetzten Vorzeichen.

3.3.2. Spannungsmessung mittels Knoop-Härte

Grundsätzliche Betrachtungen zur Eigenspannungsmessung nach plastischer Deformation wurden von *Del'* [3.168] angestellt. Von *Yoshino* [3.176] wurde ein Zusammenhang zwischen der Ausbiegung der Eindruckseiten bei der Vickersprüfung und der Eigenspannungen gefunden, jedoch nur nach Kaltverfestigung und nicht bei Eigenspannungen infolge Wärmebehandlung.

Von *Oppel* [3.158] wird erstmals der Knoop-Eindringkörper zur Spannungsanalyse vorgeschlagen, weil dieser richtungsabhängige Meßwerte liefert. Bei dem Verfahren zur

Eigenspannungsanalyse wird in zwei senkrecht zueinander liegenden Richtungen der *Knoop-Härte (HK)* vor und nach Auslösen der Eigenspannungen bestimmt. Für das Auslösen der Eigenspannungen wird das Einfräsen einer Nut wie beim Ring-Kern-Verfahren mit einer Tiefe von 0,7 Kerndurchmesser empfohlen [3.159]. Dazu wird ein lineares Gleichungssystem zur Verfügung gestellt:

$$\frac{\sigma_\alpha}{E} = \frac{a}{2}\,(\Delta HK_\alpha + \Delta HK_{\alpha+90°}) + \frac{b}{2}(\Delta HK_\alpha - \Delta HK_{\alpha+90°}) \tag{3.342}$$

$$\frac{\sigma_{\alpha+90°}}{E} = \frac{a}{2}\,(\Delta HK_\alpha + \Delta HK_{\alpha+90°}) + \frac{b}{2}(\Delta HK_\alpha - \Delta HK_{\alpha+90°}) \tag{3.343}$$

Die Koeffizienten a und b sind in entsprechenden Kalibrierversuchen zu bestimmen. σ_α und $\sigma_{\alpha+90°}$ sind die Spannungen in den Richtungen α und $\alpha + 90°$.
Auf Grund der richtungsabhängigen Meßwerte der Knoop-Härte bieten sich Möglichkeiten zur Ermittlung ebener Spannungszustände. Ferner gilt

$$\Delta HK = \frac{HK_\mathrm{n} - HK_0}{HK_0} \tag{3.344}$$

HK_n Härte im Zustand n (äußere Beanspruchung oder Eigenspannungen)
HK_0 Bezugshärte (unbeanspruchter Zustand bzw. Zustand ausgelöster Eigenspannungen)

Bei der Aufnahme der Kalibrierkurven zur Ermittlung von a und b sind folgende Einflußgrößen zu beachten [3.160]:

- Vorzeichen der Spannungen (Zug- bzw. Druckspannungen)
- Stellung des Eindringkörpers zur Spannungsrichtung
- Prüfkraft (Belastung des Eindringkörpers)
- Werkstoff

Die Geometrie des Knoop-Eindringkörpers und seine Auftreffgeschwindigkeit bei der gewählten Prüflast sind Einflußgrößen, die für das jeweilige Härteprüfgerät vorgegeben sind. Als Prüfkräfte sind 9,81, 4,91 und 0,49 N zu empfehlen, d. h., die Prüfung gehört damit in den Kleinlasthärtebereich bzw. in den Bereich der Mikrohärte. Für die Erzeugung elastischer Formänderungen kann eine Biegevorrichtung für einen Stab Verwendung finden, der aus dem zu untersuchenden Werkstoff gefertigt ist. Neben der für die Härtemessung vorgesehenen Meßfläche werden auf der Probenfläche Dehnmeßstreifen aufgebracht, so daß die Formänderungen des Stabs bei Lasteinwirkung verfolgt werden können. Vor der Belastung des Stabs erfolgt die Härtemessung im lastspannungsfreien Zustand in Probenlängsrichtung und -querrichtung. Die Dehnung wurde in Stufen von 0,3 ‰ vergrößert. Die Vorrichtung muß unter einem Kleinlasthärteprüfer Platz finden können.
Infolge der bei der Härteprüfung und insbesondere wegen der Gefügeinhomogenitäten im Kleinlasthärtebereich auftretenden Streuungen stellt die Anzahl der Härteeindrücke je Meßbedingung eine wichtige Größe dar. Von *Dengel* liegen Empfehlungen hinsicht-

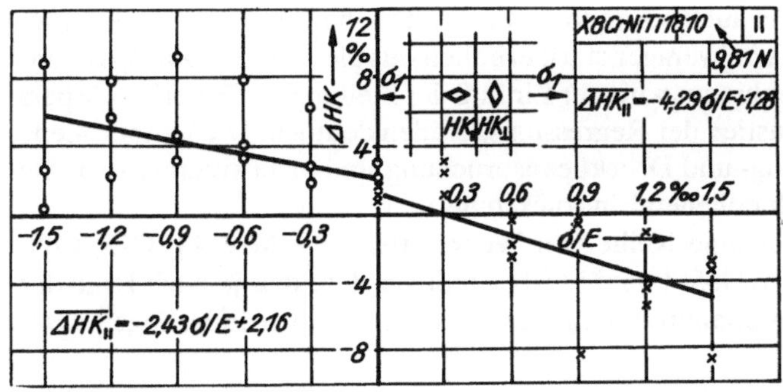

Bild 3.53. Zusammenhang zwischen der Härteänderung ΔHK und der bezogenen Spannung σ/E bei Stellung der langen Knoop-Diagonalen parallel zur Spannungsrichtung

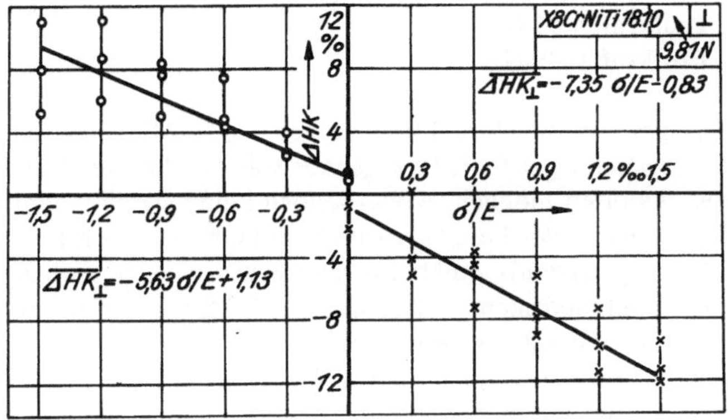

Bild 3.54. Zusammenhang zwischen der Härteänderung ΔHK und der bezogenen Spannung σ/E bei Stellung der langen Knoop-Diagonalen senkrecht zur Spannungsrichtung

lich der notwendigen Anzahl der Härteeindrücke vor, wenn je nach Wahl der Prüfkraft und der Werkstoffhärte eine bestimmte Meßunsicherheit nicht überschritten werden soll [3.162]. Es wurden für jede Stufe 5 Härteeindrücke gewählt, d. h. für die Bezugshärte H^{l}_{K0}: $HK_{01}, HK_{02}, HK_{03}, HK_{04}, HK_{05}$; Härte im Zustand 1: $HK_{11}, HK_{12}, HK_{13}, HK_{14}, HK_{15}$; im Zustand 2: HK_{21} bis HK_{25} usw. Durch zyklisches Vertauschen beim Einsetzen in die Beziehung (3.344) stehen somit 25 Einzelwerte für eine Mittelwertbildung $\overline{\Delta HK}$ zur Verfügung. Nach [3.167] sind mindestens 20 Meßwerte nötig.

Zwischen der Härteänderung ΔHK und der Dehnung ε bzw. der auf den E-Modul bezogenen Spannung σ/E wurde ein linearer Zusammenhang zugrunde gelegt [3.160]:

$$\Delta HK = B\frac{\sigma}{E} + A \tag{3.345}$$

Wegen der genannten Streuungen bei der Härteprüfung ist diese Beziehung als Regressionsgerade mit Korrelationskoeffizienten aufzustellen. Bild 3.53 zeigt für den Werkstoff X8CrNiTi18.10 den Zusammenhang zwischen der Härteänderung ΔHK und bezogener Spannung σ/E bei Stellung der langen Knoop-Diagonalen parallel zur Spannungsrichtung im Stab für Zug- und Druckbeanspruchung. Die Werte im Bild 3.54 wurden ermittelt bei Stellung der langen Knoop-Diagonalen senkrecht zur Spannungsrichtung im Stab bei sonst gleichen Bedingungen, wie sie der Ermittlung der Werte im Bild 3.53 zugrunde gelegt sind. Die Prüfkraft betrug in jedem Fall 9,81 N.

Die Bilder zeigen deutlich, wie auch bei anderen Prüfkräften bewiesen werden konnte, daß Druckspannungen die Härte weniger stark erhöhen, als gleich große Zugspannungen diese verringern. Darüber hinaus wird der Einfluß der Stellung des Eindringkörpers zur Spannungsrichtung im Anstieg der Regressionsgeraden deutlich. Die Unterschiede in den Anfangswerten von Zug- und Druckbeanspruchung sind nicht systematisch. Sie ergeben sich aus den unterschiedlichen Eindruckstellen.

Aus einer Untersuchung über eine Reihe von Werkstoffen, wie MK3Al, C15, C45, 100Cr6, X8CrNiT18.10 und AlMg5, konnte festgestellt werden, daß je nach Lage der langen Knoop-Diagonalen zur Spannungsrichtung die relativen Härteänderungen ΔHK um

31 % bis 41 % bei Prüfkraft 9,81 N
51 % bis 61 % bei Prüfkraft 4,91 N
22 % bis 41 % bei Prüfkraft 0,49 N

bei Zugspannungen höher als bei gleich großen Druckspannungen liegen. Mit der Wahl der auf den E-Modul bezogenen Spannung σ/E als Bezugsbasis war ein direkter Vergleich zwischen den Versuchswerkstoffen möglich, wobei jedoch keine signifikanten Unterschiede festgestellt werden konnten, wie bereits erwähnt. Auf Grund der Proportionalität $\Delta HK \sim \sigma/E$ bedeutet dieses Ergebnis, daß bei vergleichsweise gleich großen Spannungen diese bei Werkstoffen mit niedrigem E-Modul, z. B. AlMg5, zu größeren Härteänderungen ΔHK führen als bei Werkstoffen mit hohem E-Modul, z. B. Stahl.

Aus den Kalibrierfunktionen, wie sie für den Stahl X8CrNiTi18.10 vorgestellt wurden, konnte der Einfluß der Stellung des Eindringkörpers zur Spannungsrichtung berechnet werden. In diesem Zusammenhang wurde ein Richtungsfaktor R definiert:

$$R = \frac{B_{\Delta HK\perp}}{B_{\Delta HK\parallel}} \tag{3.346}$$

Als Berechnungsgrundlage dienen die mittleren Regressionskoeffizienten B einer Versuchsgruppe aus Gl. (3.345). Für die Prüfkräfte 9,81 und 4,91 N ergaben sich R-Werte von 1,8 bis 2,0; für die Prüfkraft von 0,49 N lag der R-Wert bei 1,5 bis 1,7. Das heißt, die Härteänderungen sind um die angegebenen Faktoren bei senkrechter Stellung des Eindringkörpers zur Spannungsrichtung größer als bei paralleler Stellung. Bemerkenswert ist hierbei die Tatsache, daß die Richtungsfaktoren R über alle genannten Werkstoffe nahezu konstant für Druck- oder Zugspannungen sind.

Die Meßempfindlichkeit (Anstieg der Regressionsgeraden) nimmt mit abnehmenden Prüfkräften zu. Diese Tendenz wird weniger bei den Prüfkraftabstufungen von 9,81 zu 4,91 N als bei denen von 4,91 zu 0,49 N deutlich. So bleibt die Meßempfindlichkeit bei der ersten Stufung nahezu konstant (gleicher Anstieg der Regressionsgeraden), während sie bei der zweiten um den Faktor 2,5 bis 3,0 größer wird. Diese Ergebnisse sind gleichermaßen gültig für Zug- und Druckspannungen und spielen im Hinblick auf praktische Anwendungen des Verfahrens eine wichtige Rolle. Die Bevorzugung niedriger Prüfkräfte wird jedoch dadurch begrenzt, daß die Meßwertstreuung mit abnehmender Prüfkraft zunimmt.

Für eine Eigenspannungsanalyse mit Hilfe der Härtemessung ist es notwendig, Bestimmungsgleichungen in der Form der Gln. (3.342) und (3.343) abzuleiten. Durch die in den einachsigen Versuchen bestimmten Abhängigkeiten zwischen ΔHK und der Spannung können die Konstanten a bzw. b berechnet werden. Am Beispiel der Ergebnisse des Werkstoffs X8CrNiTi18.10 können die Bestimmungsgleichungen nach (3.342) und (3.343) abgeleitet werden. Aus den experimentellen Untersuchungen folgt für Zugspannungen ($\sigma/E > 0$):

$$\left.\begin{aligned} \overline{\Delta HK_{\parallel}} &= \overline{\Delta HK_{a}} = -4{,}29\frac{\sigma}{E} \\ \Delta HK_{\perp} &= \Delta HK_{a+90^\circ} = -7{,}35\,\frac{\sigma}{E} \end{aligned}\right\} \tag{3.347}$$

Druckspannungen ($\sigma/E < 0$)

$$\left.\begin{aligned} \overline{\Delta HK_{\parallel}} &= \overline{\Delta HK_{a}} = 2{,}43\,\frac{\sigma}{E} \\ \Delta HK_{\perp} &= \Delta HK_{a+90^\circ} = -5{,}63\,\frac{\sigma}{E} \end{aligned}\right\} \tag{3.348}$$

Durch Einsetzen dieser Gln. in (3.342) und (3.343) und unter Berücksichtigung des einachsigen Spannungszustands mit

$$\frac{\sigma_{a+90^\circ}}{E} = 0 \tag{3.349}$$

errechnen sich die Koeffizienten a bzw. b zu

Zugspannungen $a = -0{,}08$; $b = 0{,}32$
Druckspannungen $a = -0{,}12$; $b = 0{,}31$

Nach Umformen der Gln. (3.342) und (3.343) und mit den Koeffizienten a und b folgen die Bestimmungsgleichungen für Zug- bzw. Druckspannungen:

Zugspannungen ($\Delta HK < 0$):

$$\left.\begin{aligned} \frac{\sigma_a}{E} &= 0{,}12\,\Delta HK_a - 0{,}2\,\Delta HK_{a+90^\circ} \\ \frac{\sigma_{a+90^\circ}}{E} &= -0{,}2\,\Delta HK_a + 0{,}12\,\Delta HK_{a+90^\circ} \end{aligned}\right\} \tag{3.350}$$

Druckspannungen ($\Delta HK > 0$):

$$\left.\begin{aligned}\frac{\sigma_a}{E} &= 0{,}09\,\Delta HK_a - 0{,}21\,\Delta HK_{a+90^\circ}\\ \frac{\sigma_{a+90^\circ}}{E} &= 0{,}21\,\Delta HK_a + 0{,}09\,\Delta HK_{a+90^\circ}\end{aligned}\right\} \quad (3.351)$$

Diese Beziehungen sind Grundlage für die Analyse zweiachsiger Spannungszustände. Zur Simulation zweiachsiger Eigenspannungszustände dient eine Belastungsvorrichtung, mit der in Kreisscheiben (69 mm Durchmesser, 2 mm Dicke) ein isotroper zweiachsiger Spannungszustand erzeugt wird [3.161]. Die analytische Modellierung dieses Belastungsfalls entspricht dem mechanischen Modell einer Ringlast auf einer Kreisplatte (Bild 3.55). Für die Oberfläche ergeben sich folgende Dehnungen in radialer (ε_r) und tangentialer (ε_t) Richtung entlang Geraden, die durch den Mittelpunkt der Kreisscheibe gehen:

$$\varepsilon_r(z) = \varepsilon_t(z) = -z\,\frac{E}{8\pi k}\left[\left\{\left(\frac{d}{c}\right)^2 - 1\right\}\left(\frac{1-\mu}{1+\mu}\right) + 2\ln\left(\frac{d}{c}\right)\right] \quad (3.352)$$

bzw. Spannungen in radialer (σ_r) und tangentialer (σ_t) Richtung:

$$\sigma_r(z) = \sigma_t(z) = -\frac{EzF}{(1-\mu)\,8\pi k}\left[\left\{\left(\frac{d}{c}\right)^2 - 1\right\}\left(\frac{1-\mu}{1+\mu}\right) + 2\ln\left(\frac{d}{c}\right)\right] \quad (3.353)$$

k Plattensteifigkeit
F Kraft
z Abstand von der neutralen Faser
μ Poissonsche Konstante
E Elastizitätsmodul
c Abstand Plattenmitte – äußere Auflage
d Abstand Plattenmitte – innere Auflage

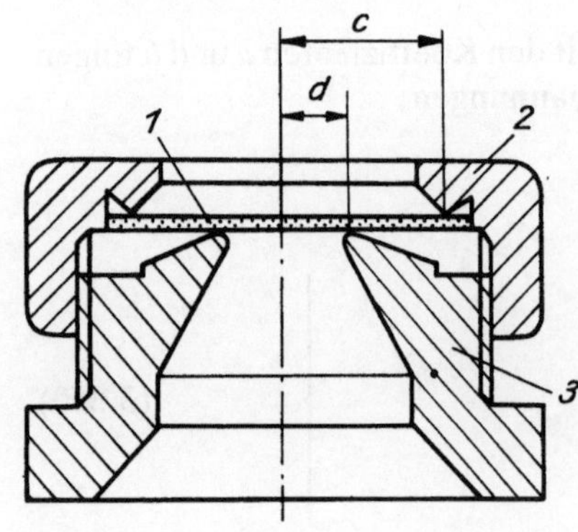

Bild 3.55. Vorrichtung zur Erzeugung zweiachsiger isotroper Spannungszustände ($2\,c = 54{,}4$ mm; $2\,d = 30{,}0$ mm)

1 Probe; *2* Ringmutter; *3* untere Auflage

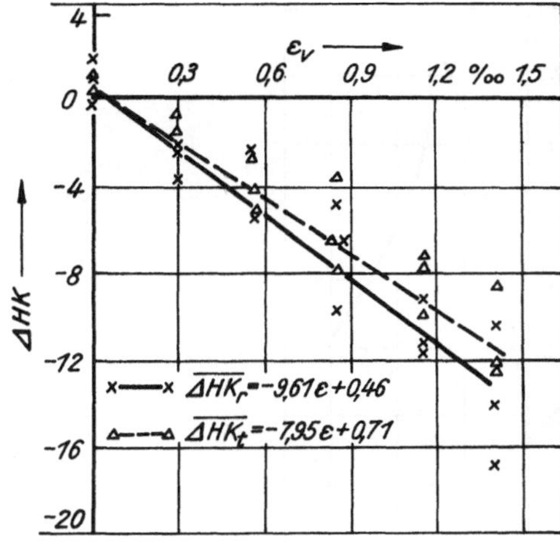

Bild 3.56. Abhängigkeit der Härteänderung Δ *HK* von zweiachsigen isotropen Zugspannungen

Werkstoff: X8CrNiTi18.10; Prüfkraft: 9,81 N

Neben den für die Härtemessung vorgesehenen Meßflächen wurden Dehnmeßstreifen aufgebracht, so daß die radialen und tangentialen Formänderungen kontinuierlich verfolgt werden können.

Die Messung von Härte und Dehnung wird auf der konvexgebogenen Plattenoberfläche vorgenommen.

Es erfolgt die Berechnung einer Vergleichsdehnung ε_v, die sich für den ebenen Spannungszustand ergibt zu

$$\varepsilon_v = \sqrt{N_q \, (\varepsilon_l^2 + \varepsilon_t^2) + N_g \, \varepsilon_l \, \varepsilon_t} \tag{3.354}$$

mit

$$N_g = \frac{1 - \mu \, (1 - \mu)}{(1 - \mu^2)^2} \tag{3.355}$$

$$N_q = \frac{-1 + \mu \, (4 - \mu)}{(1 - \mu^2)^2} \tag{3.356}$$

Damit konnte erreicht werden, daß, ebenso wie bei den einachsigen Versuchen, Dehnstufen von 0,3 ‰ eingehalten wurden. Nach der Ermittlung der Bezugshärte erfolgte die stufenweise Belastung, wobei ebenfalls die Prüfkräfte 9,81, 4,9 und 0,49 N betrugen.

Im Bild 3.56 ist der ermittelte Zusammenhang zwischen der relativen Härteänderung ΔHK und der Vergleichsdehnung ε_v vom zweiachsigen isotropen Zugspannungszustand für den Werkstoff X8CrNiTi18.10 und die Prüfkraft von 9,81 N dargestellt. Es bestätigt sich, daß Zugspannungen zur Härteabnahme führen.

Die bei einachsigen Versuchen beobachtete Richtungsabhängigkeit der Härteänderung ΔHK von der Stellung des Eindringkörpers zur Hauptspannungsrichtung kann bei dem isotropen zweiachsigen Spannungszustand nicht festgestellt werden.

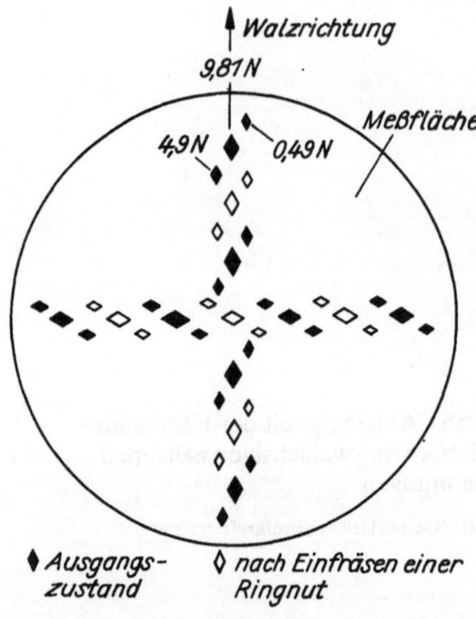

Bild 3.57. Schematische Anordnung der Härteeindrücke auf der Oberfläche eines walzplattierten Blechs

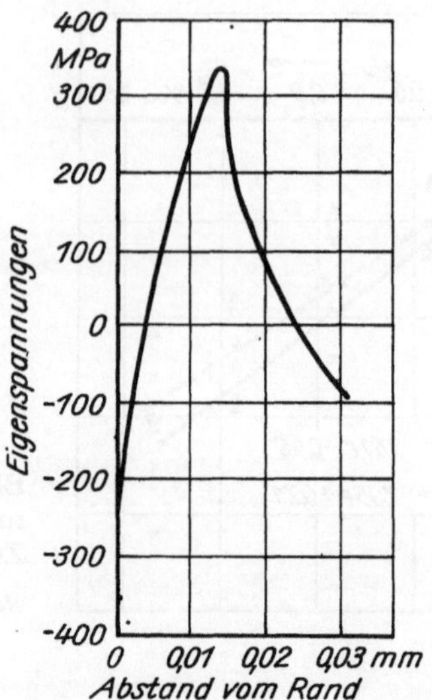

Bild 3.58. Verteilung der Eigenspannungen in und nahe der Oberfläche für den Stahl N9, gehärtet und angelassen auf 31 HRC (nach [3.159])

Ein durch Gl. (3.346) definierter Richtungsfaktor

$$R = \frac{\bar{B}_{\Delta HKr}}{\bar{B}_{\Delta HKt}} \tag{3.357}$$

$\bar{B}_{\Delta HK}$ mittlerer Regressionskoeffizient einer Versuchsgruppe für den linearen Zusammenhang $\Delta HK = f(\sigma/E)$ entsprechend Gl. (3.345)

wird zu $R = 1$.

Der von den einachsigen Versuchen bekannte Prüfkrafteinfluß auf die Härteänderung wird auch bei den zweiachsigen Versuchen beobachtet. Der Vergleich der experimentellen Versuchsergebnisse zwischen dem einachsigen und isotropen zweiachsigen Spannungszustand (Zug) führt auf der Grundlage der Geradenanstiege (Regressionskoeffizienten) zu folgender Einschätzung: Bei gleich großen Werkstoffbeanspruchungen, die durch einen einachsigen oder isotropen zweiachsigen Spannungszustand hervorgerufen werden, ergeben sich für den zweiachsigen Spannungszustand um etwa 1,6fach größere Härteänderungen ΔHK.

Diese Ergebnisse würden zumindest qualitativ theoretische Abschätzungen in [3.156] und [3.164] bestätigen, wonach isotrope zweiachsige Spannungszustände zu größeren Härteänderungen führen als einachsige.

In [3.161] wird über den Einsatz der Eigenspannungsmessung an walzplattierten Blechen aus Mb16 (12 mm) mit X8CrNiTi18.10 (4 mm) berichtet, wobei eine rechnerische Spannungsermittlung der abgekühlten Bleche zum Vergleich dient [3.165, 3.166]. Der Eigenspannungszustand ist bei entsprechenden Blechabmessungen isotrop. Eine besondere Beachtung ist der Anordnung einer entsprechend großen Zahl von Härteeindrücken auf dem Blech (Bild 3.57) zu schenken.

Janowski [3.159] wendet die Härtemessung zur Eigenspannungsmessung in wärmebehandelten, d. h. gehärteten und angelassenen Rundproben aus Stahl in unterschiedlichen Tiefen (bis 0,03 mm) an (Bild 3.58). Die Proben wurden jeweils abgeätzt. Die Spannungen sind ein Mittelwert über die Tiefe des Härteeindrucks. Interessant ist, daß im Vergleich zu Messungen mit Dehnmeßstreifen nur Abweichungen von + 19 MPa und − 40 MPa maximal gefunden wurden (Bild 3.59). Die Meßfehler liegen aber auch höher [3.160].

Insgesamt ist einzuschätzen, daß die Härtemessung wegen der Überlagerungen der Einflüsse von σ_α und $\sigma_{\alpha+90°}$ auf den Härtewert für folgende Spannungszustände eingesetzt werden kann:

- einachsiger oder angenähert einachsiger Spannungszustand
- zweiachsiger isotroper Spannungszustand $\sigma_1 = \sigma_2$
- zweiachsiger Spannungszustand $\sigma_1 = -\sigma_2$

Die Richtungen der Hauptspannungen sollen bekannt sein. Das Gefüge des Werkstoffs soll so beschaffen sein, daß nicht von vornherein mit hohen Streuungen zu rechnen ist. Die Meßfläche muß so gut vorbereitet sein, daß die Härteeindrücke bis zu den Diagonalenden gut erkennbar sind. Deshalb sind die Meßflächen zur Erzielung eines hohen Reflexionsgrads zu polieren oder zu elektropolieren, wenn ein evtl. Bearbeitungseinfluß

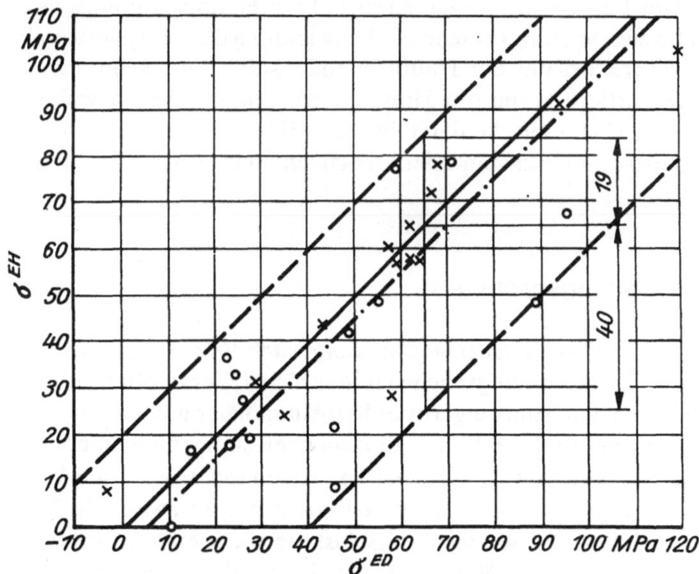

Bild 3.59. Gegenüberstellung der Eigenspannungen, ermittelt mittels Härte (σ^{EH}) und Dehnmeßstreifen nach Abtrag (nach [3.159])

ausgeschaltet werden soll. Es sollen möglichst hohe Eigenspannungen erwartet werden, da mit Meßfehlern von 50 bis 70 MPa zu rechnen ist. Nach *Mel'ničuk* u. a. [3.167] wird vorgeschlagen, zur Ermittlung der Koeffizienten *a* und *b* bei etwa 10 Proben die Justierkurven aufzunehmen.

In [3.186] werden Hinweise zur Eliminierung des Einflusses von Probenkrümmung, Schieflage des Probenkörpers relativ zur Knoop-Bezugsachse und zur gegenseitigen Beeinflussung der direkt benachbarten Eindrücke sowie der Randnähe gegeben. Da die größte Verformung am Ende der kleinen Knoop-Diagonalen auftritt, soll der Mindestabstand zwischen den kleinen Diagonalen deren 3fache Länge sein oder das 1fache der großen Diagonalen bei deren Abstand. Die gleichen Werte gelten für den Randabstand.

Die Härtemessung steht etwa zwischen der Röntgenmessung und den Zerlegeverfahren. Die Eindringtiefen der Härtemessung sind mit denen der Röntgenstrahlung vergleichbar. Im Gegensatz zu der röntgenographischen Messung erfolgt bei entsprechendem Verhältnis von Korndurchmesser zur Eindruckdiagonalen die Erfassung nicht nur einer Phase. Andererseits ist es möglich, zur metallphysikalischen Erforschung (z. B. die Spannungsverteilung in heterogenen Werkstoffen) Eindrücke gezielt nur in einer Phase zu erreichen.

Bijak-Zochowski [3.188] kombiniert für die Eigenspannungsmessung die *Härtemessung nach Brinell* mit einem Feldmeßverfahren, d. h. mit der Ermittlung der Höhenveränderungen in der Umgebung des Eindrucks durch optische Interferenzen. Dabei wird von der Tatsache ausgegangen, daß das Oberflächenprofil in der Umgebung eines Eindrucks geändert wird, wenn im Prüfling Spannungen vorhanden sind [3.189]. Die Symmetrieachsen des Interferenzbildes ergeben die Richtung der Hauptspannungen an der Oberfläche des Prüflings. Legt man einen Kreis um den Eindruck, so steht die Differenz der Erhebungen benachbarter Punkte auf diesem Kreis mit der Hauptspannungsdifferenz im Zusammenhang. Die zweite Harmonische der Entwicklung des analysierten abgewickelten Kreisumfangs korreliert mit der Hauptspannungsdifferenz, während die Hauptspannungssumme die mittlere Höhe des Höhenprofils entlang dem gewählten Kreis, die wiederum die nullte Harmonische darstellt, beeinflußt. Aus diesen 3 Informationen läßt sich der Eigenspannungszustand der Oberfläche nach Größe und Richtung angeben [3.190].

3.3.3. Qualitativer Spannungsnachweis

Studman und *Field* [3.187] empfehlen die *Härtemeßmethode nach Brinell* (ggf. mit Diamantkugel) zum qualitativen Eigenspannungsnachweis in spröden Werkstoffen, z. B. in gehärtetem Stahl. So werden von dem Eindringkörper Risse in radialer und tangentialer Richtung erzeugt, wobei die Radialrisse bei hohen Eindruckbelastungen und niedriger Streckgrenze der Werkstoffe dominieren. Die Radialrisse sollen sich sogar nach Wegnahme der Last noch verlängern. Radial- und Tangentialrisse treten auf, wenn die Tangential- bzw. Radialspannungen groß sind. Mit der Belastung wachsen am Eindruckrand die Tangentialspannungen bei hohen Belastungen weit über die dann abnehmenden Spannungen hinaus (Bild 3.60), während die Eigenspannungen, die nach Entlastung von der Last am Punkt *C* aus entstehen, vor allem hohe Tangentialspannungen

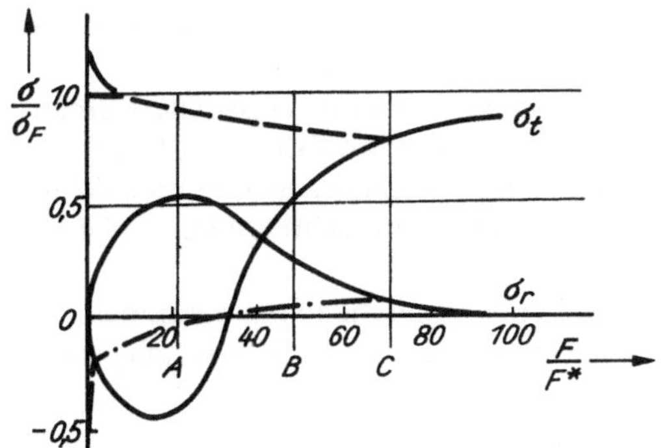

Bild 3.60. Theoretischer Verlauf der Radialspannungen σ_r und Tangentialspannungen σ_t am Rand des Brinelleindrucks (nach [3.187])

σ_F Fließspannung; F Eindruckkraft; F^+ Eindruckkraft, bei der das Fließen am Eindruckrand beginnt; A, B Belastungen, wo mit einem Anriß gerechnet werden kann
——— Belastung
--------- Entlastung voll elastisch
-·-·-·-· Entlastung

aufweisen, so daß damit die Radialrißbildung gefördert wird. Analog zu Bild 3.60 kann die Überlagerung von Last- und Eigenspannungen betrachtet werden.

3.4. Röntgenographische Messung

3.4.1. Entwicklung der Verfahren

Die Spannungsmessung mittels Röntgenstrahlen hat neben den Zerlegungsverfahren z. Z. die größte Verbreitung gefunden. Der Vorteil besteht vor allem darin, daß die Methode zerstörungsfrei ist. Andererseits ist nicht zu übersehen, daß die Messung dann allerdings der Beschränkung auf die Oberfläche bzw. auf oberflächennahe Bereiche unterliegt. Der bislang noch relativ große Zeitaufwand für die Messung soll durch Anwendung entsprechender Entwicklungen, insbesondere durch Anwendung der Mikroelektronik, gemindert werden.
Von *Joffe* wurden bereits 1913 erste Untersuchungen zum Einfluß mechanischer Spannungen auf die Interferenz von Röntgenstrahlen durchgeführt, die aber erst 1922 zur Veröffentlichung gelangten [3.191].
Grundlegend für die Entwicklung der *röntgenographischen Spannungsmessung* sind Arbeiten von *Aksenov* aus den Jahren 1929 bzw. 1934, in denen die allgemeine Theorie der Streuung von Röntgenstrahlen in gespannten Metallen entwickelt wurde [3.192, 3.193]. Diese Arbeiten fanden dann bald ihre experimentelle Bestätigung [3.194]. Im Jahre 1930 wurde von *Sachs* und *Weerts* [3.195] und kurz danach von *Wever* und *Möller* [3.196] über Rückstrahlaufnahmen, d. h. Interferenzen unter großen Streuwinkeln, berichtet. Dieses auch heute übliche Verfahren wurde dann insbesondere von *Glocker* und Mitarbeiter [3.197, 3.198, 3.199] verfeinert, indem die Gitterkonstante des unverspannten Materials für die Spannungsanalyse nicht bekannt sein muß. Dafür wurden Verfahren mit je einer Senkrecht- und Schrägaufnahme unter 45° bzw. mit nur einer Schrägaufnahme entwickelt. Die weitere Entwicklung ist vor allem mit Namen wie *Schiebold* [3.200],

Macherauch [3.201], *Stroppe* [3.202], *Vasilev* [3.203], *Hauk* [3.204] und *Faninger* [3.205] verbunden.

Das $\sin^2\psi$-Verfahren [3.211] hat heute weitestgehend die genannte klassische Aufnahmetechnik der Senkrecht- bzw. Schrägeinstrahlung ersetzt, obwohl diese zur Herabsetzung des Meßaufwands in den letzten Jahren wieder in Betracht gezogen werden. Während die Registrierung der Röntgeninterferenzen anfangs nur mittels Films erfolgte, werden gegenwärtig meist Zählrohre verwendet.

In den letzten Jahren ist die Anwendung der röntgenographischen Spannungsmessung auch für solche Fälle erweitert worden, wo eine Textur des Werkstoffs bzw. ein großer Spannungsgradient in Dickenrichtung vorliegt.

Die Ermittlung von Makroeigenspannungen aus der Lage der Röntgeninterferenzen unterliegt jedoch Einschränkungen, da die Messungen zumeist nur an einer Phase erfolgen (bei üblichen Stählen am Ferrit) und der Werkstoff nicht grobkörnig sein darf. Im letztgenannten Fall bilden sich keine geschlossenen Interferenzlinien aus, was die Ausmessung der Lage erschwert oder unmöglich macht.

Sehr wesentlich ist auch die Einschränkung, daß nicht nur *Makroeigenspannungen* Verschiebungen der Interferenzlinien zur Folge haben, wie man früher annahm. Auch *Mikroeigenspannungen* tragen zur Linienverschiebung bei [3.211]. So können vor allem Stapelfelder derartige Effekte hervorrufen [3.212]. Eine ausführliche Behandlung der Grundlagen und Anwendung röntgenographischer Spannungsmessung findet man z. B. in [3.206, 3.207, 3.208, 3.209, 3.210].

3.4.2. Grundlagen

Die röntgenographische Spannungsmessung beruht auf der Messung der Netzebenenabstände, die durch die Spannungen beeinflußt werden. Die durch Last- bzw. Makroeigenspannungen in polykristallinen Werkstoffen verursachten elastischen Gitterdehnungen betragen bis zu etwa 0,1 %. Als Gitterdehnungen werden die Dehnungen genannt, bei denen die periodisch im Gitter auftretenden Atomabstände als Meßindikatoren herangezogen werden. Diese periodischen Atomabstände sind für das jeweilige Gitter und damit für die Werkstoffart charakteristisch; sie werden als Netzebenenabstände bezeichnet (Größenordnung 10^{-8} bis 10^{-9} m).

Trifft ein monochromatisches Röntgenwellenbündel P mit der Wellenlänge λ unter dem Winkel Θ_0 auf einen Kristall, so tritt nach Beugung der Röntgenstrahlen am Gitter eine maximale Intensität des reflektierten Strahls R auf, wenn der Gangunterschied $2\,D_0 \sin \Theta_0$ ein Vielfaches ($n = 1, 2, 3\ldots$) der Wellenlänge ist (Bild 3.61):

$$2\,D_0 \sin \Theta_0 = n \cdot \lambda \qquad (3.358)$$

D_0 Netzebenenabstand
Θ_0 Bragg-Winkel, Glanzwinkel

Gleichung (3.358) ist die Braggsche Gleichung.

Die »Reflexion« der Röntgenstrahlen und damit die maximale Intensität durch Interferenz zweier benachbarter Strahlen tritt unter Bedingung der Gl. (3.358) auf.

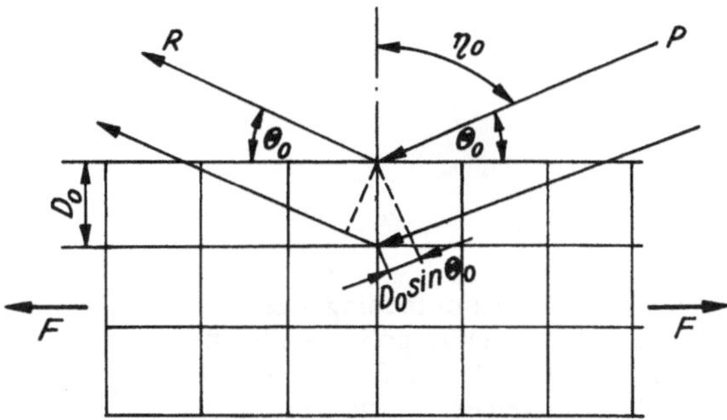

Bild 3.61. Braggsche Reflexionsbedingung am Kristallgitter

Wird an das Kristallgitter eine Kraft F angelegt, so reagiert dieses mit einer Netzebenenabstandsänderung $dD = D - D_0$, bzw. der Bragg-Winkel Θ_0 wird für die Reflexionsbedingung zu $\Theta = \Theta_0 + d\Theta$, so daß die Änderung des Netzebenenabstands infolge mechanischer Spannung zu einer Veränderung der Lage der Interferenzlinie führt. Diese Änderung des Winkels kann durch die differenzierte Braggsche Gleichung erfaßt werden:

$$d\Theta = -\tan\Theta_0 \frac{dD}{D_0} \tag{3.359}$$

Für die Gitterdehnung ergibt sich dann einfach durch Umformung

$$\frac{dD}{D_0} = -\cot\Theta_0 d\Theta \tag{3.360}$$

Die Netzebenenabstände D_0 lassen sich nach den in den vorhergehenden Abschnitten genannten Verfahren um ein bis zwei Größenordnungen genauer ermitteln als die Dehnungen, so daß die röntgenographische Spannungsmessung, die also auch eine Dehnungsmessung darstellt, ein zweckmäßiges Meßverfahren ist. Aus der Gl. (3.359) ist ebenfalls zu erkennen, daß die Interferenzlinienverschiebung bei konstanter Dehnung größer ist, wenn Θ_0 größere Werte annimmt. Aus diesem Grunde wird zur Verringerung der Meßunsicherheit im Bereich großer Θ_0-Winkel, also im sog. *Rückstrahlbereich* gearbeitet, wo die Bedingung $\Theta_0 > 45°$ gilt. Praktisch wählt man Winkel im Bereich von etwa $70° < \Theta_0 < 85°$. Inhomogene Gitterverzerrungen (Mikroeigenspannungen) rufen aber bei großen Beugungswinkeln stärkere Verbreiterungen der Interferenzlinien hervor, so daß ggf. in diesen Fällen doch auf den Vorderstrahlbereich ausgewichen werden muß [3.213].

Entsprechend der Braggschen Gleichung (3.358) tragen nur bestimmte Netzebenen zur Beugung bei, für die bei gegebener Wellenlänge λ und vorgegebenem Netzebenenabstand D_0 der Glanzwinkel Θ_0 beträgt. Die Lage der Netzebenen wird durch die Millerschen Indizes (hkl) bestimmt (s. z. B. [3.212]). Es gilt für das *kubische Kristallsystem* über die Gitterkonstante a_0 die Beziehung:

$$D_0 = \frac{a_0}{\sqrt{h^2 + k^2 + l^2}} \tag{3.361}$$

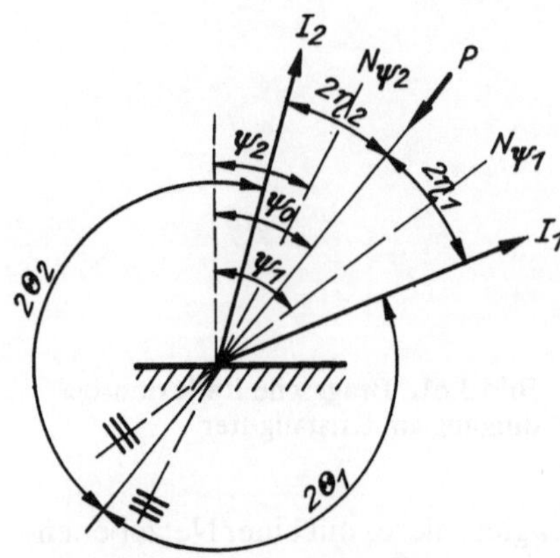

Bild 3.62. Reflexionsbedingungen im Rückstrahlbereich an polykristallinen Werkstoffen in ebener Darstellung. Die Verlängerungen der Normalen N in den Werkstoff hinein treffen gleiche Netzebenen von Kristalliten unterschiedlicher Orientierung

so daß die Gl. (3.293) geschrieben werden kann:

$$n\lambda = \frac{2\,a_0}{\sqrt{h^2 + k^2 + l^2}} \sin \Theta_0 \tag{3.362}$$

Bei der Untersuchung polykristalliner Werkstoffe wird nicht nur ein einziger Kristall durch den Primärstrahl erfaßt, wie es im Bild 3.61 angenommen wurde. Da im erfaßten Probenvolumen im allgemeinen viele regellos orientierte Kristallite bzw. Körner erfaßt werden, ergibt sich ein Interferenzkegel, dessen Schnitt mit der Zeichenebene mit I_1 und I_2 im Bild 3.62 dargestellt ist. Der halbe Öffnungswinkel des Kegels beträgt

$$2\,\eta = 180° - 2\,\Theta \tag{3.363}$$

Weiterhin kann noch ein Normalkegel N angegeben werden, auf dem sich alle Normalen der reflektierenden Netzebenen (*hkl*) befinden. Diese Normalen stellen die Betrachtungsrichtung dar. Die Dehnungsmeßrichtung ist immer die Normale auf die erfaßten Netzebenen. Ist der Werkstoff spannungsfrei, liegen beide Kegel symmetrisch zum Primärstrahl:

$$\eta_1 = \eta_2 \tag{3.364}$$

$$\psi_1 - \psi_0 = \psi_0 - \psi_2 \tag{3.365}$$

Im Fall einer Verspannung durcheilen die reflektierten Röntgenstrahlen unterschiedliche Netzebenenabstände. Die beiden Netzebenenscharen im Bild 3.62 haben folglich nicht die gleichen Abstände, d. h. $D_1 \neq D_2 \neq D_0$. Die Winkel ψ bzw. η sind nicht gleich. Registriert man den gesamten Interferenzring (Filmaufnahme), so erhält man mit einer Rückstrahlaufnahme zwei Gitterdehnungswerte, und zwar unter den Winkeln ψ_1 und ψ_2, während man mit Zählrohr- oder Goniometerregistrierung immer nur eine Interferenz I_1 oder I_2 abtasten kann.

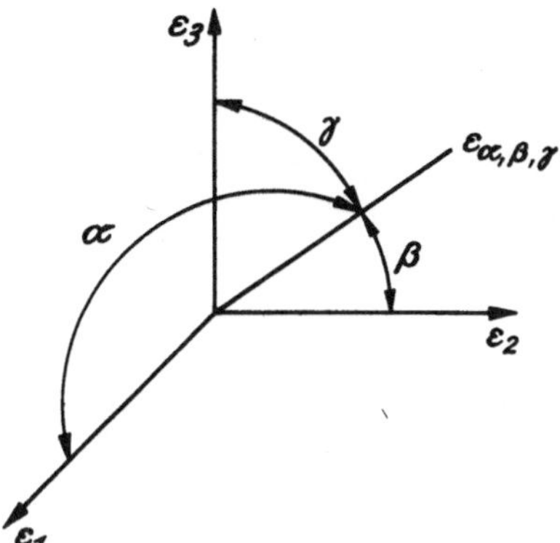

Bild 3.63. Beschreibung der Dehnung $\varepsilon_{\alpha\beta\gamma}$ nach den Richtungskosinus der Hauptdehnungen

Es gilt dann Gl. (3.360) allgemein ($i = 1; 2$)

$$\frac{D_i - D_0}{D_0} = -\cot \Theta_0 (\Theta_i - \Theta_0) \tag{3.366}$$

bzw. unter Beachtung erwähnter Beziehungen zwischen η und Θ (Gl. 3.363)

$$\frac{D_i - D_0}{D_0} = -\tan \eta_0 (\eta_i - \eta_0) \tag{3.367}$$

Für die röntgenographische Spannungsanalyse ergibt sich das Problem, die genannten Interferenzbedingungen mit der Elastizitätstheorie zu verknüpfen. Es gilt bekanntlich für den räumlichen Spannungszustand nach dem Hookeschen Gesetz:

$$\varepsilon_1 = \frac{1}{E} [\sigma_1 - \mu(\sigma_2 + \sigma_3)] \tag{3.368}$$

$$\varepsilon_2 = \frac{1}{E} [\sigma_2 - \mu(\sigma_3 + \sigma_1)] \tag{3.369}$$

$$\varepsilon_3 = \frac{1}{E} [\sigma_3 - \mu(\sigma_1 + \sigma_2)] \tag{3.370}$$

E Elastizitätsmodul
μ Poissonsche Konstante

Will man die Dehnung in einer beliebigen Richtung $\varepsilon_{\alpha,\beta,\gamma}$ nach Bild 3.63 angeben, so ergibt sich, ausgedrückt nach den Dehnungen ε_1, ε_2, ε_3 (Hauptdehnungen):

$$\varepsilon_{\alpha,\beta,\gamma} = \varepsilon_1 \cos^2\alpha + \varepsilon_2 \cos^2\beta + \varepsilon_3 \cos^2\gamma \tag{3.371}$$

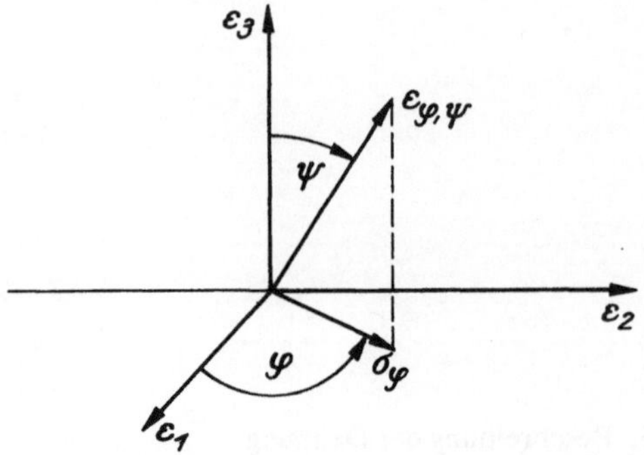

Bild 3.64. Beschreibung der Dehnung $\varepsilon_{\varphi\psi}$ nach den Hauptdehnungen beim ebenen Spannungszustand

Zweckmäßig erfolgt aber die Beschreibung der Dehnung nach $\varepsilon_{\varphi,\psi}$ (Bild 3.64). Mit dem Symbol a für die Richtungskosinus ergibt sich

$$\varepsilon_{\varphi,\psi} = a_1^2\varepsilon_1 + a_2^2\varepsilon_2 + a_3^2\varepsilon_3 \tag{3.372}$$

Dabei sind der Azimutwinkel φ der Winkel der gewählten Dehnung mit der ε_1- bzw. σ_1-Achse und der Neigungs- bzw. Distanzwinkel ψ der Winkel mit der 3. Hauptachse, wie es *Macherauch* vorschlug [3.206]. Es gelten folgende trigonometrischen Beziehungen:

$$\cos \alpha = \cos \varphi \sin \psi \tag{3.373}$$

$$\cos \beta = \sin \varphi \sin \psi \tag{3.374}$$

$$\cos \gamma = \cos \psi = \sqrt{1 - \sin^2\psi} \tag{3.375}$$

$$\sigma_\varphi = \sigma_1 \cos^2\varphi + \sigma_2 \sin^2\varphi \tag{3.376}$$

Die Grundgleichung für den ebenen Spannungszustand folgt aus den Gln. (3.368) bis (3.370) mit $\sigma_3 = 0$ in Kombination mit Gl. (3.372) [3.214]

$$\varepsilon_{\varphi,\psi} = \frac{1+\mu}{E}\left[\ a_1^2\sigma_1 + a_2^2\sigma_2 - \frac{\mu}{E}(\sigma_1 + \sigma_2)\ \right] \tag{3.377}$$

Diese Gl., kombiniert mit den Beziehungen (3.373) bis (3.376), ergibt schließlich die *Grundgleichung der röntgenographischen Spannungsmessung:*

$$\varepsilon_{\varphi,\psi} = \sigma_\varphi\ \frac{\mu+1}{E} \sin^2\psi - \frac{\mu}{E}(\sigma_1 + \sigma_2) \tag{3.378}$$

Bei der röntgenographischen Spannungsmessung wird postuliert, daß die Dehnungen $\varepsilon_{\varphi,\psi}$ gleich den in dieser Richtung gemessenen Gitterdehnungen $\left(\frac{dD}{D_0}\right)_{\varphi,\psi}$ sind.

Führt man noch die *Voigtschen Elastizitätskonstanten*

$$\frac{1}{2} s_2 = \frac{\mu + 1}{E} \qquad (3.379)$$

$$s_1 = - \frac{\mu}{E} \qquad (3.380)$$

ein, so lautet die *Grundgleichung* in der gebräuchlichen Schreibweise

$$\varepsilon_{\varphi,\psi} = \frac{1}{2} s_2 \sigma_\varphi \sin^2\psi + s_1 (\sigma_1 + \sigma_2) \qquad (3.381)$$

Gemessen werden also stets nur elastische Dehnungen. Die Meßstrecke, die von den Netzebenenabständen gebildet wird, liegt nicht in der Oberfläche des Werkstoffs, sondern senkrecht dazu (s. Bild 3.62).
Wenn die Betrachtung für den ebenen Spannungszustand erfolgt, so deshalb, weil durch die im allgemeinen geringe Eindringtiefe der Röntgenstrahlen (Tabelle 3.5) vielfach nur Oberflächenspannungszustände erfaßt werden.

3.4.3. Verfahren

Das im Abschnitt 3.4.1. aus historischer Sicht erwähnte *Senkrechtverfahren* erlaubt die Ermittlung der Hauptspannungssumme. Durch Messung des Netzebenenabstands D in Richtung $\psi = \eta$ (s. Bild 3.62) ergibt sich die Grundgleichung nach [3.207, 3.195]

$$\varepsilon_{\varphi,\psi=\eta} = \frac{1}{2} s_2 \sigma_\varphi \sin^2\eta + s_1(\sigma_1 + \sigma_2) \qquad (3.382)$$

bzw. ist für kleine Winkel von η das Glied mit $\sin^2\eta$ zu vernachlässigen, so daß die Dehnung $\varepsilon_{\varphi,\psi=\eta}$ proportional der Hauptspannungssumme ist.
Bei dem *Senkrecht-Schräg-Verfahren* erfolgt zur Messung von σ_φ jeweils bei konstantem Azimutwinkel φ unter dem Winkel η bei $\psi = 0°$ und dann unter einem Winkel ψ_i (z. B. 45° oder 60°) eine Einstrahlung. Ist der Netzebenenabstand D_0 im unverspannten Zustand nicht bekannt, so wird $D_0 = D_{\varphi,\psi=0}$ gesetzt. Es gilt dann:

$$\sigma_\varphi \approx \frac{2}{s_2 \sin^2\psi_i} \; \frac{D_{\varphi\psi_i} - D_{\varphi\psi=0}}{D_{\varphi\psi=0}} \qquad (3.383)$$

[3.207, 3.198].
Eine weitere Verbesserung stellte deshalb das 45°-Verfahren dar, das die Ermittlung einer Spannungskomponenten aus einer Einstrahlrichtung erlaubt [3.199]. Nach Bild 3.62

ergeben sich bei konstanten Winkeln φ und ψ_0 die Richtungen $\psi_1 = \psi_0 + \eta_1$ und $\psi_2 = \psi_0 - \eta_2$. Daraus folgt unter Anwendung der Gl. (3.381) für jeweils eine dieser Richtungen

$$\varepsilon_{\varphi\psi_1} - \varepsilon_{\varphi\psi_2} = \frac{D_{\varphi\psi_1} - D_{\varphi\psi_2}}{D_0} = \frac{1}{2} s_2 \sigma_\psi (\sin^2\psi_1 - \sin^2\psi_2) \tag{3.384}$$

Die Beziehung vereinfacht sich für $\psi_0 = 45°$ und unter der Annahme $\eta_1 \approx \eta_2 \approx \eta$ und $D_0 \approx D_{\varphi\psi_2}$ nach [3.207] zu

$$\sigma_\varphi = \frac{2}{s_2 \sin^2\eta} \cdot \frac{D_{\varphi\psi_1} - D_{\varphi\psi_2}}{D_{\varphi\psi_2}} \tag{3.385}$$

Besonders vorteilhaft ist bei diesem Verfahren die Planfilmethode, da mit einer Aufnahme beide Richtungen auszuwerten sind.
Einen wesentlichen Fortschritt stellt das $\sin^2\psi$-Verfahren nach *Macherauch* [3.217] dar, das heute im allgemeinen für die Spannungsmessung herangezogen wird. Das Senkrecht-Schräg-Verfahren ist ein Sonderfall dieses Verfahrens. Für die Messung an dünnen Schichten ist der Aufwand geringer als beim $\sin^2\psi$-Verfahren, setzt aber eine relativ große Reflexionsintensität voraus.
Die eingehende Erläuterung der Auswertung der Meßverfahren soll im Zusammenhang mit dem $\sin^2\psi$-Verfahren erfolgen.
Die erläuterten klassischen Verfahren setzen ideale, d. h. homogene Dehnungsverteilungen in den untersuchten Probenbereichen voraus [3.218]. So waren diese Methoden für die Messungen von Spannungen infolge äußerer Belastung durchaus geeignet. Die Schwankungen der Meßwerte nahmen aber bei Eigenspannungsmessungen beträchtlich zu, so daß der Meßaufwand durch eine Messung über eine größere Zahl von ψ-Winkeln bei konstantem Azimut φ erheblich vergrößert werden mußte [3.202].
Bei dem $\sin^2\psi$-Verfahren geht man davon aus, daß der Zusammenhang von Gitterdehnungen und $\sin^2\psi$ entsprechend Gl. [3.381] linear ist (Bild 3.65). Damit bietet sich die Möglichkeit, durch Messung unter verschiedenen ψ-Winkeln bei konstantem Azimut φ Gitterdehnungsverteilungen zu erfassen, während die klassischen Verfahren nur Aussagen zum Spannungswert aus einzelnen Gitterdehnungswerten erlauben. Zur Ermittlung der Lage der Ausgleichsgeraden reichen in den meisten Fällen vier bis sechs Gitterdehnungswerte aus, die unter solchen ψ-Winkeln ermittelt werden, daß etwa eine gleichmäßige Verteilung der Meßpunkte über $\sin^2\psi$ erreicht wird, z. B. $\sin^2\psi = 0$; 0,2; 0,4; 0,6. Neuerdings wird aber auch aus Gründen einer besseren Endregression der Meßwerte untereinander eine Häufung der Werte um 0 und 0,6 angegeben, da sich die Ausgleichsgerade dann statistisch besser absichern läßt [3.220].
Der Anstieg der Ausgleichsgeraden in Bild 3.65 berechnet sich zu

$$\frac{\partial \varepsilon_{\varphi,\psi}}{\partial \sin^2\psi} = \frac{1}{2} s_2 \sigma_\psi = \tan \alpha = m_\varphi \tag{3.386}$$

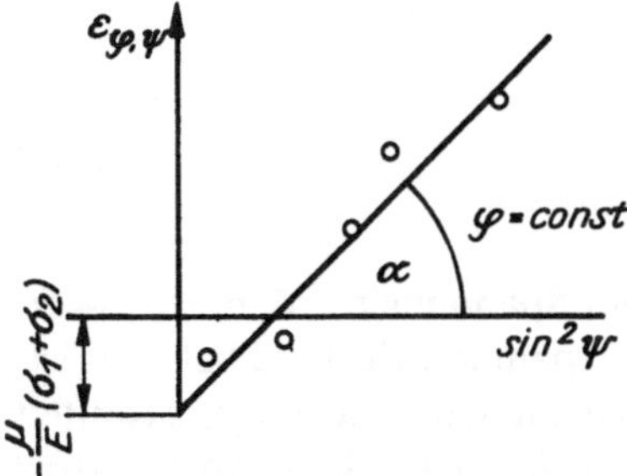

Bild 3.65. Dehnungsverteilung im Azimut φ eines ebenen Spannungszustands (nach *Macherauch* und *Müller* [3.217])

Der Spannungswert σ_φ ergibt sich dann zu

$$\sigma_\varphi = \frac{m_\varphi}{\frac{1}{2}s_2} \tag{3.387}$$

Das Verfahren setzt also somit die Kenntnis des Absolutwertes der Dehnungen und somit des Netzebenenabstands D_0 für den unverspannten Werkstoff nicht voraus. Die Streuung der Meßwerte nimmt bei homogenem Spannungszustand ab, wenn der vom Primärstrahl erfaßte Oberflächenbereich vergrößert wird [3.202]. Der Ordinatenabschnitt der Geraden in Bild 3.65 ist proportional der Hauptspannungssumme

$$\varepsilon_{\varphi,\,\psi=0} = s_1\,(\sigma_1 + \sigma_2) \tag{3.388}$$

Somit können im Falle der Kenntnis der elastischen Konstanten s_1 und s_2 aus einer ψ-Verteilung bei konstantem Azimut der Wert σ_φ und die Hauptspannungssumme ermittelt werden. Fällt eine Hauptspannung mit σ_φ zusammen, so ist der ebene Spannungszustand damit analysiert.

Für die vollständige Analyse des ebenen Spannungszustands ohne Kenntnis der Richtung der Hauptspannungen an der Oberfläche sind die Gitterdehnungsverteilungen nach Bild 3.65 unter drei verschiedenen Azimutwinkeln φ aufzunehmen, z. B. φ, $\varphi + 45°$ und $\varphi + 90°$, aus denen man σ_φ, $\sigma_{\varphi+45°}$ und $\sigma_{\varphi+90°}$ errechnen kann.

Aus Gl. (3.376) und der Beziehung

$$\sigma_1 + \sigma_2 = \sigma_\varphi + \sigma_{\varphi+90°} \tag{3.389}$$

ergibt sich

$$\sigma_1 = \frac{\sigma_{\varphi+90°} - \sigma_\varphi \cot^2\varphi}{1 - \cot^2\varphi} \tag{3.390}$$

$$\sigma_2 = \frac{\sigma_{\varphi+90°} - \sigma_\varphi \tan^2\varphi}{1 - \tan^2\varphi} \tag{3.391}$$

und der Winkel φ zwischen σ_φ und σ_1

$$\varphi = \frac{1}{2} \arctan \frac{\sigma_\varphi + \sigma_{\varphi+90°} - 2\,\sigma_{\varphi+45°}}{\sigma_\varphi - \sigma_{\varphi+90°}} \qquad (3.392)$$

Nach *Larsson* [3.314] kann eine Spannung senkrecht zur Spannung σ_φ, d. h. $\sigma_{\varphi+90°}$ ermittelt werden, wenn der Netzebenenabstand im unverspannten Zustand bekannt ist, der wiederum graphisch aus Gitterdehnungen bei verschiedenen Belastungen ermittelt werden kann [3.314]. Diese Betrachtung ist bedeutsam für Meßstellen, wo aufgrund geometrischer Beziehung σ_φ einfach, $\sigma_{\varphi+90°}$ aber nicht ermittelt werden kann, z. B. bei Querschnittsübergängen.
Voraussetzung für die Anwendung des $\sin^2\psi$-Verfahrens sind nach *Macherauch* [3.220]:

a) konstanter Spannungszustand im erfaßten Bereich, wobei die Hauptspannungsrichtungen parallel zur Oberfläche sind
b) regellose Verteilung der Körner, d. h. quasiisotropes elastisches Verhalten
c) homogenes Gefüge

Die Nichterfüllung der Voraussetzungen a) und b) bereitet bei der Anwendung des Verfahrens Schwierigkeiten, auf deren Überwindung in den folgenden Abschnitten eingegangen wird. Die Nichterfüllung der Forderung nach homogenem Gefüge schließt die Anwendung des Verfahrens nicht aus, da die elastizitätstheoretischen Zusammenhänge jeweils für eine Phase Gültigkeit haben. Problematisch sind dann aber Rückschlüsse bei stark heterogenen Werkstoffen auf die effektiv im Material herrschenden Makroeigenspannungen, z. B. um sie mit Lastspannungen überlagern zu können. So gibt es zwar eingehende Untersuchungen über die Spannungs- bzw. Dehnungsverteilung in den Phasen heterogener Werkstoffe infolge äußerer Last [3.221, 3.222], bei den Eigenspannungen besteht das Problem aber darin, daß Menge, Verteilung, Form und Anordnung der Phasen Anteil an der Art der Überlagerung der in den jeweiligen Körnern gemessenen Spannungen zur Makroeigenspannung haben. Für spezielle Fälle, z. B. thermisch induzierte Spannungen und die Überlagerung von Last- und Eigenspannungen für die einzelnen Phasen, gibt es Beispiele dieser Betrachtung [3.223].

3.4.4. Röntgenographische Elastizitätskonstanten

3.4.4.1. Definition

Die Ableitung der Grundgleichung der röntgenographischen Spannungsmessung, Gl. (3.381), erfolgte unter der Annahme eines isotropen Körpers. Vergleiche zwischen berechneten und röntgenographisch gemessenen Gitterdehnungen zeigen aber z. B. nach Bild 3.66 für einen Cr-Mo-legierten Stahl einen systematischen Unterschied. Abgesehen vom Einfluß der Strahlungsart, auf den später noch einzugehen ist, ist die Differenz in den elastischen Konstanten zu sehen, über die auch *Bollenrath* u. a. schon 1941 im Rahmen einer Gemeinschaftsuntersuchung berichteten [3.302]. Bei der Berechnung für eine Zugspannung von 200 MPa wurden die isotropen elastischen Konstanten E = 205000 MPa und μ = 0,28 zugrunde gelegt. Die Isotropie gilt nicht mehr für die vom

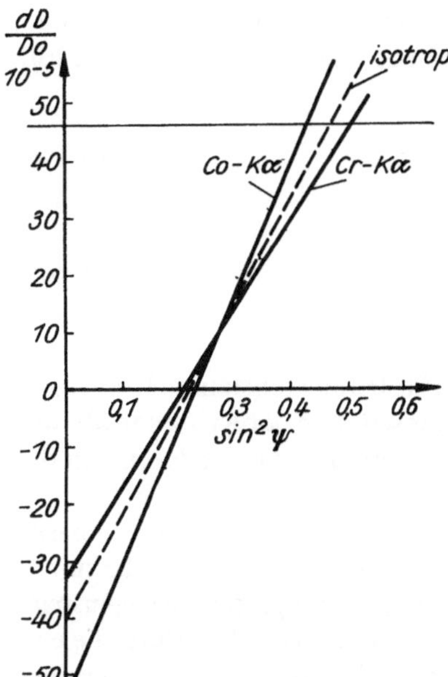

Bild 3.66. Vergleich zwischen berechneten und mittels verschiedener Strahlungen gemessenen Gitterdehnungen (nach [3.201])

CrKα-Strahlung : (310)
CoKα-Strahlung : (211)
-------- berechnet

Röntgenstrahl erfaßten Gitterdehnungen. Bei einer bestimmten Wellenlänge λ werden für unterschiedliche ψ-Winkel immer die gleichen Netzebenen vermessen, unabhängig von der Lage des Korns [3.206, 3.224]. Der Zusammenhang zwischen Spannung und gemessener Dehnung ist durch Einführung der *röntgenographischen elastischen Konstanten* zwanglos zu beschreiben. Diese berücksichtigen den Einfluß der bei der röntgenographischen Messung auftretenden *elastischen Anisotropie.* Deshalb werden die Gln. (3.379) und (3.380) modifiziert:

$$\frac{1}{2}\,s_2^{\mathrm{R}} = \left(\frac{1+\mu}{E}\right)^{\mathrm{R}} \tag{3.393}$$

$$s_1^{\mathrm{R}} = \left(-\frac{\mu}{E}\right)^{\mathrm{R}} \tag{3.394}$$

(In der Fachliteratur ist es auch üblich, als hochgestellten Index »rö« anzugeben. Hier wird aber der Verfahrenskennzeichnung entsprechend KDT-Richtlinie 069/79 gefolgt.) Die Grundgleichung der röntgenographischen Spannungsmessung ist dann zu modifizieren:

$$\varepsilon_{\varphi,\psi} = \frac{1}{2}\,s_2^{\mathrm{R}}\sigma_\varphi \sin^2\psi + s_1^{\mathrm{R}}(\sigma_1 + \sigma_2) \tag{3.395}$$

Anstelle des Index *R* kann für die Elastizitätskonstanten auch die jeweils ausgemessene, von der Wahl der Röntgenstrahlung abhängige Netzebene angegeben werden [3.226]:

$$s_1(hkl) = \left(-\frac{\mu}{E}\right)^{(\mathrm{hkl})} \tag{3.396}$$

$$\frac{1}{2}\, s_2(hkl) = \left(\frac{1+\mu}{E}\right)^{(\mathrm{hkl})} \tag{3.397}$$

Nach *Hauk* [3.227] hängen die röntgenographischen Elastizitätskonstanten bei heterogenen Werkstoffen zum einen von den elastischen Eigenschaften der Kristallite ab, wobei auch die Eigenschaften nicht erfaßter Phasen eingehen, und zum anderen von der Kopplung der Kristallite und Phasen.
Da die Spannung meist nur in einer Phase ermittelt wird, ist der Einfluß anderer Phasen durch die entsprechenden röntgenographischen Elastizitätskonstanten für die untersuchte Phase zu erfassen. (Auf diese Weise können auch röntgenographisch Eigenspannungen in Plastwerkstoffen ermittelt werden, die entweder teilkristalline Bereiche enthalten oder denen zu diesem Meßzweck Metallpulver, z. B. Aluminium, in geringen Mengen zugefügt sind).
Prinzipiell könnte auch die Messung der Spannungen in allen Phasen erfolgen, sofern diese Reflexe liefern und die Spannungen aus Volumenanteilen und Verteilung der Phasen gemittelt werden, wobei diese röntgenographischen Elastizitätskonstanten der vermessenen Phasen nicht den Einfluß weiterer Phasen beinhalten. Dieses Verfahren ist jedoch zu aufwendig und hat für Eigenspannungsmessungen bisher keine praktische Anwendung gefunden.

3.4.4.2. Messung

Nach *Macherauch* und *Müller* [3.226] ermittelt man die Konstanten zweckmäßig im einachsigen Zug- oder Biegeversuch, d. h.

$$\sigma_2 = 0, \varphi = 0°$$

Die Gl. (3.395) wird somit zu

$$\varepsilon_\psi = \frac{1}{2} s_2^{\mathrm{R}} \sin^2\psi + s_1^{\mathrm{R}} \sigma_1 \tag{3.398}$$

Man ermittelt die Dehnung ε_ψ mehrmals in Abhängigkeit von den beiden Variablen σ_1 und $\sin^2\psi$ dieser Gleichung, deren partielle Differentiation nach σ_1 ergibt

$$\frac{\partial \varepsilon_\psi}{\partial \sigma_1} = s_1^{\mathrm{R}} + \frac{1}{2} s_2^{\mathrm{R}} \sin^2\psi \tag{3.399}$$

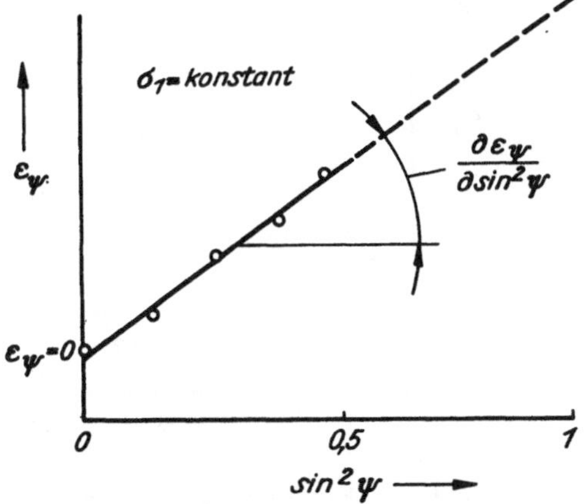

Bild 3.67. Ermittlung des Anstiegs $\frac{\partial_{\varepsilon_\psi}}{\partial \sin^2\psi}$ für den jeweiligen Wert von σ_1

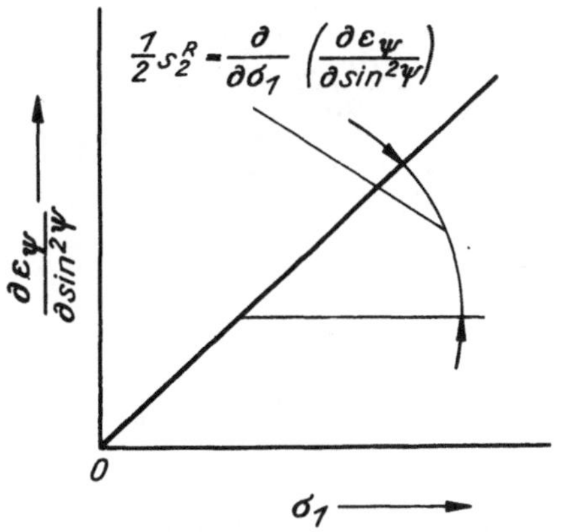

Bild 3.68. Ermittlung der Konstante $\frac{1}{2}s_2^R$ bei verschiedenen Werten σ_1

bzw. für $\psi = 0$

$$\frac{\partial \varepsilon_{\psi=0}}{\partial \sigma_1} = s_1^{\mathrm{R}} \tag{3.400}$$

und

$$\frac{\partial}{\partial \sin^2\psi}\left(\frac{\partial \varepsilon_\psi}{\partial \sigma_1}\right) = \frac{\partial}{\partial \sigma_1}\left(\frac{\partial \varepsilon_\psi}{\partial \sin^2\psi}\right) = \frac{1}{2}s_2^{\mathrm{R}} \tag{3.401}$$

Für die Anwendung dieser Beziehungen gibt es einmal die Möglichkeit der Messung der Gitterdehnungen ε_ψ unter Variation der Lastspannung σ_1 für verschiedene $\sin^2\psi$. Differenziert man erst dann nach $\sin^2\psi$, so werden die mit $\sin^2\psi$ verbundenen systematischen Fehler eliminiert [3.227]. Trägt man ε_ψ über $\sin^2\psi$ auf, so ergibt der Anstieg der Geraden als graphische Differentiation $\frac{\partial \varepsilon_\psi}{\partial \sin^2\psi}$ für jeweils einen Wert von σ_1 (Bild 3.67). Eine Darstellung dieser Anstiege in Abhängigkeit von σ_1 ergibt $\frac{1}{2}s_2^{\mathrm{R}}$ (Bild 3.68) und der Dehnung bei $\psi = 0$ über σ_1 die Konstante s_1^{R} (Bild 3.69).
Die zweite Möglichkeit besteht in der Messung mehrerer Zusammenhänge der Gitterdehnungen ε_ψ in Abhängigkeit von σ_1 bei jeweils unterschiedlichen ψ-Richtungen (Bilder 3.70 und 3.71).
Zur Ermittlung der röntgenographischen Konstanten schlägt *Larsson* [3.228] eine 4-Punkt-Biegevorrichtung vor, die sich für diese Zwecke bewährt hat. Der Vorteil der Biegeprobe ist, daß durch kleine Kräfte hohe Randspannungen hervorgerufen werden.

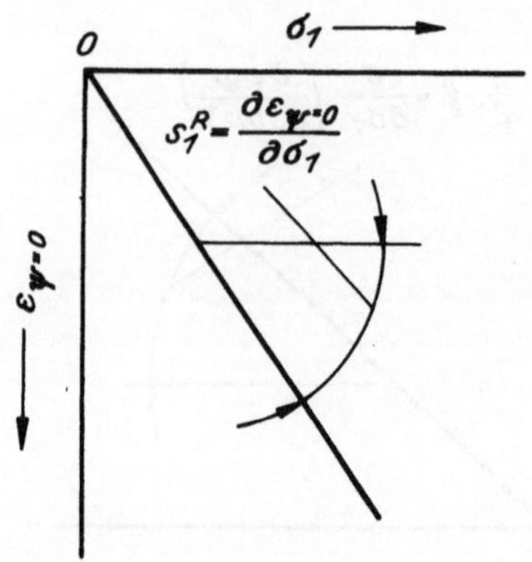

Bild 3.69. Ermittlung der Konstante s_1^R bei verschiedenen Werten σ_l

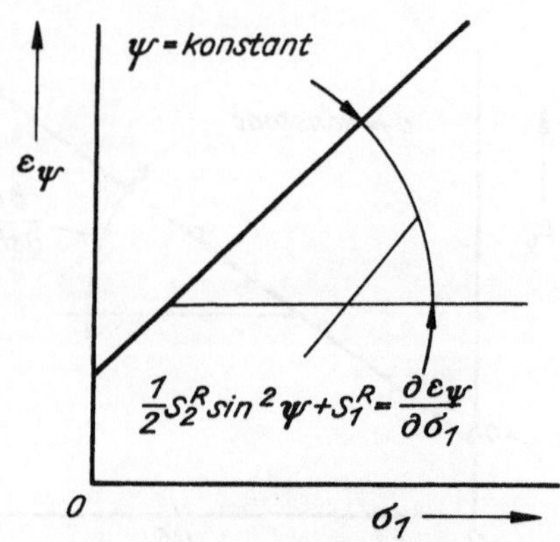

Bild 3.70. Ermittlung des Anstiegs bei Messung des Zusammenhangs $\varepsilon_\psi - \sigma_l$ für die jeweilige Meßrichtung

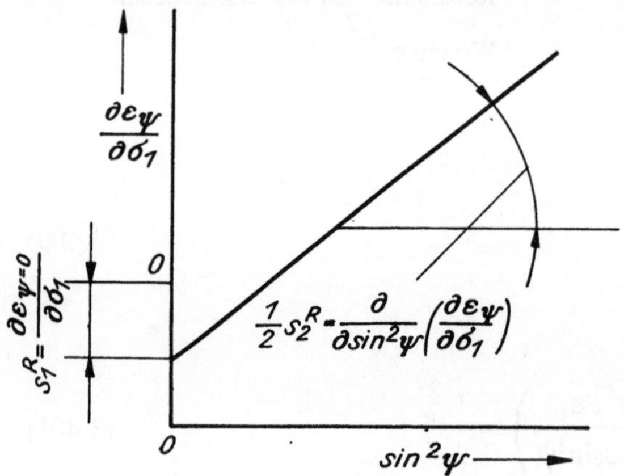

Bild 3.71. Ermittlung der Konstanten $\frac{1}{2} s_2^R$ und s_1^R bei verschiedenen Meßrichtungen

Die Formänderung wird auf der Innenseite der Probe mittels Dehnmeßstreifens überwacht, während auf der Außenseite die röntgenographische Messung erfolgt (Bild 3.72). Wenn die Probe eine geringe Breite im Vergleich zur Dicke hat, ist die Längsspannung einfach aus der Längsdehnung ε_l zu berechnen:

$$\sigma_l = \varepsilon_l E \tag{3.402}$$

Die Querspannung σ_q ist Null. Wenn aber, wie oft realisiert, die Probenbreite viel größer als die Dicke ist, tritt eine vollständige Querkraftbehinderung auf. Es gilt:

$$\sigma_l = \varepsilon_l \frac{E}{1 - \mu^2} \tag{3.403}$$

$$\sigma_q = \mu \sigma_l \tag{3.404}$$

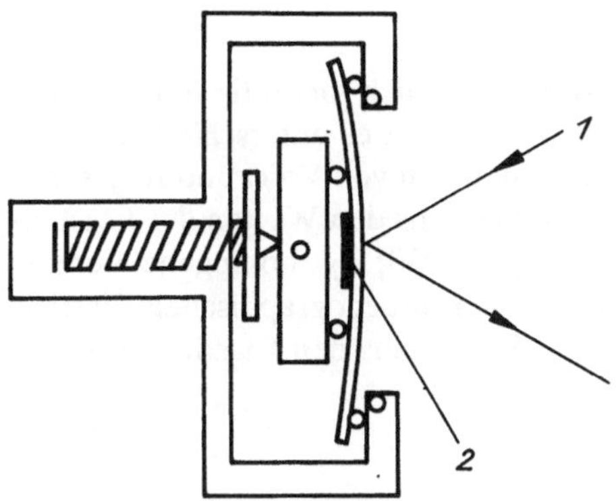

Bild 3.72. 4-Punkt-Biegeprobe zur Messung der röntgenographischen elastischen Konstanten

1 Röntgenstrahl; *2* Dehnmeßstreifen

Vielfach treten aber auch durch teilweise Behinderung der Querdehnung Längsspannungen auf, die dazwischen liegen. Deshalb ist die Überwachung der Dehnung durch Dehnmeßstreifen angezeigt. Querspannungen sollen aber auf die Messung der röntgenographischen elastischen Konstanten keinen Einfluß haben [3.225].
Um den Einfluß des Spannungsabfalls über die Probendicke bei den Biegebalken auszuschalten, soll die Probendicke um den Faktor 100 größer sein als die Eindringtiefe der Röntgenstrahlen (s. Abschnitt 3.4.5.2.).
Makroeigenspannungen im Werkstoff haben keinen Einfluß auf die Ermittlung röntgenographischer elastischer Konstanten, wenn nicht ein Fließen bei der Überlagerung mit den Lastspannungen auftritt. In diesem Falle werden die Konstanten kleiner, da mittels der röntgenographischen Meßmethode immer nur elastische Dehnungsanteile erfaßt werden [3.229]. Bei Werkstoffen mit plastischer Deformation schon bei kleinen Spannungen ist nach *Wohlfahrt* [3.225] dieser Einfluß durch Extrapolation der graphischen Darstellung der auf diese Weise verursachten Spannungsabhängigkeit der elastischen Konstanten bis zum Wert $\sigma = 0$ zu eliminieren.
Liegen die Eigenspannungen mit ihren Hauptachsen schräg zu den Hauptabmessungen der Probe, so tritt eine Aufspaltung der $\varepsilon_{\varphi,\psi}$-$\sin^2\psi$-Kurve für $+\psi$ und $-\psi$ auf. In diesen Fällen kann u. a. eine Mittelwertkurve als Gerade gebildet werden (s. Abschnitt 3.5.5.7.).
Der Unterschied zwischen den röntgenographischen elastischen Konstanten und den makroskopischen Elastizitätskonstanten des Polykristallverbands ist klein, wenn die elastische Anisotropie der Einkristalle des Materials gering ist.
Die elastische *Anisotropie* kann durch den Anisotropiefaktor A_n im kubischen System gekennzeichnet werden:

$$A_n = \frac{2c_{44}}{c_{11} - c_{12}} \tag{3.405}$$

c_{11}, c_{12}, c_{44} Elastizitätskonstanten im kubischen System

Als Anisotropiemaß dient auch das Verhältnis von röntgenographischen zu mechanisch ermittelten Spannungen. Bei Aluminium und seinen Legierungen ist der Anisotropieeinfluß gering, bei Wolfram gar nicht vorhanden, bei Eisenwerkstoffen jedoch ausgeprägt [3.207].

3.4.4.3. Berechnung

Der Einfluß der Anisotropie auf die Gitterdehnungen ist auch theoretisch untersucht worden. Für die Kopplung der Kristallite untereinander gibt es unterschiedliche Annahmen. Am bekanntesten sind die beiden Grenzannahmen von *Voigt* und *Reuss,* die sie trafen, um die polykristallinen Elastizitätskonstanten aus den Werten der Elastizitätskoeffizienten der Einkristalle zu berechnen. *Voigt* [3.230] legt homogene Verzerrungen der Kristallite im Kristallverband zugrunde. Die röntgenographischen Elastizitätskonstanten lassen sich danach für das *kubische System* aus den Elastizitätskoeffizienten s_{11}, s_{12} und s_{44} des Einkristalls wie folgt berechnen:

$$s_1^R = \frac{2s_0(s_{11} + 2s_{12}) + 5s_{12}s_{44}}{6s_0 + 5s_{44}} \tag{3.406}$$

$$\frac{1}{2}s_2^R = \frac{5(s_{11} - s_{12})\,s_{44}}{6s_0 + 5s_{44}} \tag{3.407}$$

Reuss [3.231] postuliert die Homogenität der Spannungen

$$s_1^R = s_{12} + \Gamma s_0 \tag{3.408}$$

$$\frac{1}{2}s_2^R = s_{11} - s_{12} - 3\Gamma s_0 \tag{3.409}$$

In beiden Fällen gilt

$$s_0 = s_{11} - s_{12} - \frac{1}{2}s_{44} \tag{3.410}$$

Γ stellt den Orientierungsfaktor dar:

$$\Gamma = \frac{h^2k^2 + k^2l^2 + l^2h^2}{(h^2 + k^2 + l^2)^2} \tag{3.411}$$

Das reale Werkstoffverhalten liegt etwa zwischen den beiden Grenzannahmen. Eine gute Übereinstimmung zwischen berechneten und gemessenen röntgenographischen elastischen Konstanten bei kubischen Kristallen erhielten *Bollenrath, Hauk* und *Müller* [3.233], indem sie die Berechnung des Schubmoduls des Vielkristalls aus den Werten der Einkristalle nach *Kröner* [3.234], auf der Basis der von *Eshelby* [3.235] durchgeführten Berechnung der Wechselwirkung zwischen einer unendlich ausgedehnten Matrix und einem Einschluß mit von der Matrix abweichenden Eigenschaften zugrunde legten [3.236]:

$$s_1 = s_{12} + T_{12} + \Gamma T_0 \tag{3.412}$$

$$\frac{1}{2}s_2 = s_{11} - s_{12} + T_{11} - T_{12} - 3\Gamma T_0 \tag{3.413}$$

mit den Beziehungen für die Komponenten T_{ik} des die Wechselwirkung beschreibenden Tensors

$$T_o = T_{11} - T_{12} - 2T_{44} \tag{3.414}$$

$$s_{11} + 2s_{12} = \frac{1}{3K_M} \tag{3.415}$$

$$s_{11} - s_{12} = \frac{1}{2G} \tag{3.416}$$

$$T_{11} + 2T_{12} = \frac{K_M - K_K}{K_M(3K_K + 4G)} \tag{3.417}$$

$$T_{11} - T_{12} = \frac{(G - \nu^*)(3K_M + 6G)}{G[8G^2 + G(9K_M + 12\nu^*) + 6\nu^* K_M]} \tag{3.418}$$

$$2T_{44} = \frac{(G - \mu^*)(3K_M + 6G)}{G[8G^2 + G(9K_M + 12\nu^*) + 6\nu^* K_M]} \tag{3.419}$$

$$\mu^* = \frac{1}{s_{44}} \tag{3.420}$$

$$2\nu^* = \frac{1}{s_{11} - s_{12}} \tag{3.421}$$

$$\frac{1}{3K_M} = s_{11} + 2s_{12} \tag{3.422}$$

G	Gleitmodul
K	Kompressionsmodul
Index M	Matrix
Index K	Kristall

Der Schubmodul des Polykristalls ergibt sich aus den Einkristalldaten zu

$$G^3 + \alpha G^2 + \beta G + \gamma = 0 \tag{3.423}$$

$$\alpha = \frac{9K_K + 4\nu^*}{8} \tag{3.424}$$

$$\beta = -\mu^* \frac{3K_K + 12\nu^*}{8} \tag{3.425}$$

$$\gamma = -\frac{3K_K \nu^* \mu}{4} \tag{3.426}$$

Für den Fall eines homogenen einphasigen Polykristalls löst man Gl. (3.426) für den betreffenden Werkstoff zur Berechnung der Elastizitätskonstanten und berechnet danach die Wechselwirkung entsprechend Gln. (3.418) bis (3.419), wobei $K_K = K_M$.
Es ergeben sich die Elastizitätskonstanten nach Gln. (3.412) und (3.413). Bei heterogenen zweiphasigen Werkstoffen, d. h. Kristall K in Matrix M, wird für einen hypothetischen Grenzfall Gl. (3.423) zunächst für die Konstanten der Matrix M gelöst. In die Gln. (3.417) bis (3.419) sind sowohl der nach Gl. (3.423) berechnete Gleitmodul als auch die entsprechenden Einkristallwerte einzusetzen. Daraus folgen wieder die elastischen Konstanten nach Gln. (3.412) und (3.413).
Aus den so berechneten Grenzwerten mit 0 und 100 % K in Matrix M können die konzentrationsabhängigen röntgenographischen elastischen Konstanten durch Interpolation gewonnen werden, wie an einem Beispiel für den Zweiphasen-Werkstoff α-β-Messing demonstriert wurde [3.236]. Dieses Verfahren liefert aber für heterogene Werkstoffe von den experimentell ermittelten Konstanten oft abweichende Werte, so daß auf eine in der Folge erläuterte Methode verwiesen wird.
Für *hexagonale Kristalle* konnte nachgewiesen werden, daß eine einfache Mittelung der Grenzannahmen nach *Voigt*

$$s_1^R = \frac{3\,(4c_{44} - c_{11} - c_{33} - 5\,c_{12} - 8\,c_{13})}{(2\,c_{11} + c_{33} + 2\,c_{12} + 4\,c_{13})\,(7\,c_{11} + 2\,c_{33} - 5\,c_{12} - 4\,c_{13} + 12\,c_{44})} \qquad (3.427)$$

$$\frac{1}{2}\,s_2^R = \frac{15}{7\,c_{11} + 2\,c_{33} - 5\,c_{12} - 4\,c_{13} + 12\,c_{44}} \qquad (3.428)$$

und nach *Reuss*

$$\left.\begin{aligned} s_1^R = {} & \frac{1}{2}\,(s_{11} + s_{13}) + \frac{1}{2}(s_{11} - s_{33} - s_{13} - s_{12} - s_{44})\,a_{33}^2 - \\ & - \frac{1}{2}(s_{11} + s_{33} - s_{44} - 2\,s_{13})\,a_{33}^4 \end{aligned}\right\} \qquad (3.429)$$

$$\left.\begin{aligned} \frac{1}{2}\,s_2^R = {} & \frac{1}{2}\,(2\,s_{11} - s_{12} - s_{13}) - \frac{1}{2}(5\,s_{11} + s_{33} - 3\,s_{44} - s_{12} - 5\,s_{13})\,a_{33}^2 + \\ & + \frac{3}{2}(s_{11} + s_{33} - s_{44} - 2\,s_{13})\,a_{33}^4 \end{aligned}\right\} \qquad (3.430)$$

$$a_{33}^2 = \cos^2\varphi \qquad (3.431)$$

φ Winkel zwischen der 6zahligen Achse und der Netzebenennormalen

Werte ergibt, die gut mit den Meßergebnissen übereinstimmen [3.237]. Das wurde auch durch Untersuchungen bestätigt, bei denen die Annahmen von *Kröner* und *Eshelby* in die Berechnung für diese Metalle eingeführt wurden [3.238, 3.239].

Eine Möglichkeit der Berechnung der Konstanten für mehrphasige Werkstoffe wurde bereits angeführt. Tatsächlich enthalten aber die Konstanten den Einfluß der Mikroeigenspannungen, der sich durch die Kopplung der Kristallite mit unterschiedlichen mechanischen Eigenschaften ergibt. Deshalb errechneten *Evenschor* und *Hauk* [3.240] die Abhängigkeit der röntgenographischen elastischen Konstanten eines Zweiphasensystems durch die Existenz einer zweiten Phase

$$s_1^{R'} = s_1^R \frac{E}{E'} \frac{1-2\mu'}{1-2\mu} + \frac{1}{2} s_2^R \frac{E}{E'} \frac{\mu - \mu'}{(1+\mu)(1-2\mu)} \tag{3.432}$$

$$\frac{1}{2} s_2^{R'} = \frac{1}{2} s_2^R \frac{E}{E'} \frac{1+\mu'}{1+\mu} \tag{3.433}$$

Dabei sind E und μ die mechanischen elastischen Konstanten der röntgenographisch zu vermessenden Phase, E' und μ' die mechanischen elastischen Konstanten des Zweiphasensystems. Um die röntgenographischen elastischen Konstanten des Zweiphasensystems als Funktion der Konzentration zu berechnen, müssen E' und μ' in Abhängigkeit von der Konzentration bekannt sein. Nach *Hashin* und *Shtrikman* [3.241] lassen sich die Konstanten K' und G' als Funktion der Volumenkonzentration in oberer und unterer Grenze angeben. Durch die Grenzbedingungen von *Voigt, Reuss* und *Kröner* läßt sich dieser Bereich eng eingrenzen [3.240]. Die nicht vermessene 2. Phase kann auch nichtkristallin oder ein weiteres Phasengemisch sein, deren elastische Konstanten aber bekannt sein müssen.

Verfeinerte Werkstoffmodelle tragen der Anordnung der Phasen Rechnung, wobei »Reihenschaltung« und »Parallelschaltung« der Phasen dabei zwei Grenzbedingungen darstellen [3.226]. Bei der »Reihenschaltung« (homogene Dehnungsverteilung) sind die röntgenographischen elastischen Konstanten unabhängig vom Mischungsverhältnis; sie sind gleich denen der reinen Phase. Faser- und Schichtverbunde fallen mit nahezu der Reihenschaltung zusammen. Die belastungsinduzierten Spannungen in der zu messenden Phase sind von der Beanspruchung und dem Mischungsverhältnis abhängig. Beide Grenzen des Modellgefüges lassen sich durch reale Werkstoffmodelle wie kugelförmigen Einschluß bzw. Pore in einer Matrix noch näher eingrenzen, so daß man die röntgenographischen elastischen Konstanten für dispersionsgehärtete bzw. gesinterte Werkstoffe erhält.

Grundlegende Beziehung dieser Betrachtungen ist nach *Hauk* u. a. [3.242] der Zusammenhang zwischen der Dehnung ε_ψ und den Hauptspannungen σ_1, σ_2, σ_3 infolge einer Lastspannung in der zu messenden Phase:

$$\varepsilon_{\psi=0,6} = \frac{1}{2} s_2^R \sin^2\psi\,(\sigma_1 - \sigma_3) + s_1 (\sigma_1 + \sigma_2 + \sigma_3) \tag{3.434}$$

$$s_1^{R'} = s_1 \frac{\partial}{\partial\sigma_1} (\sigma_1 + \sigma_2 + \sigma_3) + \frac{1}{2} s_2 \frac{\partial\sigma_3}{\partial\sigma_2} \tag{3.435}$$

$$\frac{1}{2} s_2^{R'} = \frac{\partial}{\partial\sigma_L} \frac{\partial}{\partial \sin^2\psi} \varepsilon_{\psi=0,6} = \frac{1}{2} s_2 \frac{\partial(\sigma_1 - \sigma_3)}{\partial\sigma_L} \tag{3.436}$$

Die gestrichenen und ungestrichenen Größen entsprechen den Angaben der Gln. (3.432) und (3.433). σ_L ist die angelegte Lastspannung in Richtung σ_1; $\sigma_1, \sigma_2, \sigma_3$ sind die Hauptspannungen in der betrachteten Phase. Die Anwendung für Faserverbunde ist in [3.244], für poröse Werkstoffe in [3.245] beschrieben.
Schließlich sei noch eine Methode der Berechnung der röntgenographischen Elastizitätskonstanten erwähnt, die von deren Netzebenenabhängigkeit ausgeht [3.243]. Man definiert eine *röntgenographische Anisotropie* A_R einer vielkristallinen homogenen quasiisotropen Phase in Analogie zur technischen Anisotropie

$$A_R = \frac{\frac{1}{2} s_2^{(h00)}}{\frac{1}{2} s_2^{(hhh)}} \tag{3.437}$$

Nach der Theorie von *Kröner* und *Eshelby* folgt

$$A_R = \frac{8\,G^2 + G\,(9\,\kappa + 12\,\mu^*) + 6\,\kappa\mu^*}{8\,G^2 + G\,(9\,\kappa + 12\,\nu^*) + 6\,\kappa\mu^*} \tag{3.438}$$

mit

$$\kappa = \frac{1}{3\,(s_{11} + 2\,s_{12})} \tag{3.439}$$

G Gleitmodul des Polykristalls, berechnet nach Gl. (3.434), und den Einkristallmoduln μ^* und ν^* nach Gln. (3.420) und (3.421)

Die röntgenographische Anisotropie liegt auch in der zu vermessenden Phase vor als A'_R

$$A'_R = \frac{\frac{1}{2} s_2'^{(h00)}}{\frac{1}{2} s_2'^{(hhh)}} = A_R \tag{3.440}$$

Unter Beachtung der Gl. (3.434) ist die auf den mechanischen $\frac{1}{2} s'^{mech}$ für $3\,\Gamma = 0{,}6$ (s. Gl. (3.411)) bezogene Steigung S der röntgenographischen Elastizitätskonstanten über $3\,\Gamma$

$$S = \frac{\frac{1}{2}\,s_2'^{(h00)} - \frac{1}{2}\,s_2'^{(hhh)}}{\frac{1}{2}\,s_2'^{mech}} \tag{3.441}$$

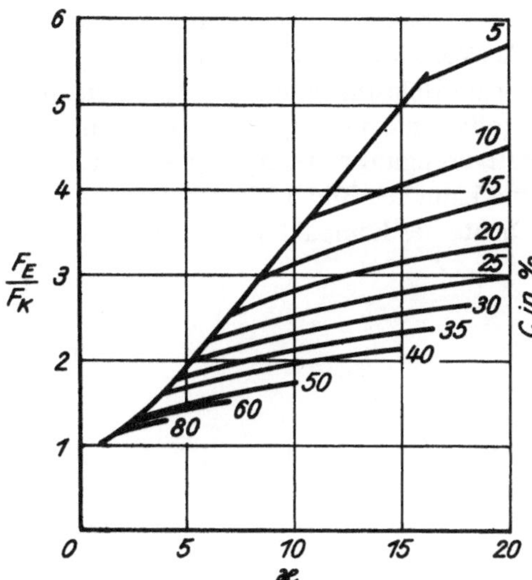

Bild 3.73. Verhältnis der Verengungswirkungen gestreckter und kugelförmiger Poren in Abhängigkeit vom Porenformfaktor κ und der Porosität c als Parameter

Die Steigung S ist eine charakteristische Werkstöffkenngröße; sie ist von der Zahl, dem Anteil und den Eigenschaften der anderen Phasen unabhängig [3.243].
Somit wird schließlich

$$\frac{1}{2}\, s_2^{(hkl)} = \frac{1}{2} s_2'^{\,mech}\,[1 + S\,(0{,}6 - 3\,\Gamma)] \tag{3.442}$$

Praktisch verfährt man so, daß der mechanische Wert $\frac{1}{2}\; s'^{\,mech}$ für verschiedene Mischungsverhältnisse bei $3\,\Gamma = 0{,}6$ ermittelt wird.
Die röntgenographischen Elastizitätskonstanten aller Orientierungen liegen für jeweils ein Mischungsverhältnis auf einer Geraden, die durch Punkt ($3\,\Gamma = 0{,}6$; $\frac{1}{2} s'^{\,mech}$) geht und deren Anstieg sich durch Multiplikation des Anstiegs für 100 % zu vermessende Phase im Werkstoff mit den Quotienten der mechanischen Werte des Zweiphasenwerkstoffs ergibt [3.226, 3.243]. Diese Ansätze wurden auch für hexagonale Metalle, Sinterwerkstoffe und Faserverbunde erweitert. Ähnliche Betrachtungen bei verschiedenen Orientierungsgraden stellten für Schichtverbunde *Doi* u. a. [3.247, 3.248] an.
Für poröse Werkstoffe wird folgende Umrechnung für die röntgenographischen elastischen Konstanten $\frac{1}{2}\, s_2$ oder s_1 nach *Hauk* und *Kockelmann* [3.245] in Weiterführung eines Ansatzes von *Stroppe* [3.256] angegeben:

$$REK^{P} = \frac{REK}{1 - c\,\dfrac{F_E}{F_K}} \tag{3.443}$$

Danach lassen sich die Konstanten des porösen Werkstoffs leicht aus den Konstanten des kompakten Werkstoffs berechnen, wenn das Verhältnis F_E/F_K bekannt ist. F_K ist die Gesamtschnittfläche der Kugelporen senkrecht zur Belastungsrichtung, F_E die entsprechende Gesamtschnittfläche der gestreckten (ellipsenförmigen) Poren. Der Quotient F_E/F_K ist somit das Verhältnis der Querschnittverengungswirkungen gestreckter und kugelförmiger Poren bei gleicher Porosität und kann aus Bild 3.73 abgelesen werden. Dazu wird zunächst die Porosität c aus der Dichte des kompakten Körpers ρ und der Dichte des porösen Körpers ρ_P ermittelt:

$$c = \frac{\rho - \rho_P}{\rho} \tag{3.444}$$

Für den Porenformfaktor gilt nach [3.256]

$$\kappa = 4\,\frac{E - E_P}{E - E_K} \tag{3.445}$$

E_P Elastizitätsmodul des porösen Materials (experimentell ermittelt)
E Elastizitätsmodul des kompakten Materials
E_K Elastizitätsmodul des porösen Materials der Porosität c bei Vorliegen kugelförmiger Poren, der sich nach *Hoffmann* und *Stroppe* [3.257] aus dem Kompressionsmodul und dem Gleitmodul des kompakten Werkstoffs berechnen läßt:

$$E_K = \frac{9\,K_K - G_K}{3\,K_K + G_K} \tag{3.446}$$

wobei

$$K_K = \frac{4\,GK\,(1-c)}{4\,G + 3\,Kc} \tag{3.447}$$

$$G_K = \frac{G\,(9\,K + 8\,G)\,(1-c)}{9\,K + 8\,G + 6\,(K + 2\,G)\,c} \tag{3.448}$$

3.4.4.4. Reale Werkstoffeinflüsse

Die röntgenographischen elastischen Konstanten werden durch *plastische Deformation,* d. h. Verfestigung, unterschiedlich beeinflußt. Insbesondere für die Ebene (211) wird der Wert für $\frac{1}{2}\,s_2^R$ mit plastischer Dehnung vermindert, während er für (310) konstant bleibt. Die (211)-Ebene ist Gleitebene. Durch eine Verfestigung bei der plastischen Dehnung tritt infolge Versetzungsanhäufung eine Dehnungsbehinderung auf, die den Abfall der Werte für $\frac{1}{2}\,s_2^R$ verursacht [3.246]. Allerdings soll darauf verwiesen werden, daß die Literaturergebnisse auch widersprüchlich sind [3.259].
Ebenso wie die Orientierungsabhängigkeit der röntgenographischen Konstanten im elastischen Bereich nach Modellen von *Reuss, Voigt* und *Kröner* beschrieben wurde, ist

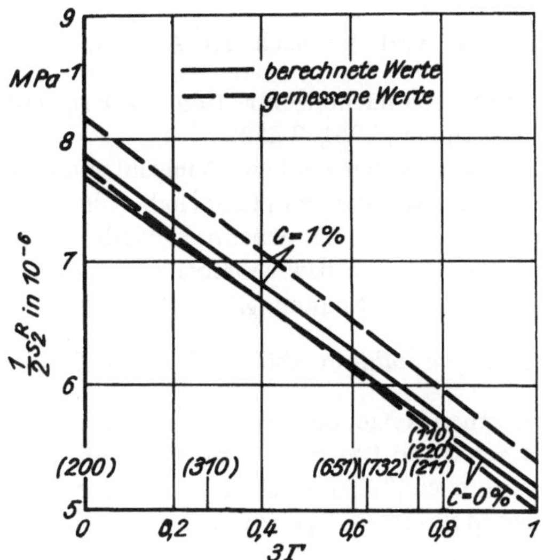

Bild 3.74. Abhängigkeit $\frac{1}{2}s_2^R$ für ferritisch-perlitische Stähle in Abhängigkeit vom Orientierungsfaktor (Netzebene) und dem Kohlenstoffgehalt im Bereich von C = 0 bis C = 1% (nach [3.258])

auch versucht worden, nach einem Modell von *Taylor* die Netzebenenabhängigkeit im plastischen Bereich zu erfassen [3.291].

Unter dem Einfluß von *Texturen* werden ohne dessen Beachtung Eigenspannungen gemessen, die für unterschiedliche Netzebenen sogar unterschiedliche Vorzeichen haben [3.290]. Beim Vorhandensein von Texturen ergibt sich eine zusätzliche Richtungsabhängigkeit der röntgenographischen Konstanten. Die Folge ist eine Nichtlinearität der $\varepsilon_{\varphi,\psi}$- $\sin^2\psi$-Verteilung, wie sie auch durch Spannungsgradienten, Konzentrationsgradienten und Schubspannungen verursacht wird. Eine ψ-Aufspaltung erfolgt nicht allein durch Textureinfluß, so daß ihr Ausgleich durch Mittelung diesen Einfluß nicht eliminiert (s. Abschnitt 3.4.5.6.). *Hauk* und Mitarbeiter [3.249] empfehlen das Ausmessen von (h00)- bzw. (hhh)-Interferenzen, da diese nicht durch eine Textur beeinflußt werden. Die Anwendbarkeit ist jedoch sehr begrenzt, da diese Ebenen meist Reflexe im Vorderstrahlbereich liefern und deshalb mit großer Meßunsicherheit behaftet sind. Berechnungen dieser Verfasser gehen von der Richtungsabhängigkeit der röntgenographischen elastischen Konstanten und dem Vorliegen eines mehrachsigen Eigenspannungszustands aus, wobei die Eigenspannungen den Spannungen infolge äußerer Last additiv überlagert werden. Dazu muß aber der Netzebenenabstand im spannungsfreien Zustand bekannt sein [3.253]. Die richtungsabhängigen elastischen Konstanten werden zunächst für die idealen Lagen der Pole der gewählten Interferenz berechnet, und dann wird über den Volumenanteil der Kristallite dieser Lagen der Spannungszustand berechnet [3.253, 3.254].

Das nichtlineare Verhalten der $\varepsilon_{\varphi,\psi}$-$\sin^2\psi$-Verteilung ist für die einzelnen Interferenzen auch recht unterschiedlich. So zeigen die (310)-Interferenz und die hochindizierten Mehrfachinterferenzen (651) und (721) für Stahl eine Linearität der $\varepsilon_{\varphi,\psi}$-$\sin^2\psi$-Verteilung im Rahmen der Meßgenauigkeit [3.250]. Die (211)-Netzebene zeigt aber eine deutliche Nichtlinearität, so daß an dieser Netzebene kleinere Eigenspannungen als an den weniger beeinflußten Netzebenen gemessen werden. Für die (211)-Ebene wurden die ψ-Richtungen 8,4° und 27,9° als texturunabhängig nachgewiesen. Für die Wahl der

röntgenographischen elastischen Konstanten $\frac{1}{2}\,s_2$ wird der nach der Annahme von *Reuss* zu berechnende Wert empfohlen. Bei kubisch flächenzentrierten Körpern sind evtl. die (310)-Interferenz bzw. (331)-Ebene geeignet [3.251, 3.252].
Zur Wahl der röntgenographischen Elastizitätskonstanten steht eine Vielzahl von Einzelwerten in der Literatur zur Verfügung. *Hauk* und *Kokelmann* [3.258] haben diese für Stähle zusammengetragen und nach den in Abschnitt 3.4.4.3. genannten Methoden je nach *Kohlenstoffgehalt* für Werkstoffe mit heterogenem bzw. homogenem Gefügeaufbau berechnet. Bild 3.74 zeigt die für die unmittelbare Spannungsberechnung wichtige Elastizitätskonstante $\frac{1}{2}\,s_2^R$ für *ferritisch-perlitische Stähle* in Abhängigkeit vom Orientierungsfaktor Γ und damit von der ausgemessenen Netzebene sowie vom Kohlenstoffgehalt. (Werte für Kohlenstoffgehalte zwischen 0 und 1 % sind zu interpolieren.) Für die Meßpraxis wichtige Netzebenen lassen sich nach [3.258] folgende Gleichungen als Mittelwerte mit Standardabweichung aus den Meßwerten angeben (in %):

(220)

$$\frac{1}{2}\,s_2^R = 5{,}363 \pm 0{,}231 + (0{,}981 \pm 0{,}886) \cdot C \qquad \text{in } 10^{-6}\,\text{MPa}^{-1} \qquad (3.449)$$

C im Bereich 0,005 bis 1,17 %

(211)

$$\frac{1}{2}\,s_2^R = 5{,}682 \pm 0{,}080 + (0{,}388 \pm 0{,}153) \cdot C \qquad \text{in } 10^{-6}\,\text{MPa}^{-1} \qquad (3.450)$$

C im Bereich von 0,01 bis 2,12 %

(310)

$$\frac{1}{2}\,s_2^R = 7{,}024 \pm 0{,}123 \pm (0{,}376 \pm 0{,}244) \cdot C \qquad \text{in } 10^{-6}\,\text{MPa}^{-1} \qquad (3.451)$$

C im Bereich von 0,005 bis 1,56 %

Der Wert für $\frac{1}{2}\,s_2^R$ steigt mit zunehmendem Kohlenstoffgehalt, da infolge des im Vergleich zum Ferrit kleineren E-Moduls von Zementit (181500 MPa) der Ferrit größere Spannungen aufnehmen muß. Bei den berechneten Werten ist die Kohlenstoffabhängigkeit der röntgenographischen Konstante etwas geringer als im Vergleich zu den Meßwerten, wie Bild 3.74 erkennen läßt, da eine Reihe idealer Annahmen (reine Eisenkörner anstelle des Mischkristalls Ferrit, globularer Zementit) nicht zutrifft [3.226]. Es wird auch empfohlen, die berechneten Werte für Vergütungsstähle zu verwenden, ebenso auch für plastisch verformte Stähle, da die genannte Verformungsabhängigkeit der (211)-Interferenz innerhalb der Einflüsse der Werkstoffunterschiede und Meßunsicherheiten liegt [3.270].

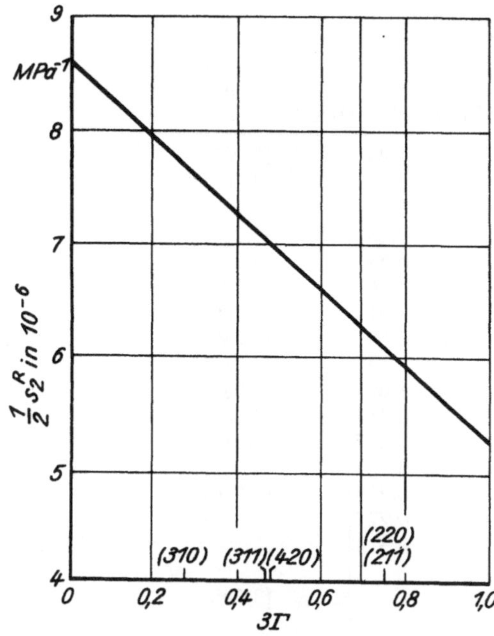

Bild 3.75. Abhängigkeit der röntgenographischen Elastizitätskonstante $\frac{1}{2} s_2^R$ für den reinen Austenit eines Stahls mit 12% Cr und 12% Ni (Abhängigkeit von der Orientierung nach [3.258])

Für *austenitische Stähle* wird wegen der relativ großen Streuung der nur sehr begrenzt vorliegenden Meßwerte in der Literatur nach [3.226] die Berechnung von $\frac{1}{2}\ s_2^R$ vorgeschlagen. Bild 3.75 zeigt für einen austenitischen Stahl mit 12 % Cr und 12 % Ni die Abhängigkeit von dem Orientierungsfaktor. Wegen der geringen Unterschiede der E-Moduln von Ferrit und Austenit soll keine Abhängigkeit vom Verhältnis der beiden Gefügebestandteile erwartet werden. Liegt noch Zementit im Gefüge vor, so wird $\frac{1}{2}\ s_2^R$ des reinen Austenits pro Masseprozent Fe_3C um $2{,}75 \cdot 10^{-8}\ \mathrm{MPa}^{-1}$ erhöht [3.258]. Bei der Wahl der röntgenographischen elastischen Konstante nach dieser Methode besteht die Unsicherheit darin, daß der Einfluß der Legierungselemente auf die Konstante des Austenits noch unberücksichtigt ist.

Für *gehärtete Stähle* werden die statistisch gut abgesicherten Konstanten nach *Hartmann* [3.259] angegeben, der eine lineare Abhängigkeit vom Restaustenitgehalt (C_A in %) und vom Kohlenstoffgehalt (in %) im Gebiet bis 75 % Restaustenit und 1,27 % Kohlenstoff fand. Die Untersuchungen wurden an den Werkstoffen 16MnCr5 (aufgekohlt auf 1,2 % C) und XMoCr4 (durchgekohlt, C-Gehalt 0,04 bis 1,25 %, unterschiedlich wärmebehandelt) durchgeführt. Für *Martensit* mit der (211)-Interferenz gelten danach die Regressionsfunktionen mit Zufallsanteil:

$$\frac{1}{2} s_2^R = 5{,}21 - 0{,}011\, c_A + 0{,}4 \cdot C \pm 0{,}08 \qquad \text{in } 10^{-6}\,\mathrm{MPa}^{-1} \qquad (3.452)$$

$$- s_1^R = 1{,}12 - 0{,}003\, c_A + 0{,}11 \cdot C \pm 0{,}03 \qquad \text{in } 10^{-6}\,\mathrm{MPa}^{-1} \qquad (3.453)$$

Tabelle 3.2. Röntgenographische Elastizitätskonstanten einiger Werkstoffe

Werkstoff	Interferenz	Strahlung	$\frac{1}{2} s_2^R$ 10^{-6} MPa^{-1}	$-s_1^R$ 10^{-6} MPa^{-1}	Literatur-quelle
Aluminium	(420)	Co-Kα	20,43	5,44	[3.207]
Kupfer	(400)	Co-Kα	13,56	3,98	[3.207]
Nickel	(313)	Cu-Kα	5,56	1,20	[3.207]
Wolfram	(222)	Co-Kα	3,12	7,85	[3.206]
CuZn30	(420)	Co-Kα	15,39	3,89	[3.207]
TiAlV4	(121)	Co-Kα	1,50	3,06	[3.207]
TiAl6V4	(213)	Cu-Kα	1,35	4,01	[3.280]
TiAl6V6Sn2	(213)	Cu-Kα	1,04	3,69	[3.280]
α-Ti	(213)	Cu-Kα	1,13	2,83	[3.280]
	(213)	Cu-Kα	2,65	5,60	[3.280]
TiC	(220)	Co-Kα	2,77	0,463	[3.283]
	(420)	Co-Kα	2,73	0,450	[3.283]
WC	(100)	Co-Kα	1,64	0,233	
(90% WC	(211)	Co-Kα	1,63	0,228	[3.296]
10% Co)	(201)	Co-Kα	1,60	0,225	
	(112)	Co-Kα	1,45	0,313	
WC	(1122)	Fe-Kα	1,69		
Co	(113)	Fe-Kα	4,31		[3.298]
Fe_3C	(400) (215)	Fe-Kα_1	6,8		
(im C 130)	(330)				

und für *Restaustenit* mit der (200)-Interferenz wurde gefunden

$$\frac{1}{2} s_2^R = 4{,}20 - 0{,}023\, c_A + 1{,}38 \cdot C \pm 0{,}28 \qquad \text{in } 10^{-6}\,\text{MPa}^{-1} \qquad (3.454)$$

$$-s_1^R = 0{,}86 - 0{,}002\, c_A + 0{,}27 \cdot C \pm 0{,}06 \qquad \text{in } 10^{-6}\,\text{MPa}^{-1} \qquad (3.455)$$

Für $c_A = C = 0$ ergeben sich die Konstanten für ferritisches Gefüge aus Gln. (3.452) und (3.453).

Für einige weitere wichtige Werkstoffe sind die Werte für $\frac{1}{2} s_2^R$ nach [3.207] in Tabelle 3.2 zusammengestellt. Textureinflüsse sind nach den Ausführungen im Abschnitt 3.4.4.4. zu beachten.

Schließlich sei noch erwähnt, daß die *Temperaturabhängigkeit* der röntgenographischen Elastizitätskonstanten im Bereich von 0 bis 300 °C zu vernachlässigen ist [3.226].

Auf alle Fälle ist der Einfluß erhöhter Temperaturen der Prüflinge auf die röntgenographischen Elastizitätskonstanten zu erfassen [3.289]. So wurde bei molybdän- und chrommolybdänlegierten Stählen jedoch bei 300 °C ein Abfall der Konstanten $\frac{1}{2} s_2^z$ und s_1 um etwa 20 % gemessen, wofür u. a. Fließvorgänge an den Korngrenzen verantwortlich sein sollen.

3.4.5. Praxis der röntgenographischen Spannungsmessung

3.4.5.1. Strahlung

Die Untersuchung erfolgt im allgemeinen mit der Eigenstrahlung der Anode einer Röntgenröhre. Im Gegensatz zur Anwendung eines Monochromators ist diese Strahlung jedoch nicht streng monochromatisch, sondern sie besteht aus mehreren charakteristischen Spektrallinien. Für die praktische Spannungsanalyse spielen vor allem die Linien $K\alpha_1$ und $K\alpha_2$ eine wichtige Rolle, deren Intensitäten sich wie 2:1 verhalten. Die Wellenlängen der K-Strahlung sind für verschiedene Anodenwerkstoffe in Tabelle 3.3 zusammengestellt. Die noch auftretenden schwachen $K\beta_1$ und $K\beta_3$-Spektrallinien lassen sich durch ein *Filter* ausschalten. Die Filterwerkstoffe werden in Abhängigkeit vom Anodenmaterial in Tabelle 3.4 angegeben. Filter sind vor allem dann zweckmäßig, wenn unerwünschte Linien auf die Hälfte, der Untergrund auf ein Viertel geschwächt werden sollen [3.278]. Eine bessere Wirkung haben *Monochromatoren;* sie setzen jedoch die Meßzeit erheblich herauf.
Für Eisenwerkstoffe wird meist Cr-$K\alpha$-Strahlung verwendet. Die bei der Mo-Strahlung angeregte Eigenstrahlung des Eisens ist nicht weiter hinderlich, da sie durch das Filter ausgeschaltet wird. Die Aufspaltung des $K\alpha$-Dubletts nimmt mit kleinerer Wellenlänge zu. Für die Interferenzlagen dieses Dubletts gilt, daß Θ für $K\alpha_2$ größer ist als $\Theta K\alpha_1$. Außerdem sind sie durch ihre Intensitätsunterschiede vielfach zu unterscheiden, da die Intensität der $K\alpha_1$-Strahlung doppelt so groß ist wie die der $K\alpha_2$-Strahlung. Zum Teil muß aber eine zusätzliche Korrektur erfolgen (s. Abschnitt 3.4.5.4.).

Tabelle 3.3. Wellenlänge der K-Strahlung in nm für praktisch verwendete Anodenwerkstoffe

Spektrallinie	Chrom	Eisen	Kobalt	Kupfer	Molybdän
$K\alpha_1$	22,8962	19,3597	17,8890	15,4050	7,0926
$K\alpha_2$	22,9352	19,3991	17,9279	15,4434	7,1354

Tabelle 3.4. Filterwerkstoffe für verschiedene Anoden

Anode	Chrom	Eisen	Kobalt	Kupfer	Molybdän
Filter	Vanadium	Mangan	Eisen	Nickel	Zirkon

3.4.5.2. Eindringtiefe

Die *Eindringtiefe* der Strahlung ist abhängig von ihrer Wellenlänge und von dem Winkel, den die auftretende Strahlung mit der Oberfläche bildet. *Schaal* [3.261] definiert die wirksame Eindringtiefe als Tiefe, bei der auf einem Film in Rückstrahlanordnung keine Schwärzung auftritt. Experimentell wurden die Werte ermittelt durch Aufbringen eines elektrolytischen Niederschlags auf eine Unterlage (z. B. Kupfer). Die Niederschlagdicke wird so lange variiert, bis die Interferenz der Unterlage nicht mehr erfaßt wird. *Macherauch* [3.260] definiert als Eindringtiefe t den senkrechten Abstand von der Oberfläche des zu untersuchenden Materials, aus dem 63 % der reflektierten Strahlungsintensität zu registrieren ist. Unter Beachtung der Geometrie der Einstrahlung und Rückstreuung gilt für übliche ω-Diffraktometer (s. Abschnitt 3.4.5.4.):

$$t = \frac{1}{\mu} \frac{\cos^2\eta - \sin^2\psi}{2\cos\eta\cos\psi} \tag{3.456}$$

μ ist der wellenlängenabhängige Schwächungskoeffizient des jeweiligen Probenmaterials. Mit steigenden Werten von ψ nimmt die Eindringtiefe ab. Die Eindringtiefe liegt in Abhängigkeit von ψ für die Cr-$K\alpha$-Strahlung im Bereich von 3 bis $5 \cdot 10^{-3}$ mm, für die Co-$K\alpha$-Strahlung im Bereich von 6 bis $10 \cdot 10^{-3}$ mm und für die Mo-$K\alpha$-Strahlung im Bereich von 5 bis $18 \cdot 10^{-3}$ mm [3.207, 3.206].
Für $\psi = 0$ und $\eta = 0$ folgt aus Gl. (3.456)

$$t = \frac{1}{2\mu} \tag{3.457}$$

Die Eindringtiefe verschiedener Strahlung bei Eisen zeigt Tabelle 3.5. Bei der röntgenographischen Spannungsanalyse werden also immer nur relativ dünne Oberflächenschichten erfaßt. Deshalb wird zur Erzeugung einer definiert auszumessenden Oberfläche ein elektrolytischer Abtrag (s. Abschnitt 3.2.1.4.) empfohlen, da hierbei keine Eigenspannungen zusätzlich eingebracht werden [3.262, 3.263]. Aus diesem Grunde ist eine mechanische Oberflächenbearbeitung, wie Schleifen, abzulehnen.
Die Tatsache der stark begrenzten Eindringtiefe der Röntgenstrahlen hat *Stickforth* [3.263] zur Annahme einer elastischen *Oberflächenanisotropie* bewogen, sofern die Eindringtiefe in Relation zur Kristallgröße vergleichbar oder gar kleiner ist, wie es in der Praxis vorkommt. Das führte sogar zur Ableitung einer modifizierten Grundgleichung der röntgenographischen Spannungsanalyse mit modifizierten röntgenographischen Elastizitätskonstanten. *Hartmann* [3.259] konnte diese Ansätze für den Werkstoff 110MoCr4, gehärtet, mit einer primären Austenitkorngröße von 10facher Eindringtiefe, nicht bestätigen.
Durch Variation der Wellenlänge, d. h. der Anode, erhält man Informationen aus unterschiedlichen Tiefenbereichen z. Die Intensität der in der Tiefe z reflektierten Strahlung I_z ist, bezogen auf die auftreffende Intensität I_0, bei $\psi = 0$

$$\frac{I_z}{I_0} = \exp\left[-\frac{2\mu z}{\cos\psi}\right] \tag{3.458}$$

Tabelle 3.5. Mittlere Eindringtiefe verschiedener Strahlungen für Eisenwerkstoffe bei $\sin^2\psi = 0{,}3$ (nach [3.297])

Strahlung	Cr	Fe	Co	Mo	Mo	Mo
Interferenz	(211)	(220)	(310)	(651) (732)	(541)	(521)
mittlere Eindringtiefe 10^{-3} mm	4,4	6,9	8,7	13,2	8,4	4,6

Die Gitterdehnung bei $\psi \neq 0$ ergibt sich dann als mittlerer Wert durch Integration über die Tiefe [3.220]

$$\bar{\varepsilon} = \frac{\int_0^\infty \varepsilon(z) \exp[-2\mu z/\cos\psi]\, dz}{\int_0^\infty \exp[-2\mu z/\cos\psi]\, dz} \tag{3.459}$$

3.4.5.3. LPA-Faktoren

Die Intensität der abgebeugten Strahlung ist von einer Reihe von Faktoren abhängig. Wichtig für die Aufnahmetechnik sind [3.266] entsprechend der Beziehung

$$I_{hkl} = K^2 |F_{hkl}|^2 HLPA \tag{3.460}$$

H *Flächenhäufigkeitsfaktor.* Er ist gleich der Zahl der bei einer bestimmten Einstrahlung gleichwertig reflektierenden Netzebenen (z. B. hat beim kubischen Kristall die (100)-Ebene 6 gleichwertige Ebenen, die an gleicher Stelle registriert werden: $H = 6$). Eine Interferenzebene mit großem H ist zu wählen, wenn das bestrahlte Probenvolumen klein bzw. die Korngröße groß ist.

F_{hkl} *Strukturfaktor.* Er drückt die Beziehung zwischen der Anordnung der Atome in einem Kristall und der Intensität der gebeugten Röntgenstrahlung aus.

Aufnahmetechnische Intensitätsfaktoren sind:

L *Lorentz-Faktor.* Er berücksichtigt, daß auch Netzebenen in geringem Maße unter Winkeln reflektieren können, die nicht genau die Braggsche Gleichung erfüllen.

P *Polarisationsfaktor.* Er beschreibt die Polarisation der an Kristallen gebeugten Strahlung, die die unpolarisierte Primärstrahlung hervorruft. Durch die Polarisation wird der Röntgenstrahl in Abhängigkeit vom Beugungswinkel geschwächt.

A *Absorptionsfaktor.* Er drückt die winkelabhängige Schwächung durch Photoabsorption und inkohärente Compton-Streuung von Primär- und Streustrahlung bei gegebener Probenform und Probenanordnung aus. Der Faktor nimmt mit größerem Winkel Θ zu.

K Konstante (zur Angleichung berechneter Strukturfaktoren).

Für den Absorptionsfaktor gilt bei üblicher Diffraktometeranordnung und ebener Probe [3.275]

$$A = \frac{1}{2\mu}(1 - \tan\psi \cos\Theta) \tag{3.461}$$

μ Schwächungskoeffizient

Für zylindrische Proben existieren keine geschlossenen mathematischen Ausdrücke. Für den Polarisationsfaktor wird angegeben [3.267]

$$P = 1 + \cos^2 2\,\Theta \tag{3.462}$$

Lorentz- und Polarisationsfaktor werden zu einem Faktor vereinigt, der von der Geometrie der Aufnahmeordnung abhängt. Für Rückstrahlaufnahmen von ebenen Proben auf zylindrischem Film bzw. für das Diffraktometer gilt [3.265]:

$$P \cdot L = \frac{1 + \cos^2 2\Theta}{\sin^2 \Theta \cos \Theta} \tag{3.463}$$

und für Rückstrahlaufnahmen ebener Proben auf ebenem Film besteht die Beziehung

$$P \cdot L = \frac{1 + \cos^2 2\Theta}{\sin^2 \Theta} \tag{3.464}$$

Der *PL*-Faktor ist insbesondere bei großen Halbwertsbreiten zu beachten, wie sie z. B. bei gehärtetem Stahl auftreten. So treten z. B. bei (211)-Interferenzlinien gehärteter Stähle meist Halbwertsbreiten von etwa 8° auf. Eine zweckmäßige Korrektur, die auch noch weitere Einflüsse der Probengeometrie und des Untergrunds zu eliminieren erlaubt, ist eine vergleichende Aufnahme an einer Probe gleicher Geometrie, die mit einem Pulver aus gleichem Werkstoff so überzogen ist, daß nur die Reflexe aus dem Pulver registriert werden. Damit erhält man eine Probe, die im Meßbereich keine Makroeigenspannungen enthält. Die Differenz beider Linienprofile ergibt den Einfluß der Makroeigenspannungen [3.264].
Die Korrektur nach den LPA-Faktoren erfolgt, indem z. B. die Menge der gezählten Quanten mit dem Kehrwert des Produkts LPA multipliziert wird; vielfach erfolgt auch nur eine Absorptionskorrektur.

3.4.5.4. Aufnahmetechnik

3.4.5.4.1. Filmverfahren

Das *Filmverfahren* ist das älteste Verfahren der röntgenographischen Spannungsmessung und hat meist nur noch für das Ausmessen großer Teile Bedeutung, wenn keine transportablen Goniometer zur Verfügung stehen. Meist wird dabei das Rückstrahlverfahren mit ebenem Film angewendet, wobei das $\sin^2\psi$-Verfahren nach *Macherauch* und *Müller* zugrunde gelegt ist [3.227].
Der Film, auf dem Ausschnitte der Interferenzkegel registriert werden, liegt in einer Rückstrahlkamera senkrecht zum Primärstrahl. Ist die Probenoberfläche ebenfalls senkrecht zum Primärstrahl angeordnet ($\psi = 0$), so liegen die Interferenzen symmetrisch zu diesem, da ein kreisförmiger Interferenzring entsteht. Bei der praktisch angewendeten Rückstrahlschrägaufnahme wird der Interferenzring zu einer Ellipse verzerrt, da den Winkeln ψ_1 und ψ_2 verschiedene Netzebenenabstände D_1 und D_2 der Körner zuzuordnen sind. Nach Bild 3.76 gilt

$$\psi_1 = \psi_0 + \eta \tag{3.465}$$

$$\psi_2 = \psi_0 - \eta \tag{3.466}$$

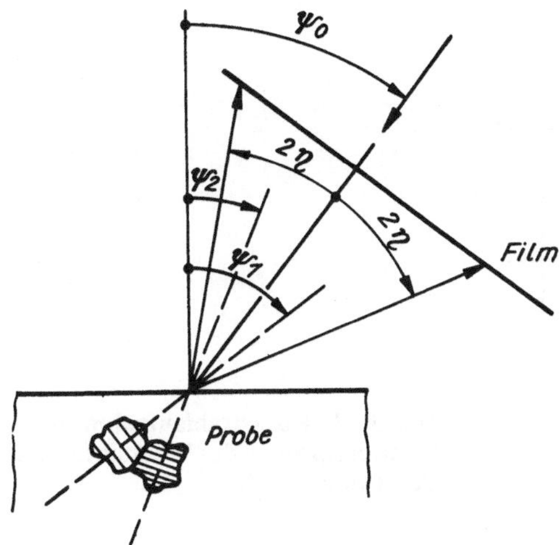

Bild 3.76. Strahlengang bei einer Rückstrahlschrägaufnahme, φ = const

Der Abstand der beiden Interferenzlinien $2r$ kann aus dem Beugungswinkel Θ und dem Abstand zwischen Film und Probenoberfläche A ermittelt werden:

$$2r = -2A \tan 2\Theta_{\varphi,\psi} \tag{3.467}$$

Der Zusammenhang zwischen Gitterdehnung $\varepsilon_{\varphi,\psi}$ und Linienverschiebung $dr_{\varphi,\psi}$ lautet

$$\left(\frac{dD}{D_0}\right)_{\varphi,\psi} = \varepsilon_{\varphi,\psi} = \frac{\cot\Theta_0 \cos^2 2\Theta_0}{2A} dr_{\varphi,\psi} \tag{3.468}$$

Abstand A und Linienverschiebung $dr_{\varphi,\psi}$ ermittelt man mit Hilfe eines geeigneten *Kalibrierstoffs* (z. B. Silber), den man in Pulverform als Suspension in schnell verdampfender Flüssigkeit mittels Pinsels so dünn aufträgt, daß durch die Schicht der Probenwerkstoff noch erkannt wird. Der Stoff kann auch als Folie aufgebracht oder aufgestäubt werden. Die Interferenzlinien des Kalibrierstoffs sollen direkt bei den Interferenzlinien des Probenwerkstoffs liegen (Bild 3.77).

Der Durchmesser der Interferenzlinien des Kalibrierstoffs ist

$$2r_k = -2A \tan 2\Theta_k = 2A \tan 2\eta_K \tag{3.469}$$

Da die Kalibriersubstanz spannungsfrei ist, liefert sie einen zum Filmmittelpunkt konzentrischen Interferenzkreis. Der Abstand zwischen Kalibriersubstanzinterferenz und Werkstoffinterferenz im spannungsfreien Zustand sei Δ_0, im verspannten Zustand $\Delta_{\varphi,\psi}$. Die *Grundgleichung zur Spannungsermittlung nach dem Filmverfahren* lautet nach *Macherauch* [3.207]

$$\varepsilon_{\varphi,\psi} = -\frac{\cot\Theta_0 \cos^2 2\Theta_0}{2r_K} \tan 2\Theta_K (\Delta_0 - \Delta_{\varphi,\psi}) \tag{3.470}$$

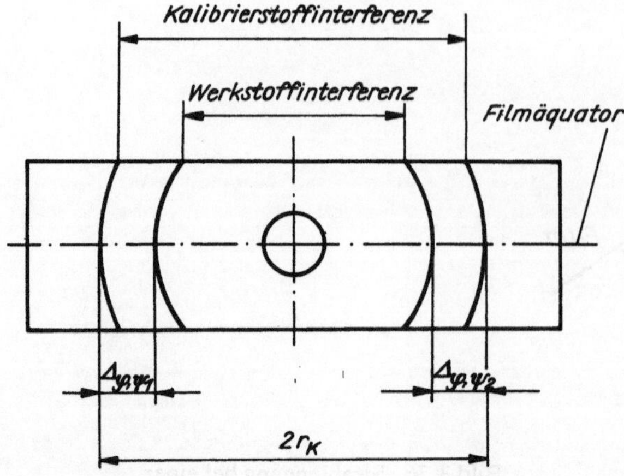

Bild 3.77. Rückstrahlaufnahme mit Interferenzlinien des Werkstoffs und des Kalibrierstoffs

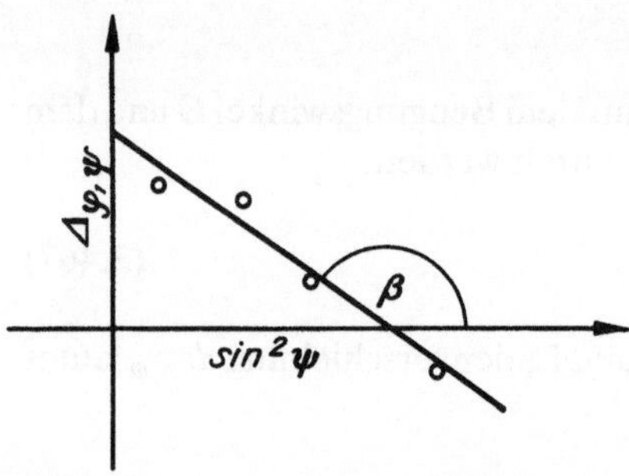

Bild 3.78. Lineare Abhängigkeit der unter verschiedenen Winkeln ψ registrierten Abstandswerte $\Delta_{\varphi,\psi}$ von $\sin^2\psi$, $\varphi = \text{const}$

bzw.

$$\varepsilon_{\varphi,\psi} = C'\,(\Delta_0 - \Delta_{\varphi,\psi}) \tag{3.471}$$

Aus $\varepsilon_{\varphi,\psi}$ ist über die Grundgleichung der röntgenographischen Spannungsmessung σ_φ zu ermitteln. Unter Beachtung dieser folgt bei linearer Abhängigkeit $\Delta_{\varphi,\psi}$ von $\sin^2\psi$

$$\sigma_\varphi = -\frac{C'}{\frac{1}{2}s_2}\,\frac{\partial \Delta_{\varphi,\psi}}{\partial \sin^2\psi} \tag{3.472}$$

bzw. mit der Auswertungskonstanten C

$$\sigma_\varphi = -\,C \cdot M_\varphi \tag{3.473}$$

Bei der Spannungsermittlung nach dem $\sin^2\psi$-Verfahren ist also die Kenntnis des Δ_0-Wertes nicht nötig. Die Konstante C ist positiv (negativ), wenn der Durchmesser des Interferenzrings des Kalibrierstoffs größer (kleiner) ist als der Durchmesser des Interferenzrings des Werkstoffs.

Tabelle 3.6. Auswertekonstanten *C* für das Filmverfahren; Werkstoff – Kalibrierstoff-Kombinationen (nach [3.207])

Werkstoff	Strahlung	Werkstoff		Kalibrierstoff			Auswertekonstante C MPa
		Interferenz	Bragg-Winkel Θ Grad	Stoff	Interferenz	Bragg-Winkel Θ_K Grad	
α-Fe	Cr	(211)	78,006	Cr	(211)	76,456	291,95
	Co	(310)	80,627	Au	(420)	78,769	196,98
	Co	(310)	80,627	Ag	(420)	78,196	208,27
	Co	(310)	80,627	Cr	(310)	78,701	198,36
	Fe	(220)	72,78	Au	(400)	71,69	540
	Mo	(651) (732)	76,95	Au	(775) (111)	74,65	365
	Mo	(541)	53,30	Au	(911) (753)	52,39	795
	Mo	(521)	42,66	Au	(731)	46,91	202
Cu	Co	(400)	81,776	Au	(420)	78,769	100,65
Al	Co	(420)	81,037	Ag	(420)	78,196	65,83
	Co	(420)	81,037	Au	(420)	78,769	62,20
	Cr	(222)	78,321	Ag	(222)	76,034	97,41
TiC	Co	(420)	67,91				

In Tabelle 3.6 sind die Konstanten C für praktisch wichtige Werkstoff-Kalibrierstoff-Kombinationen zusammengestellt. Die Werte sind in dieser hier geschilderten von *Glocker, Hess* und *Schaaber* [3.199] entwickelten Darstellung auf einen Normal-Kalibrierstoff-Interferenzdurchmesser von 50 mm bezogen. Beträgt dieser allgemein r_K, so sind die $\Delta_{\varphi,\psi}$-Werte zu korrigieren:

$$(\Delta_{\varphi,\psi})_{\text{korr}} = \Delta_{\varphi,\psi} \frac{50{,}0}{2\,r_K} \tag{3.474}$$

Bild 3.78 zeigt die Auswertung der Filmaufnahmen, wobei meist 4 bis 6 $\Delta_{\varphi,\psi}$-Werte ausreichen, die gleichmäßig verteilt sein sollen. Jede Filmaufnahme unter $\psi \neq 0$ ergibt Gitterdehnungen mit 2 verschiedenen ψ-Neigungen. Bei konstantem φ sind also Aufnahmen unter 2 bis 3 verschiedenen ψ-Winkeln nötig. Die 2 bis 3 Aufnahmen erfolgen meist auf einem Film. Bei jeder Aufnahme werden nur 2 gegenüberliegende Sektoren belichtet. Der übrige Bereich ist abgedeckt. Die Braggwinkel liegen praktisch zwischen 78 und 82°, die ψ-Winkel im Bereich $0 < \psi \leqq 45°$. Die Werte ψ_1 und ψ_2 sind aus den Gln. (3.465) und (3.466) unter Beachtung

$$2\,\eta = 180 - 2\,\Theta \tag{3.475}$$

zu berechnen.

Die $\Delta_{\varphi,\psi}$-Werte werden mittels Koinzidenzmaßstabs ausgemessen. Der Film wird von unten aus einem Lichtkasten durchstrahlt. Die Auswertung breiter und verwaschener Linien erfolgt meist photometrisch zur Ermittlung des Linienschwerpunkts.

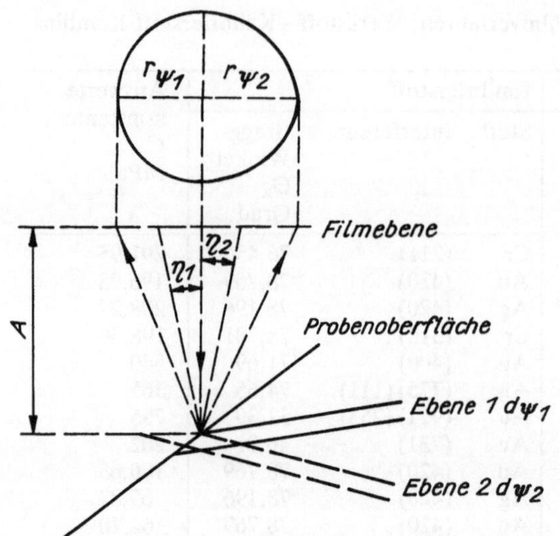

Bild 3.79. Geometrischer Strahlenverlauf bei Schrägeinfall (nach [3.470])

In Bild 3.78 ist der Winkel β eingezeichnet. *Stroppe* empfiehlt die Beziehung

$$\frac{\partial \Delta_{\varphi,\psi}}{\partial \sin^2\psi} = M_\varphi = k \tan\beta \tag{3.476}$$

wobei der Faktor k der Dimensionskorrektur gilt. Er hat den Betrag 1 und die Dimension der Werte für $\Delta_{\varphi,\psi}$.
Einen fallenden Verlauf der Ausgleichsgeraden ($M_\varphi < 0$) weisen Zugspannungen auf. Druckspannungen hingegen sind mit einem steigenden Verlauf ($M_\varphi > 0$) verbunden.
Die Verwendung einer Kalibriersubstanz erübrigt sich, wenn man die entgegengesetzten Seiten eines Beugungsrings auswertet, der mit genügend unterschiedlichen Winkeln zwischen Bezugsebenen und Oberflächennormalen aufgenommen wird und die Differenz der Radien bildet. Zur Aufnahme dient eine 180°-Doppelbelichtungskassette.
Die Auswertegleichung lautet [3.470]:

$$\sigma_\varphi = \frac{E}{1+\mu}\left[\frac{r_{\psi 1} - r_{\psi 2}}{2A\tan\Theta\sec^2 2\Theta\sin(\psi_1+\psi_2)\sin(\psi_1-\psi_2)}\right], \tag{3.477}$$

mit Θ als Mittelwert von Θ_1 und Θ_2 (Bild 3.79). Der Fehler wird in einem ungünstigen Falle mit ± 240 MPa angegeben. Die Methode ist günstig für wiederholte Messungen bei gleichen geometrischen Bedingungen, so daß diese in einer Konstanten zusammengefaßt werden und σ_φ direkt proportional der Radiendifferenz ist.
Zur Vermeidung von systematischen Fehlern der Linienlagenbestimmung soll die Ausdehnung der bestrahlten Probenoberfläche möglichst klein sein, damit die Primärstrahlen als parallel angenommen werden können. Die Primärstrahldivergenz wird durch Blenden von 0,5 mm bis 1 mm Durchmesser begrenzt. Bei grobem Korn erhält man dann aber evtl. keine zusammenhängenden Linien. Durch Relativbewegung von Probe und Röhre kann die untersuchte Fläche vergrößert werden. Für sehr breite Linien, wie

sie gehärteter Stahl oder stark verformte Metalle liefern, versagt die Filmmethode meist. Hierfür ist das Diffraktometerverfahren besser geeignet. Der Einfluß der Temperatur auf Werkstoff und Kalibriermaterial ist evtl. zu korrigieren [3.288].
Die Filmmethode ist auch geeignet für Messungen an Bauteilen mittels transportabler Anlage [3.305, 3.306]. Es wurde auch versucht, als Strahlenquelle radioaktive *Isotope* zu verwenden, um die Mobilität dieses Verfahrens zu erhöhen. Als Quelle diente die monoenergetische Fluoreszenz-K-Strahlung des Mangans, eines Zwischentargets aus Titan, das wiederum eine Quelle aus Fe-55 mit einer Aktivität von $2{,}2 \cdot 10^{10}\,s^{-1}$ enthält. Allerdings betragen die Belichtungszeiten etwa 10 Stunden bei verschwommenen (200)-Interferenzen des Ferrits [3.307]. Neuere Ergebnisse liegen mit ringförmigen Fe-55-Quellen mit Fokussierung vor. Durch Registrierung mit Zählrohrdiffraktometer erfolgten Messungen der Hauptspannungssumme im α- und γ-Eisen [3.464].
Laut KDT-Richtlinie 069/79, Eigenspannungen, sollen zur Spannungsmessung nach dem Filmverfahren Angaben gemacht werden, die in einem Protokoll beim Auftragnehmer zu erfassen sind (s. Einband-Vorsatz, vorn); zusätzlich ist die Interferenzebene anzugeben.

3.4.5.4.2. Diffraktometerverfahren

In den 60er Jahren trat eine deutliche Ablösung der Filmverfahren auf, da dadurch nicht nur der zeitliche Aufwand zur Spannungsanalyse herabgesetzt wird, sondern auch der Anwendungsbereich erweitert werden konnte. Zur Gewinnung einer Übersicht über die Interferenzlinienform, Dublett-Aufspaltung usw. werden aber auch noch heute Filmaufnahmen durchgeführt, wobei z. T. auch Filme in den Strahlengang des Diffraktometers gebracht werden.
Zur Anwendung gelangen *Diffraktometer* mit einem Strahlengang nach *Bragg* und *Brentano*. Dieser ist dadurch gekennzeichnet, daß die auszumessende Probe P im Mittelpunkt eines gedachten Kreises (Meßkreis oder Diffraktometerkreis) angebracht ist. Die Eintrittsblende E des Detektors (meist Zählrohr) befindet sich auf dem Meßkreis, auf dem er bewegt wird, um die Interferenzen abzutasten. Der Austrittsspalt (A) liegt ebenfalls auf dem Meßkreis, so daß durch die Fokussierung scharfe Interferenzen entstehen. Bei der Aufnahme bewegt sich der Detektor mit doppelter Winkelgeschwindigkeit der Probe auf dem Meßkreis M. Die Probennormale halbiert stets den von der Primärstrahlrichtung und der Richtung der gebeugten Strahlung gebildeten Winkel. Die Primärstrahlrichtung bleibt unverändert. Vollständige Fokussierung liegt vor, wenn Austrittsspalt, Eintrittsblende und Probenoberfläche auf einem Fokussierungskreis F liegen. Die Probenoberfläche hat dann den Radius

$$R = \frac{r}{2 \sin \Theta} \tag{3.478}$$

r Meßkreisradius

Aus dieser Gleichung ist zu erkennen, daß der Fokussierungskreis in Abhängigkeit vom Winkel Θ, der sich mit der Probendrehung ändert, während der Registrierung fortlaufend seinen Radius variiert. Bild 3.80 zeigt die Bragg-Brentano-Fokussierung nach [3.268]. Dabei ist vorausgesetzt, daß $\psi = 0°$ ist und die Eindringtiefe der Röntgenstrah-

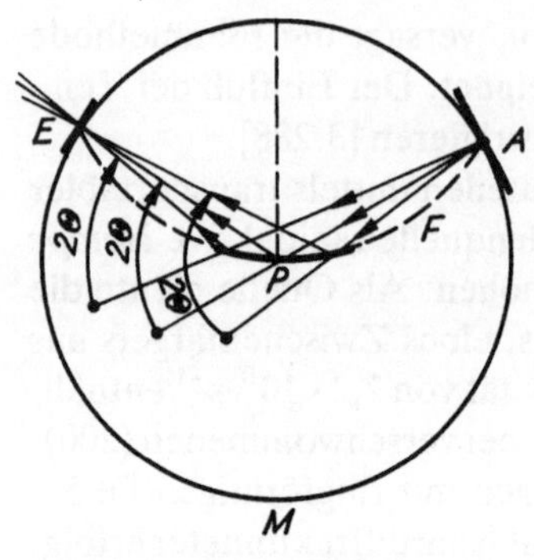

Bild 3.80. Diffraktometeranordnung nach *Bragg-Brentano*, $\psi = 0°$

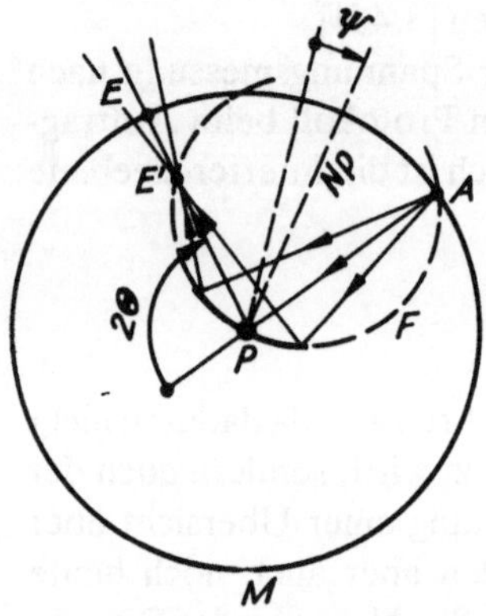

Bild 3.81. Diffraktometeranordnung nach *Bragg-Brentano*, $\psi \neq 0°$

len vernachlässigt wird. Tatsächlich muß aber der Winkel ψ zur Spannungsmessung variiert werden, d. h., die Normale der Probenoberfläche muß gegenüber der Winkelhalbierenden zwischen Primärstrahl und gebeugtem Strahl gekippt werden. Beim konventionellen Diffraktometer ist die Meßkreisachse gleichzeitig die Kippachse, d. h., ψ liegt wie Θ in der Meßkreisebene, so daß daraus die Bedingung $\psi < \Theta$ resultiert und mit steigendem ψ-Winkel durch die Divergenz des Primärstrahls die Defokussierung zunimmt. Praktisch wird die Probe gegenüber dem Primärstrahl um den Winkel ψ gedreht, während die Probenoberfläche Drehachse bleibt [3.207]. Dadurch verschiebt sich der Fokussierungspunkt von E nach E' (Bild 3.81). Die Folge ist eine Linienverbreiterung an der Detektorblende E, da diese fest auf dem Meßkreis M installiert ist. Anderenfalls ist die Detektorblende um die Strecke $\overline{EE'}$ für $\psi > 0$ radial zu verschieben, um die Fokussierungsbedingung zu erfüllen:

$$\overline{EE'} = r\left(1 - \frac{\cos(\psi + \eta)}{\cos(\psi - \eta)}\right) \tag{3.479}$$

Die Detektorblendenverschiebung ist sehr aufwendig und wird in den USA als Parafokusverfahren bezeichnet. In den europäischen Ländern erfolgt meist keine Verschiebung (sog. stationäre Verfahren). Defokussierungserscheinungen treten auch auf, da die Proben, nicht wie hier angenommen, konkav, sondern eben bzw. sogar konvex sind. Bei ebenen Proben ist die Fokussierungsbedingung zumindest für $\psi = 0°$ erfüllt, wenn man von der Primärstrahldivergenz absieht. Die Divergenz ließe sich durch den Einbau

von *Sollerblenden* eliminieren. Dabei handelt es sich um längs in den Strahlengang eingebrachte Folien (z. B. 0,05 mm dickes Aluminium, jeweils in 0,5 mm Entfernung), die parallele Primär- und Beugungstrahlbündel erzielen sollen. Die registrierbare Strahlungsintensität fällt aber unter 1 % ab [3.269]. Als weitere Blenden können beim Diffraktometerverfahren eine *Eintrittsblende* an der Stelle A, eine Aperturblende zwischen A und P sowie *Divergenzblenden* an der Stelle E und eine *Detektorblende* angebracht werden. Die Divergenzblenden befinden sich zwischen A und P sowie P und E. Bei der Mikrostrahltechnik gelingt es, durch eine Begrenzung des Primärstrahls den Durchmesser der bestrahlten Fläche so zu verringern, daß nur bestimmte Phasen bzw. Körner oder z. B. ein Bereich dicht an der Rißspitze erfaßt werden. Zur Vermeidung geometrischer Unschärfen werden die Begrenzungsblenden bis nahe an die Prüffläche gebracht. Da aber mit der Reduzierung der bestrahlten Fläche die Meßzeit quadratisch anwächst, sind leistungsstarke Röntgenröhren zu verwenden. Um trotz kleiner Meßfläche ausreichend viele Kristalle mit interferenzfähiger Lage zu erfassen, wird ggf. eine entsprechende Probenbewegung empfohlen.
Nach *Faninger* [3.268] sind bei einem üblichen Goniometerradius von 170 mm und ebenen Proben Scheinspannungen zu vernachlässigen, wenn der Durchmesser der beleuchteten Fläche maximal 3 mm beträgt. Probenoberfläche und ψ-Achse dürfen nur 0,3 mm parallel gegeneinander verschoben (sog. Exzentrizität) sein. Weitere Einflüsse auf die Defokussierung sind z. B. in der endlichen Fokusbreite und der endlichen Eindringtiefe der Röntgenstrahlen zu sehen. Systematische Untersuchungen zum Einfluß von Divergenz- (0,2 bis 1,8 mm) Zählrohrblenden (0,5 bis 2,5 mm) in horizontaler Richtung ergaben, daß die auftretenden Unterschiede im Bereich der Meßunsicherheit (± 30 MPa) liegen [3.282]. Der Einfluß der Divergenzblenden wird als größter Einfluß angesehen, da ihre Vergrößerung durch Fokussierungsfehler die Spannungen zu positiveren Werten verschiebt. Auch der Einfluß der Sollerblenden wird meist überschätzt. Nach *Faninger* u. a. [3.297] wird eine Primärstrahldivergenz von $< 1°$ horizontal und $< 2°$ vertikal empfohlen. Die Detektorblende soll nicht größer als die Halbwertsbreite sein.
Die Angaben der Meßunsicherheit sind in der Literatur sehr unterschiedlich. So wird z. B. für die Messung an Baustählen für die Cr-Strahlung eine Unsicherheit von ± 12 MPa, für die Co-Strahlung von nur ± 9 MPa angegeben [3.284]. Andererseits wiesen *Hartmann* [3.259] und *Kurita* [3.292] nach, daß umfassende Fehlerabschätzungen wegen der Vielzahl der Einflüsse kompliziert und aufwendig sind.
Eine ausführliche Beschreibung der Fehler der Justierung auf die Spannungsmessung geben z. B. *Singh* und *Balasingh* [3.279].
Die spannungsbedingte Änderung der Interferenzlinie ergibt sich zu

$$d\,\Theta_{\varphi,\psi} = \Theta_{\varphi,\psi} - \Theta_0 \tag{3.480}$$

Die *Grundgleichung für das Diffraktometerverfahren* lautet nach *Macherauch* [3.207] durch Kombination der Gln. (3.378) mit (3.366):

$$\varepsilon_{\varphi,\psi} = -\cot\Theta_0\,(\Theta_{\varphi,\psi} - \Theta_0) \tag{3.481}$$

bzw.

$$\varepsilon_{\varphi,\psi} = \frac{1}{2}s_2\,\sigma_\varphi \sin^2\psi + s_1(\sigma_1 + \sigma_2) \tag{3.482}$$

Bei verschiedenen Bragg-Winkeln Θ_0 (etwa 78 bis 82°) im Rückstrahlbereich werden unter verschiedenen ψ_0-Winkeln entsprechend den Gln. (3.475) und (3.465) bzw. (3.466) die Interferenzlinien registriert. Die Wahl von ψ erfolgt meist bisher so, daß die Meßpunkte etwa äquidistant auf der Kurve $\varepsilon_{\varphi,\psi}$-$\sin^2\psi$ liegen. Die Bragg-Winkel Θ_0 sind für Werkstoff und Anode in Tabelle 3.6 angegeben.
Aus der Grundgleichung ergibt sich bei linearer $\varepsilon_{\varphi,\psi}$-$\sin^2\psi$-Verteilung:

$$\sigma_\varphi = -\frac{\cot\Theta_0}{\frac{1}{2}s_2}\cdot N_\varphi \tag{3.483}$$

bzw.

$$\sigma_\varphi = -C^*\cdot N_\varphi \tag{3.484}$$

mit der Auswertungskonstanten

$$C^* = \frac{\cot\Theta_0}{\frac{1}{2}s_2} \tag{3.485}$$

und N_φ, den Anstieg der $\varepsilon_{\varphi,\psi}$-$\sin^2\psi$-Geraden bzw. der $\Theta_{\varphi,\psi}$ oder hier verwendeten $2\,\Theta_{\varphi,\psi}$-$\sin^2\psi$-Geraden:

$$N_\varphi = \frac{\partial\,\Theta_{\varphi,\psi}}{\partial\sin^2\psi} = \frac{1}{2}\;\frac{\partial\,2\Theta_{\varphi,\psi}}{\partial\sin^2\psi} \tag{3.486}$$

Die Registrierung der Interferenzlinie erfolgt durch schrittweises Abfahren der Θ-Werte mit dem Detektor (Zählrohr oder Szintillationszähler), wobei φ und ψ vorgewählt werden. Die Intensitäten können mittels Plotters registriert bzw. entsprechend der gewählten Schrittweite ausgedruckt werden. Es ist möglich, die Zahl der Impulse (10^4 bis 10^5) vorzugeben und die Zeit bzw. bei vorgegebener Zeit die Impulszahl zu messen. Nach [3.285] ist für eine gegebene Gesamtzählzeit das Quadrat der Standardabweichung, d. h. die Varianz der Intensität, am geringsten, wenn die Zählzeit an jedem Punkt proportional der Quadratwurzel der Intensität an diesem Punkt ist. Im Falle des Verhältnisses des Maximums der Intensität zum Untergrund $\leqq 10$ und äquidistanter Verteilung der Meßpunkte ergibt sich eine Varianz, die nicht größer ist als das 1,4fache des minimalen Werts. Bei $\geqq 10$ wird der Wert noch geringer. Je Interferenz sollen mindestens 30 Zählungen in Schritten erfolgen. In [3.349] wird eine für einen Tischrechner geeignete Beziehung angegeben, um von den Θ-Werten auf σ_φ nach dem $\sin^2\psi$-Verfahren zu schließen.
Zur genauen Angabe der Linienlage gibt es in der Meßpraxis verschiedene Festlegungen. Bild 3.82 verdeutlicht die unterschiedlichen Verfahren nach [3.271]. Bei der Angabe nach der *Halbwertsbreite* wird die Linienlage als Mitte der Halbwertsbreite $B_{1/2}$ gewählt. Die Halbwertsbreite ergibt sich aus der Höhe der halben Maximalintensität.

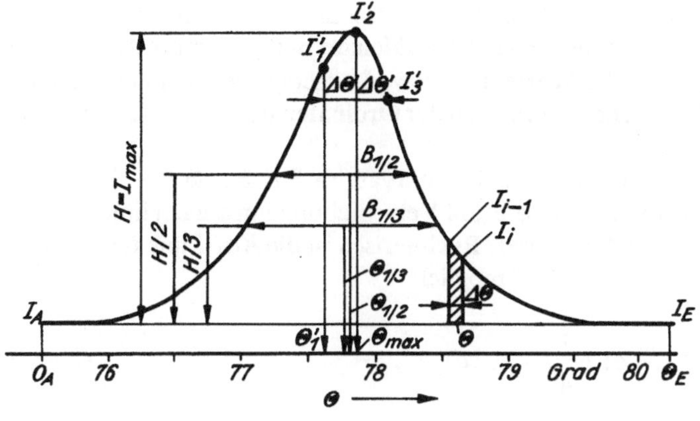

Bild 3.82. Methoden zur Ermittlung der Linienlage

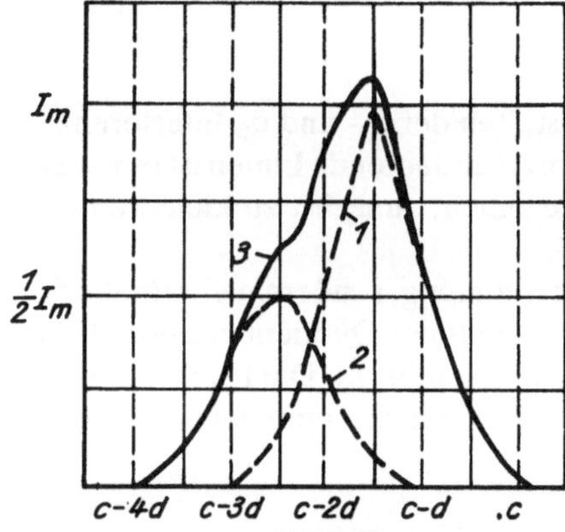

Bild 3.83. Graphische Darstellung zur Korrektur der Dublett-Aufspaltung nach *Rachinger*

Auch eine Linienlagenbestimmung nach der *Drittelwertsbreite* ist möglich, ebenso wären Linienlagenermittlungen für $H_{1/X}$ denkbar. Verbindet man die Mittelpunkte von $B_{1/2}, B_{1/3} \ldots B_{1/X}$ bis zu ihrem Schnittpunkt mit der Interferenzkurve, so erhalten wir den Θ-Wert, der die Linienlage charakterisiert *(Schwerelinienmethode)*. Liegt ein Einfluß des Dubletts der Strahlung vor, so wird die Aufspaltung eliminiert durch eine *Korrektur nach Rachinger* [3.272] bzw. *Kukol* [3.273]. Die Korrektur nach *Rachinger* beruht darauf, daß die Intensitäten der Interferenzlinien infolge der $K\alpha_1$- und $K\alpha_2$-Strahlung separat wie folgt beschrieben werden (Bild 3.83):

Kurve 1: $$I_{\alpha 1} = \mathrm{f}(x - d) \qquad (3.487)$$

Kurve 2: $$I_{\alpha 2} = \frac{1}{2}\mathrm{f}(x) \qquad (3.488)$$

Infolge Überlagerung erscheint jedoch Kurve 3 auf dem Film bzw. Plotter; *d* ist die Dublett-Aufspaltung. Ausgehend vom Abszissenabschnitt *c* vermindert man den Wert *c* um *c* − *d*, *c* − 2 *d*, *c* − 3 *d*, *c* − 4 *d* und zieht jeweils eine Senkrechte durch diese Punkte. Der

Verlauf der Kurve für $I_{\alpha 2}$ ergibt sich im Bereich $c-2\,d \leqq x \leqq c-d$, indem die Werte der Kurve 3 des Bereichs $c - d \leqq x \leqq c$ um die Hälfte verkleinert und jeweils um d nach links verschoben aufgetragen werden. Die Werte der Kurve 1 ergeben sich dann im Bereich von $c-2\,d \leqq x \leqq c-d$ durch einfache Subtraktion der Ordinaten der Kurve 3 um die entsprechenden Werte der Kurve 2.

Analog ergibt sich der Verlauf der Kurve 2 im Intervall $c - 3\,d \leqq x \leqq x - 2\,d$ durch Halbierung der Ordinatenwerte der Kurve 1 und Verschiebung um d nach links. Somit sind beide Interferenzen getrennt darstellbar. Rechnerisch ist die $K\alpha_1$-Linie $f(x)$ aus der zusammengesetzten Linie $I(x)$ nach [3.254] möglich:

$$\mathrm{f}(x) = I(x) = \frac{1}{2} I(x-d) + \frac{1}{4} I(x-2\,d) - \ldots + \ldots \tag{3.489}$$

und

$$d = 2 \tan \Theta_\alpha \left(\lambda_{\alpha 2} - \lambda_{\alpha 1}\right) / \lambda_\alpha \tag{3.490}$$

wobei wieder vorausgesetzt ist, daß sich die Intensitäten der α_1- und α_2-Interferenzen wie 1 : 2 verhalten (α bezeichnet das Dublett). Für breit auslaufende Linien ist es zweckmäßig, die Korrektur beim Linienmaximum zu beginnen, zunächst zu kleineren und dann zu größeren Θ-Werten zu korrigieren [3.355].

Die Separation erfolgt weniger für die Linienlagebestimmung, sondern mehr für die Ermittlung der *integralen Linienbreite* B_I, die definiert ist als der Quotient aus der Fläche unter der Kurve für $I_{\alpha 1}$ und dem Maximum der Kurve $I_{\alpha 1}$, d. h. I_m. Die Fläche unter einer Interferenzlinie berechnet sich als Linienintensität I_L aus den punktweise gemessenen Intensitäten

$$I_\mathrm{L} = \sum_{i=1}^{n} I_\mathrm{i}\, \Delta\Theta \tag{3.491}$$

Bei der oft üblichen Darstellung der Interferenz über 2 Θ ist statt $\Delta\Theta$ $\Delta 2\Theta$ zu setzen:

$$B_\mathrm{I} = \frac{I_\mathrm{L}}{I_\mathrm{m}} \tag{3.492}$$

Die Linienbreite ist ein Maß für *Mikroeigenspannungen* (s. Abschnitt 3.4.5.8.). Die integrale Linienbreite der α_1-Interferenz kann leicht aus dem Intensitätsmaximum $I_{\alpha 1\mathrm{max}}$ und der Gesamtfläche des Dubletts A_α ermittelt werden:

$$B_{\mathrm{I}\alpha 1} = \frac{2}{3} A_\alpha / I_{\alpha 1\mathrm{max}} \tag{3.493}$$

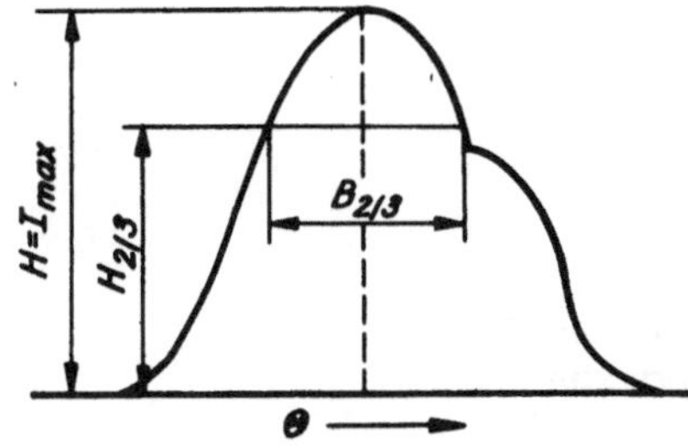

Bild 3.84. Ermittlung der Linienlage unter Ausschaltung des Dublett-Einflusses

Die integrale Linienbreite erfaßt besser die Form und Länge der Linienausläufer als z. B. die Halbwertsbreite.
Einfach und für viele Fälle ausreichend ist es, die Linienlage nach der $^2/_3$-werts-Breite (Bild 3.84) anzugeben, wo der Aufspaltungseinfluß nicht mehr auftritt [3.273]. Von *Wolfstieg* wurden Blenden mit der Form aufgespaltener Interferenzlinien entwickelt, welche die dublettverbreiterten Interferenzlinien symmetrisch gestalten, so daß die Linienlagenbestimmung einfach wird. Vor allem ist bei zunehmenden ψ-Winkeln infolge Defokussierung mit zunehmender Verbreiterung zu rechnen. Damit gehen in die $\sin^2\psi$-Auswertung die Meßpunkte mit unterschiedlichen Fehlern durch den Dublett-Einfluß ein [3.274].
Bei der *Parabelmethode* nach *Koistinen* und *Marburger* [3.264] wird der Intensitätsverlauf um den Scheitelpunkt herum durch eine Parabel beschrieben. Dazu werden die Intensitäten nach Bild 3.82 an drei Punkten (I_1', I_2' und I_3') gemessen. Die Linienlage ergibt sich nach dieser Methode zu

$$\Theta_p = \Theta_1' + \Delta\Theta' \, \frac{4\,I_2' - 3\,I_1' - I_3'}{4\,I_2' - 2\,I_1' - I_3'} \tag{3.494}$$

Die Meßpunkte I_1' und I_3' sollen zwischen 60 und 80 % des Linienmaximums I_2' liegen. Prinzipiell können auch Näherungsparabeln durch mehr als 3 Punkte ermittelt werden [3.271], wobei aber der Aufwand oft nicht im Verhältnis zur Verbesserung des Wertes der Linienlage steht [3.294].
Schließlich kann die Linienlage mit dem größten Aufwand im Vergleich zu den hier beschriebenen Methoden über den *Schwerpunkt* ermittelt werden, wenn von einem Anfangswert Θ_A ausgegangen wird:

$$\Theta_S = \Theta_A + \frac{\int_{\Theta_A}^{\Theta_E} \Theta I(\Theta)\, d\Theta}{\int_{\Theta_A}^{\Theta_E} I(\Theta)\, d(\Theta)} \tag{3.495}$$

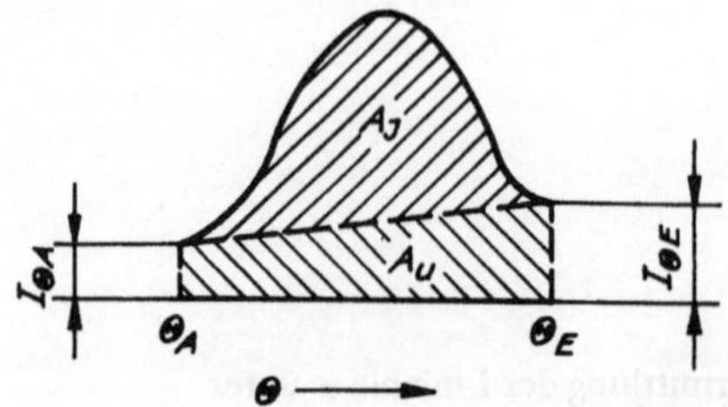

Bild 3.85. Ermittlung der Untergrundkorrektur

Die Berechnung vereinfacht sich, wenn von der Interferenzlinie n Intensitäten I_i in den gleichen Winkelabständen $\Delta\Theta$ aufgenommen werden, wie es die Schrittschaltwerke erlauben. Es folgt entsprechend Bild 3.82

$$\Theta_S = \Theta_A + \Delta\Theta \frac{\sum_{i=1}^{n} (i-1)\, I_i}{\sum_{i=1}^{n} I_i} \tag{3.496}$$

Da bei sehr breiten Interferenzlinien die Punkte Θ_A und Θ_E nicht mehr sicher zu erfassen sind, sollte unter diesen Umständen der Parabelmethode oder der Schwerelinienmethode der Vorzug gegeben werden. Zur Schwerpunktsermittlung wurden auch mechanische Hilfsgeräte nach dem Pendelprinzip entwickelt [3.342].
Infolge der *Untergrundschwärzung* ergibt sich insbesondere bei großen ψ-Winkeln oft eine Form der registrierten Interferenzlinie nach Bild 3.85. In diesen Fällen wird eine vorgetäuschte Linienverschiebung über $\sin^2\psi$ nicht kompensiert, sondern sie beeinflußt die Steigung der $\sin^2\psi$-Geraden.
Zur genauen Linienlagenbestimmung ist die Untergrundintensität A_u von der Gesamtintensität abzuziehen, um die Nettointensität A_J zu erhalten. Man ermittelt dazu die Intensitäten $I_{\Theta A}$ und $I_{\Theta E}$; zweckmäßig ist eine Mittelung über je ein Intervall um Θ_A und Θ_E [3.293]. Zwischenwerte können einfach interpoliert werden.
Nach *Kagan* u. a. [3.295] kann die *Untergrundkorrektur* für eine Intensität bei Θ_i wie folgt angegeben werden:

$$I_i = I_i' \frac{\Delta_1 + \Delta_2 + \Delta_3}{\Delta_1 + \Delta_2} \tag{3.497}$$

$$I_i = I_i' \left[1 + \frac{\frac{I_1 - I_2}{\Theta_{I1} - \Theta_{I2}} (\Theta_{I2} - \Theta_{Ii})}{I_2 + \frac{I_1 - I_2}{\Theta_{I1} - \Theta_{I2}} (\Theta_{Ii} - \Theta_{I2})} \right] \tag{3.498}$$

wobei I_i' die unkorrigierte Intensität ist; die übrigen Symbole sind Bild 3.86 zu entnehmen.

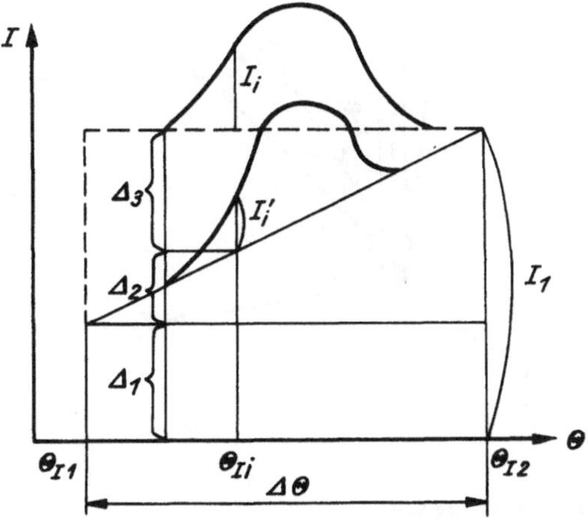

Bild 3.86. Ableitung der Untergrundkorrektur (nach [3.295])

Anstelle des hier genannten Winkels Θ wird auch oft der Winkel 2 Θ angegeben. Eine für einen Tischrechner geeignete Beziehung zur Schwerpunktberechnung mit Untergrundkorrektur wird in [3.349] angegeben.

Bei Goniometermessungen wird die Verwendung von *Kalibrierstoffen* zur Justierung und Überwachung der Meßunsicherheit empfohlen. Durch die Kalibriersubstanz sind die Defokussierungsfehler weitgehend zu eliminieren. Bei Relativmessungen müssen die Interferenzlagen von Werkstoff und Kalibrierwerkstoff mindestens 3° bei 2 Θ entfernt sein, während sie bei Absolutmessungen möglichst übereinstimmen sollen. Das Zusammenfallen der $\varepsilon_{\varphi,\psi}$-$\sin^2\psi$-Geraden für $\psi > 0$ und $\psi < 0$ ist ein Zeichen guter Probenjustierung. Als Kalibriersubstanz sind auch makroeigenspannungsfreie Proben (z. B. in Pulverform) des Prüflingswerkstoffs geeignet [3.297].

Nach der KDT-Richtlinie 069/79 sind bei der Diffraktometermethode Angaben in einem Protokoll erforderlich, das zur Beschreibung der Meßtechnologie beim Auftraggeber verbleibt (s. Einband-Vorsatz, vorn); zusätzlich sind die Interferenzebene, Bemerkungen zur evtl. LPA-Korrektur und zur evtl. Korrektur des Untergrunds anzugeben.

Das bisher beschriebene Goniometer wird auch als *ω-Goniometer* bezeichnet. Die Θ- und die ψ-Achsen fallen hierbei zusammen. Das ω-Goniometer dient in erster Linie zur Phasenanalyse. Zum Zwecke der Spannungsmessung muß deshalb die Probe um den Winkel ψ aus der Normallage geschwenkt werden, wobei die Normallage durch Probennormale gleich Winkelhalbierende der Strahlung gekennzeichnet ist. Durch Schwenkung um den Winkel ψ, d. h. Schwenkung der Probe zusätzlich um die Achse der gekoppelten Proben-Zählrohr-Drehung (Θ – 2 Θ-Drehung), können Netzebenenabstände ausgemessen werden, die nicht parallel zur Oberfläche liegen. Zweckmäßig ist es, die Probe in Richtung des Primärstrahls und nicht in Richtung des abgebeugten Strahls zu kippen, da durch die damit eintretende Verringerung des gebeugten Strahlenbündels ein besser auswertbares Reflexprofil entsteht.

Im Jahre 1971 wurde deshalb von *Wolfstieg* ein *ψ-Goniometer* vorgestellt [3.276]. Bild 3.87 zeigt die schematische Gegenüberstellung von ω- und ψ-Goniometer nach [3.271]. Während beim ω-Goniometer die Normale N der Probenoberfläche, die Primärstrahlrichtung A, die Beugungsstrahlrichtung R, die Gitterdehnungsmeßrichtung $\varepsilon_{\varphi,\psi}$ und die Spannungskomponente σ_φ in einer Ebene liegen, stehen beim ψ-Goniometer die in

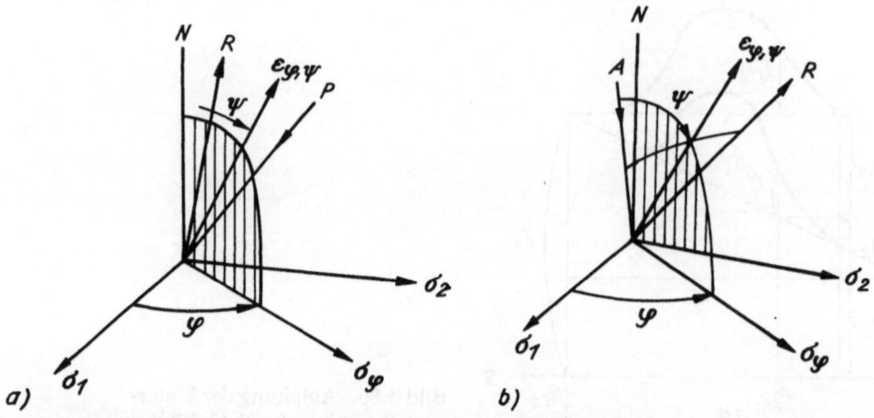

Bild 3.87. Gegenüberstellung der schematischen Anordnung von ω-Goniometer (*a*) und ψ-Goniometer (*b*)

einer Ebene vereinte Oberflächennormale N, die Gitterdehnungsmeßrichtung $\varepsilon_{\varphi,\psi}$ und die Spannungskomponente σ_φ senkrecht auf der Ebene, die durch Primärstrahlrichtung P, Gitterdehnungsmeßrichtung $\varepsilon_{\varphi,\psi}$ und Beugungsstrahlrichtung R gebildet wird; ψ- und ω-Achse stehen folglich senkrecht aufeinander.
Weitere Vorteile des ψ-Goniometers sind ein größerer Θ-Bereich (auch Vorderstrahlbereich erschließbar), ein größerer ψ-Bereich (bis $\sin^2\psi \approx 0{,}8$), der Verzicht auf Sollerblenden infolge merklich geringer Defokussierungserscheinungen und symmetrische Interferenzlinienverbreiterungen bei größeren ψ-Winkeln. Eine Absorptionskorrektur entsprechend Gl. (3.461) entfällt, da der Absorptionsfaktor unabhängig von Θ und ψ ist. Die Eindringtiefe nach Gl. (3.456) gilt nur für das ω-Goniometer. Im Falle des ψ-Goniometers lautet die Beziehung nach [3.275]:

$$t = \frac{\cos\eta\cos\psi}{2\mu} \tag{3.499}$$

Die bestrahlte Probenoberfläche darf beim ψ-Goniometer breiter als beim ω-Goniometer hinsichtlich der Linienverbreiterung sein; die Höhe ist jedoch bei großen Θ-Werten klein zu halten. Wesentlich ist schließlich die Eigenschaft, daß bei Drehung um $+\psi$ und $-\psi$ der Strahlengang symmetrisch ist. Die Ergebnisse sind deshalb direkt vergleichbar. Das ist sehr bedeutsam, da es sich vielfach eingebürgert hat, Messungen bei jeweils $+\psi$ und $-\psi$ durchzuführen, um damit evtl. gekrümmte $\varepsilon_{\varphi,\psi}$-$\sin^2\psi$-Verläufe zu einer Geraden auszumitteln, wie es bereits 1974 von *Larson* vorgeschlagen wurde [3.281]. Beim ψ-Goniometer ist keine Absorptionskorrektur nötig, da die Absorption unabhängig von ψ ist. Eine Übersicht über den Einfluß von Justierfehlern beim ψ-Goniometer geben *Krause* und *Christ* [3.276].
Schließlich erlaubt das ψ-Goniometer Pendelbewegungen von $\pm\Delta\psi$, um bei kleinem röntgenographisch beleuchtetem Probenfleck (in der Regel 5 bis 20 mm²) mehr Kristallite zu erfassen [3.340].
Für den mobilen Einsatz bei der röntgenographischen Spannungsmessung wurden spezielle Goniometer entwickelt. *Stroppe* [3.299] stellte bereits 1962 eine Zählrohrapparatur zur Messung an Konstruktionsteilen vor. Für den großtechnischen Einsatz an Eisen-

bahnteilen entwickelte *Lange* [3.300] ein *mittelpunktfreies Goniometer* (ω-Goniometer) [3.300]. Der Nachteil besteht jedoch bei diesem Goniometer darin, daß Prüfling und Goniometer voneinander unabhängig positioniert werden und damit die Justier- und Meßfehler hoch sind. Einen wesentlichen Fortschritt stellt deshalb das mittelpunktfreie Goniometer nach *Christian* [3.301] dar, das mit Magnetfüßen bzw. im Falle austenitischer Stähle mit Saugfüßen unmittelbar am Bauteil befestigt werden kann. Der Innenkreis des Goniometerkreises beträgt nur 85 mm. Das Gerät besitzt außerdem Justierhilfen zur Ermittlung des senkrechten Abstands vom Brennfleck der Röntgenröhre zur Bauteiloberfläche und zum tangentialen Sitz des Goniometers an der Meßstelle. Die Meßstelle kann einen Radius ab 80 mm besitzen. Die Meßunsicherheit soll etwa ± 20MPa bei ferritischen Stählen, etwa $\pm$ 40 MPa bei austenitischem Stahl und die Meßzeit $\approx$ 2 Stunden je Spannungswert betragen. Als Detektor dient ein Szintillationszähler.

Auch über automatisierte ψ-Diffraktometer mit Kopplung von Rechner und Meßgeräten wird berichtet, die aber z. Z. für kleinere Teile eingesetzt werden [3.302].

Die Meßzeit läßt sich erheblich verkleinern bzw. die Impulsstatistik bei wesentlich größerer Impulszahl deutlich verbessern, wenn als Empfänger lineare *ortsempfindliche Detektoren* (OED) verwendet werden [3.302]. Diese Zählrohre erlauben eine Information über den Einstrahlort der Quanten. Die von einem Photon ausgelöste Ladungslawine trifft an einer bestimmten Stelle auf und fließt nach beiden Drahtenden ab. Parallel zu den Abflüssen der Drahtenden des Zählrohrs zur Erde sind Vorverstärkereingangskapazitäten angebracht, deren Spannungssprünge vom Auftreffort der Lawine abhängen. Dadurch brauchen auch die Zählrohre über Θ nicht bewegt zu werden. Die Gasversorgung dieser Zählrohre erhöht den apparativen Aufwand ebenso wie die Elektronik zur Impulsverarbeitung. So werden z. B. über einen Vielkanal-Analysator die analogen Impulse des Zeit-Impulshöhen-Wandlers in Ortskanälen gezählt [3.304]. Die Auflösung beträgt 50 µm bei 50 bis 60 mm Aufnahmelänge. Über einen angeschlossenen Tischrechner wird die Schwerelinie ausgedruckt. Vorteilhaft soll sein, daß die volle Linienbreite mit dem Dublett streng statistisch ausgewertet werden kann [3.303].

Neben den hier genannten Einsatzmöglichkeiten an metallischen Konstruktionswerkstoffen sind auch Laborverfahren zur Untersuchung von *Einkristallen* entwickelt worden, wobei eine genaue Orientierung des Prüflings gegenüber dem Primärstrahl nötig ist, da man nicht, wie beim Polykristall, bei allen Orientierungen des Prüflings Reflexe beim jeweiligen Bewegungswinkel erhält [3.308]. Auch Netzebenenabstandsmessungen im Vergleich zu einem unverspannten Einkristall sind möglich [3.310]. Untersuchungen in einzelnen Körnern basieren auf Einkristalluntersuchungen und liefern wichtige Ergebnisse über deren Verformungsverhalten [3.309, 3.311].

Bei *Plastwerkstoffen* erfolgen röntgenographische Spannungsmessungen an den kristallinen Bestandteilen teilkristalliner Werkstoffe [3.312]. Bei amorphen Werkstoffen ist der Versuch gemacht worden, als Meßelemente metallische kristalline Pulverteilchen einzufügen [3.313]. Bei *Faserverbunden* können die Spannungen an der Phasengrenze Faser/Matrix ermittelt werden, wenn besondere Betrachtungen zur Gültigkeit der $\varepsilon_{\varphi,\psi}$-$\sin^2\psi$-Beziehung angestellt [3.315] bzw. die röntgenographischen Werte mit theoretischen Abschätzungen kombiniert werden [3.316]. Messungen an gerichtet erstarrten Eutektika stellen den Übergang vom zweiphasigen Kompaktwerkstoff zum Faserverbund dar [3.343].

3.4.5.5. Messung über die Tiefe

Wenn man Eigenspannungen über die Tiefe messen will, so muß meist der Vorteil der röntgenographischen Messung als zerstörungsfreies Verfahren aufgegeben werden. Der Abtrag erfolgt schrittweise. Durch das Abtragen dürfen keine zusätzlichen Spannungen erzeugt werden, wie es für die Spannungsanalyse nach dem Abtragen bereits in Abschnitt 3.2.1.4. dargelegt wurde. Deshalb erfolgt ein *elektrolytischer Abtrag*. Da die Entfernung der jeweiligen Randschicht auf den Eigenspannungszustand zurückwirkt, sind Korrekturen nötig, um auf den Spannungszustand vor dem Abtrag rückzuschließen. Die Korrekturen sind um so notwendiger, je größer die abgetragene Gesamtschicht ist.

Am verbreitetsten für die Korrektur sind die Methoden nach *Moore* und *Evans* [3.317] und *Vasiljev* [3.344]. Voraussetzungen für die Berechnung sind [3.318] kleine Abtragdicke im Vergleich zur Probendicke, Verlauf der neutralen Faser nach dem Abtrag in der Mitte der Restprobe, freie Probenverformung. Außerdem muß die mittlere Spannung der abgetragenen Schicht die zuvor gemessene Spannung an der Oberfläche sein, was bei kleinem Spannungsgradienten bzw. geringem Abtrag zutrifft.

Nach *Moore* u. a. [3.317] gilt für folgende Fälle:

– *Stab mit kreisförmigem Querschnitt und rotationssymmetrischer und längssymmetrischer Spannungsverteilung*

$$\sigma_r(r_1) = -\int_{r_1}^{R} \frac{\sigma_{tm}(r)\,dr}{r} \qquad (3.500)$$

$$\sigma_t(r_1) = \sigma_{tm}(r_1) + \sigma_r(r_1) \qquad (3.501)$$

$$\sigma_l(r_1) = \sigma_{lm}(r_1) - 2\int_{r_1}^{R} \frac{\sigma_{lm}(r)\,dr}{r} \qquad (3.502)$$

Es bedeuten bei der Errechnung der ursprünglichen Längs-(σ_l), Tangential-(σ_t) und Radialspannungen (σ_r), R der Ausgangsstabradius, r_1 der Abstand des Meßpunkts von der Achse. Der Index m kennzeichnet die Meßwerte bei dem Abtragschritt um dr auf r_1. Komplizierter sind die in [3.317] angegebenen Beziehungen für den Fall des Fehlens der rotationssymmetrischen Spannungsverteilung.

– *langes Rohr mit rotationssymmetrischer Spannungsverteilung*

$$\sigma_r(r_1) = -\left(1 - \frac{R_1^2}{r_1^2}\right)\int_{r_1}^{R} \frac{r\sigma_{tm}(r)\,dr}{r^2 - R_1^2} \qquad (3.503)$$

$$\sigma_t(r_1) = \sigma_{tm}(r_1) + \frac{r_1^2 + R_1^2}{r_1^2 - R_1^2}\sigma_r(r_1) \qquad (3.504)$$

$$\sigma_l(r_1) = \sigma_{lm}(r_1) - 2\int_{r_1}^{R} \frac{r\,\sigma_{lm}(r)\,dr}{r_1^2 - R_1^2} \tag{3.505}$$

R_1 ist der innere, R der äußere Rohrradius.

– ebenes Blech

$$\sigma_x(z_1) = \sigma_{xm}(z_1) + 2\int_{z_1}^{H} \frac{\sigma_{xm}(z)\,dz}{z} - 6z_1\int_{z_1}^{H} \frac{\sigma_{xm}(z)\,dz}{z^2} \tag{3.506}$$

$$\sigma_y(z_1) = \sigma_{ym}(z_1) + 2\int_{z_1}^{H} \frac{\sigma_{ym}(z)\,dz}{z} - 6z_1\int_{z_1}^{H} \frac{\sigma_{ym}(z)\,dz}{z^2} \tag{3.507}$$

Analog lautet die Beziehung für $\tau_{xy}(z_1)$.
Zur Berechnung der Spannungen in x- bzw. y-Richtung beträgt die Ausgangsblechdicke H; z_1 ist der Abstand des Meßpunkts von der Blechunterseite, dz der Abtragschritt. Nach *Christ* [3.317] ergibt sich die ursprüngliche Spannung, z. B. σ_x in der Tiefe $n \cdot \Delta z_i$, wobei Δz_i die Dicke der Abtragschicht und n die Anzahl der Schritte bedeutet, aus der Summation der gemessenen Spannung $\sigma_{xm}(n\Delta z_i)$, einer Korrektur infolge Längenänderung $\sigma_{xL}(n\Delta z_i)$ und einer Korrektur infolge Biegung $\sigma_{xB}(n\Delta z_i)$ beim Abtrag:

$$\sigma_x(n\Delta z_i) = \sigma_{xm}(n\Delta z_i) + \sigma_{xL}(n\Delta z_i) + \sigma_{xB}(n\Delta z_i) \tag{3.508}$$

mit den Korrekturgliedern

$$\sigma_{xL}(n\Delta z_i) = \sum_{i=1}^{n} \frac{\sigma_{xm(i-1)}\Delta z_i}{z_i} \tag{3.509}$$

$$\sigma_{xB}(n\Delta z_i) = 3\,\frac{\Delta z_n \sigma_{xm(n-1)}}{z_n} + \sum_{j=1}^{n-1} 2\sigma_j\,\frac{z_{j/2} - \sum_{k=j+1}^{h} \Delta_{z_K}}{z_j} \tag{3.510}$$

mit

$$\sigma_j = 3\,\frac{\Delta z_j\,\sigma_{xm(n-1)}}{z_j} \tag{3.511}$$

z_i bzw. z_j ist die Dicke der nicht abgetragenen Restprobe.

Nach *Vasiljev* [3.344] wird der Abtrag nach der im Abschnitt 3.2.7.4.1. beschriebenen Methode von *Birger* berechnet. Für eine flache Probe mit der Dicke h unter einachsigem Spannungszustand wird nach Entfernung der Schichten mit der Dicke ξ in der Schicht $d\xi$ die Spannung $\sigma^{r}(\xi)$ gemessen. Nach dem Abtrag von $d\xi$ tritt eine Entspannung in der Schicht a auf.
Die Spannung in der Schicht h vor dem Abtrag ist

$$\sigma(a) = \sigma^{r}(a) - 2\int_{0}^{a} \frac{2h + \xi - 3a}{(a-\xi)^2}\,\sigma^{r}(\xi)\,d\xi \tag{3.512}$$

$\sigma^{r}(a)$ ist die Spannung in der Schicht a nach dem Abtrag.
Analog gilt die Beziehung für einen zweiachsigen Spannungszustand σ_x und σ_y im Blech.
Für dreiachsige Spannungen ist an in 3 senkrecht zueinander stehenden Platten jeweils die Ermittlung für σ_1 und σ_2, σ_2 und σ_3 sowie σ_3 und σ_1 durchzuführen.
Für eine zylindrische Probe mit dem Radius r unter einachsigen (Axial-)Spannungen gilt

$$\sigma(a) = \sigma^{r}(a) - 2\int_{0}^{a} \frac{\sigma^{r}(\xi)}{r-\xi}\,d\xi \tag{3.513}$$

Nach *Renne* [3.345] ist aber insbesondere bei dünnen Teilen, wie Bleche, auch die Deformation senkrecht zur betrachteten Spannungsrichtung zu beachten, so daß die Gleichungen dann präzisiert lauten:

$$\left.\begin{aligned}\sigma_x(a) = \sigma_x^{r}(a) - \frac{1}{1-\mu^2}\Bigg[&\int_{0}^{a} \frac{4h + 2\xi - 6a}{(h-\xi)^2}\,\sigma_x^{r}(\xi)\,d\xi + \\ &+\mu\int_{0}^{a} \frac{4h + 2\xi - 6a}{(h-\xi)^2}\,\sigma_y^{r}(\xi)\,d\xi\Bigg]\end{aligned}\right\} \tag{3.514}$$

$$\left.\begin{aligned}\sigma_y(a) = \sigma_y^{r}(a) - \frac{1}{1-\mu^2}\Bigg[&\int_{0}^{a} \frac{4h + 2\xi - 6a}{(h-\xi)^2}\,\sigma_y^{r}(\xi)\,d\xi + \\ &+\mu\int_{0}^{a} \frac{4h + 2\xi - 6a}{(h-\xi)^2}\,\sigma_x(\xi)\,d\xi\Bigg]\end{aligned}\right\} \tag{3.515}$$

Nach *Macherauch* [3.319] ist die Längsspannung für einen rotationssymmetrischen Eigenspannungszustand in einer zylindrischen Probe an der Stelle n wie folgt angegeben:

$$\sigma_{\text{ln}} = \sigma_{\text{lmn}} - \sum_{i=1}^{n-1} \sigma_{\text{mi}} \frac{dA_{\text{i}}}{A_{\text{i}}} \tag{3.516}$$

A_{n} ist der Restquerschnitt nach n-tem Abtrag, σ_{lmn} die im n-ten Abtrag gemessene Oberflächenlängsspannung. Das Summenglied wird graphisch ermittelt [3.214].
Eine Kombination des im Abschnitt 3.2.7.1.2. erläuterten Ausbohrverfahrens zylindrischer Teile mit der röntgenographischen Messung der Eigenspannungsänderungen bei den jeweiligen Ausbohrstufen ist als *Röntgen-Ausbohrverfahren* bekannt [3.321, 3.322]. Zur Ermittlung des wahren Eigenspannungsverlaufs über den Querschnitt trägt man die gemessenen Werte, d. h. den Gitterdehnungsanstieg M, über den Bohrungsquerschnitt auf. Der graphische Verlauf wird in 10 Intervalle $n/10\ A$ geteilt. Die Anstiege M werden wie folgt für Längs- (l), Tangential- (t) und Radialrichtung (r) korrigiert:

$$M_{\text{l korr}} = (M_{\text{l (n = 0)}} - M_{\text{l (n)}}) + \alpha'_{\text{l}}\,(N - n) \tag{3.517}$$

$$M_{\text{t korr}} = (M_{\text{t (n = 0)}} - M_{\text{t (n)}}) \frac{N+n}{2n} + \alpha'_{\text{t}}\,(N - n) \tag{3.518}$$

$$M_{\text{r korr}} = (M_{\text{t (n)}} - M_{\text{t (n = 0)}}) \frac{N-n}{2n} \tag{3.519}$$

mit

$$\alpha' = \frac{dM}{dn} \tag{3.520}$$

$N = 10$

Aus den korrigierten m-Werten wird dann der korrigierte, d. h. wahre Spannungswert entsprechend der Grundgleichung des $\sin^2\psi$-Verfahrens ermittelt.

3.4.5.6. Messung dreiachsiger Spannungszustände

Bei der röntgenographischen Spannungsmessung ist wegen der geringen Eindringtiefe der Röntgenstrahlung meist vorausgesetzt, daß nur eine dünne Oberflächenschicht erfaßt wird, in der die *3. Hauptspannung* σ_3, die senkrecht zur Oberfläche steht, Null ist. Tatsächlich wurde der Einfluß der 3. Spannungskomponente schon in den Anfangsjahren der röntgenographischen Spannungsmessung nachgewiesen [3.220].
Nach dem von *Stroppe* [3.323] entwickelten $\sin^2\varphi$-Verfahren gilt für die Ermittlung der Hauptspannung σ_3 im Fall der senkrechten Stellung zur Oberfläche

$$\sigma_3 = \frac{E}{1-2\mu}\left[\varepsilon_3 + \frac{\mu}{1+\mu}\,(M_{\text{x}} + M_{\text{y}})\right] \tag{3.521}$$

Diese Beziehung wird hergeleitet durch Kombination des allgemeinen Hookeschen Gesetzes mit der Grundgleichung der röntgenographischen Spannungsmessung. Da danach durch das $\sin^2\psi$-Verfahren nicht σ_φ, sondern eigentlich immer nur $\sigma_\varphi - \sigma_3$ gemessen werden kann, muß σ_3 (senkrecht zur Oberfläche) ermittelt werden. Dazu untersucht man in zwei zueinander senkrechten beliebigen Azimuten φ_x und φ_y die $\varepsilon_{\varphi,\psi}$-$\sin^2\psi$-Beziehung und somit die Anstiege

$$M_x = \frac{1+\mu}{E}(\sigma_x - \sigma_3) \tag{3.522}$$

$$M_y = \frac{1+\mu}{E}(\sigma_y - \sigma_3) \tag{3.523}$$

σ_x und σ_y sind die in der x- bzw. y-Richtung wirkenden Spannungen.
Um auch die in der Probenoberfläche liegenden Hauptspannungen σ_1 und σ_2 zu messen, wird die $\varepsilon_{\varphi,\psi}$-$\sin^2\psi$-Verteilung in zwei weiteren orthogonalen Richtungen x' und y' ermittelt, wobei diese mit den x-y-Richtungen einen Winkel von 45° einschließen. Somit ergeben sich 4 Anstiege:

$$M_x = M(\varphi_1) = M(\varphi_0) \tag{3.524}$$

$$M'_x = M(\varphi_2) = M(\varphi_0 + 45°) \tag{3.525}$$

$$M_y = M(\varphi_3) = M(\varphi_0 + 90°) \tag{3.526}$$

$$M'_y = M(\varphi_4) = M(\varphi_0 + 135°) \tag{3.527}$$

Der Winkel φ_0, entsprechend Bild 3.88 zwischen beliebig gewählter Richtung x und der Hauptspannung σ_1, ist zu ermitteln aus der Beziehung

$$\cot 2\varphi_0 = -\frac{M_x - M_y}{M'_x - M'_y} \tag{3.528}$$

Trägt man aus den Gln. (3.524) bis (3.527) die zu verschiedenen Azimuten φ gehörenden Anstiege $M(\varphi)$ in Abhängigkeit von $\sin^2\varphi$ auf, so ergibt sich ein Anstieg S, der mit der Hauptspannung σ_3 wie folgt zusammenhängt:

$$S = -\frac{1+\mu}{E}(\sigma_1 - \sigma_2) = -\frac{1}{G}\tau_3 \tag{3.529}$$

Der Ordinatenabschnitt bei $M(\varphi = 0)$ liefert aus der $\sin^2\psi$-Verteilung (s. Bild 3.89)

$$M(\varphi = 0) = -\frac{1+\mu}{E}(\sigma_3 - \sigma_1) = -\frac{1}{G}\tau_2 \tag{3.530}$$

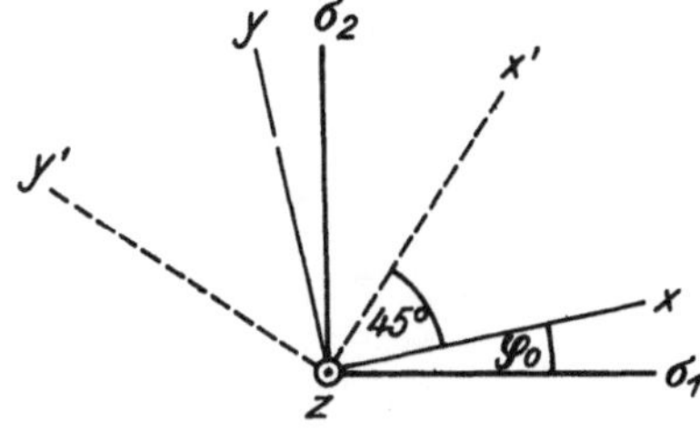

Bild 3.88. Lage der Meßrichtungen, bezogen auf die Hauptspannungen in der Probenoberfläche, zur Ermittlung dreiachsiger Spannungszustände nach *Stroppe*

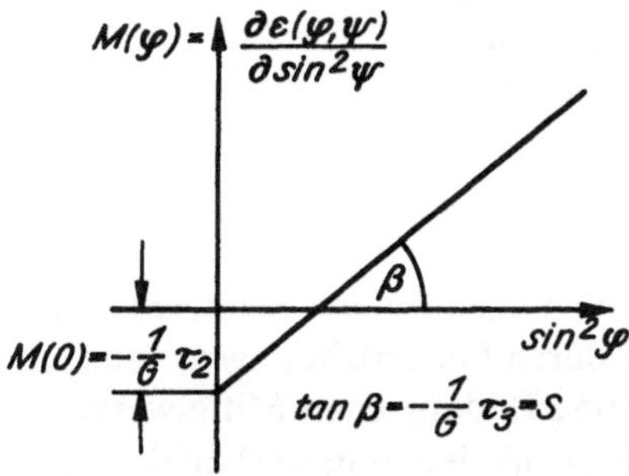

Bild 3.89. M(φ)-sin$^2\varphi$-Verteilung zur Ermittlung dreiachsiger Spannungszustände nach *Stroppe*

Da

$$\tau_1 + \tau_2 + \tau_3 = 0 \tag{3.531}$$

ist auch τ_1 somit bekannt.
Für die Hauptspannungen gilt

$$\sigma_1 = \sigma_3 - 2\,\tau_2 \tag{3.532}$$

$$\sigma_2 = \sigma_3 + 2\,\tau_1 \tag{3.533}$$

Die lineare Abhängigkeit entsprechend Bild 3.89 ergibt sich bei einer konstanten Höhe der Einstrahlung, d. h., ψ_0 = const. Der Einfluß der Eindringtiefe der Röntgenstrahlen ist mit dieser Methode nicht zu erfassen. Experimentelle Untersuchungen ergaben, daß die Spannungen mit kleinerer Eindringtiefe abnehmen, d. h., mit Zunahme von ψ bzw. ψ_0 nimmt die Eindringtiefe ab. Alle Spannungen nähern sich mit flacherer Einstrahlung asymptotisch einem konstanten Wert, der etwa der Spannung entspricht, die unter konstantem φ bei Variation von ψ_0 nach dem sin$^2\psi$-Verfahren gemessen wird [3.324]. Nicht beachtet ist bisher, auch bei dem hier beschriebenen sin$^2\varphi$-Verfahren, der Einfluß eines *Spannungsgradienten* in der Probentiefe. Er führt zu einer Abweichung in der Linearität der $\varepsilon_{\varphi,\psi}$-sin$^2\psi$-Beziehung, d. h., Gl. (3.381) ist nicht mehr gültig. Weitere Ursachen nichtlinearer Gitterdehnungsverteilungen über sin$^2\psi$ sind Schubspannungen in der Oberfläche (Verkippen der Achsen des Spannungstensors gegenüber der Probenoberfläche) und der Einfluß der Oberflächenanisotropie infolge Textur (über Textureinfluß s. Abschnitt 3.4.4.4.). Bei Abweichungen vom linearen Verlauf sollte mit Hilfe der Regressionsrechnung (Varianzanalyse) überprüft werden, ob die Abweichungen zufallsbedingt sind oder nicht [3.325].

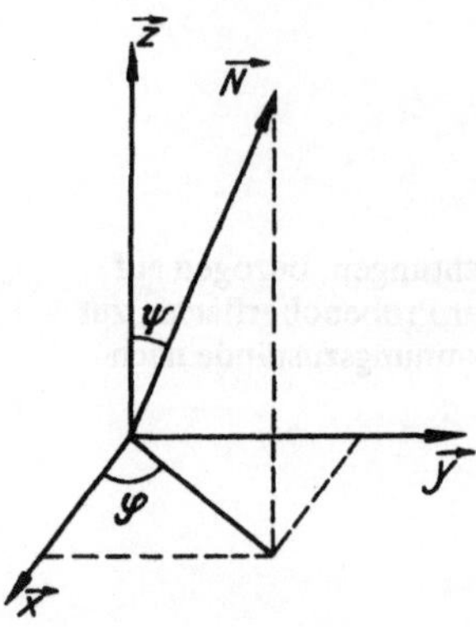

Bild 3.90. Lage der Gitterebenennormalen zur vollständigen Spannungsermittlung nach *Dölle* und *Hauk*

Der Einfluß eines Eigenspannungssystems allgemeiner Lage bzw. der Schubspannungen in der Probenoberfläche wird häufig eliminiert durch Gitterdehnungsmessungen bei gleichen absoluten Werten für $\psi > 0$ und $\psi < 0$ und Bildung eines Mittelwerts, so daß die Auswertung nach dem üblichen $\sin^2\psi$-Verfahren mit linearem Verlauf der $\varepsilon_{\varphi,\psi}$-$\sin^2\psi$-Verteilung erfolgt. Diese auf *Larson* [3.281] zurückgehende Methode ist geeignet für eine symmetrische Kurvenaufspaltung für $\psi > 0$ und $\psi < 0$ bei nichtlinearem Verlauf. Diese der Einfachheit halber vielfach angewandte Methode gilt prinzipiell nur für einen Sonderfall der Nichtlinearität und liefert im allgemeinen dann zu kleine Eigenspannungswerte [3.331]. Die Abweichungen bei $\psi > 0$ und $\psi < 0$ sind zudem noch wellenlängenabhängig.

Eine praktisch geeignete Methode zur röntgenographischen Spannungsermittlung für Eigenspannungssysteme allgemeiner Orientierung mit bogenförmiger Dehnungsverteilung beschrieben *Dölle* und *Hauk* [3.227, 3.228]. Das Verfahren setzt voraus, daß der Netzebenenabstand d^* des dehnungsfreien Zustands bekannt ist (z. B. an einer spannungsfreigeglühten Probe gleichen Werkstoffs). Die Netzebenenabstandsänderung in Richtung der Normalen N zur Netzebene, die röntgenographisch ausgemessen werden kann, entspricht der Dehnungskomponente ε'_{33}, wobei ε_{ij} die auf das Probensystem x, y, z bezogenen Koordinaten und ε'_{ij} das dazu gedrehte Koordinatensystem darstellen (Bild 3.90).

$$\left.\begin{aligned}\frac{d_{\varphi,\psi} - d^*}{d_{\varphi,\psi}} = \varepsilon'_{33} = {} & \varepsilon_{11}\cos^2\varphi\sin^2\psi + \varepsilon_{12}\sin 2\varphi\sin^2\psi + \\ & + \varepsilon_{13}\cos\varphi\sin 2\psi + \varepsilon_{22}\sin^2\varphi\sin^2\psi + \\ & + \varepsilon_{23}\sin\varphi\sin 2\psi + \varepsilon_{33}\cos^2\psi\end{aligned}\right\} \quad (3.534)$$

Man ermittelt die Netzebenenabstände für Winkel $\psi > 0$ und $\psi < 0$, und zwar jeweils für $\varphi = 0°, 45°$ und $90°$.

Da in Gl. (3.534) 6 Unbekannte ε_{ij} enthalten sind, reichen je 2-ψ-Werte in den 3 Richtungen φ aus; zweckmäßig ist es aber, für jede φ-Richtung mehrere $d_{\varphi,\psi}$-Richtungen zu vermessen und das Gleichungssystem nach der Ausgleichsrechnung zu behandeln.

Für die Zuordnung der Spannungen gilt

$$\sigma_{ij} = \frac{E}{1+\mu}\left(\varepsilon_{ij} + \frac{\mu}{1+2\mu} \cdot \delta_{ij} \sum_{l=1}^{3} \varepsilon_{ll} \right) \tag{3.535}$$

$$\left.\begin{aligned} \delta_{ij} &= 1 \qquad \text{für } i = j \\ \delta_{ij} &= 0 \qquad \text{für } i \neq j \end{aligned}\right\} \tag{3.536}$$

Für die elastischen Konstanten wird unter Annahme des Fehlens einer Textur geschrieben:

$$\frac{E}{1+\mu} = \frac{1}{\frac{1}{2} s_2} \tag{3.537}$$

$$\frac{\mu}{1-2\mu} = -\frac{s_1}{\frac{1}{2} s_2 - 3 s_1} \tag{3.538}$$

Eine andere Auswertemöglichkeit der gleichen Verfasser setzt voraus, daß die Winkel $\psi > 0$ und $\psi < 0$ in den Absolutbeträgen gleich groß sind. Die erwähnten φ-Richtungen 0°, 45°, 90° werden beibehalten.
Nach *Dölle* u. a. [3.328] gilt für $\psi > 0$:

$$\frac{d_{\varphi,\psi}}{d^*} = 1 + \varepsilon_{33} + f_1 \sin^2\psi + f_2 \sin 2\psi \tag{3.539}$$

für $\psi < 0$

$$\frac{d_{\varphi,\psi}}{d^*} = 1 + \varepsilon_{33} + f_1 \sin^2\psi + f_2 \sin 2\psi \tag{3.540}$$

Die Faktoren f_1 und f_2 sind in Tabelle 3.7 in Abhängigkeit von φ für die entsprechenden Dehnungskomponenten ε_{ij} zusammengestellt. Aus den Meßwertpaaren $\psi > 0$ und $\psi < 0$ berechnet man die Größen

$$a_1 = \frac{d_{\varphi,\psi} + d_{\varphi,-\psi}}{d^*} - 1 \tag{3.541}$$

$$a_2 = \frac{d_{\varphi,\psi} - d_{\varphi,-\psi}}{2\, d^*} \tag{3.542}$$

Tabelle 3.7. Faktoren f_1 und f_2 in Abhängigkeit von φ zur Ermittlung des vollständigen Spannungszustands nach *Dölle* und *Hauk*

φ	f_1	f_2
0°	$\varepsilon_{11} - \varepsilon_{33}$	ε_{33}
45°	$\frac{1}{2}(\varepsilon_{11} - \varepsilon_{33}) + \frac{1}{2}(\varepsilon_{22} - \varepsilon_{33}) + \varepsilon_{12}$	$\frac{1}{2}\sqrt{2}\,(\varepsilon_{13} + \varepsilon_{23})$
90°	$\varepsilon_{22} - \varepsilon_{33}$	ε_{23}

Andererseits gilt nach den Beziehungen (3.538) und (3.539)

$$a_1 = \varepsilon_{33} + f_1 \sin^2\psi \tag{3.543}$$

$$a_2 = f_2 \sin\,|\,2\psi\,| \tag{3.544}$$

Eine Darstellung von a_1 über $\sin^2\psi$ und a_2 über $\sin|2\psi|$ ergibt Geraden. Aus dem Ordinatenabschnitt a_1 $(\psi = 0)$ folgt ε_{33}, da für $\psi = 0$

$$\varepsilon_{33} = a_1 \tag{3.545}$$

Aus den Steigungen $\frac{\partial a_1}{\partial \sin^2\psi} = f_1$ und $\frac{\partial a_2}{\partial \sin\,|\,2\psi\,|} = f_2$ sind die Dehnungskomponenten ε_{ij} nach Tabelle 3.7 zu ermitteln. Die Dehnungen ε_{ij} sind dann in die Spannungen σ_{ij} umzurechnen. Diese Methode ist vor allem für eine graphische Auswertung geeignet.

Schließlich sind bei beiden Auswertemethoden die Spannungen bzw. Dehnungen des Probensystems in das Hauptspannungssystem bzw. Hauptdehnungssystem umzurechnen über die Invarianten des Dehnungstensors, wobei die Beschreibung der Orientierung des Hauptachsensystems nach dem Probensystem auf unterschiedliche geometrische Weise erfolgen kann [3.328]. Die Hauptspannungen σ_i $(i = 1, 2, 3)$ ergeben sich aus der Lösung des kubischen Gleichungssystems

$$\sigma_i^3 - I_1\sigma_i^2 + I_2\sigma_i - I_3 = 0 \tag{3.546}$$

mit den Invarianten

$$I_1 = \sigma_{11} + \sigma_{22} + \sigma_{33} \tag{3.547}$$

$$I_2 = \sigma_{11}\sigma_{22} + \sigma_{22}\sigma_{33} - \sigma_{12}^2 - \sigma_{23}^2 - \sigma_{31}^2 \tag{3.548}$$

$$I_3 = \sigma_{11}\sigma_{22}\sigma_{33} - \sigma_{12}\sigma_{23}^2 - \sigma_{33}\sigma_{12}^2 + 2\,\sigma_{12}\sigma_{23}\sigma_{13} \tag{3.549}$$

Die Lage des Hauptspannungssystems gegenüber dem Probensystem folgt aus der Lösung des homogenen Gleichungssystems des Spannungstensors aus den berechneten Hauptspannungen.

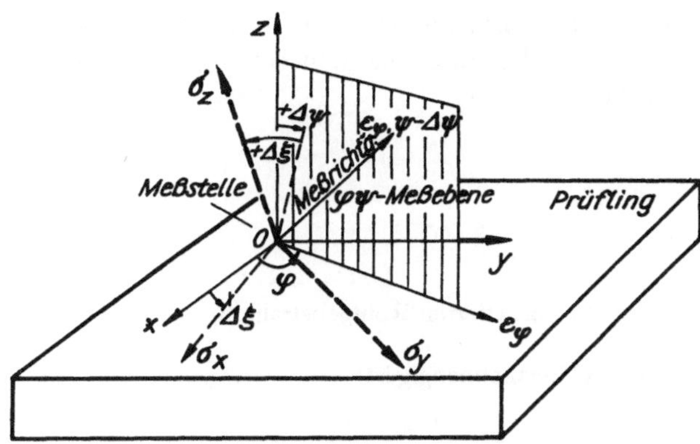

Bild 3.91. Lagebeziehungen beim (φ, ψ, ξ)-Verfahren nach *Lode* und *Peiter*

Ist die Beanspruchungs- bzw. Verformungsrichtung bekannt, ergibt sich ein Kippwinkel $\Delta\psi$ mit der Lage des entstandenen Eigenspannungssystems zu [3.340]

$$\tan 2\,\Delta\psi = -2\,\frac{\sigma_{13}}{\sigma_{11}-\sigma_{33}} \tag{3.550}$$

Von *Peiter* und *Lode* [3.330, 3.331] wurde zur Ermittlung dreiachsiger Spannungszustände das φ, ψ, ξ-Verfahren entwickelt. Die Lage der dritten Hauptspannungsrichtung wird dadurch charakterisiert, daß die Winkelabweichungen von der Oberflächennormalen durch $\Delta\psi$ und $\Delta\xi$ ausgedrückt werden. Damit sind beliebige Orientierungen von σ_3 zur Oberfläche ermittelbar. Die Meßrichtung wird durch die drei Winkel φ, ψ und ξ festgelegt (s. Bild 3.91). Die Gl. (3.381) geht über in

$$\left.\begin{aligned}\varepsilon_{\varphi,\psi,\xi} = {} & \frac{1}{2}s_2\cos^2(\xi+\Delta\xi)\,[(\sigma_\varphi-\sigma_3)\sin^2(\psi+\Delta\psi)+\sigma_3-\sigma_{\varphi+90}]\,+\\ & +\frac{\sigma_{\varphi+90}-\mu(\sigma_3+\sigma_\varphi)}{E}\end{aligned}\right\} \tag{3.551}$$

Bei Messung unter $\xi = 0$ ergibt sich eine Ellipse für die $\varepsilon_{\varphi,\psi}$-$\sin^2\psi$-Beziehung bei $\Delta\psi \neq 0$, die bei $\Delta\psi = 0$ in die bekannte Gerade übergeht. Zur Berechnung des Ellipsenverlaufs und damit der Spannungswerte wurden graphische und numerische (programmierte) Methoden entwickelt [3.331].

3.4.5.7. Ermittlung eines Spannungsgradienten senkrecht zur Oberfläche

Bisher wurde vorausgesetzt, daß die Spannungen über die Entfernung von der Oberfläche konstant sind. Tatsächlich ist aber vielfach mit dem Auftreten ausgeprägter *Spannungsgradienten* zu rechnen. Auch dieses Verhalten führt zu nichtlinearen $\varepsilon_{\varphi,\psi}$-$\sin^2$-$\psi$-Beziehungen.

Eine große Rolle spielt dabei die *Eindringtiefe* der Röntgenstrahlen. Die Abnahme der Intensität in der Tiefe z kann beschrieben werden durch das Schwächungsgesetz für die Röntgenstrahlen für die Netzebenenreflexion

$$I_z = I_0 \exp\left(-\frac{2\mu z}{\cos\psi}\right) \tag{3.552}$$

I_z Intensität der in der Tiefe z an Netzebenen reflektierten Röntgenstrahlen
I_0 Ausgangsintensität
μ linearer Schwächungskoeffizient, der wellenlängenabhängig ist

An der Gesamtintensität einer Interferenzlinie tragen also die verschiedenen Netzebenen je nach Tiefenlage z und Winkel ψ unterschiedlich, d. h. gewichtet, bei.
Über alle in der Tiefe erfaßten reflektierenden Netzebenen gilt als mittlere Dehnung $\bar{\varepsilon}_{\varphi,\psi}$ [3.332]:

$$\bar{\varepsilon}_{\varphi,\psi} = \frac{\int_0^\infty \varepsilon(\phi,\psi,z)\exp\left(-\frac{2\mu z}{\cos\psi}\right)dz}{\int_0^\infty \exp\left(-\frac{2\mu z}{\cos\psi}\right)dz} \tag{3.553}$$

Die Hauptdehnungen ε_i ($i = 1, 2, 3$) können bezüglich ihrer Tiefenabhängigkeit als Polynom entwickelt werden:

$$\varepsilon_i = a_{0i} + a_{1i}z + a_{2i}z^2 + \dots \tag{3.554}$$

Nach *Zschunke* [3.332] kann für die mittlere Dehnung aus Gl. (3.381) in Kombination mit Gl. (3.552) die Beziehung aufgestellt werden:

$$\bar{\varepsilon} = (A + C) + (B - C)\sin^2\varphi \tag{3.555}$$

Die Größen A, B, C sind Funktionen von a_{ki} entsprechend Gl. (3.554). Die Dehnungskomponenten $(A + C)$ und $(B - A)$ lassen sich als Ordinatenabschnitt bzw. Anstieg einer $\varepsilon_{\varphi,\psi}$-$\sin^2\varphi$-Darstellung ermitteln.
Peiter und *Lode* entwickelten das *Integralverfahren* zur Ermittlung von Eigenspannungszuständen, die örtlich einer Änderung in oberflächennahen Bereichen unterliegen [3.333 bis 3.337].
Die Abweichungen von der Linearität der Hauptspannungen, die nicht in der Probenoberfläche liegen, sind durch Ellipsen zu beschreiben; Parabeln treten bei linear veränderlichen Eigenspannungen auf, wenn die Hauptachsen der Spannungen in bzw. senkrecht zur Oberfläche liegen. Mehrfach gekrümmte schlangenlinienförmige Kurven (s. Bild 3.92 a) ergeben sich schließlich, wenn die zu den Probenhauptachsen gekippten

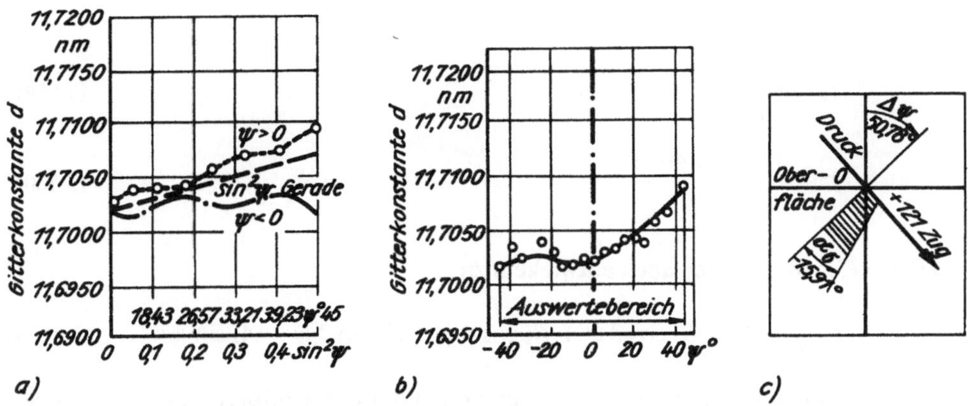

Bild 3.92. **Auswertung röntgenographischer Messung einer geschliffenen Probe 100Cr6, Spannungen in Schleifrichtung nach *Lode* und *Peiter* [3.334] in Auswertung von Meßergebnissen von *Faninger***
a) Konventionelle $d_{\varphi,\psi}$-$\sin^2\psi$-Darstellung, Linearisierung mittelt nicht
b) Darstellung für das Integralverfahren
c) Darstellung der Meßergebnisse

Hauptachsen der Eigenspannungen im Bereich der Eindringtiefe der Röntgenstrahlen noch linear veränderlich sind. Allerdings verweisen *Dölle* und *Hauk* [3.338] darauf, daß die notwendige Voraussetzung für Schlangenkurven Texturen sind, da die Zahl der reflektierenden Netzebenen bei verschiedenen ψ-Werten abhängig von der Textur ist. Durch Überlagerung einer Lastspannung ändert die nichtlineare $\varepsilon_{\varphi,\psi}$-$\sin^2\psi$-Verteilung ihre Form. Nichtlinearitäten infolge Spannungsgradienten sind daran zu erkennen, daß sie sich nach dem Abätzen dünner Oberflächenschichten von 5 bis 10 μm bereits deutlich ändern [3.338].
Beim Integralverfahren ist im Eindringbereich der Röntgenstrahlen die vollständige Verteilungsfunktion des Beanspruchungsvektors zu ermitteln, wozu die Taylor-Entwicklung zugrunde gelegt wurde. Meßdurchführung und Bezeichnung entsprechen dem φ, ψ, ξ-Verfahren (s. Abschnitt 3.4.5.6.). Für eine um den Winkel $\Delta\psi$ zur Oberflächennormalen geneigte linear veränderliche Spannungsverteilung gilt als mittlere Dehnung [3.334] unter Beachtung der genannten Wichtungsfaktoren

$$\overline{\varepsilon_{\varphi,\psi}} = [\varepsilon_M + a\,(T_0 + T'\sin^2\psi)]\,\sin\psi \cdot \sin(\psi - \Delta\psi) \qquad (3.556)$$

mit
a Spannungsanstieg zur Oberflächennormalen

$$a = \tan \alpha_\sigma \qquad (3.557)$$

α_σ Winkel zwischen der um $\Delta\psi$ geneigten Achse und der linearen Spannungsänderung über die Tiefe
ε_M Formänderung unmittelbar am Mantel
T Eindringtiefe des Röntgenstrahls, bis $\psi \approx \pm\, 50°$ gilt

$$T = T_o - T' \sin^2\psi \qquad (3.558)$$

$$T_o = \frac{\sin\Theta}{2\mu} \qquad (3.559)$$

$$T' = \frac{0{,}5858 \sin\Theta - 1}{\mu\sqrt{2}} \qquad (3.560)$$

Gleichung (3.556) läßt sich auch entwickeln zu

$$\overline{\varepsilon}_{\varphi,\psi} = B_o + B_2 \cos 2\psi + B_4 \cos 4\psi + A_2 \sin 2\psi + A_4 \sin 4\psi \qquad (3.561)$$

Durch Multiplikation dieser Gl. auf beiden Seiten mit den Faktoren cos 2 ψ, cos 4 ψ, sin 2 ψ und sin 4 ψ ergeben sich weitere 4 Gleichungen, um die 5 Unbekannten zu ermitteln, wobei die Winkelfunktionen der 5 Gleichungen zweckmäßig über $\psi = -45°$ bis $\psi = +45°$ integriert werden.
Zur Ermittlung der Integrale der linken Seite des Gleichungssystems (3.561) werden die berechneten $\varepsilon_{\varphi,\psi}$-Werte mit den Winkelfunktionen $y_1 = \cos(2m\psi)$ bzw. $y_2 \sin(2m\psi)$ mit $m = 0; 1; 2$ multipliziert. Die Integration erfolgt unter Anwendung der Simpsonschen Regel im Bereich von $\psi = -45°$ bis $+45°$ [3.339]. Dazu ist eine Ausgleichskurve durch die Meßpunkte zu ziehen bzw. in konstanten ψ-Intervallen (z. B. 5° oder 15°) zu messen, was die Ergebnisse beeinflußt (s. Bild 3.92 b).
Nach einigen Zwischenrechnungen [3.334] erhält man für die 3 gesuchten Unbekannten:

Koordinatenneigung $\Delta\psi$:

$$\tan \Delta\psi = \frac{A_4}{B_4} \qquad (3.562)$$

Spannungsanstieg a_σ:

$$\tan a_\sigma = \frac{8}{T'} \sqrt{B_4^2 + A_4^2} \qquad (3.563)$$

mit dem Vorzeichen von B_4

Mantelformänderung ε_M:

$$\varepsilon_M = \frac{2\sqrt{Q^2 + R^2}}{d_0} \qquad (3.564)$$

mit dem negativen Vorzeichen von Q
und den Hilfsgrößen

$$Q = B_2 - \frac{\cos\Delta\psi \tan a_\sigma}{2} (T_0 + T') \qquad (3.565)$$

$$R = A_2 - \frac{\sin \Delta\psi \tan \alpha_\sigma}{2} \left(T_0 + \frac{T'}{2} \right) \tag{3.566}$$

T_0 und T' errechnen sich nach den Gln. (3.559) und (3.560)
d_0 Netzebenenabstand für den spannungsfreien Zustand

Mantelspannung σ_M:

$$\sigma_M = \frac{\varepsilon_M}{s_2/2} \tag{3.567}$$

Die Darstellung der Meßergebnisse ist Bild 3.92 c zu entnehmen.
Anstelle der Gln. (3.558) bis (3.560) wird für das ψ-Goniometer eine andere Beziehung in linearisierter Form angegeben [3.339]:

$$T = T_0 - 0{,}5690\, T_0 \sin^2\psi \tag{3.568}$$

Erstreckt sich der Gradient in große Tiefen, so ist eine Kombination mit dem Abtragverfahren nach Abschnitt 3.4.5.5. nötig.
Dölle und *Hauk* [3.341] geben für $\psi = 0°$ unter Berücksichtigung der Tiefenabhängigkeit einen Dehnungsmittelwert in Erweiterung der Beziehung (3.534) an:

$$\overline{\varepsilon_{33}} = \frac{1}{2}\, s_2 \left[\sigma_{11} \sin^2\psi + \sigma_{13} \sin 2\,\psi + \sigma_{33} \cos^2\psi\right] + s_1 \left[\sigma_{11} + \sigma_{22} + \sigma_{33}\right] \tag{3.569}$$

Die mittleren Dehnungen bzw. Spannungen ergeben sich aus den Werten in Abhängigkeit von der Tiefe in Verbindung mit aufgeführtem Gewichtungsfaktor. Für die mittlere Spannung folgt mit

$$\overline{\sigma_{ij}} = \sigma_{ij}\,(z = 0) + \int_0^D \exp\left(-\frac{z}{t}\right) g_{ij}\,(z)\, dz \tag{3.570}$$

z Abstand von der Oberfläche
t Abstand z, wo der Intensitätsabfall $1/e$ auftritt
D Probendicke
g Spannungsgradient

$$g_{ij}\,(z) = \frac{d\sigma_{ij}\,(z)}{dz} \tag{3.571}$$

Nach *Dölle* u. a. [3.341] sollen im Gegensatz zu *Lode* und *Peiter* die Linearitätsabweichungen der $\varepsilon_{\varphi,\,\psi}$-$\sin^2\psi$-Verteilung auch bei großen Spannungsgradienten nur in der Größenordnung der Meßunsicherheit liegen. Die Spannungswerte weichen vom Oberflächenwert bei einem Spannungsgradienten von 2,5 MPa/μm um mehr als 10 % (α-Fe,

Co-Kα, (310)) ab. Nach [3.340] ist der Einfluß eines Spannungsgradienten besser als mit dem $\varepsilon_{\varphi,\psi}$-$\sin^2\psi$-Verlauf durch Messung gleichindizierter Ebenen mit unterschiedlicher Strahlung und damit unterschiedlicher Informationstiefe zu erfassen. Bei der Interpretation von Unterschieden zwischen 2 μm und 5 μm sollte aber auch die Oberflächenstruktur, d. h. die Größenordnung der Bearbeitungsriefen beachtet werden, um Fehlschlüsse zu vermeiden.

Interessant ist die in [3.341] damit in Zusammenhang erfolgte Angabe von *Spannungsgradienten* für das Schleifen und Drehen (5 bis 16 MPa/μm), Einsatzhärten (10 MPa/μm), Kugelstrahlen (10 bis 22,5 MPa/μm) und Honen (170 MPa/μm), wobei große Oberflächenspannungen und großer Spannungsgradient keineswegs identisch sind.

Eine von *Vasiljev* und *Trofinov* [3.346, 3.347] angegebene Methode erlaubt die Ermittlung der Spannungsverläufe σ_φ und σ_3 über die Tiefe z, ausgehend von der Beziehung:

$$\overline{\varepsilon_{\varphi,\psi}} = \varepsilon_3 + B^\sigma \sin^2\psi \tag{3.572}$$

mit

$$B^\sigma = \frac{1+\mu}{E}(\sigma_\psi - \sigma_3) \tag{3.572 a}$$

und der Verteilungsfunktion

$$p(z) = \mu(\psi) \exp[-\mu(\psi)\, z] \tag{3.573}$$

mit dem effektischen Schwächungskoeffizienten $\mu(\psi)$ und μ_0, dem Schwächungskoeffizienten

$$\mu(\psi) = \mu_0 \frac{\cos(\psi+\eta) + \cos(\psi-\eta)}{\cos(\psi+\eta)\cos(\psi-\eta)} \tag{3.574}$$

bzw. für $\Theta_{\psi,\varphi} > 80°$

$$\mu(\psi) = \frac{2\mu_0}{\cos 2\psi} \tag{3.575}$$

sowie der Beziehung für den Interferenzwinkel Θ_0 im spannungsfreien Zustand

$$\Theta_{\psi,\varphi} - \Theta_0 = \overline{\varepsilon_{\varphi,\psi}} \cdot \tan\Theta_0 \tag{3.576}$$

und

$$\Theta_0 = \Theta_{\psi,\varphi} \tag{3.577}$$

bei $\psi = 0°$ und φ beliebig gelten die beiden grundlegenden Relationen

$$\Delta\Theta_3 = \frac{1-2\mu}{E}\,\frac{1+\mu}{\mu}\,\overline{\sigma_3}\tan\Theta_0\sin^2\psi \tag{3.578}$$

$$\Theta_o - \Theta_{\psi,\varphi} = \frac{1+\mu}{E}\tan\Theta_o(\overline{\sigma_\varphi} - \overline{\sigma_3})\sin^2\psi \tag{3.579}$$

Diese beiden Gleichungen werden für verschiedene ψ-Winkel aufgenommen.
Die Tiefenabhängigkeit ergibt sich aus

$$\sigma_\varphi = \sigma_{\varphi o} + K_{\varphi 1}z + K_{\varphi 2}z^2 + K_{\varphi 3}z^3 \tag{3.580}$$

$$\sigma_3 = K_{31}z + K_{32}z^2 + K_{33}z^3 \tag{3.581}$$

Für die Konstanten $K_{\varphi j}$ und K_{3j} ($j = 1, 2, 3$) gilt:

$$\overline{\sigma_\varphi} = \sigma_{\varphi o} + \frac{\cos\psi}{2\mu_o}K_{\varphi 1} + \frac{\cos^2\psi}{2\mu_o^2}K_{\varphi 2} + \frac{3\cos^3\psi}{4\mu_o^3}K_{\varphi 3} \tag{3.582}$$

$$\overline{\sigma_3} = \frac{\cos\psi}{2\mu_o}K_{31} + \frac{\cos^2\psi}{2\mu_o^2}K_{32} + \frac{3\cos^3\psi}{4\mu_o^3}K_{33} \tag{3.583}$$

wozu die Gln. (3.582) und (3.583) in den Gln. (3.578) und (3.579) einzusetzen sind. Auch besteht die Möglichkeit der Entwicklung nach der Laplace-Transformation [3.348].
Die Wirkungstiefe der betreffenden Röntgenstrahlung kann ermittelt werden durch Auflegen von Folien verschiedener Dicke aus dem zu untersuchenden Werkstoff auf ein anderes Material, bis dessen Interferenzen nicht mehr registriert werden können [3.347].

3.4.5.8. Ermittlung von Mikroeigenspannungen

Aus der bisher beschriebenen Interferenzlinienverschiebung werden Makroeigenspannungen ermittelt. Tatsächlich haben aber auch *Mikroeigenspannungen,* z. B. durch Stapelfehler in kubisch flächenzentrierten Metallen, einen Einfluß auf die Linienverschiebung [3.211]. Diese Verschiebung wird durch eine Asymmetrie des Interferenzlinienprofils bewirkt.
Die Verbreiterung der Interferenzlinie wird allgemein mit Mikroeigenspannungen, d. h. Verzerrungen im Bereich der Realstruktur, in Zusammenhang gebracht [3.350, 3.351], was auch der Definition dieser Eigenspannungen im Abschnitt 2.1. entspricht. Die Linienbreite wird durch die Halbwertsbreite, integrale Linienbreite usw. ausgedrückt, wie sie im Abschnitt 3.4.5.4.1. definiert werden. Die Verbreiterung ist abhängig von der Netzebene und damit abhängig vom Interferenzwinkel Θ. Gehärtete Stähle zeigen aufgrund der in ihnen im Bereich der Realstruktur vorhandenen Gitterverzerrungen eine große Linienverbreiterung. Die Interferenzlinienverbreiterung läßt sich quantitativ mit den über mehrere Netzebenen wirksamen Gitterverzerrungen (Mikroeigen-

spannungen) und mit der *Kohärenzlänge* (Teilchengröße) deuten. Die Kohärenzlänge kennzeichnet ungestörte Gitterbereiche. Bei der Linienbreitenanalyse sind LPA-Korrekturen, Korrekturen des Untergrunds und die Korrektur der Dublett-Aufspaltung wichtig. Da die Linienbreite auch durch die Versuchsbedingungen (z. B. Brennfleckgröße, Blendengröße und -anordnung) beeinflußt wird, ist eine Aufnahme des Interferenzprofils einer spannungsfreigeglühten Probe nötig.
Die *integrale Linienverbreiterung* β_T, in rad, bezogen auf 2 Θ, infolge der Teilchengröße kann durch die Scherrer-Gleichung ausgedrückt werden:

$$\beta_T = \frac{k\lambda}{\Lambda \cos\Theta_o} \tag{3.584}$$

λ ist die Wellenlänge der Röntgenstrahlung (in 10^{-10} m), Θ_o der Beugungswinkel des Intensitätsmaximums, Λ die mittlere Kohärenzlänge senkrecht zur reflektierenden Netzebene (in 10^{-10} m), $k \approx 1$ für das Diffraktometer. Die Gitterverzerrungen $\Delta a_0/a_0$ (a_0 mittlerer Gitterparameter, Δa_0 mittlere Abweichung von a_0) beeinflussen die integrale Linienbreite β_v in rad, wie aus der differenzierten Bragg-Gleichung folgt:

$$\beta_v = 4\,\frac{\Delta a}{a_0}\,\tan\Theta_0 \tag{3.585}$$

Die gemessene Intensitätsverteilung mit der integralen Linienbreite B_I ist durch Korrektur der Apparateeinflüsse über eine Apparatefunktion mit der integralen Breite b auf die wahre bzw. physikalische Intensitätsverteilung mit der integralen Linienbreite β zu reduzieren. Die Apparatefunktion wird vielfach an einer spannungsfreigeglühten Probe mit $\Lambda > 10^{-6}$ m aufgenommen.
Nur für große Reflexwinkel gilt

$$B_I = b + \beta \tag{3.586}$$

Für kleine Reflexwinkel gibt es verschiedene Ansätze zur Korrektur [3.358]; als Beispiel sei eine Darstellung nach [3.357] angegeben (Bild 3.93), aus der die korrigierten Werte abzulesen sind. Vielfach wird die Beziehung herangezogen:

$$\beta = B_I - \frac{b^2}{B_I} \tag{3.587}$$

Die Linienverbreiterung β kann in die Anteile β_T und β_v getrennt werden [3.350]:
für $\beta_v < 2\beta_T$

$$\beta = \frac{\beta_T}{1 + \dfrac{\beta_v}{4\beta_T}} \tag{3.587a}$$

für $\beta_v \geqq 2\beta_T$

$$\beta = \beta_v \tag{3.588}$$

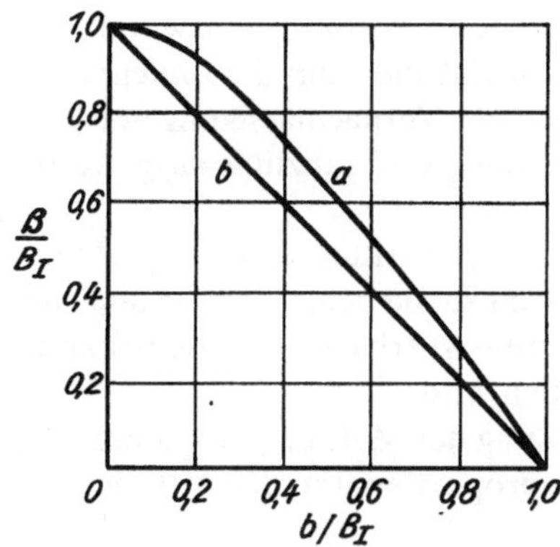

Bild 3.93. Kurven zur Ermittlung der Linienverbreiterung β aus der instrumentalen (b) und der gemessenen integralen (B_I) Linienbreite (nach [3.357])

Allerdings gibt es noch eine Reihe weiterer Ansätze zur Trennung [3.358]. Aus den Gln. (3.587), (3.584) und (3.585) leitet *Kochendörfer* [3.351] für die Kohärenzlänge und die Gitterdehnung ab:

$$\Lambda = \frac{k\lambda\,(\beta_2 \cos\Theta_2 \sin\Theta_2 - \beta_1 \cos\Theta_1 \sin\Theta_1)}{\beta_1 \beta_2 \cos\Theta_1 \cos\Theta_2\,(\sin\Theta_2 - \sin\Theta_1)} \tag{3.589}$$

$$\frac{\Delta a}{a} = \frac{4k\lambda\,(\beta_2 \cos\Theta_2 - \beta_1 \cos\Theta_1)}{\Lambda\,(\beta_2 \cos\Theta_2 \sin\Theta_2 - \beta_1 \cos\Theta_1 \sin\Theta_1)} \tag{3.590}$$

Λ in 10^{-10} m, λ in 10^{-10} m, $k \approx 1$ für Diffraktometer, β_1, β_2: die Verbreiterung der verwendeten Reflexe unter den Winkeln Θ_1 und Θ_2. Die Beziehung gilt für $\beta_\mathrm{T} > \frac{\beta_\mathrm{v}}{2}$.
Dabei sind die Reflexwinkel gleicher Ordnung (z. B. (110) und (220)) zu verwenden. Es wird auch vorgeschlagen [3.359], $\beta \cos \Theta$ und $\beta \cot \Theta$ als Funktion von Θ aufzutragen, die Kurven nach $\Theta = 0°$ bzw. $\Theta = 90°$ zu extrapolieren und wie folgt auszuwerten:

$$\Lambda = \lambda\,(\beta \cos \Theta)^{-1}_{\Theta = 0°} \tag{3.591}$$

$$\frac{\Delta a}{a} = \frac{(\beta \cos \Theta)_{\Theta = 0°} - (\beta \cos \Theta)^2_{\Theta = 0°}}{(\beta \cot \Theta)_{\Theta = 90°}} \tag{3.592}$$

wobei $\frac{\Delta a}{a}$ und Λ in allen kristallographischen Richtungen gleich sein sollen, was aber bei plastisch verformten Metallen nicht zutrifft [3.360].
Zweckmäßig ist es, die Messungen an gleich indizierten Netzebenen vorzunehmen. Die methodisch bedingten Fehler für die Ermittlung von Λ und $\frac{\Delta a}{a}$ betragen bis zu 50 % [3.351].

Die *Versetzungsdichte* steht unmittelbar mit der integralen Linienbreite bzw. mit den Gitterverzerrungen im Zusammenhang [3.361, 3.363], so daß diese aus der Linienbreite ermittelbar ist, wobei es unterschiedliche Auffassungen zur Vernachlässigung der Verbreiterung infolge der Kohärenzlänge gibt, sofern nur eine Interferenzlinie ausgewertet wird [3.362].
Eine im allgemeinen bessere Aussage zur Kohärenzlänge und Gitterverzerrung läßt die fourieranalytische Auswertung der Interferenzlinienform zu, da beide Größen auch die Intensität beeinflussen. Diese Betrachtung ist als Warren-Averbach-Analyse bekannt, die z. B. in [3.353, 3.364, 3.365] ausführlich beschrieben wird.
Für den Rückstrahlbereich, wie er für Stähle zur Messung der Makroeigenspannungen herangezogen wird, gilt die Linienbreite allgemein als proportional zu den Mikroeigenspannungen.

3.5. Ultraschallmessung

3.5.1. Grundlagen der Ausbreitung polarisierter Wellen

Transversalwellen zeigen in anisotropen Medien einen Polarisationseffekt, da die Teilchenverschiebung des Mediums, in dem sie sich fortpflanzen, in einer bestimmten Ebene erfolgt. Diese Ebene ist abhängig von der Stellung des Prüfkopfes und liegt, entsprechend dem Charakter der Transversalwellen, senkrecht zur Ausbreitungsrichtung. Die Ebene der Teilchenverschiebung bezeichnet man vereinbarungsgemäß als Schwingungsebene.
Bei Verwendung von zwei am Prüfling gegenüberliegend angebrachten Transversalschwingern in Durchschallungsanordnung ergibt sich ein Maximum der vom Empfänger in elektrische Spannung umgewandelten mechanischen Energie, wenn die Schwingungsebenen von Sender und Empfänger übereinstimmen. Durch Drehung des Empfängers relativ zum Sender fällt die im elektroakustischen Wandler erzeugte Spannung nach einer Kosinusfunktion ab. Die Schallwechseldruckamplitude wird Null, wenn die Schwingungsebenen beider Wandler gekreuzt stehen. Bei isotropen Körpern ändert sich die Ausbreitungsgeschwindigkeit der Schallwellen mit Drehung der Schwingungsebene nicht.
Eine wesentliche Besonderheit polarisierter Wellen sind die Schwingungsfiguren, die sich durch Zusammensetzung von zwei Transversalwellen gleicher Ausbreitungsrichtung und Frequenz, aber zueinander senkrecht stehender Schwingungsebenen ergeben. Bei Ausbreitung in z-Richtung und Teilchenverschiebung in x-Richtung gilt

$$\xi = A_1 \sin(\omega t - kz) \tag{3.593}$$

und für die Verschiebung in y-Richtung

$$\eta = A_2 \sin(\omega t - kz - \delta) \tag{3.594}$$

wobei A_1 und A_2 die Amplituden der Wellen, ω die Winkelfrequenz der Wellen, k die Wellenzahl ($k = 2\pi/\lambda$) und δ die Phasenverschiebung der Wellen in y-Richtung relativ

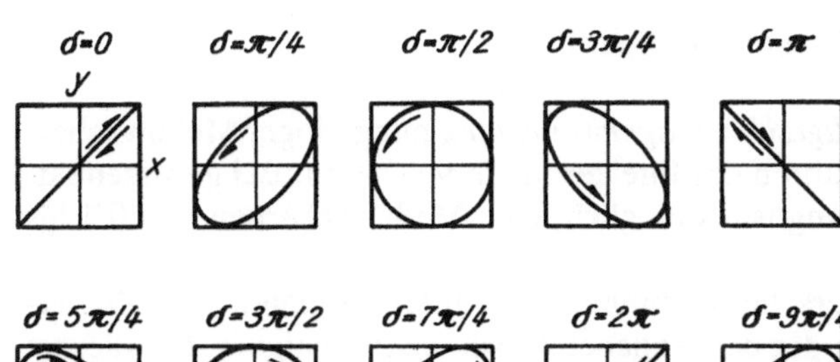

Bild 3.94. Auf die x-y-Ebene projizierte Bahnkurven der Verschiebungsvektorspitze zweier Transversalwellen mit orthogonalen Verschiebungen, gleicher Ausbreitungsrichtung, Frequenz und Amplitude

zu den Wellen in x-Richtung bedeuten. Aus den Gln. (3.593) und (3.594) ergibt sich folgende Ellipsengleichung:

$$\frac{\xi^2}{A_2 \sin^2 \delta} - \frac{2\eta\xi\cos\delta}{A_1 A_2 \sin^2 \delta} + \frac{\eta^2}{A_1 \sin^2 \delta} = 1 \qquad (3.595)$$

Im allgemeinen bilden sich also elliptisch polarisierte Ultraschallwellen aus. Im Falle gleicher Amplituden und der Phasendifferenz

$$\delta = \frac{2n-1}{2}\pi \qquad (n = 0, 1, 2, 3, \ldots) \qquad (3.596)$$

entsteht eine zirkular polarisierte Ultraschallwelle

$$\xi^2 + \eta^2 = A^2 \qquad (3.597)$$

Bei einer Phasendifferenz

$$\delta = 2n\pi \qquad (n = 0, 1, 2, 3, \ldots) \qquad (3.598)$$

zwischen den Transversalwellen gleicher Amplitude liegt der resultierende Verschiebungsvektor auf der Winkelhalbierenden zwischen der x- und y-Achse:

$$\eta = \xi \qquad (3.599)$$

bei einer Phasendifferenz von

$$\delta = (2n-1)\pi \qquad (n = 0, 1, 2, 3, \ldots) \qquad (3.600)$$

hingegen die Gerade

$$\eta = -\xi \qquad (3.601)$$

Bild 3.94 zeigt die Zusammenstellung einiger charakteristischer Kurven, die die Vektorspitze der resultierenden Verschiebungen, projiziert auf die x-y-Ebene, beschreibt.

3.5.2. Messung der Schallgeschwindigkeit

Die klassische Methode der *Schallgeschwindigkeitsmessung* mit geringer Meßunsicherheit ist für das Impuls-Echo-Verfahren das Interferometerverfahren. Bei gewissenhafter Handhabung und einiger Übung ist es möglich, eine Meßunsicherheit von 0,1 bis 0,2‰ zu erreichen [3.366].

Da dieses Meßverfahren, besonders die Abstimmung des Interferometers, viel Zeit erfordert, ist es für einen Einsatz in der betrieblichen Praxis wenig geeignet. Bei diesem Verfahren wird als Bezugsgröße die Schallgeschwindigkeit in Wasser herangezogen. Da deren Wert in der Literatur recht unterschiedlich angegeben wird und auch stark temperaturabhängig ist, werden die Meßergebnisse je nach den gewählten Ausgangsbedingungen differieren.

Ein für den praktischen Einsatz günstiges Verfahren der Laufzeitbestimmung ist das direkte Ablesen der Laufzeit auf dem Bildschirm. Die hiermit erreichbare Meßunsicherheit hängt beträchtlich von den verwendeten *Ultraschallgeräten* und der Justierung ab. Bei Verwendung eines 4-μs-Kalibriernormals für die Kalibrierung des Bildschirms eines Ultraschallprüfgeräts unter Ausnutzung der Zeitbasisspreizung kann eine Geschwindigkeitsänderung von 0,4 ms^{-1} ermittelt werden [3.370]. Je Skaleneinheit auf dem Bildschirm eines Ultraschallprüfgeräts »unipan 510« können 0,28 μs abgelesen werden [3.371].

In den letzten Jahren ist ein starker Trend zur digitalen Meßwerterfassung auf vielen Gebieten festzustellen. Dies ermöglicht eine schnelle Weiterverarbeitung großer Meßwertmengen in Rechenanlagen. Verfahren zur digitalen Messung der Ultraschallgeschwindigkeit wurden ebenfalls entwickelt. Die Grundlage bildet das *Auszählverfahren*. Durch den Taktimpuls des Ultraschallgeräts, den Sendeimpuls oder einen beliebigen Echoimpuls wird das Tor eines elektronischen Zählers geöffnet, das dann von einem beliebigen, später folgenden Echoimpuls wieder geschlossen wird. Die Unsicherheit dieses Verfahrens hängt vom verwendeten elektronischen Zähler und von der Triggerschaltung zur Impulsauswahl ab. Der Laufzeitfehler Δt kann angegeben werden als Summe der Einzelfehler: Δt_A Anzeigefehler; Δt_Q Fehler des Quarzoszillators; Δt_E Fehler durch die elektrische Signalverarbeitung; Δt_K Fehlereinfluß der Koppelschicht; Δt_I Fehler infolge der Impulsverformung [3.369]

$$\Delta t = \Delta t_A + \Delta t_Q + \Delta t_E + \Delta t_K + \Delta t_I \qquad (3.602)$$

Der Anzeige- oder auch Digitalisierungsfehler entsteht beim Auszählen der Abstände zwischen Start- und Stopsignal, da zwischen diesen und den Zählimpulsen von 10 ns kein zeitlicher Zusammenhang besteht. Eine Zeitmessung über 8 bis 10 Rückwandechos senkt den Digitalisierungsfehler auf 2 ns, wobei im Falle üblicher Stähle der Einfluß einer Impulsverformung noch nicht zu stark in Erscheinung tritt. Der Anzeigefehler von 2 ns ist meist die entscheidende Ursache der Meßunsicherheit. Durch ihn kann sich das Endergebnis um 1 ms^{-1} verändern. Praktisch werden Meßunsicherheiten von 0,1 ‰ erreicht bei einem 100-MHz-Schwinger im Zähler.

Neben dem Auszählverfahren wird auch das *sing-around-Verfahren* zur genauen Schallgeschwindigkeitsmessung eingesetzt. Die Meßunsicherheit beträgt 0,01 bis 0,1 ‰. Auch die Methoden der Impulsüberlagerung und des Phasenvergleichs sind hierfür geeignet [3.366].

Weiterhin ist es möglich, die Schallgeschwindigkeitsänderung mit Hilfe des Snelliusschen Brechungsgesetzes bei *Goniometeruntersuchungen* aus dem Grenzwinkel der Totalreflexion zu berechnen [3.366]. Bei diesem Grenzwinkel tritt ein Reflexionsmaximum auf. Bei Veränderung der Schallgeschwindigkeit im Werkstoff verlagert sich auch dieses Maximum. Auf diese Weise lassen sich sowohl die Longitudinal- als auch die Transversalwellengeschwindigkeit in einer Probe ermitteln. Nach dem letzten Maximum, das dem Grenzwinkel der Transversalwelle entspricht, müßte nach dem klassischen Brechungsgesetz alle einfallende Energie reflektiert werden. In Wirklichkeit entstehen bei geringer Vergrößerung des Einfallswinkels Grenzschicht- oder Oberflächenwellen, die einen starken Abfall der Reflexionsenergie bewirken [3.367, 3.368]. Die Unsicherheit dieses Verfahrens ist sehr von der Unsicherheit der Winkelmessung abhängig. Wird der Reflexionswinkel mit einem Fehler von 0,05° bestimmt, so beträgt die Unsicherheit der Schallgeschwindigkeit für die Grenzfläche Wasser/Stahl 0,16 %. Die neuerdings eingesetzten Goniometer besitzen die Präzision von Röntgengoniometern [3.372, 3.383].

3.5.3. Spannungsabhängigkeit der Schallgeschwindigkeit

Die Geschwindigkeit v der Ultraschallwelle ist abhängig von dem Spannungs- bzw. Eigenspannungszustand im Medium, in dem sich die Welle ausbreitet. Das betrifft alle in der Werkstoffprüfung üblichen Wellenarten, nämlich die Longitudinal-, Transversal-, Oberflächen- und Plattenwellen [3.381, 3.382, 3.457].

Zur Deutung der Geschwindigkeitsänderung bei Belastung ist auf die höhere Elastizitätstheorie zurückzugreifen [3.373, 3.374, 3.375]. Bei der Ausbreitung der Ultraschallwellen in verspannten Medien kommt es zu Wechselwirkung der Spannung im Material infolge äußerer Kräfte mit der Spannung, die durch die schwingende Beanspruchung des Materials infolge der *Ultraschallwellen* hervorgerufen wird. Hierzu ist die Einbeziehung von *Elastizitätskonstanten 3. Ordnung* nötig. (Die Elastizitätskonstanten E und μ sowie die Lamé-Konstanten λ^* und μ^* sind Konstanten 2. Ordnung.)

Aus der Geschwindigkeit der Longitudinalwelle v_{L0} und der Transversalwelle v_{T0} im unverspannten Medium geben *Toupin* und *Bernstein* [3.376] die Geschwindigkeitsänderung für ein Medium unter kleiner einachsiger Zugspannung σ bei Ausbreitungsrichtung senkrecht zur Spannungsrichtung an:

$$\frac{dv_L}{d\sigma} = \frac{1}{2\,E v_{L0}\,\rho_0}\,[-\mu\,(4\lambda^* + 8\mu^* + 3v_1 + 10v_2 + 8v_3) + (1+\mu) + (1+\mu)\,(v_1 + v_2)] \quad (3.603)$$

Transversalwelle, Schwingungsebene in Zugrichtung

$$\frac{dv_\parallel}{d\sigma} = \frac{1}{2\,E v_{T0}\,\rho_0}\,[-\mu\,(4\mu^* + 3v_2 + 4v_3) + (1+\mu)\,(2\mu^* + v_2 + 2v_3)] \quad (3.604)$$

$$\frac{dv_\perp}{d\sigma} = \frac{1}{2\,E v_{T0}\,\rho_0}\,[-\mu\,(4\mu^* + 3v_2 + 4v_3) + (1+\mu)\,v_2] \quad (3.605)$$

wobei ρ_0 die Dichte im unverspannten Zustand und v_1, v_2, v_3 die Murnaghan-Konstanten [3.377] darstellen.

Der Quotient $\frac{\Delta v}{\Delta \sigma}$ *(akustoelastischer Koeffizient)* ist unabhängig vom Vorzeichen der Spannungsänderung; der Zusammenhang Δv und $\Delta \sigma$ ist für kleine Spannungen linear [3.378]. Die Gln. (3.603) bis (3.605) ermöglichen auch die Ermittlung der Elastizitätskonstanten höherer Ordnung [3.379, 3.398]. Es sind auch andere Darstellungen der Elastizitätskonstanten höherer Ordnung als nach *Murnaghan* üblich [3.457]. Durch die Gln. (3.604) und (3.605) wird die *Spannungsdoppelbrechung* berechenbar. Eine Transversalwelle spaltet infolge eines Spannungszustands in die Richtung der Hauptspannungen σ_1 und σ_2 bei einem ebenen Spannungszustand auf. Die Geschwindigkeiten sind nach den genannten Gleichungen abhängig von der Spannung. Nach Durchlaufen der Probe ergeben sich resultierende Schwingungen entsprechend Bild 3.94. Der Effekt ist analog zur Spannungsoptik und wird auch als *spannungsakustischer Effekt* bezeichnet.

3.5.4. Praxis der Spannungsmessung

Zur Spannungsmessung ist die Kenntnis des akustoelastischen Koeffizienten für den Werkstoff und die Wellenart notwendig (Tabelle 3.8). Die in Bild 3.95 dargestellte Änderung der Rayleighwellengeschwindigkeit läßt deutlich erkennen, daß Einflüsse einer überelastischen Verformung stärker die Meßwerte beeinflussen als Spannungen im elastischen Bereich.

Die Rayleighwellengeschwindigkeit wird meist mit 2 Oberflächenwellenprüfköpfen in Durchschallung ermittelt. Bei der Messung mittels Transversalwellen wird ebenfalls wie

Tabelle 3.8. Schallgeschwindigkeitsänderung in Abhängigkeit von Spannungsänderung

Werkstoff	$\Delta\sigma$ MPa	$\Delta v_{\parallel}$ m s^{-1}	$\Delta v_{\perp}$ m s^{-1}	Δv_R m s^{-1}
AlCu4Mg1	+ 100	− 17,0	+ 7,5	− 6,5
Mk3Al	+ 100	− 1,8	+ 1,4	
	− 100	+ 2,0	≈ 0	
C45 normalisiert	+ 100	− 2,0	≈ 0	
	− 100	+ 2,0	≈ 0	
C45 gereckt	− 100	+ 2,1	≈ 0	
C45 gereckt, normalisiert und spannungsfreigeglüht	− 100	+ 2,0	− 0,6	
C45 gehärtet	− 100	+ 2,7	≈ 0	− 0,3
C60	+ 100	− 2,5	≈ 0	
50CrV4	− 100	+ 3,4	− 0,9	
X8CrNiTi18.10	+ 100			− 0,6

$\Delta v_{\parallel}$ Transversalwellengeschwindigkeitsänderung, Schwingungsebenen parallel zur Beanspruchungsrichtung
$\Delta v_{\perp}$ Transversalwellengeschwindigkeitsänderung, Schwingungsebene normal zur Beanspruchungsrichtung
Δv_R Rayleighwellengeschwindigkeitsänderung

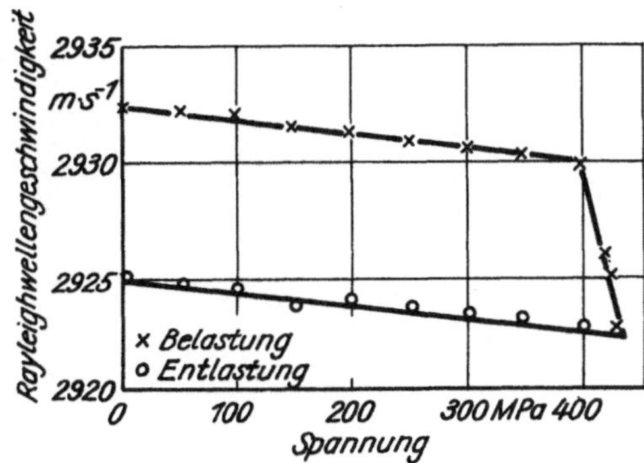

Bild 3.95. Abhängigkeit der Rayleighwellengeschwindigkeit von der Spannung (Werkstoff X8CrNiTi18.10)

bei Longitudinalwellen im Impulsecho-Verfahren, d. h. mit einem Prüfkopf gemessen. Auch über die Messung mit zwei Transversalwellenprüfköpfen mit gekreuzten Schwingungsrichtungen wird berichtet [3.380], die Fehler durch Ankopplungseinflüsse nehmen jedoch dann zu. Da die Transversalwellenprüfköpfe handelsüblich nicht die Angabe der Schwingungsebene enthalten, muß diese durch eine Laue-Rückstrahlaufnahme oder durch Reflexion an einer 61°-Phase ermittelt werden. Eine Longitudinalwelle spaltet an einer Grenzfläche unter 61° eine Transversalwelle senkrecht zu ihrer Einfallsrichtung ab, wobei die Schwingungsebene in der Einfallsebene mit dem Winkel von 61° liegt.

Mißt man mittels Transversalwellen nicht nur bei Lage der Schwingungsrichtung parallel und senkrecht zur Spannungsrichtung, so ist bei 45° deutlich der Doppelbrechungseffekt zu erkennen. In der Mehrfachechofolge tritt ein Minimum auf. Theoretisch ergibt sich eine Auslöschung, wenn die Schwingungsebene durch Überlagerung der beiden orthogonalen Komponenten gemäß Bild 3.94 senkrecht zur Schwingungsebene des Prüfkopfschwingers steht. Praktisch jedoch ergeben sich nur Minima und keine Auslöschungen.

Bild 3.96 zeigt die Transversalwellengeschwindigkeit infolge mechanischer Beanspruchung. Die Doppeldeutigkeit unter 45° erklärt das Minimum in der Echofolge. Die Doppelbrechung ergibt sich aber nicht nur durch den Einfluß einer Spannung, sondern auch bei Texturen, wobei der Betrag der Spannungsänderung oft noch größer ist als durch den Spannungszustand.

Legt man die Tatsache zugrunde, daß die Geschwindigkeit der Transversalwelle mit Schwingungsrichtung in Beanspruchungsrichtung ($v_{\parallel}$) und senkrecht dazu ($v_{\perp}$) beeinflußt wird, so kann für die Welle mit Ausbreitung senkrecht zur Beanspruchung geschrieben werden:

$$v_{\parallel} = v_{T0} + c_1\sigma_1 + c_2\sigma_2 \qquad (3.606)$$

$$v_{\perp} = v_{T0} + c_1\sigma_2 + c_2\sigma_1 \qquad (3.607)$$

Die Konstanten c_1 und c_2 sind aus dem einachsigen Zugversuch zu ermitteln (entsprechend Tabelle 3.8 auf 1 MPa bezogene Geschwindigkeitsänderung). Der Einfluß einer Doppelbrechung infolge Textur kann eliminiert werden, da für die Richtungen $\parallel$ und $\perp$ unterschiedliche Werte für v_{T0} eingesetzt werden.

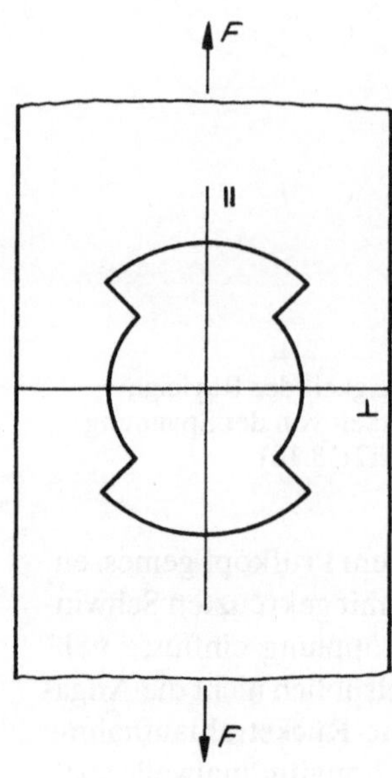

Bild 3.96. Schematische Änderung der Transversalwellengeschwindigkeit bei unterschiedlichen Winkeln zur Beanspruchungsrichtung

Die Analyse ebener Spannungszustände gestaltet sich so, daß zunächst durch Drehung der Schwingungsrichtung entsprechend Bild 3.96 die Richtung mit einem ausgeprägten Minimum in der Echofolge auf den Bildschirm des Ultraschall-Impulsecho-Geräts aufgesucht wird. Für diese gilt

$$2n \frac{d}{\lambda_{\parallel}\lambda_{\perp} f}(v_{\parallel} - v_{\perp}) = 0{,}5 \qquad (3.608)$$

Dabei sind *n* die Rückwandechoordnung, bei der das Minimum auftritt, *d* die Dicke des Prüflings, *f* die Frequenz und $\lambda_{\parallel}$ bzw. $\lambda_{\perp}$ und $v_{\parallel}$ bzw. $v_{\perp}$ die Wellenlänge und Schallgeschwindigkeit der Transversalwellenkomponente parallel bzw. senkrecht zur Achse, z. B. des Zugstabes. Diese Werte erhält man aus Tabelle 3.8. Damit ist bereits die Hauptschubspannung bzw. Hauptspannungsdifferenz angebbar.

Die Hauptspannungen σ_1 und σ_2 erhält man durch Drehung um + 45° und − 45° zu dieser gefundenen Richtung der Echofolge mit Minimum. In diesen beiden Richtungen, d. h. den Richtungen von σ_1 und σ_2, erfolgt die Schallgeschwindigkeitsmessung und Auswertung nach den Gln. (3.606) und (3.607), wobei $v_{\parallel} = v_1$ und $v_{\perp} = v_2$ zu setzen ist. Somit sind σ_1 und σ_2 nach Größe und Richtung bekannt.

Zur Messung von Eigenspannungen sind diese zwecks Ermittlung von v_{T0} örtlich mittels Zerlegung auszulösen, bzw. es ist an einer eigenspannungsfreien Probe gleichen Zustands v_{T0} zu ermitteln. Prinzipiell ließe sich v_{T0} bei Kenntnis der Murnaghan-Konstanten berechnen. Mit der Ausbildung der Eigenspannungen ändern sich aber meist der Werkstoffzustand und damit diese Konstanten.

Die Messung von Oberflächenspannungszuständen kann in analoger Weise durch Vergleich mit dem entspannten Zustand und Kenntnis der spannungsbedingten Geschwindigkeitsänderung der Rayleighwelle entsprechend Tabelle 3.8 erfolgen [3.450]. Durch

unterschiedliche Frequenzen der Oberflächenwelle ist der Einfluß von Spannungsgradienten zu erfassen [3.384]. Rayleighwellen können einfach angeregt und empfangen werden durch Normalprüfköpfe, die auf Schneiden auf den Werkstoff gesetzt werden. Über diese Methode wird auch bei der Eigenspannungsmessung berichtet [3.386]. Der notwendige große Druck unter den Schneiden beeinflußt aber den Spannungszustand. Für die Rayleighwellen fehlen noch die Ansätze zur Berechnung der Geschwindigkeitsänderung unter Beachtung der Elastizitätskonstanten höherer Ordnung. Der Einfluß ist sehr komplex, da auch noch mit dem Auftreten von Grenzflächenwellen (Love-Wellen) infolge des Schichtaufbaus bearbeiteter Oberflächen zu rechnen ist [3.454, 3.455]. Die z. T. in der Literatur anzutreffende Bergmann-Relation für unbegrenzte Medien

$$\frac{v_R}{v_T} = \frac{0{,}87 + 1{,}12\mu}{1 + \mu} \tag{3.609}$$

μ Poissonsche Konstante
v_R Rayleighwellengeschwindigkeit

gibt deshalb die unterschiedliche Spannungsempfindlichkeit der Transversal- und Oberflächenwelle nicht richtig wieder.
Ebenfalls auf der Basis der Werte der Tabelle 3.8 können Spannungsmessungen mit Longitudinalwellen erfolgen. Bei kompliziert gestalteten Teilen wie Dehnschrauben erfolgt die Aufnahme von Kalibrierkurven [3.389, 3.390, 3.391].

3.5.5. Qualitativer Spannungsnachweis

Zum qualitativen Spannungsnachweis wird über Messungen der Ultraschallschwächung vor allem bei größeren Frequenzen berichtet [3.387]. Die Schwächung steigt mit der Spannung. Das Problem besteht in erster Linie in der Ausschaltung weiterer Einflüsse. Durch eine Überlagerung mit einem magnetischen Feld soll die Ausrichtung der Weissschen Bezirke im Vergleich zur mechanischen Spannung entgegengesetzt beeinflußt werden, um den Meßeffekt zu verdeutlichen [3.388].

3.6. Magnetische und magnetinduktive Messung

3.6.1. Entwicklung der Verfahren

Bei den *magnetischen* und *magnetinduktiven Verfahren* gibt es mehrere Verfahren, die zur Spannungsmessung herangezogen werden, sich aber größtenteils noch in der Entwicklung befinden bzw. für qualitative Abschätzungen geeignet sind.
Bereits Anfang der 30er Jahre hat sich *Kersten* [3.392] mit dem Zusammenhang zwischen den magnetischen Größen und Eigenspannungen beschäftigt, wobei meist Mikro- und Makroeigenspannungen durch Messungen an plastisch verformten Werkstoffen gemeinsam untersucht wurden. So konnten im wesentlichen 4 Größen gefunden werden,

die mit Eigenspannungen unter bestimmten Voraussetzungen im Zusammenhang stehen, und zwar die reversible Magnetisierungsarbeit, die Anfangssuszeptibilität, die Permeabilität und die Remanenz. Die Remanenz wurde im Hinblick auf den Spannungseinfluß von *Förster* und *Stambke* [3.393] untersucht. Es gelangte ein Gerät »Ferrograph« zum Einsatz, das die Untersuchung von Hystereseschleifen bei unterschiedlichen Feldstärken erlaubt. Danach besteht die Beziehung für kleine äußere Zugspannungen (σ) zur *Magnetisierung I* bzw. *Remanenz* I_R

$$\frac{dI_r}{d\sigma} = \frac{I_\infty}{4\sigma} \tag{3.609a}$$

I_∞ Sättigungswert bei vollständiger Ausrichtung der Magnetisierungsvektoren

Die Remanenz fällt mit größerer Zugspannung ab. Die plastischen Verformungen zeigen nicht durchgehend diese Abhängigkeit, was auf den Einfluß von Mikroeigenspannungen zurückgeführt wurde. Dafür sind Gleitprozesse unterhalb der Streckgrenze verantwortlich.

Die *Anfangssuszeptibilität* ist den Spannungen umgekehrt proportional. Anfangspermeabilität und Remanenz reagieren unterschiedlich bei der Ausbildung von Zug- und Druckeigenspannungen über den Querschnitt, wenn sich eine äußere Zugbelastung überlagert, so daß Rückschlüsse auf die Eigenspannungsverteilung möglich sind, wie an Nickelproben gefunden wurde. Mikroeigenspannungen setzen die Remanenz herab. Die Koerzitivfeldstärke und die Anfangspermeabilität werden durch *Mikroeigenspannungen* je nach Werkstoff unterschiedlich beeinflußt [3.393]. Da die Effekte auch von der Ausbildung der Makroeigenspannungen abhängen, sind Trennungen nur über Kalibriermessungen bei systematischer Variation der Einflußparameter möglich. Aus der Messung der Koerzitivfeldstärke sind auch Rückschlüsse auf Mikroeigenspannungen im Zusammenhang mit der Versetzungsstruktur möglich [3.395].

3.6.2. Permeabilität und Koerzitivfeldstärke

Zur Spannungsanalyse sind in den letzten Jahren vor allem die Verfahren der Permeabilitätsmessung untersucht und z. T. zur Lösung von Meßproblemen in der Praxis herangezogen worden. Durch mechanische Spannungen in verschiedener Richtung wird die *Permeabilität* unterschiedlich beeinflußt. Es tritt eine magnetische Anisotropie auf, die auch bei der Ausbildung von Texturen möglich ist. Man spricht bei der Spannungsabhängigkeit vom sog. *magnetoelastischen Effekt.* Es gilt die Beziehung für die relative Änderung der magnetischen Permeabilität [3.409]

$$\mu_\sigma = \frac{\mu a}{1 \pm \frac{1}{\pi}\mu_a\lambda_0\sigma} \tag{3.610}$$

mit μ_a der Anfangspermeabilität, μ_σ der Permeabilität bei der Spannung σ und λ_0 der

Anfangsmagnetostriktion. Das positive Vorzeichen gilt für Zug-, das negative für Druckspannungen.
Auf die Größe des magnetoelastischen Effekts haben Größe und Richtung der magnetostriktiven Längenänderung Einfluß. Die Spannung beeinflußt die Ausrichtung der Weissschen Bezirke. Untersuchungen von *Reimer* [3.397] ergaben, daß die Magnetisierungskurve durch Druckspannungen oberhalb des Villariepunktes zu größeren Induktionswerten, durch Zugspannungen zu niedrigen Induktionswerten verschoben wird. Unterhalb des Villariepunktes liegt die Änderung in Abhängigkeit von der Spannung umgekehrt.
Nach *Reimer* spielt die Kristallenergie im Vergleich zur elastischen Energie eine große Rolle hinsichtlich der Spannungsabhängigkeit der *Magnetostriktion,* da der Magnetisierungsvektor sich unterschiedlich zur kristallographischen Vorzugsrichtung der Magnetisierung einstellt. Die Differenz der Fläche unter der Magnetisierungskurve des Eisens für unverformte und plastische verformte Proben ist ein Maß für Mikroeigenspannungen (homogene Mikroeigenspannungen), während die inhomogenen Mikroeigenspannungen diesbezüglich keinen Einfluß zeigen.
Der magnetostriktive Effekt ist umkehrbar, d. h., durch Längenänderung infolge mechanischer Spannungen σ reagiert der ferromagnetische Werkstoff mit einer Änderung seiner magnetischen Eigenschaften *(magnetomechanischer Effekt).* Nach [3.394] gilt für aufmagnetisierte Proben

$$\frac{dl}{dH} \sim \frac{dI}{d\sigma} \tag{3.610a}$$

l Probenlänge
H magnetische Feldstärke
I Magnetisierung

Die Änderung der magnetischen Eigenschaften kann für eine den zu untersuchenden aufmagnetisierten Stab umschließende Spule mit der Windungszahl N durch die Spannung U gemessen werden:

$$U = -N \frac{d\Phi}{dt} \tag{3.611}$$

Φ magnetischer Fluß

Am meisten hat sich von den bisher genannten Verfahren die Messung auf der Grundlage des *magnetoelastischen Effekts* für ferromagnetische Werkstoffe durchgesetzt. Dazu sind eine Reihe von Gebern der magnetischen Anisotropie zum Vergleich der Meßwerte in verschiedenen Probenrichtungen entwickelt worden [3.41]. Für zylindrische Teile werden z. B. Geber eingesetzt, die den magnetoelastischen Längseffekt erfassen. Für große Teile werden punktförmige Geber empfohlen, die je nach Lage der Pole den Längs- und Quereffekt messen. Weiterhin sind Geber mit Aufsatzspulen entwickelt worden. Dabei werden flache runde Spulen auf die Metalloberfläche aufgesetzt. Die Wechselstromfrequenz muß zur Erzielung einer ausreichenden Empfindlichkeit relativ hoch liegen. Besser ist die Arbeit mit einem Aufsatzjoch, wo ein mit Wechselstrom ge-

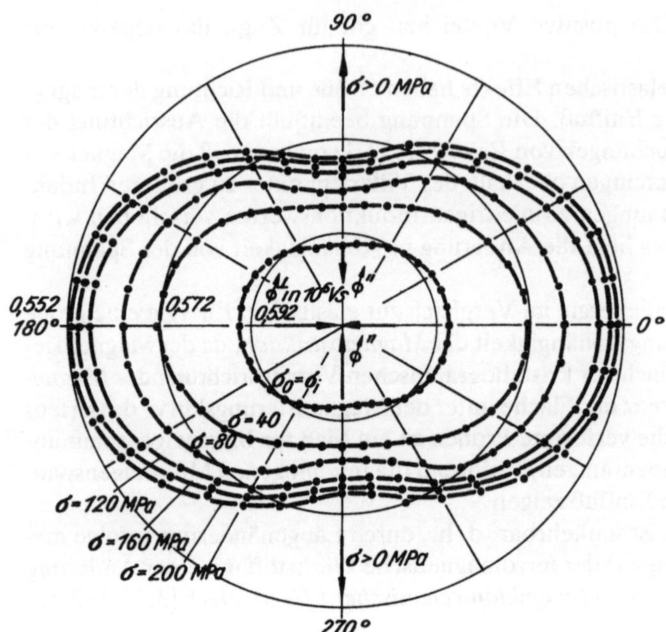

Bild 3.97. Darstellung Φ (σ) als Polardiagramm am Zugstab aus St 38b-2; Spannung als Parameter (nach [3.397])

speister Elektromagnet die Messung der relativen Änderung der magnetischen Eigenschaften der Oberflächenzone erlaubt. Bild 3.97 zeigt die magnetische Anisotropie, ermittelt über den maximalen Fluß Φ des magnetischen Kreises in Abhängigkeit vom Winkel zur Beanspruchungsrichtung eines Zugstabs mit unterschiedlichen Spannungen als Parameter, nach [3.397]. (Der Nullpunkt ist zur besseren Anschaulichkeit als Kreis dargestellt.)

Makroeigenspannungen bewirken bereits ohne äußere Beanspruchung eine Deformation des Kreises (s. Bild 3.97). Größe und Vorzeichen können aus der Kompensation der deformierten Kurven zum Kreis infolge äußerer Spannungen ermittelt werden.

Eine Verringerung der Meßfehler wird durch magnetoanisotrope Geber erreicht, mit denen nur die relative Größe der magnetischen Eigenschaften der Metalloberfläche in zwei ausgewählten Richtungen (meist unter 90° zueinander) erfaßt wird. Bei diesen Gebern sind unterschiedliche Meßprinzipien möglich, je nach gemessener Größe. So können z. B. die Wirbelströme in zwei zueinander senkrechten Richtungen miteinander verglichen werden. Die Spannung ist um so größer, je größer die Differenz der Permeabilitäten in den beiden Spulenrichtungen ist, wobei ein Maximum auftritt, wenn diese mit den Hauptspannungsrichtungen des ebenen Spannungszustands der Probenoberfläche zusammenfällt. Die Anzeige ist über Justierung in Spannung bzw. Hauptspannungsdifferenz umrechenbar; bei Eigenspannungen sind Kompensationen durch äußere Spannungen bzw. ein Auslösen nötig, sofern nicht eine Probe ohne Spannungen mit sonst gleichen Eigenschaften zur Verfügung steht. Auch Förster-Sonden, Hall-Sonden und Aufsatzjoche sind jeweils als gekreuzte Paare verwendbar. Bild 3.98 zeigt eine Meßvorrichtung mit Hall-Sonde.

Einflußfaktoren bei der Messung sind die magnetoelastische Hysterese, die Wahl der Frequenz, der Spalt zwischen Geber und Oberfläche des Prüflings sowie dessen Ober-

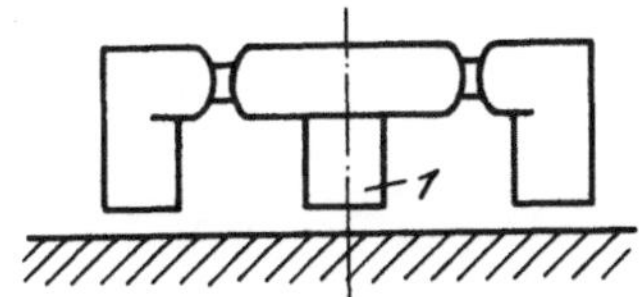

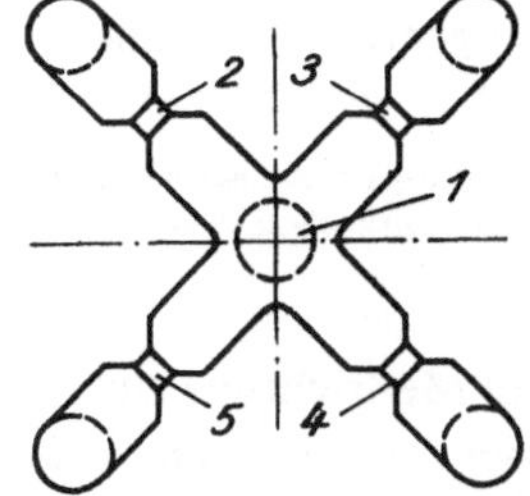

Bild 3.98. Messung der magnetischen Anisotropie mittels Hall-Sonden (nach [3.41])

1 Permanentmagnet; *2, 3, 4, 5* Hall-Sonden

flächengestalt selbst. Die magnetoelastische Hysterese hängt neben der Spannung von dem magnetischen Feld des Gebers ab. Ein starkes Magnetfeld beeinflußt stark die Orientierung der Gebiete der spontanen Magnetisierung entsprechend der mechanischen Spannung. Da aber die Induktion die Geberempfindlichkeit beeinflußt, ist eine optimale Induktion zu wählen. Erzeugt der Geber selbst ein schwaches Feld, ist vorher eine Entmagnetisierung in einem wechselnden Magnetfeld nötig. Je größer die Frequenz, desto kleiner ist die Eindringtiefe des Magnetfeldes, was beim Vorliegen von Spannungsgradienten zu beachten ist, um so stärker ist aber auch der Einfluß der Oberflächenfeingestalt des Prüflings, so daß Frequenzen von 50 bis 200 Hz als optimal angesehen werden [3.401].

Von erheblichem Einfluß ist der Spalt zwischen Geber und Probe, da hier der größte Teil der durch den Erregerstrom erzeugten magnetomotorischen Kraft verbraucht wird. Die Meßfehler bei unkontrollierter Spaltbreite betragen 50 % und mehr [3.409].

Abgesehen von der daraus resultierenden und nur schwer zu realisierenden Forderung der Konstanthaltung der Spaltbreite und -länge wird deshalb auf einen größeren Erregerstrom und vor allem auf die Auswertung hoher Harmonischer orientiert. Diese erweisen sich vor allem als besonders spannungsempfindlich in magnetisch harten Stählen. So wird über die vorteilhaften Messungen mit der 3. Harmonischen [3.400], aber auch bis zur 7. bzw. 11. Harmonischen [3.401] berichtet, die durch einen harmonischen Analysator auszufiltern und durch eine empfindliche Spannungsmessung nachzuweisen sind. Die Frequenz des Erregerstroms ist ebenfalls dabei im Zusammenhang mit der Erregerstromstärke von Einfluß, so daß die maximale Empfindlichkeit durch Kombination der Einflußparameter empirisch zu finden ist [3.402]. Die Eindringtiefe ist dann entsprechend gering und liegt nur bei Bruchteilen von Millimetern für Stahl. Durch unterschiedliche Frequenzen des Magnetisierungsfeldes und Messung der Tangentialkomponente mittels Hall-Generators kann in einem Stab mit gleichbleibenden Längseigenspannungen die Spannungsverteilung in radialer Ausdehnung ermittelt werden [3.403]. Die größte Spannungsempfindlichkeit liegt bei maximaler Permeabilität vor, während im Bereich der Sättigung in erster Linie der Werkstoff auf die Verteilung des Magnetflusses wirkt.

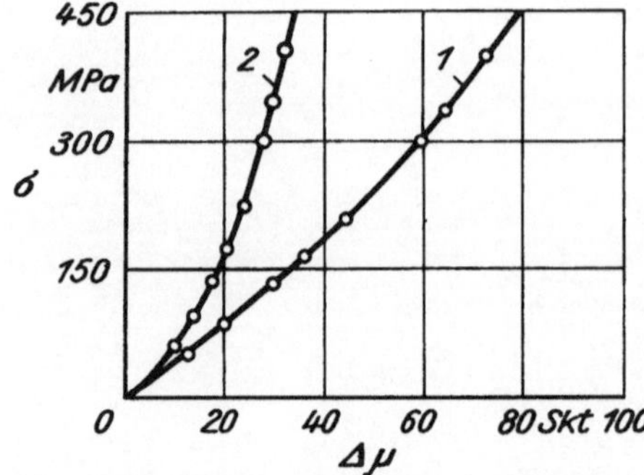

Bild 3.99. Kalibrierkurven für einen unlegierten Stahl mit 0,45% Kohlenstoff (Flachstab bei einachsigem Spannungszustand)

1 Änderung des longitudinalen magnetoelastischen Effekts
2 Änderung des transversalen magnetoelastischen Effekts

Die Änderung der *Permeabilität* μ ist abhängig von der Lage der Meßrichtung zur Spannungsrichtung, wie bereits aus Bild 3.97 erkennbar ist. Auch hier zeigt sich eine Abhängigkeit von der Ordnung der höher Harmonischen, so daß diese empfindlicher senkrecht zur Spannungsrichtung (transversaler Effekt) als in Spannungsrichtung (longitudinaler Effekt) reagieren [3.399].
Die Analyse ebener Spannungszustände ist möglich durch Kenntnis des Zusammenhangs $\sigma = f(\mu_1)$ für den longitudinalen magnetoelastischen Effekt und $\sigma = f(\mu_2)$ für den transversalen magnetoelastischen Effekt. Die entsprechenden Proportionalitätsfaktoren dieser jeweils im niedrigen elastischen Bereich linearen Beziehungen sind k_1 und k_2, wobei für den Stahl CT3 ein Verhältnis $a = \mu_2/\mu_1 = 0{,}5$ ermittelt wurde. (Im Gegensatz zu [3.399] ist hier $\mu_1 > \mu_2$.)
Orechov [3.404] berechnet dann daraus die Spannungen σ_1 und σ_2

$$\varepsilon_1 = \frac{1}{E}(\sigma_1 - \mu\sigma_2) = \frac{1}{E}(k_1\mu_1 - \mu k_2 a\mu_2) \tag{3.612}$$

$$\varepsilon_2 = \frac{1}{E}(\sigma_2 - \mu\sigma_1) = \frac{1}{E}(k_2 a\mu_2 - \mu k_1\mu_1) \tag{3.613}$$

wobei E Elastizitätsmodul und μ hier Poissonsche Konstante (nicht Permeabilität!) bedeuten.
Da aber eine einachsige Spannung sowohl einen longitudinalen als auch einen transversalen Effekt für die Permeabilitätsänderung $\Delta\mu$ zur Folge hat, ist eher ein Gleichungssystem analog den Gln. (3.606) und (3.607) herauszuziehen!
Bild 3.99 zeigt die Kalibrierkurven, wobei $\Delta\mu$ nur als Relativwert in Skalenteilen angegeben ist. Die Richtungen der Hauptspannungen werden aus den Extremwerten der Kurvenform analog zu Bild 3.97 ermittelt.
Grundsätzliche Untersuchungen [3.405] ergaben, daß bei Eisen-Kohlenstoff-Legierungen mit größerer Härte und größerem Gehalt an Kohlenstoff der magnetoelastische Effekt kleiner wird, insbesondere bei Kohlenstoffgehalten mit mehr als 1 %. Der Effekt nimmt außerdem mit kleinerer Korngröße ab, da der Verlustanteil an der Korngrenze zunimmt. Im gehärteten Zustand ist der Effekt kleiner, offenbar durch die Mikroeigenspannungen und einen evtl. Restaustenitanteil. Das Verfahren wurde z. B. zur Analyse

von Schweißeigenspannungen [3.406, 3.407] und Eigenspannungen in Schienen [3.408] eingesetzt.
Die Spannungen beeinflussen aber nicht nur die Permeabilität, sondern auch die *Remanenz* und die *Koerzitivfeldstärke*. Für die *magnetische Induktion B* gilt in Abhängigkeit von der Spannung

$$B = B_o + \lambda\sigma \tag{3.614}$$

mit B_0 der Induktion für $\sigma = 0$ und λ der magnetostriktiven Spannungsempfindlichkeit. Mißt man die Induktanz einer Spule, so wird diese durch die reversible Permeabilität μ_r aus $\Delta B/\Delta H$ bestimmt (z. B. mittels einer ballistischen Methode):

$$\mu_r = \mu_{ro} + \lambda_r\sigma \tag{3.615}$$

μ_{r0} ist μ_r für $\sigma = 0$, λ_r die Spannungsempfindlichkeit von μ_r. Die Messung erfolgt somit über die Messung der effektiven reversiblen Permeabilität, die wiederum über die Induktanz ermittelt wird [3.410]. Die relative Permeabilität steht bei bekannter elektrischer Leitfähigkeit für die Wirbelstromprüfung eines Stabs in einer Beziehung zur Grenzfrequenz [3.411].
Den Einfluß der Mikroeigenspannungen σ^E auf die Koerzitivfeldstärke H_c untersuchte bereits *Kersten* 1940 [3.430], wonach die Beziehung besteht:

$$H_c = p\,\frac{\lambda_s\sigma^E}{I_s} \tag{3.616}$$

mit λ_s der Magnetostriktion und I_s der Sättigungsmagnetisierung. Der Faktor p ist abhängig von der Periodizität l der Eigenspannungen und der Blechwanddicke δ

$$p \approx 2\,\frac{\delta}{l} \quad \text{für kleine } \delta\text{-Werte} \tag{3.617}$$

$$p \approx \frac{l}{\delta} \quad \text{für große } \delta\text{-Werte} \tag{3.618}$$

Die Eigenspannungsmessung über die Koerzitivfeldstärke beruht darauf, daß diese als Erregerstromgröße am Scheitelpunkt der in der Sekundärspule induzierten Spannung ermittelt wird. Auch sind Messungen in dem Zeitpunkt möglich, wo die Induktion Null ist. Auch hier ist der Spalt zwischen Geber und Prüfling von großem Einfluß, wie bereits erläutert wurde.
Auch Messungen der Eisenverluste sind möglich [3.412]. Dazu dient ein Magnetfühler, der mit Wechselstrom gespeist wird. Es gilt die Beziehung für den Eisenverlust P

$$P \sim f^{3/2}\lambda^{1/2}\mu^{-1/2} \tag{3.619}$$

f Frequenz
λ Leitfähigkeit
μ Permeabilität

Der Eisenverlust soll weniger vom Spalteinfluß abhängen. Der Magnetfühler wird durch einen Eisenkern mit Primär- und Sekundärwicklung realisiert. An die Sekundärwicklung ist ein Voltmeter angeschlossen. Ein Leistungsmesser zwischen Primärwicklung und Ausgang des Voltmeters erlaubt die Eisenverlustmessung als Produkt aus Primärstrom und Sekundärspannung des Magnetfühlers. Der Primärstrom des Magnetfühlers kann auch mittels einer direkt am Meßobjekt befindlichen Spule, deren Spannung über die Zeit integriert wird, ermittelt werden. Da diese Messung stärker auf Druck- als auf Zugspannungen reagiert, sollte der Fühler so ausgelegt werden, daß er in erster Linie auf Druckspannungen reagiert. Gegenüber der Messung der Koerzitivfeldstärke besteht der Vorteil, daß nicht nur ein Punkt der Hysteresekurve als differentielle Größe, sondern eine integrale Größe, d. h. die Fläche ermittelt wird, so daß der Meßfehler kleiner ist [3.412].

3.6.3. Barkhausen-Rauschen

Neben der Permeabilitätsmessung hat noch die Spannungsmessung mittels *Barkhausen-Rauschens* eine breitere Anwendung gefunden. Man nutzt hier den Einfluß der Spannung auf die Verschiebung der Blochschen Wände, die die Weißschen Bezirke voneinander trennen, d. h. den umgekehrten magnetostriktiven Effekt aus.

Bild 3.100 a zeigt schematisch die Anordnung der Weißschen Bezirke im unverspannten Zustand [3.413]. Es wirkt kein äußeres Magnetfeld. Die Felder der Weißschen Bezirke gleichen sich aus. Wird eine Spannung angelegt (Bild 3.100 b), so reagiert ein magnetostriktiv positiver Körper mit einem Wachsen der Bezirke in Spannungsrichtung auf Kosten der dazu ungünstig orientierten Bezirke, bis schließlich mit größerer Spannung die Bezirke in Spannungsrichtung die übrigen Bezirke aufgezehrt haben.

Legt man ein Magnetfeld an, so ist im Falle der gleichen Vektoren von Zugspannung und Magnetfeld eine Vergrößerung des Rauschens zu erwarten, da die Wandverschiebung entsprechend Bild 3.100 c noch begünstigt wird. Im Falle von Druckspannungen tritt eine Verminderung des Rauschens ein, da sich die Bezirke senkrecht zur Spannung einstellen; die Wandbewegung wird gehemmt. Ebenso tritt eine Hemmung auf, wenn Magnetfeld und Zugspannung senkrecht zueinander stehen. Hingegen tritt eine Vergrößerung des Rauschens auf, wenn Druckspannung und Magnetfeld senkrecht zueinander stehen.

Bild 3.101 zeigt das Blockschaltbild mit der jochförmigen Magnetisierungs- sowie mit der Empfangsspule, die den Wechsel der magnetischen Induktion bzw. der Flußdichte induktiv erfaßt, und von der die schmalen Barkhausen-Impulse über einen Vorverstärker, Gleichrichter und Filter zum *x-y*-Schreiber bzw. Voltmeter geleitet werden. Der Frequenzgenerator ist in der Frequenz variabel [3.413]. Die Magnetisierung des Werk-

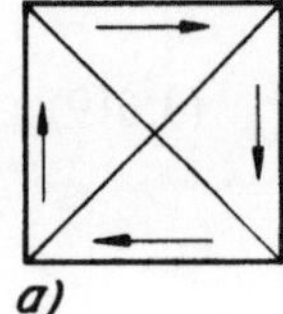

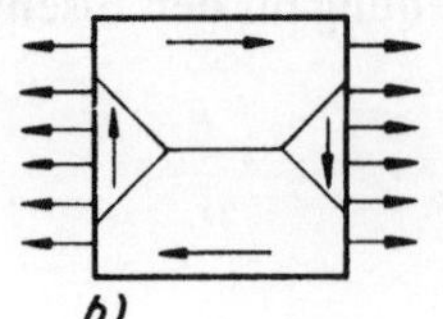

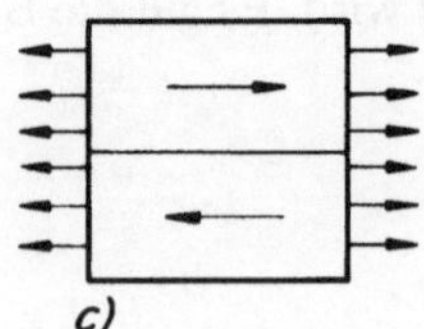

Bild 3.100. Einfluß der Spannung auf die Weißschen Bezirke
a) ohne Spannungen
b) kleine Spannungen
c) große Spannungen

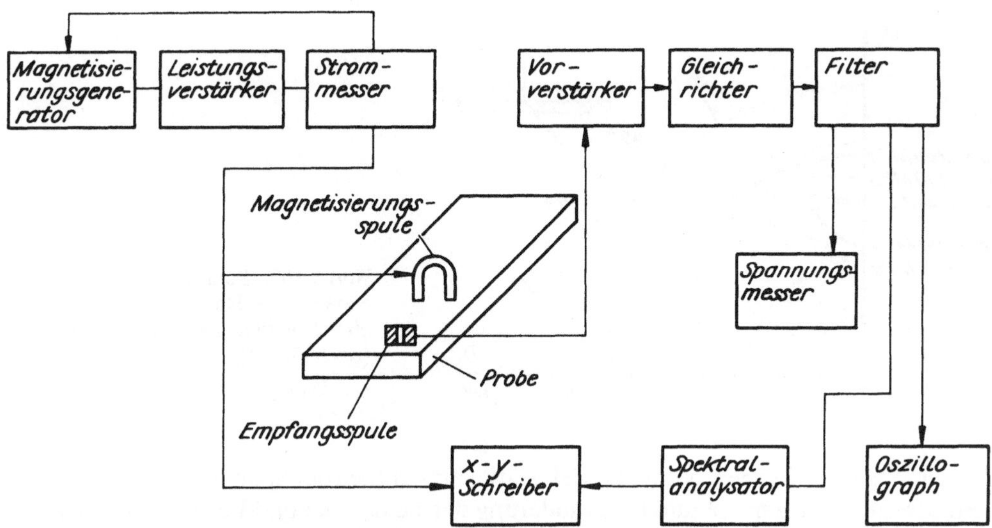

Bild 3.101. Blockschaltbild zur Analyse des Spannungszustands mittels Barkhausen-Rauschens

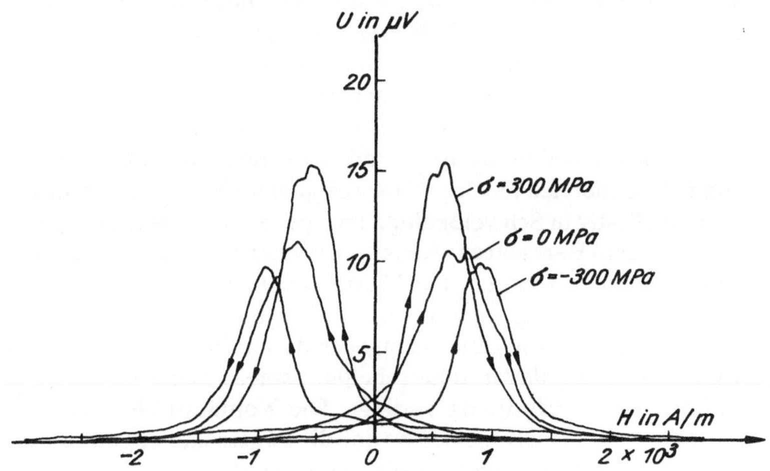

Bild 3.102. Rausch-Diagramm eines einachsig beanspruchten Stahls
f_w = 0,02 Hz; f_R = 25 kHz (nach [3.414])

stoffs erfolgt mit Frequenzen von $f_w = 0{,}01$ bis 100 Hz; das Frequenzband des Barkhausen-Rauschens liegt bei $f_R = 0{,}1$ bis 100 kHz. Die Erregerstromstärke beträgt etwa 50 μA [3.416].

Bild 3.102 zeigt die Spannung, die von der Höhe und der Zahl der Barkhausen-Impulse für die jeweilige Frequenz f_R abhängig ist, als Funktion der Feldstärke H für eine Zug- und eine Druckspannung. Magnetfeld- und Spannungsrichtung sind parallel [3.414]. Der erwähnte unterschiedliche Einfluß von Zug- und Druckspannungen wird deutlich.

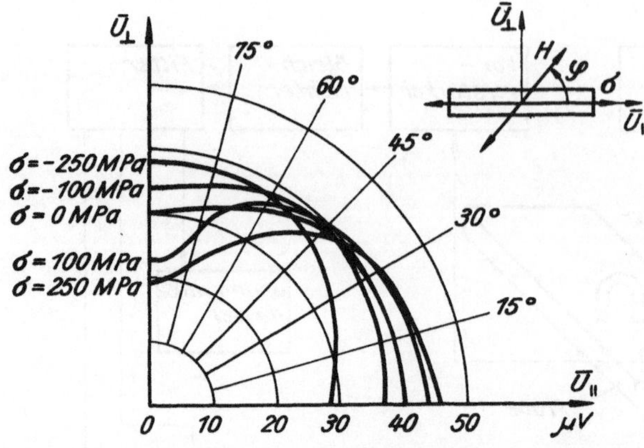

Bild 3.103. Polare Verteilung des Barkhausen-Rauschens eines einachsig beanspruchten Stahls (nach [3.414])

f_m = 50 Hz; f_R = 70 kHz

Außerdem ist ein Bereich optimaler Feldstärke hinsichtlich der Spannungsempfindlichkeit erkennbar. Damit ist durch Veränderung der Feldstärke und Lage des damit verbundenen Extremwertes zu unterscheiden, ob Druck- oder Zugspannungen vorliegen. Durch die mechanische Beanspruchung tritt somit eine ausgeprägte magnetische Anisotropie auf, die aber schon im unverspannten Zustand vorliegen kann, und zwar infolge der Werkstoffeinflüsse wie Textur (Bild 3.103, für $\sigma = 0$ MPa). Die erfaßte Schichttiefe liegt bei 300 bis 50 μm [3.414, 3.416]. Da die Meßwerte durch den Grundgefügeeinfluß stark streuen, muß bei der Kalibrierung und Auswertung eine statistische Betrachtung erfolgen [3.414]. Gegenwärtig sind nur Analysen einachsiger Spannungszustände möglich. Bei Eigenspannungsanalysen muß ein Vergleich mit dem unverspannten Zustand, z. B. durch Auslösen erfolgen. Die Kalibrierkurven sind nicht linear und unterscheiden sich deutlich im Zug- und Druckbereich [3.415]. Nach *Karjalainer* u. a. [3.416] wurden Eigenspannungen jedoch qualitativ in Schweißnähten angegeben, und zwar die Längseigenspannungen, die gut mit dem Barkhausen-Rauschen (in Längsrichtung neben und in der Schweißnaht magnetisiert) korrelieren. Die Werte der Quermagnetisierung zeigen die gleiche Tendenz, aber mit entgegengesetztem Vorzeichen.
Der Einfluß der plastischen Deformation soll sich hingegen durch einen gleichen Effekt bei Längs- und Quermagnetisierung davon unterscheiden, sofern keine ausgeprägte Vorzugsrichtung der plastischen Verformung vorliegt. Die Kontaktfläche zwischen Empfänger und Prüfling hatte 2 mm Durchmesser, so daß die Längsspannungen bei verschiedenen technologischen Einflüssen schnell zu analysieren sind.
Nach *Lauterlein* [3.429] kommt es beim Barkhausen-Rauschen darauf an, die Rauschspannungsausbeute groß zu halten. So soll die Aufnahmespule möglichst viele Windungen dünnen Drahts bei kleinerem Spulendurchmesser enthalten (unter Beachtung der für den Verstärker maximal zulässigen Induktivität). Der Abstand zwischen Magnetisierungs- und Aufnahmespule soll möglichst klein sein, ebenso der Abstand zwischen Aufnehmer und Prüflingsoberfläche.
Die niederen Frequenzen des Rauschens sind empfindlicher gegenüber elastischer als plastischer Beanspruchung. Der Anteil der elastischen Verformung aus der Rauschänderung ist unabhängig von der plastischen Verformung, die das Rauschen insgesamt aber stärker beeinflußt als eine elastische Verformung. Die maximale Rauschamplitude ist proportional der Zugspannung (bis etwa 100 MPa). Sie nimmt jedoch mit größerem

Kohlenstoffgehalt ab. Die Verteilung des Rauschens in Abhängigkeit vom Erregerfeld wird durch die mechanische Beanspruchung kaum geändert. Als Maß für das Rauschen können die maximale Amplitude der Hüllkurve des Rauschens nach Gleichrichtung im breitesten Frequenzband, die maximale Amplitude in verschiedenen Frequenzbändern und der integrierte Wert des beim Durchlaufen einer halben Hystereseschleife erhaltenen Signals dienen. Die beste Empfindlichkeit wird bei Rauschkomponenten mit niedriger Frequenz erreicht [3.456].
Tiitto [3.462] integriert das aufgenommene Signal, das durch einachsige Wechselfeldmagnetisierung über eine Spule mit U-förmigem Kern bedingt ist, in einem Vorverstärker, um eine elektrische Spannung zu erhalten, die dem erfaßten Volumen der Domänenbewegung proportional ist. Das Rauschen ist am stärksten und am empfindlichsten hinsichtlich der Spannungsabhängigkeit bei Messungen im steilsten Teil der Magnetisierungskurve, so daß der Mittelwert der Rauschamplitude in diesem Bereich gemessen wird. Im Signalfrequenzbereich von 500 bis 10000 Hz betrug die Meßtiefe, aus der 67 % der Informationen stammen, 0,2 bis 0,3 mm bei Stahl. Die nichtlineare Justierkurve ließ sich für Walzstahl von −40 MPa bis etwa 200 MPa aufnehmen, wobei der Druckbereich durch das Grundrauschen eingeschränkt war.
Pustynnikov und *Vasil'ev* [3.417] nutzen das Barkhausen-Rauschen, um Mikroeigenspannungen bzw. die Verfestigung nach mechanischer Oberflächenverfestigung nachzuweisen. Durch die damit verbundene Verkleinerung des mittleren Volumens der Magnetisierungssprünge bei steigender Gesamtzahl der Sprünge ändert sich das Spektrum des Rauschens, so daß die Messung der Verteilung der Barkhausensprünge in Abhängigkeit von der Amplitude mittels Amplitudenselektors und Impulszählers vorgenommen wird. Um die zeitliche Überlappung von Barkhausen-Sprüngen auszuschalten, wird mit einer Ummagnetisierungsfrequenz von 0,1 Hz gearbeitet. Es sind niedrig Harmonische ($n \leqq 5$) auszuwerten. Allerdings verfälscht die wegen des Geräte- und Wärmerauschens notwendige Selektion durch die damit verbundene Nichtlinearität das Meßergebnis, so daß eine Extrapolation in diesen selektierten Bereich hinein erfolgen muß.
Liegt allerdings eine stark gerichtete plastische Verformung vor, so sind die Ergebnisse des longitudinal und transversal gemessenen Rauschens je nach Werkstoffstruktur (z. B. Textureinfluß) unterschiedlich [3.418].
Zur Untersuchung der Spannungen nichtferromagnetischer Werkstoffe wird vorgeschlagen, eine ferromagnetische Schicht (sog. Ferrolacke) aufzubringen.

3.6.4. Qualitativer Spannungsnachweis

In den vorangegangenen Abschnitten wurde bereits gezeigt, daß für die Analyse ebener Oberflächenspannungszustände magnetische Verfahren z. T. nur qualitativ bzw. halbquantitativ eingesetzt werden. Das betrifft auch das *Barkhausen-Rauschen.* So wird über Relativmessungen z. B. an oberflächenverfestigten Turbinenschaufeln berichtet, wo Risse durch die Änderung des Barkhausen-Rauschens infolge der durch den Anriß erniedrigten Druckeigenspannungen nachweisbar sind. Auch zur Almen-Intensität wurden Beziehungen über das Barkhausen-Rauschen hergestellt [3.419].
Permeabilitätsmessungen (durch Messung der Feldverformung um einen starken Per-

manentmagneten in einem speziellen Gerät) erlauben den Nachweis großer Zugspannungen in nahezu unmagnetisierbaren Stahlblechen [3.421].
Bei der *Wirbelstromprüfung* macht sich die Spannungsabhängigkeit der Permeabilität, insbesondere der Anfangspermeabilität, bemerkbar. So soll auf Eigenspannungen geschlossen werden können, wenn bei geringer Magnetisierungsstromstärke ein großer Streubereich entsteht, der bei größeren Stromstärken eingeengt ist [3.421]. Eigenspannungen, insbesondere Mikroeigenspannungen, stellen bei der Wirbelstromprüfung eine Quelle von Fehlinterpretationen bei der Fehler- und Gefügeprüfung dar. Andererseits kann bei Ausschaltung weiterer Einflußgrößen qualitativ durch die Wirbelstromanzeige auf *Mikroeigenspannungen* (z. B. in Drahtseilen nach plastischer Verformung [3.422]) geschlossen werden.
Erfahrungen liegen fernerhin über den Einfluß von Eigenspannungen auf das *Restfeld* vor [3.421]. Vorteilhaft ist eine magnetische Sättigung der Probe, d. h., die maximale innere Feldstärke soll bei der Aufmagnetisierung mindestens das Fünffache der Koerzitivfeldstärke des Prüflings haben. Dem Gleichfeld wird zum Erreichen einer »Idealisierung« ein hohes magnetisches Wechselfeld überlagert. Die Restfeldmessung erfolgt dann meist mit einem Förstersondenpaar in Differenzschaltung zur Eliminierung von Fremdfeldeinflüssen bzw. mit Hall-Sonden bei großen Restfeldstärken. Für die Eigenspannungsmessung ist das modifizierte Restfeldverfahren günstig. Dabei wird nach dem Aufmagnetisieren, wie üblich, ein monoton abnehmendes Wechselfeld angelegt, dem aber nun noch ein Gleichfeld überlagert wird, dessen Richtung der Richtung des aufmagnetisierenden Gleichfeldes entgegengesetzt gerichtet ist. Diese partielle Abmagnetisierung schafft durch die Wahl der beiden Parameter Wechselfeldamplitude und Gleichfeld bessere Prüfbedingungen. (Schon bei der Wechselfeldmagnetisierung zeigt es sich, daß die Restfeldabnahme in den nicht vorgespannten Bereichen größer ist als in vorgespannten Bereichen.) Die Unterschiede in der partiellen Abmagnetisierung geben somit eine zusätzliche Information über Werkstoffeigenschaften, vor allem solche, die mit der Koerzitivfeldstärke im Zusammenhang stehen, wie es bei den Eigenspannungen der Fall ist [3.423, 3.424, 3.465].
Schließlich gibt es direkte Messungen der *Koerzitivfeldstärke*. Bei magnetisch harten Werkstoffen mit ihren großen Mikroeigenspannungen ist der Einfluß des Werkstoffzustandes so groß, daß durch zusätzlich aufgebrachte Spannungen die Koerzitivfeldstärke praktisch nicht geändert wird [3.425]. Über Koerzitivfeldstärkenmessungen bzw. Messungen der Anfangssuszeptibilität sind auch Aussagen zur Versetzungsanordnung bzw. über Spannungsfelder während Lastzyklen möglich [3.426, 3.463].

3.7. Relaxationsmethode

Die Methode geht davon aus, daß durch kinetische Betrachtungen des Spannungsabbaus bei einer äußeren Beanspruchung zwischen Fließgeschwindigkeit und effektiv wirkender Spannung, d. h. Eigenspannungen plus Spannungen infolge äußerer Beanspruchung, ein Zusammenhang besteht. Die Methode wurde ursprünglich für Metalle entwickelt, sie findet heute aber auch vor allem für Plastwerkstoffe Anwendung.

Nach *Li* [3.427] kann für die Dehngeschwindigkeit $\dot{\varepsilon}$ bei einachsiger Zugbeanspruchung geschrieben werden:

$$\dot{\varepsilon} = \frac{\dot{\sigma}}{E} + B\sigma^{n} \qquad (3.620)$$

Für $\dot{\varepsilon} = 0$ folgt für die Relaxationsgeschwindigkeit der Spannung

$$\dot{\sigma} = -BE\sigma^{n} \qquad (3.621)$$

bzw. für konstantes $\dot{\varepsilon}$

$$\dot{\varepsilon} = A\sigma^{n} \qquad (3.622)$$

A, B, n Konstanten

Im Falle des Vorliegens von Eigenspannungen σ^{E} gilt als Überlagerung für die effektiv wirkende Spannung

$$\sigma_{eff} = \sigma - \sigma^{E} \qquad (3.623)$$

so daß aus Gl. (3.621) die Form wird

$$\dot{\sigma} = -EB(\sigma - \sigma^{E})^{n} \qquad (3.624)$$

woraus sich die Spannung errechnet

$$\sigma = (\sigma_0 - \sigma^{E})(1 + mKt)^{-1/m} + \sigma^{E} \qquad (3.625)$$

t Zeit
σ_0 Ausgangsspannung
$m = n - 1$

$$K = EB(\sigma_0 - \sigma^{E})^{m} \qquad (3.626)$$

Der Anstieg der Relaxationskurven

$$s = \frac{d\sigma}{d\ln t} \qquad (3.627)$$

ist

$$-s = \frac{\sigma - \sigma^{E}}{m}\left[1 + \left(\frac{\sigma - \sigma^{E}}{\sigma_0 - \sigma^{E}}\right)^{m}\right] \qquad (3.628)$$

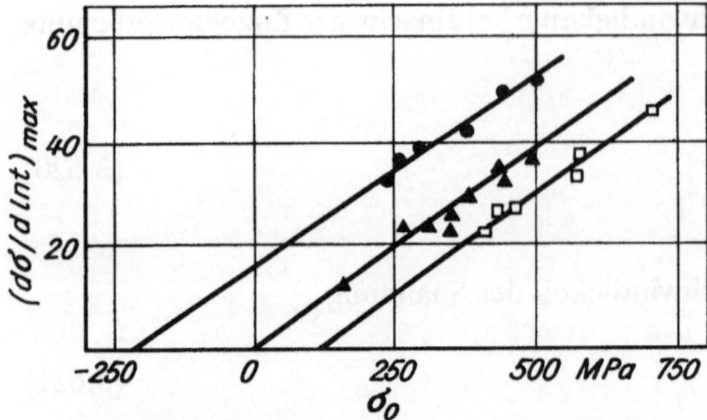

• plastisch zugbeansprucht bei 80 °C, anschließend Wasserkühlung
□ plastisch druckbeansprucht bei 80 °C, " "
△ 12 Stunden bei 90 °C getempert

Bild 3.104. Ermittlung der Eigenspannungen nach der Relaxationsmethode in Polyäthylen (nach [3.428])

Durch Auftragen von $-s$ in Abhängigkeit von σ ergibt der Schnittpunkt mit der σ-Achse den Wert für die Eigenspannung σ^E (Bild 3.104). Da diese Darstellung bei einer linearen Abhängigkeit σ von $\ln t$ insbesondere bei flachem Verlauf schwierig auswertbar ist, wie es für eine Reihe von Plasten zutrifft, wurde das Verfahren variiert [3.428], indem aus einer größeren Zahl von *Relaxationskurven* mit unterschiedlichen Ausgangsspannungen σ_0 das Maximum des Anstiegs $d\sigma/d\ln t$ ermittelt wird, das mit s^* gekennzeichnet werden soll. Die Gl. (3.628) wird dann zu

$$s^* = \frac{n^{-n/(n-1)}}{\sigma_0 - \sigma_E} \tag{3.629}$$

Bei der Darstellung s^* in Abhängigkeit von σ_0 ergibt der Schnittpunkt dieser Geraden mit der σ_0-Achse den Eigenspannungswert. Durch die Verwendung getrennter Proben für jede Relaxationskurve lassen sich nur systembedingte Aussagen treffen.

Der quantitative Bezug zur Eigenspannungsverteilung ist unklar, da im Zugversuch die Relaxation an Zugeigenspannungsgebieten beginnt und durch die den Eigenspannungsausgleich bedingenden Druckeigenspannungen gehemmt wird. Die mit dieser Methode ermittelten Spannungen werden in erster Linie mit *Mikroeigenspannungen* in Zusammenhang gebracht [3.433]. Die Relaxationsmethode existiert auch in anderen Varianten, denen eingehendere Untersuchungen der Dehngeschwindigkeit zugrunde liegen. Bei der stufenweisen Entlastungsmethode wird die athermische Komponente der Fließspannung, d. h. die »Eigenspannungen über einen größeren Bereich« gemessen. Dazu geht man von der Annahme aus, daß im Falle des Verschwindens der thermischen Spannung die Versetzungsbewegung ebenfalls Null wird; bei Verschwinden der Dehngeschwindigkeit wird die dann herrschende Spannung zur Eigenspannung über einen größeren Bereich. Im Belastungs-Zeit-Diagramm muß also die Formänderungsgeschwindigkeit nach stufenweiser Entlastung gemessen werden, um einen waagerechten Teil der Kurve herauszufinden. Diese Methode ist geeignet für den Fall, daß die Temperaturabhängigkeit des Schubmoduls und der kritischen Spannung bei Dehngeschwindigkeit gleich null sind. Andernfalls sind Extrapolationsverfahren anzuwenden [3.432]. Auch diese Ergebnisse werden im Zusammenhang mit der Versetzungsstruktur erörtert. Schließlich gibt es auch Zusammenhänge zwischen der Relaxation und Leerstellen.

Die Relaxationsmethode dient ebenso wie die im Abschnitt 3.9. genannte Methode der akustischen Emission in erster Linie der Untersuchung der Kinetik des Spannungsabbaus.

3.8. Besonderheiten der Spannungsoptik

Die *Spannungsoptik* bietet die Möglichkeit, als Feldmeßverfahren einen großen Bereich auswerten bzw. die Stellen maximaler Beanspruchung erkennen zu können, um dann dort gezielt quantitativ arbeitende Methoden anzuwenden.
Da mit der Spannungsoptik nicht nur Spannungen in Plastwerkstoffen, sondern in erster Linie Spannungen in realen Bauteilen modelliert werden, muß eine entsprechende Überlagerung der Ergebnisse des Modells auf die Hauptausführung erfolgen. Bei der Simulierung von Eigenspannungen ergeben sich dabei grundsätzliche Schwierigkeiten. So können die Umwandlungsspannungen nicht simuliert werden. Vor allem ist bei der Eigenspannungsanalyse entsprechend simuliert beanspruchter Modelle darauf zu achten, daß in diesem Falle durch das bewußte Überschreiten der Fließgrenze des Plastwerkstoffs neben der *Spannungsdoppelbrechung* auch eine *Orientierungsdoppelbrechung* auftritt, so daß für die Deformationsdoppelbrechung geschrieben werden kann [3.434]:

$$\Delta n = S' (\sigma_1 - \sigma_2) + C_o \gamma' \qquad (3.630)$$

Die Doppelbrechung wird nicht nur durch die Hauptspannungsdifferenz (S' spannungsoptische Konstante), sondern auch von einem orientierungsabhängigen Anteil γ' (C_o Beiwert, der den Orientierungseinfluß charakterisiert und temperatur- sowie zeitabhängig ist) beeinflußt. Der erste Summand in Gl. (3.630) charakterisiert die sog. *energieelastischen Eigenspannungen,* während der zweite Summand den *entropieelastischen »Eigenspannungen«* zuzuordnen wäre, da durch ein Tempern dieser Anteil wieder eliminiert werden kann. Die entropieelastischen zwischenmolekularen Kräfte sind nur klein.
Der z. T. in der Literatur zu findende Ausdruck »Orientierungsspannung« ist falsch, da es sich nur um eine formale Spannungszuordnung handelt. Ein gewisser Zusammenhang besteht zwischen Molekülorientierung und Eigenspannungen, da unterschiedliche Orientierungen im Querschnitt zu einer Anisotropie der Schwindung und der Wärmeausdehnungskoeffizienten führen [3.435]. Die reine *Orientierungsdoppelbrechung* ist Grundlage der räumlichen Spannungsoptik nach dem Einfrierverfahren. Die infolge Beanspruchung bei höheren Temperaturen orientierte Molekülstruktur friert ein. Ihre Zuordnung zu Spannungen ist problematisch und nur unter bestimmten Bedingungen möglich. Die spannungsoptischen Werkstoffe zur Eigenspannungsanalyse müssen deshalb entsprechend (z. B. Polykarbonat Macrolen 3 h bei 170°C) getempert werden, um Orientierungen zunächst vor der Beanspruchung zu beseitigen. Die spannungsoptische Empfindlichkeit muß in Abhängigkeit von der Zeit und Temperatur bei der Simulierung von Eigenspannungen durch Temperaturfelder bekannt sein. Will man einen qua-

litativen Überblick über eine mögliche Ausbildung von Orientierungen gewinnen, so kann dazu ein Gitter analog dem *Spannungsgitter* bei der Gußspannungsabschätzung dienen. Durch Erwärmung des mittleren Balkens entstehen im Mittelsteg und in den Seitenstegen Spannungen unterschiedlichen Vorzeichens (s. Abschnitt 2.2.4.3.). Der Orientierungseinfluß ergibt sich nach Abtrennen des Mittelstegs von den Querjochen. Die Orientierungen bilden sich im Bereich zwischen Tempern und Einfriertemperatur aus. Bei schnellem Durchlaufen des Intervalls lassen sich für Polycarbonat die Orientierungen weitgehend unterdrücken, da ihre Ausbildung zeitabhängig ist [3.434].
Das Vorzeichen der Orientierungsdoppelbrechung ist bei einer Reihe von Thermoplasten wie PS und PMMA der Spannungsdoppelbrechung entgegengesetzt. Bei PS, PVC und PETP ist der Doppelbrechungseffekt meist vielfach höher als der Effekt infolge Spannungen.

3.9. Übrige Verfahren einschließlich qualitativer Verfahren

Vorschläge, physikalische Effekte zur Eigenspannungsanalyse zu nutzen, existieren in großer Zahl. Vielfach gibt es nur sehr eingeschränkte Beziehungen zur Spannung; die Relationen werden meist empirisch hergestellt, z. B. die Messung der Dichte zur Eigenspannungsermittlung plastisch verformter Oberfläche [3.437]. Ähnlich verhält es sich mit Messungen unter Ausnutzung des thermoelektrischen Effekts [3.453] und des Potentialsondenverfahrens [3.438].
Für die bereits beschriebenen Abtrag- bzw. Zerlegeverfahren gibt es neben mechanischer oder elektrischer Widerstandsmessung (Dehnmeßstreifen) auch Messungen der Rückstellkräfte [3.439], bei dünnen Filmen Messungen der Kapazität [3.440] sowie Formänderungsmessungen mittels optischer Systeme [3.441]. Auch werden die sukzessiven Zerlegungsmethoden und die Bohrlochmethode mit unterschiedlichen Bohrungstiefen durch Auswertung der Dehnungsmessungen mittels Dehnmeßstreifens nach der finiten-Elemente-Methode zur vollständigen Eigenspannungsanalyse angewendet.
Die Anwendung der *akustischen Emission* wird vorgeschlagen, um den Beginn des Fließens zu ermitteln, das durch Überlagerung der unbekannten Eigenspannungen mit einer bekannten Spannung infolge äußerer Belastung eintritt [3.442]. Der Fließbeginn ist aber nur schwer zu definieren, da die akustische Emission selbst bei einachsiger Beanspruchung insbesondere bei Werkstoffen mit nicht ausgeprägter Streckgrenze schon vor dem Erreichen der technischen Fließgrenze deutlich zunimmt. Komplizierter liegen die Verhältnisse bei mehrachsiger Beanspruchung. Auch das Aufnehmen der Spannungs-Dehnungs-Kurve mit Markierung des Fließbeginns wird zur Analyse von Eigenspannungen in Überlagerung einer äußeren Belastung vorgeschlagen [3.443]. Beziehungen der Emissionsraten [3.472] bedürfen noch der Bestätigung.
Für spezielle Werkstücke sind eine Reihe von Schnelltests entwickelt worden, wie z. B. bei galvanisch abgeschiedenen Schichten gezeigt wurde. Emailspannungen werden an Probestreifen durch deren Ausbiegung nach Auslösen der Eigenspannungen infolge Strahlungs- oder Widerstandserwärmung gemessen [3.444].

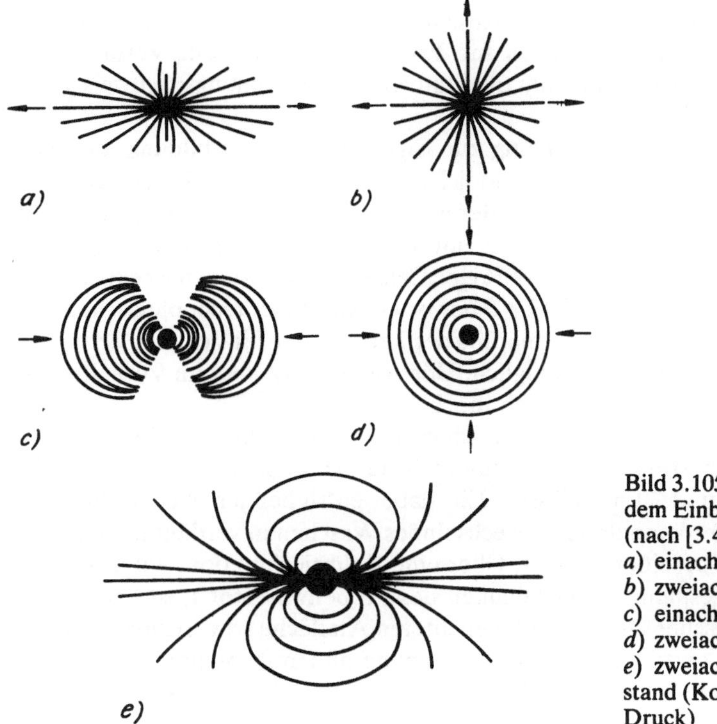

Bild 3.105. Reißlackbilder nach dem Einbringen eines Bohrlochs (nach [3.446])
a) einachsiger Zug
b) zweiachsiger Zug ($\sigma_1 = \sigma_2$)
c) einachsiger Druck
d) zweiachsiger Druck ($\sigma_1 = \sigma_2$)
e) zweiachsiger Spannungszustand (Kombination Zug und Druck)

Als neue Verfahren zur Eigenspannungsmessung scheinen vor allem Verfahren auf der Basis nuklear hyperfeiner Effekte aussichtsreich zu sein, wie Mössbauer-Effekt, magnetische Kernresonanz, Quadrupolresonanz und akustische Kernresonanz [3.445]. Bisher sind diese Verfahren aber meist nur mit *Mikroeigenspannung* bzw. Gitterfehlern in Verbindung gebracht worden [3.458].
Generell ist zu bemerken, daß vor allem solche Verfahren für eine quantitative Aussage aussichtsreich sind, die vektorielle Größen zur Anzeige bringen, da auch Spannungen Vektoren (bzw. Tensoren) sind.
In einer Reihe von Fällen reichen qualitative Eigenspannungsmessungen aus. Prinzipiell lassen sich dazu alle in diesem Kapitel genannten quantitativen Verfahren unter vereinfachten Meßbedingungen heranziehen. Ein typisch qualitatives Verfahren ist das *Reißlackverfahren* in Verbindung mit der *Bohrlochmethode*. Der spröde Lack, der auf das Bauteil aufgebracht wird, ist meist vom Hersteller nicht näher bezeichnet. Die früher verwendeten Naturharze wie Kolophonium (70 %) und Dammar (30 %) sind heute durch Kunstharze ersetzt. Die Rißempfindlichkeit wird durch Schrumpfen im Lack gesteigert [3.452]. Die durch das Bohren ausgelösten Spannungen lassen den Lack in charakteristischer Weise in Abhängigkeit vom Spannungszustand aufreißen (Bild 3.105). Allerdings existieren auch Versuche, die Rißdichte quantitativ auszuwerten [3.446].
Durch Aufbringen von Photodioden auf Proben, die kaltverformt wurden, konnte durch Ausmessen der photoelektromotorischen Kraft des Photodiodensystems der Eigenspannungszustand in der Nähe einer Kerbe qualitativ analysiert werden [3.447].
Bei qualitativem Eigenspannungsnachweis nutzt man vielfach die Neigung von Werk-

stoffen zur Spannungsrißkorrosion aus (s. Abschnitt 4.4.). Diese tritt nicht nur bei Metallen, sondern auch bei Plastwerkstoffen auf. Prinzipiell sind also alle Verfahren zur Prüfung auf *Spannungsrißkorrosion* zum qualitativen Eigenspannungsnachweis geeignet.

Raedecker [3.177] empfiehlt, die Neigung zur Eigenspannungsausbildung an einem Blech von 100 × 100 mm und 20 mm Wanddicke zu messen, in das eine Ringnut von 12 mm Breite und 5 mm Tiefe bei einem mittleren Durchmesser von 50 mm gefräst wird. Diese Ringnut wird in einem Zuge mit der zu untersuchenden Elektrode zugeschweißt. Diese Probe wird dann 200 Stunden in 60%iger Calciumnitratlösung ausgekocht. Die Rißausbildung wird nach Wertzahlen 1 bis 5 bewertet. Mit dieser technologischen Prüfung sind einige Rückschlüsse zur Optimierung der Technologie hinsichtlich Verminderung der Eigenspannungsausbildung möglich. Der Aufwand ist aber im Verhältnis zur Übertragung auf reale Konstruktionen sehr hoch.

Ein chemisches Ätzen für unlegierte und schwachlegierte Stähle empfiehlt *Benson* [3.448]. Das Ätzmittel besteht aus 30 g Kupferchlorid, 35 ml Salzsäure (11,6), 120 ml wasserfreiem Äthanol und 30 ml Wasser. Ein dabei entstehender Niederschlag von Eisenoxiden oder Kupfer kann durch abwechselndes Waschen in verdünnter Salpetersäure und Natronlauge beseitigt werden. Über eine Kalibrierfunktion, aufgenommen an einem einseitig eingespannten Biegebalken des Probenwerkstoffs, ist der Zusammenhang zwischen optischer Dichte der beleuchteten Ätzfläche bzw. reziprokem Furchenabstand einerseits und Dehnung bzw. Spannung andererseits herzustellen. Die Kurve setzt erst bei einem Schwellwert der Spannung bzw. Dehnung ein.

Literaturverzeichnis

[3.1] *Masing, W.:* Qualitätslehre. Frankfurt/M.: Deutsche Gesellschaft für Qualität, 1974

[3.2] *Tietz, H.-D.:* Werkstoffprüfung – integrierter Bestandteil der Qualitätssicherung. Feingerätetechnik 28 (1979) 12, S. 540 – 543

[3.3] *Wernicke, G.; Träger, I.:* Ermittlung von Eigenspannungen mit Hilfe der Holografischen Interferometrie, Maschinenbautechnik 26 (1977) 11, S. 521 – 524

[3.4] *Sporri, J.:* Spannungsbestimmung in Bauteilen auf Grund von Oberflächenverschiebungsmessungen, in: Experimentelle Spannungsanalyse. VDI-Berichte Nr. 313, Düsseldorf, 1978

[3.5] *Kuske, A.; Robertson, G.:* Photoelastic Stress Analysis. London 1973

[3.6] *Schiebold, E.; Fuhrmann, E.; Tietz, H.-D:* Spannungsoptische Untersuchungen mit Auftragsschichten am realen Bauteil. Maschinenbautechnik 10 (1961) 11, S. 573 – 576

[3.7] *Bachmann, R.:* Untersuchung elastoplastischer Spannungszustände und der Restspannungen mit Hilfe des spannungsoptischen Oberflächenschichtverfahrens.
Clausthal: TU, Diss., 1973

[3.8] *Hoffmann, K.:* Grundlagen der Dehnmeßstreifen-Technik. Darmstadt: Hottinger-Baldwin-Meßtechnik VE 78001, 1978

[3.9] *Hoffmann, K.:* Der Temperaturgang von Dehnmeßstreifen und die Beseitigung seines Anteils an Meßergebnissen. Techn. Zeitschr. für prakt. Metallbearb. 56 (1962) 11, S. 639 – 644

[3.10] Dehnungsmeßstreifen, Schaltungsmethodik mit mehreren DMS. Teil 1. Elektronik 16 (1967) 9, Arbeitsblatt Nr. 19/I

[3.11] VDI/VDE-Richtlinie 2635, Blatt 1, Dehnungsmeßstreifen mit metallischem Meßgitter, Kenngrößen und Prüfbedingungen, (1974)

[3.12] *Beckers, J.:* Zur Wahl von Gleichspannungs- oder Trägerfrequenzverfahren beim elektrischen Messen mechanischer Größen. VDI-Zeitschrift 112 (1970) 20, S. 1352 – 1354; VDI-Zeitschrift 112 (1970) 21, S. 1421 – 1425

[3.13] *Tietz, H.-D.; Hammacher, B.:* Anwenderinformation zum Trägerfrequenzmeßgerät N 2302. Feingerätetechnik 28 (1979) 6, 284 – 285
[3.14] *Fink, K.; Rohrbach, C.:* Handbuch der Spannungs- und Dehnungsmessung. Düsseldorf: VDI-Verlag 1958
[3.15] *Hoffmann, K.:* Grundlagen der Dehnungsmeßsfreifen-Technik. Darmstadt: Hottinger Baldwin Meßtechnik, VD 76005, 1976
[3.16] *Peiter, A.:* Eigenspannungen 1. Art. Düsseldorf 1961
[3.17] *Radowski, R.; Pustelnik, I.:* Eigenspannungen in Schienen vom Typ S 49 (poln.). Hutnik, Katowice 39 (1972) 9 S. 464 – 468
[3.18] *Peiter, A.:* Eigenspannungsverteilung in geschweißten Platten aus St 52. Schweißen und Schneiden 26 (1974) 10, S. 397 – 401
[3.19] *Hesse, W.:* Diskussionsbeitrag. Stahl und Eisen (1957) S. 1746 – 1747
[3.20] *Mathar, J.:* Ermittlung von Eigenspannungen durch Messung von Bohrlochverformungen. Archiv f. Eisenhüttenwesen 6 (1933) 7, S. 277 – 281
[3.21] *Kirsch, J. H.:* Die Theorie der Elastizität und die Bedürfnisse der Festigkeitslehre. VDI-Z. 42 (1898) S. 797 – 810
[3.22] *Birkenfeld, W.:* Messung von Eigenspannungen mittels Dehnmeßstreifen. Meßtechnische Briefe (1968) 3, S. 37 – 42
[3.23] *Altrichter, J.:* Die mathematischen Grundlagen der Eigenspannungsmessung mit dem Bohrlochverfahren. ZIS-Mitteilungen (1960) 12, S. 843 – 854
[3.24] *Boiten, R. G.; Ten Caten, W.:* Verfahren zur laufenden Messung der Eigenspannungen in Blech. Appl. Sci. Res. Sect. A 3 (1952) S. 317 – 343
[3.25] *Soete, W.; Vanvrombrugge, R.:* An industrial method for the determination of residual stresses. Procecdings of the Soc. Exp. Stress Anal. 13 (1950) 1, S. 17 – 26
[3.26] *Kelsey, R. A.:* Measurement of non constant residual stresses with hole drilling gauge. Proc. SESA 24 (1956) S. 181 – 194
[3.27] *Fink, K.:* Grundlagen und Anwendung der Dehnungsmeßstreifen. Düsseldorf: Verlag Stahleisen 1952
[3.28] *Wasgastian, I.:* Messung der Eigenspannungen mit Hilfe der Bohrlochmethode (tschech.). Praha: Ponuti v odliticich SNT 1978
[3.29] *Rendler, N. J.; Vigness, I.:* Hole-drilling strain gauge method of measuring residual stresses. Experimental Mechanics (1966) 12, S. 577 – 586
[3.30] *Bert, C. W.; Thompson, G. L.:* A method for measuring planar residual stresses in rectangularly orthotropic materials. Inf. Compos. Mat. 2 (1968) 4, S. 244 – 250
[3.31] *Gupta, B. P.:* Hole-drilling technique: modifications in the analysis of residual stresses. Proc. Joc. Exper. Stress. Anal. 30 (1973) 1, S. 45 – 48
[3.32] *Bijak-Zuchowski, M.:* A semidestructive method of measuring residual stresses. VDI-Berichte 313 (1978) S. 469 – 476
[3.33] *Beaney, E. M.; Procter, E.:* A critical evaluation of the centre hole technique for the measurement of residual stresses. Strain 10 (1974) 1, S. 7 – 15
[3.34] *Motzfeld, H.:* Fehlerquellen beim Messen von Schweißeigenspannungen nach dem Trepanier- und Bohrlochverfahren. Schweißen und Schneiden 13 (1961) 13, S. 464 – 470
[3.35] *Gunnert, R.:* Residual Welding Stresses. Stockholm: Verlag Almquist u. Wiksell 1953
[3.36] *Howland, R. C. I.:* On the stresses in the neighbourhood of a circular hole in strip under tension. Phil. Trans. Soc. A 229 (30) S. 48 – 86
[3.37] *Michajlov, O. N.:* Die Messung von Eigenspannungen nach dem Bohrungsverfahren mit Hilfe von Drahtgebern (russ.). Zav. Laboratorija (1953) 2
[3.38] *Nagy, I.:* Betrachtungen über die Meßunsicherheit bei der Bestimmung des ebenen Verzerrungszustands mittels DMS-Rosetten. Meßtechnische Briefe 9 (1973) 1, S. 1 – 6
[3.39] *Davidenkov, N. N.,* u. a.: Die Messung von Eigenspannungen ohne Durchtrennung der Werkstücke (russ.). Žurnal techn. fiziki (1936) 11
[3.40] *Keil, S.:* Analyse ebener Spannungszustände mit Hilfe von Dehnungsmeßstreifen, Teil 2: Auswertung von Messungen mit DMS-Rosetten. Meßtechnische Briefe 8 (1972) 2, S. 21 bis 27
[3.41] *Michajlov, O. N.:* Restspannungen in Werkstücken und in Bauteilen sehr großer Maschinen (russ.). Sverdlovsk 1971

[3.42] *Peiter, A.*, u. a.: Vergleichende Spannungsmessungen und -berechnungen mit Bohrlochrosetten. Archiv f. Eisenhüttenwesen 10 (1979) 7 S. 305 – 310
[3.43] *Böhm, W.; Wolf, H.*: Verfahren zur Messung von Eigenspannungen in Bauteilen des Maschinen- und Apparatebaus und Vorrichtung zu seiner Durchführung. Offenlegungsschrift 2016118, BRD
[3.44] *Wolf, H.; Böhm, W.*: Entstehung, Messung und Beurteilung von Eigenspannungen in schweren Schmiedestücken für Turbinen und Generatoren. Archiv f. Eisenhüttenwesen 42 (1971) 7, S. 509 – 513
[3.45] *Wolf, H.; Böhm, W.*: Das Ring-Kern-Verfahren zur Messung von Eigenspannungen und seine Anwendung bei Turbinen und Generatorwellen. Archiv f. Eisenhüttenwesen 42 (1971) 3, S. 195 – 200
[3.46] *Wolf, H.; Borgmann, H. A., Stuecker, E.*: Weiterentwicklung des Ring-Kern-Verfahrens zur Messung von Eigenspannungen. Archiv f. Eisenhüttenwesen 44 (1973) 5, S. 369 – 373
[3.47] *Wolf, H.; Sauer, D. L.*: New experimental technique to determine residual stresses in large turbine-generator componenrs. American Power Conference, Chicago, May 1 1974
[3.48] *Wolf, H.; Stucker, E.; Nowack, H.*: Eigenspannungsuntersuchungen im Turbinen- und Generatorbau. Archiv f. Eisenhüttenwesen 48 (1977) 3, S. 173 – 178
[3.49] *Kowalev, I.*: Eigenspannungsmessungen unter besonderer Beachtung der Lochbohrung (Mathar) (poln.). Prace Institutu odlewnictwa 28 (1978) 1, S. 51 – 71
[3.50] *Jüptner, W.; Crostack, H.-A.*: Untersuchungen zum Einsatz der holografischen Interferometrie zur Erfassung des Eigenspannungszustands in Schweißverbindungen. Proceedings Europäische Vortragstagung, Mainz 1978 Vortrag 52, S. 447 – 456
[3.51] *Kalakuckij, I. V.*: Ermittlung innerer Spannungen in Eisen und Stahl (russ.). S. P. B. 1888
[3.52] *Tebedge, N.; Alpsten, G.; Tall, L.*: Residual stress measurements by the sectioning method. Proc. Soc. Exp. Stress Analysis XXX (1973) 1, S. 88 – 96
[3.53] *Siebert, D.*: Beitrag zur Frage der Eigenspannungen in warmgewalzten Breitflanschträgern. Hannover: TU, Diss., 1973
[3.54] *Andrae, G.*: Über das Verhalten von Dehnmeßstreifen bei großen Dehnungen. Materialprüfung 13 (1971) 2, S. 117 – 123
[3.55] *Fricke, M.*: Das Messen zweiachsiger mechanischer Spannungen mit Rosetten-Dehnungsmeßstreifen. Draht 19 (1968) 11, S. 318 – 322
[3.56] *Bühler, H.; Tönshoff, K.*: Gießerei, techn.-wiss. Beitr. 18 (1966) S. 179 – 187
[3.57] *Bühler, H.; Franke, J.-J.; Siebert, D.*: Zerstörungsfreie Eigenspannungsmessungen an Gußstücken. Gießerei 60 (1973) 10, S. 290 – 295
[3.58] *Bühler, H.; Siebert, D.*: Anwendung des Nockenverfahrens bei Eigenspannungsmessungen an großen Wellen. Archiv f. Eisenhüttenwesen 48 (1977) 8, S. 451 – 455
[3.59] *Bühler, H.; Siebert, D.*: Zerstörungsfreie Eigenspannungsmessungen an Turbinen- und Generatorwellen. Archiv f. Eisenhüttenwesen 48 (1977) S. 595 – 600
[3.60] *Heyn, E.; Bauer, O.*: Über Spannungen im kaltgereckten Metallen. Internat. Z. Metallogr. 1 (1911) S. 16 – 50
[3.61] *Andrews, K.*: Physical Metallurgy, Voll. II. Chapter 5: Determination of Internal Stresses, S. 271 – 341, 1974
[3.62] *Mesnager, M.*: Méthode de détermination des tension existant dans un cylindre circulaire. Comptes rendus hebdomadaires des séances de l'academie des sciences 169 (1919) S. 1391 bis 1393
[3.63] *Sachs, G.*: Nachweis innerer Spannungen in Stangen und Rohren. Z. Metallkunde 19 (1927) 9, S. 352 – 359
[3.64] *Bühler, H.; Schreiber, W.*: Zur lückenlosen Bestimmung eines Eigenspannungszustands in metallischen Vollzylindern. Metall 8 (1954) 17/18, S. 687 – 691
[3.65] *Bühler, H.; Schreiber, W.*: Lückenlose Bestimmung eines Eigenspannungszustands in metallischen Hohlzylindern. Z. VDI 94 (1952) 35, S. 1147 – 1151
[3.66] *Bühler, H.; Schreiber, W.*: Beitrag zur Frage der lückenlosen Bestimmung eines Eigenspannungszustands in metallischen Vollzylindern. Annales Univ. Saravensis, Naturwiss. 1 (1952) S. 388 – 395
[3.67] *Bühler, H.*: Vereinfachte Messung innerer Spannungen in zylindrischen Metallkörpern. Gießerei, techn. wiss. Beihefte (1953) 12, S. 553 – 556

[3.68] *Bühler, H.; Schreiber, W.:* Meßfehlerausgleichung beim Ausbohrverfahren nach G. Sachs zum Nachweis innerer Spannungen in Stangen und Rohren. Metall 5 (1951) 3/4, S. 53 – 57
[3.69] *Bühler, H.; Schreiber, W.:* Zur Frage der Meßfehlerausgleichung bei Messung von Eigenspannungen in Hohlzylindern und Rohren. Metall 6 (1952) 3/4, S. 77 – 80.
[3.70] *Sachs, G.:* Eigenspannungen in Metallen. in: Handbuch der Metallphysik. Berlin 1932
[3.71] *Tietz, H.-D.; Hammacher, B.:* Zusammenhang von Eigenspannung und Kreisformabweichung. Feingerätetechnik 28 (1979) 8, S. 348 – 350
[3.72] *Tietz, H.-D.; Hammacher, B.:* Einfluß des Kaltpilgerverfahrens auf die Eigenspannungen in Rohren der Stahlmarke 100Cr6. Neue Hütte 22 (1977) 4, S. 193 – 196
[3.73] *Tietz, H.-D.; Koczyk, S.; Hammacher, B.:* Vereinfachte Methode zur Berechnung des Eigenspannungszustands in Rohren. Neue Hütte 25 (1980) 4, S. 138 – 140
[3.74] *Peiter, A.:* Vergleich der Verfahren zur Messung von Eigenspannungen 1. Art in zylindrischen Werkstücken. Materialprüfung 4 (1962) 6, S. 199 – 210
[3.75] *Peiter, A.:* Verfahren zum Ermitteln von Schubeigenspannungen in zylindrischen Werkstücken. Werkstattechnik 54 (1964) 12, S. 597 – 602
[3.76] *Hammacher, B.:* Beitrag zur Untersuchung der Eigenspannungen in kaltgepilgerten Rohren aus dem Werkstoff 100Cr6. Zwickau: IH, Diss., 1979
[3.77] *Bühler, H.; Hendus, H.:* Ermittlung von Eigenspannungen in wasserabgeschreckten Stahlzylindern. Archiv f. Eisenhüttenwesen 25 (1955) 6, S. 355 – 358
[3.78] *Bühler, H.:* Ermittlung der Eigenspannungen an fertigen Werkstücken. Archiv f. Eisenhüttenwesen 23 (1952) 7/8, S. 293 – 297
[3.79] *Sautter; Gruhl, W.:* Ermittlung von Eigenspannungen an Rohren aus Aluminiumlegierungen. Metall 18 (1964) 3, S. 200 – 212; Metall 18 (1964) 9, S. 918 – 922
[3.80] *Göldner, H.; Holzweißig, F.:* Leitfaden der Technischen Mechanik. Leipzig: Fachbuchverlag 1976
[3.81] *Sachs, G.; Espey, G.:* A new method for determination of stress distribution in thin walled tubing. Trans. Am. Inst. Mining and Metall. Eng. 147 (1942) S. 348 – 360
[3.82] *Bühler, H.:* Vereinfachte Messung innerer Spannungen in zylindrischen Metallkörpern. Gießerei, techn.-wiss. Beihefte (1953) 12, S. 553 – 556
[3.83] *Peiter, A.:* Ausbohr-Abdrehverfahren. VDI-Bildungswerk 1112, S. 1 – 9
[3.84] *Birger, I. A.:* Methoden zur Bestimmung der Eigenspannungen in Stangen und Blechen (russ.). Zavodskaja laboratorija 28 (1962) 5, S. 599 – 604
[3.85] *Birger, I. A.:* Methoden zur Bestimmung von Eigenspannungen in Scheiben (russ.). Zavodskaja laboratorija 28 (1962) 7, 859 – 864
[3.86] *Birger, I. A.:* Bestimmung von Eigenspannungen in Hohl- und Vollzylindern (russ.). Zavodskaja laboratorija 28 (1962) 12, S. 1482 – 1484
[3.87] *Parisot, A.; Fougéres, A.; Théolier, M.:* Application de la methode de Sachs á la détermination de champs de contraintes residuelles á fort gradient. Determination des contraintes residuelles tangentielles. Metaux 1977, S. 340 – 348
[3.88] *Schmitz, H.:* Verfahren zum Messen und Berechnen von Eigenspannungen. Saarbrücken: Universität, Diss., 1960
[3.89] *Tönshoff, H. K.:* Eigenspannungen und plastische Verformungen im Werkstück durch spanende Bearbeitung. Hannover: TH, Diss., 1966
[3.90] *Bühler, H.; Tönshoff, H. K.:* Eigenspannungen und plastische Verformungen durch Abspanen. Werkstoff und Betrieb 100 (1967) 3, S. 211 – 218
[3.91] *Tönshoff, H. K.:* Plastische Verformungen in Gußeisen und Stahl. Gießerei-Forschung 21 (1969) 1, S. 19 – 29
[3.92] *Laurent, P.; Thoai, T.-X.; Altmeyer, G.:* Beitrag zur lückenlosen Bestimmung des Eigenspannungszustandes in metallischen Hohlzylindern. Forsch. Ing.-Wes. 25 (1959) S. 44 – 54
[3.93] *Birger, I. N.:* Octatočnye naprjaženija. Moskva: Mašgiz 1963
[3.94] *Krägeloh, E.:* Bestimmung der Eigenspannungen an Zylindern aus inhomogenem Werkstoff mittels Ausbohr- und Abdrehverfahren. Materialprüfung 1 (1959) S. 377 – 384
[3.95] *Szieslo, U.:* Eigenspannungsverteilung in zylindrischen Körpern. Z. Werkstofftechnik 11 (1980) 2, S. 56 – 99
[3.96] *Szieslo, U.:* Berechnung von Eigenspannungen in metallgespritzten rotationssymmetrischen Körpern. Z. Werkstofftechnik 11 (1980) 3, 110 – 115

[3.97] *Šrajber, G. K.; Ivanov, G. A.*: Vorschläge für die Messung der Verformungen bei der Ermittlung von Eigenspannungen mit mechanischen Methoden (russ.). Zavodskaja laboratorija (1976) 3, S. 344 – 345

[3.98] *Davidenkov, N. N.*: Ermittlung von Restspannungen Rohren (russ.). Žurnal techn. fisik 1931, t. 1, vyp. 1

[3.99] *Davidenkov, N. N.; Jakutovič, M. V.*: Versuch zur Messung von Restspannungen in Rohren (russ.). Žurnal techn. fisik 1931, t. 1, vyp. 2 – 3

[3.100] *Babičev, M. A.*: Metody opredelenija vnutrennich naprjaženij v detaljach mašin. Moskva: Izd. akad. nauk. 1955

[3.101] *Peiter, A.*: Kontinuierliches Aufschlitzverfahren zum Ermitteln von Tangentialeigenspannungen in Rohren und Ringen. Metall 23 (1969) 5, S. 444 – 448

[3.102] *Halm, G.; Höhne, B.*: Messung von Oberflächenrestspannungen I. Art an rotationssymmetrischen Teilen aus gehärtetem Stahl. Neue Hütte 16 (1971) 8, S. 484 – 489

[3.103] *Halm, G.*: Gerät zum Messen von Oberflächenrestspannungen I. Art an Ringen aus gehärtetem Stahl mit symmetrischem Querschnitt. Feingerätetechnik 20 (1971) 3, S. 128 – 131

[3.104] *Hönisch, G.*: Der Einfluß der Dehnungsübertragung zwischen Bauteil und Meßdraht auf den k-Faktor von Dehnungsmeßstreifen. Maschinenbautechnik 13 (1966) 3, S. 133 – 136

[3.105] *Haß, E.*: Temperatureinflüsse beim Messen mit Dehnungsmeßstreifen. Messen-Steuern-Regeln 20 (1977) 1, S. 31 – 35

[3.106] *Djačenko, P. E.; Podosenova, N. A.*: Kaltverfestigung und Restspannungen beim Bohren von Baustählen (russ.). Vestnik Mašinostrojenija 34 (1954) S. 45 – 47

[3.107] *Lineus, W.; Sachs, G.*: Versuche über die Eigenschaften gezogener Drähte und den Kraftbedarf beim Drahtziehen. Mitt. Deutsch. Mat.-Prüfanst. 16 (1931) S. 38 – 67

[3.108] *Anderson, R. I.; Fahlmann, I.*: J. Inst. Met. 32 (1924) S. 367 – 372

[3.109] *Sims, C. E.; Landis, H. N.*: USA-Patent Nr. 2589881 vom 18. 2. 1950

[3.110] *Crampton, D. K.*: Trans. AIME 89 (1930) S. 233 – 239

[3.111] *Tokavik, A. G.; Polzin, M. H.*: Quantitative evaluation of residual stresses by stress coat drilling technique. Proc. Soc. Exper. Stress. Analys. 9 (1952) 2, S. 195 – 207

[3.112] *Davidenkov, N. N.*: Über die Ermittlung von Eigenspannungen (russ.). Zavodskaja laboratorija 16 (1950) 2, S. 188 – 192; 16 (1950) 12, S. 1452 – 1454

[3.113] *Birger, I. A.*: Methoden zur Ermittlung von Eigenspannungen in Scheiben (russ.). Zavodskaja laboratorija 28 (1962) 7, S. 859 – 864

[3.114] *Rusin, P. I.; Šapkin, V. M.; Pustovojm, V. N.; Blinovskij, V. A.*: Zur Methode der Ermittlung von Tangentialspannungen in ringförmigen Teilen (russ.). Zavodskaja laboratorija 40 (1974) 6, S. 733 – 735

[3.115] *Davidenkov, I. N.; Šerandin, E. M.*: Ermittlung von Eigenspannungen, die Biegung hervorrufen (russ.). Žurnal techn. fisik (1939) 12 – 28

[3.117] *Rozental', D.*: Ismerenie ostatočnych naprjaženij in: Octatočnye naprjaženija, Moskva: Izd. Inostr. lit. 1957

[3.118] *Glikman, L. A.; Grekov, D. I.*: Ostatočnye naprjaženija v svarnych tavrach. ONTI Gosstrojizdat 1934

[3.119] *Birger, I. N.; Archipov, A. N.*: Ermittlung von Eigenspannungen, die sich über die Länge des Stabes ändern (russ.). Zavodskaja laboratorija 43 (1977) 3, S. 345 – 348

[3.120] *Stäblein, F.*: Spannungsmessungen an einseitig abgelöschten Knüppeln. Kruppsche Monatshefte 12 (1931) S. 93 – 99

[3.121] *Klöppel, K.*: Zur Weiterentwicklung der Eigenspannungsforschung. Fachbuchreihe Schweißtechnik, Bd. 20

[3.122] *Schönbach, W.*: Zur Ermittlung der Eigenspannungen in stab- und scheibenartigen Bauteilen infolge von Quernähten und punktförmigen Eigenspannungsquellen. Stahlbau 12 (1962) S. 365 – 378

[3.123] *Weiler, G. G.; Bolch, T.*: Innere Spannungen in elektrolytisch abgeschiedenen Kupferschichten. Metalloberfläche 29 (1975) 1, S. 552 – 558

[3.124] *Spähn, H.*: Zur Messung von Eigenspannungen in galvanisch abgeschiedenen Metallüberzügen. Metalloberfläche 17 (1963) 7, S. 263 – 275

[3.125] *Sykes, I. M.; Rothwell, G. P.*: Relaxation of internal stresses in elextrodeposit during stress measurement by null-deflection methods. Journal Electrochemical Society 119 (1971) 1, S. 91 – 93

[3.126] *Dvorak, A.; Prusek, J.; Vrobel, L.:* Möglichkeiten zur Messung der Eigenspannung galvanischer Überzüge. Metalloberfläche 27 (1973) 8, S. 284 – 288

[3.127] *Stoney, G.:* The tension of metallic films deposited by electrolysis. Procedings of the Royal Society, A 82 (1909), S. 172 – 175

[3.128] *Wagner, E.:* Zur Ermittlung der Abscheidungseigenspannungen und verbleibenden Eigenspannungen in galvanisch hergestellten Nickelschichten nach der Spiral-Kontraktometer- und Streifendehnungsmethode. Z.f. Werkstofftechnik 6 (1975) 3, S. 95 – 107

[3.129] *Bremer, A.; Senderoff, S.:* A spiral contractometer for measuring stress in electrodeposits. Journ. of the National Bureau of Standards 42 (1949) S. 89 – 96

[3.130] *Wagner, E.; Speckhardt, H.:* Abscheidungseigenspannungen von Nickeldispersionsschichten. Metalloberfläche 30 (1976) 4, S. 175 – 180

[3.131] *Skalski, K.; Kozal, J.:* Experimentelle Verfahren zur Eigenspannungsermittlung durch das Abtragen von Oberflächenschichten. II. Kolloquium »Eigenspannungen und Oberflächenverfestigung«, Zwickau 1979

[3.132] *Pöschmann, H.:* Verfahren zur Schnellmessung von Emailspannungen. DDR-Wirtschaftspatent Nr. 111 992 v. 12. 3. 1975

[3.133] *Treuting, R. G.; Read jr. W. T.:* A mechanical determination of biaxial residual stress in sheet materials. Journal of Applied Physics 22 (1951) 3, S. 130 – 139

[3.134] *Leaf, W.:* Proceedings Society Experimental Stress Analysis. 9 (1952) 2, S. 133 – 142

[3.135] *Doi, O.; Ukai, T.:* Residual stress measurement of multi-layered plate by strain gage method. Bulletin of ISME 14 (1971) 77, S. 1157 – 1166

[3.136] *Jankowski, W.:* Meßverfahren zur Bestimmung zweiachsiger Spannungsverteilungen über die Werkstückhöhe. Archiv f. Eisenhüttenwesen 48 (1977) 12, S. 629 – 632

[3.137] *Siebel, E.; Mühlhäuser, W.:* Eigenspannungen beim Tiefziehen. Mitteilungen der Forschungsgesellschaft f. Blechverarbeitung (1954) 21, S. 241 – 244

[3.138] *Bauman, N. Ja.; Kužjumin, V. K.; Sabčikov, K. G.:* Gerät für die automatische Ermittlung von Eigenspannungen (russ.). Zavodskaja laboratorija (1974) 6, S. 751 – 753

[3.139] *Gribowski, L.:* Messung des Spannungszustands der Oberflächenschicht nach der Bearbeitung. Feingerätetechnik 15 (1966) 5, S. 213 – 217

[3.140] *Ruhnow, J.:* Meßwerterfassungs- und -steuerungssystem. Radio- und Fernsehtechnik (1977) 12, S. 396 – 399

[3.141] *Szyrle, W.:* Meßvorrichtung für die Bestimmung der Eigenspannungsverteilung in flachen Bauelementen. II. Kolloquium »Eigenspannungen und Oberflächenverfestigung« Zwickau 1979

[3.142] *Źukowski, S.:* Persönliche Mitteilung, Warschau 1979

[3.143] *Źukowski, S.:* Eine Methode zur Messung der Eigenspannungen (poln.). VIII. Sympozjum doswiadczalnych badan w mechanice ciaka słałego, Warszawa 1978

[3.144] *Waismann, I. W.; Philips, A.:* Simplified measurement of residual stresses. Proc of the Soc. for Exp. Stress Analysis 11 (1952) 2, S. 102 – 198

[3.145] *Gribowski, L.:* Persönliche Mitteilung, Miskolc 1980

[3.146] *Ismgilov, M. M.; Redkin, L. M.; Šavrin, O. M.; Šurmin, N. V.:* Gerät zum elektrochemischen Abtrag mit rotierender Katode zur Ermittlung von Eigenspannungen 1. Art in ringförmigen Teilen (russ.). Zavodskaja laboratorija (1976) 8, S. 349 – 350

[3.147] *Aljuschin, Ju. A.; Bazajkin, V. I.; Milinis, O. V.; Pomel'nikov, G. A.; Kuznecov, S. T.:* Ermittlung von Eigenspannungen in dünnen Platten mit kleinem Kohlenstoffgehalt (russ.). Zavodskaja laboratorija 43 (1977) 4, S. 128 – 135

[3.148] *Queener, C. A., De Anglis, R. I.:* Trans. of the ASM 61 (1968) 4, S. 757 – 769

[3.149] *Selenznev, V. G.; Archipov, A. N.; Ibragimov, T. V.:* Anwendung der holographischen Interferometrie zur Eigenspannungsbestimmung (russ.). Zavodskaja laboratorija (1976) 6, S. 739 – 741

[3.150] *Ovseenko, A. N.:* Möglichkeit der Bestimmung axialer Eigenspannungen in halbzylindrischen Proben (russ.). Zavodskaja laboratoija (1979) 11, S. 1047 – 1050

[3.151] *Tietz, H.-D.; Tröger, A.:* Technische Anwendung der Härtemessung und die Problematik der Meßwerte. Feingerätetechnik 24 (1975) 8, 355 – 357

[3.152] *Kostron, H.:* Härte und Werkstoffspannungen. Mitt. d. Techn. Versuchsamts der TH Graz (1932) S. 17 – 31
[3.153] *Hoenig, F.:* Vorschlag zu einem neuen Verfahren zur Feststellung und angenäherten Ermittlung von Eigenspannungen. Berg- und Hüttenmänn. Jahrbuch 82 (1934) 2, S. 70 – 72
[3.154] *Sines, G.; Carlson, R.:* Hardness measurement for determination of residual stresses. ASTM Bull. 180 (1952) 2, S. 35 – 37
[3.155] *Freudenthal, A. M.:* Inelastisches Verhalten von Werkstoffen. Berlin: VEB Verlag Technik 1955
[3.156] *Racke, H.; Fett, T.:* Die Bestimmung biaxialer Eigenspannungen in Kunststoffoberflächen durch Knoop-Härtemessungen. Materialsprüfung 13 (1971) 2, S. 37 – 42
[3.157] *Hausseguy, L.; Martinod, L.:* Nouveau procede non destructif pour la determination des contraintes residuelles superficielles. La Recherche Aeronautique (1954) 37, S. 43 – 50
[3.158] *Oppel, G.:* Die zerstörungsfreie Ermittlung von Eigenspannungen mittels Härtemessung an der Oberfläche von metallischen Bauteilen. Materialprüfung 6 (1964) 1, S. 1 – 6
[3.159] *Janowski, S.:* Anwendung der Härtemessung von Knoop zur Ermittlung der Eigenspannungen in wärmebehandelten Stahlelementen. II. Kolloquium Eigenspannungen und Oberflächenverfestigung, Zwickau 1979
[3.160] *Tietz, H.-D.; Tröger, A.:* Zum Einfluß mechanischer Spannungen auf die Eindringtiefe. Feingerätetechnik 27 (1978) 7, S. 301 – 302
[3.161] *Tietz, H.-D.; Tröger, A.:* Ergebnisse der Eigenspannungsermittlung durch Härtemessungen. Feingerätetechnik 28 (1979) 4, S. 161 – 163
[3.162] *Dengel, D.:* Meßwertstreuung in Abhängigkeit von der Werkstoffhärte bei Kleinlasthärteprüfung nach Vickers und Knoop. Z. f. Werkstofftechnik 5 (1974) 2, S. 96 – 101
[3.163] *Benning, O.; Keil, S.:* Spannungsanalyse mit Dehnmeßstreifen bei elastisch-plastischen Werkstoffverformungen. Meßtechnische Briefe 10 (1974) 1, S. 1 – 10
[3.164] *Racké, H. H.; Fett, T.:* Makroskopische Eigenspannungen in Kunststoffoberflächen, ihre experimentelle Bestimmung und ihr Einfluß auf die Gebrauchsgüte von Konstruktionsteilen, Proc. der 4. Intern. Konf. für Spann.-Analyse, Cambridge (B) 1970
[3.165] *Schimmöller, H.; Ruge, J.:* Mechanische Wechselwirkungen an Werkstoffübergängen von Verbundkörpern aus ungleichartigen Werkstoffen. Teil 2: Grundlagen zur Berechnung von Spannungs- und Verformungszuständen. Ztschr. f. Werkstofftechnik 6 (1975) S. 73
[3.166] *Schimmöller, H.:* Experimentell-rechnerische Bestimmung von Eigenspannungen in austenitplattierten Stahlblechen. Braunschweig: TU, Diss., 1971
[3.167] *Mel'ničuk, P. P.; Razdajbeda, L. S.; Čebaevskij, B. P.:* Anwendung der Methode der Mikrohärte zur Bestimmung der Spannungs- und Deformationsintensität plastisch deformierter Materialien (russ.). Zavodskaja laboratorija (1978) 12, S. 1522 – 1524
[3.168] *Del', G. D.:* Opredelnie naprjaženij v plastičeskoj oblasti po racpredeleniju tverdosti. Moskva: Mašinostojenie 1971
[3.169] *Fett, T.:* Einfluß der Verarbeitungsbedingungen auf die Oberflächeneigenspannungen von Spritzgußteilen aus Normal-Polystyrol. Plastverarbeiter (1973) 11, S. 250 – 253
[3.170] *Eyerer, P.:* Kleinlast- und Mikrohärteprüfung (Eindringverfahren) an nichtmetallischen Werkstoffen. VDI-Berichte Nr. 308 (1978) S. 23 – 38
[3.171] *Rolff, R.:* Die Messung der Makro-Eigenspannungen galvanischer Niederschläge. Oberfläche – Surface 16 (1975) 6, S. 124 – 127
[3.172] *Orth, H.:* Eigenspannungen in galvanischen Überzügen. »neue« Fachberichte 13 (1975) S. 558 – 560
[3.173] *Orth, H.:* Eigenspannungen in galvanischen Überzügen aus Kupfer, Nickel, Zink. Metalloberfläche 30 (1976) 8, S. 364 – 372
[3.174] *Hoar, T. P.; Arrowsmith, D. F.:* Electropol. an Metal Finishing 10 (1973) S. 141 – 145
[3.175] *Sykes, J. M.; Rothwell, G. P.:* J. Electrochem. Soc. (1971) S. 91 – 93
[3.176] *Yoshino, T.:* Study on vickers hardness changes due to stress. Proceedings of the 1971 Internal Conference on Mechanical Behavior of Materials, Vol. V, PP. 315 – 324
[3.177] *Raedecker, W.:* Neue Methodik zum Nachweis von Schweißspannungen. Schweißen und Schneiden 10 (1958) 9, S. 124 – 126
[3.178] *Šluger, M. A.; Ignatjev, V.; Tok, L. D.; Gimel'farb., R. E.:* Anlage zur Ermittlung von Ei-

genspannungen in galvanischen Überzügen (russ.). Zavodskaja laboratorija (1980) 8, S. 769 – 770

[3.179] *Četverikov, N. I.; Seržantov, A. M.; Černjaev, V. N.:* Ermittlung von Eigenspannungen in Folien (russ.). Zavodskaja laboratorija (1980) 1, S. 76 – 77

[3.180] *Palkowski, H.; Funke, P.:* Beeinflussung des Eigenspannungszustands in Kaltprofilen durch einige Umformbedingungen. Stahl u. Eisen 100 (1980) 9, S. 478 – 483

[3.181] *Böhm, W.; Stücker, E.; Wolf, H.:* Grundlagen und Anwendungsmöglichkeiten des Ring-Kern-Verfahrens zum Ermitteln von Eigenspannungen. Teil 1: Theorie und Grundlagen. Meßtechnische Briefe 16 (1980) 2, S. 36 – 40. Teil 2: Praxis und Anwendungsbeispiele. Meßtechnische Briefe 16 (1980) 3, S. 66 – 70

[3.182] *Belčev, C. N.:* Gerät zur Messung der Eigenspannungen nach der Methode von Gunnert (bulg.). Bulg. Patent Nr. 25918 v. 18. 7. 1978

[3.183] *Seiffert, K.; Jüptner, W.:* Holographisch-interferometrische Messungen zur Bestimmung des Eigenspannungszustands in Widerstandspunktschweißungen. Schweißen und Schneiden 32 (1932) 1, S. 1 – 8

[3.184] *Finckenstein, E. v.; Milcke, F.:* Weiterführende Untersuchungen zur Ermittlung der Längseigenspannungen in walzprofilierten Kaltprofilen. Forschungsberichte des Landes Nordrhein-Westfalen Nr. 2852. Upladen: Westdeutscher Verlag 1979

[3.185] *Peiter, A.; Grieger, N.; Klein, H.:* Spannungsmessungen und Berechnungen mit einer Bohrlochrosette. Materialprüfung 12 (1970) 8, S. 262 – 268

[3.186] *Fett, A.:* Die Eliminierung störender Einflußfaktoren bei der Bestimmung der Knoop-Härte. Materialprüfung 17 (1975) 3, S. 72 – 75

[3.187] *Studman, C. J.; Field, J. E.:* The indentation of hard metals: the role of residual stresses. Journal of Mat. Sciences 12 (1977) S. 215 – 218

[3.188] *Bijak-Zochowski, M.:* Zerstörungsfreie Untersuchung von Eigenspannungen mit Hilfe eines Eindringkörpers. VDI-Z. 122 (1980) 7, S. P 30 – P 31

[3.189] *Underwood, I. H.:* Residual stress measurement using surface displacements around an indention. Experimental mechanics (1973) Sept. S. 480 – 484

[3.190] *Bija-Zuchowski, M.:* Nieniszczace metody badania naprezen wlasnych Politechnika Warszawa, Prace Naukowe, Seria Mechanika (1978) Nr. 54

[3.191] *Joffe A. F.; Kirpitscheva, M. V.:* Zitiert in: *E. A. W. Müller:* Handbuch der zerstörungsfreien Materialprüfung. München: Oldenbourg 1976. s. auch Phil. Mag. I. Sci. Ser. 6 (1943) 43, S. 204 – 205

[3.192] *Aksenov, G. I.:* Messung von elastischen Spannungen im feinkristallinen Aggregat nach der Debye-Scherrer-Methode (russ.). Angew. Phys. (UdSSR) 6 (1929) S. 3 – 16

[3.193] *Aksenov, G. I.:* Theoretische und experimentelle Physik (UdSSR) 4 (1934) S. 677 – 690

[3.194] *Kurdjunov, M.; Protopopov, A.:* Zavodskaja laboratorija (1934) 7, S. 183 – 187

[3.195] *Sachs, G.; Weerts, J.:* Elastizitätsmessungen mit Röntgenstrahlen. Z. Physik 64 (1930) S. 344 – 358

[3.196] *Wever, F.; Möller, H.:* Über ein Verfahren zum Nachweis innerer Spannungen. Arch. f. Eisenhüttenwesen 5 (1931/32) 4, S. 215 – 218

[3.197] *Glocker, R.; Osswald, E.:* Einzelbestimmung von elastischen Spannungen mit Röntgenstrahlen I. Z. techn. Physik 16 (1935) 8, S. 237 – 245

[3.198] *Gisen, F.; Glocker, R.; Osswald, E.:* Einzelbestimmung von elastischen Spannungen mit Röntgenstrahlen II. Z. techn. Physik 17 (1936) 5, S. 145 – 155

[3.199] *Glocker, R.; Hess, B.; Schaaber, O.:* Einzelbestimmung von elastischen Spannungen mit Röntgenstrahlen III. Z. techn. Physik 19 (1938) 7, S. 194 – 204

[3.200] *Schiebold, E.:* Beitrag zur Theorie der Messungen elastischer Spannungen in Werkstoffen mit Hilfe von Röntgenstrahl-Interferenzen. Berg- und Hüttenmänn. Monatshefte 86 (1938) 12, S. 278 – 295

[3.201] *Macherauch, E.:* Grundlagen und Probleme der röntgenographischen Ermittlung elastischer Spannungen. Materialprüfung 5 (1963) 1, S. 14 – 26

[3.202] *Stroppe, H.:* Die zerstörungsfreie Messung von Eigenspannungen in Werkstücken und Bauteilen mit Hilfe von Röntgeninterferenzen. Neue Hütte 9 (1964) 8, S. 488 – 491

[3.203] *Vasil'ev, D. M.; Smirnov, B. I.:* Verschiedene Röntgenbeugungsmethoden zur Untersuchung kaltverfestigter Metalle (russ.). Usp. Fiz. Nauk 73 (1961) 5, S. 503 – 558

[3.204] *Hauk, V.* Neue Entwicklungen und Ergebnisse der röntgenographischen Spannungsermittlung. Europäische Vortragstagung Zerstörungsfreie Materialprüfung, Mainz 1978. Proceedings 53/457 – 53/466
[3.205] *Faninger, G.:* Leistungsfähigkeit röntgengoniometrischer Verfahren zur Gitterdehnungsmessung unter besonderer Berücksichtigung von Eigenspannungsuntersuchungen an Metallen. Acta Physica Austriaca XXIV (1966) 3, S. 245 – 270
[3.206] *Glocker, R.:* Röntgenographie der Metalle. Berlin, Heidelberg, New York: Springer-Verlag 1971
[3.207] *Macherauch, E.:* Röntgenographische Spannungsmessung. in: *E. A. W. Müller:* Handbuch der zerstörungsfreien Materialprüfung. München: Verlag R. Oldenbourgh 1973
[3.208] Röntgenographische Spannungsmessung: Härtereitechnische Mitteilungen 31 (1976) 1/2, S. 1 – 124
[3.209] *Vasil'ev, D. M.:* Methodiken röntgenographischer Spannungsmessung (Überblick) (russ.). Zavodskaja laboratorija 31 (1965) 8, S. 972 – 978
[3.210] *Shiraiwa, T.; Sakamoto, Y.:* X-ray stress measurement and its application to steel. The Sumitomo Search 7 (1972) 2, S. 133 – 157
[3.211] *Greenough, G. B.:* Residual latice strains in plastically deformed polycrystalline metal aggregates. Proc. Roy. Soc. London A 197 (1949) S. 557 – 567
[3.212] Einführung in die Werkstoffwissenschaft. (Herausgeber: *W. Schatt)* 4. Auflage. Leipzig: Deutscher Verlag für Grundstoffindustrie 1981
[3.213] *Wolfstieg, K.:* Röntgenographische Spannungsmessung bei breiten Linien. Archiv f. Eisenhüttenwesen 30 (1959) 7, S. 447 – 450
[3.214] *Christian, H.:* Das röntgenographische Spannungsmeßverfahren und seine Anwendung bei der Bestimmung der Spannungszustände in oberflächenbearbeiteten und wärmebehandelten Proben. Härtereitechn. Mitt. 26 (1971) 3, S. 180 – 198
[3.215] *Stroppe, H.:* Grundlagen der röntgenographischen Messung dreiachsiger Spannungszustände. Wiss. Zeitschrift TH Magdeburg 7 (1963) S. 345 – 350
[3.216] *Stroppe, H.; Schäffer, A.:* Die röntgenographische Messung dreiachsiger Spannungszustände. Wiss. Zeitschrift TH Magdeburg 11 (1967) 5/6, S. 689 – 695
[3.217] *Macherauch, E.; Müller, P.:* Das $\sin^2\psi$-Verfahren der röntgenographischen Spannungsmessung. Z. angew. Physik 13 (1961) 7, S. 305 – 312
[3.218] *Faninger, G.:* Untersuchungen über die Genauigkeit der Verfahren zur Spannungsmessung mit Röntgenstrahlen. Acta Physica Austriaca 18 (1964) S. 272 – 279
[3.219] *Tietz, H.-D.; Härtel, M.:* Eigenspannungen in nitrierten Stählen. Neue Hütte (1984) (im Druck)
[3.220] *Macherauch, E.:* Stand und Perspektive der röntgenographischen Spannungsmessung. Teil 1. Metall 34 (1980) 5, S. 443 – 452
[3.221] *Stroppe, H.:* Untersuchungen zum Elastizitätsverhalten von Grauguß, Teil 2. Wiss. Z. TH Magdeburg 10 (1966) 1/2, S. 159 – 173
[3.222] *Hoffmann, H.; Bock, H.; Wenzek, R.:* Die Beanspruchungsverhältnisse in heterogenen Werkstoffen. Wiss. Zeitschrift TH Magdeburg 16 (1972) 1, S. 31 – 42
[3.223] *Blumenauer, H.; Wenzek, R.; Hoffmann, H.:* Ein Beitrag zur röntgenographischen Eigenspannungsverteilung in mehrphasigen Werkstoffen. Wiss. Zeitschrift TU Dresden 19 (1970) S. 591 – 594
[3.224] *Möller, H.; Babers, I.:* Röntgenographische Untersuchung über Spannungsverteilung und Überspannungen im Flußstahl. KWI Eisenforschung 17 (1935) S. 157 – 166
[3.225] *Hauk, V.; Wolfstieg, U.:* Röntgenographische Elastizitätskonstanten. Härtereitech. Mitt. 31 (1976) 1/2 S. 38 – 42
[3.226] *Hauk, V.; Kockelmann, H.:* Röntgenographische Elastizitätskonstanten zur Spannungsermittlung, in: Eigenspannungen, Bericht eines Symposiums Bad Nauheim 1979, S. 241 – 255. Deutsche Gesellschaft für Metallkunde E. V. 1980
[3.227] *Macherauch, E.; Müller, P.:* Ermittlung der röntgenographischen Werte der elastischen Konstanten von kalt gerecktem Armco-Eisen und Chrom-Molybdän-Stahl. Archiv f. Eisenhüttenwesen 29 (1958) S. 257 – 260
[3.228] *Larsson, L. E.:* Röntgenbestämning av Faktorn $(1 + \nu)$ E i normaliserat och härdet Material. Institut för Metallforskning, IM – 816, Okt. 1971

[3.229] *Leiber, C.-O.; Macherauch, E.:* Die röntgenographischen elastischen Konstanten für Gitterdehnungsmessungen an {400}-Netzebenen von reinem Kupfer. Z. Metallkunde 59 (1960) 11, S. 621 - 625
[3.230] *Voigt, W.:* Lehrbuch der Kristallphysik. Leipzig 1928
[3.231] *Reuß, A.:* Berechnung der Fließgrenze von Mischkristallen auf Grund der Plastizitätsbedingungen für Einkristalle. ZAMM 9 (1929) S. 49 - 58
[3.232] *Bollenrath, F.; Oßwald, E.; Müller, H.; Neerfeld, H.:* Der Unterschied zwischen mechanisch und röntgenographisch ermittelten Elastizitätskonstanten. Arch. f. Eisenhüttenwesen 15 (1941) 4, S. 183 - 194
[3.233] *Bollenrath, F.; Hauk, V.; Müller, E. H.:* Zur Berechnung der vielkristallinen Elastizitätskonstanten aus den Werten der Einkristalle. Z. Metallkunde 58 (1967) 1, S. 76 - 82
[3.234] *Kröner, E.:* Berechnung der elastischen Konstanten des Vielkristalls aus den Konstanten des Einkristalls. Z. Physik 151 (1958) S. 504 - 508
[3.235] *Eshelby, J. D.:* Proc. Roy. Soc. London Ser. A 241 (1957) S. 376 - 389
[3.236] *Bollenrath, F.; Hauk, V.; Müller, E. H.:* Berechnung der vielkristallinen röntgenographischen Elastizitätskonstanten des Zweiphasen-Werkstoffs α-β-Messing. Journ. Soc. Mat. Science, Japan 15 (1966) 151 S. 244 - 246
[3.237] *Evenschor, P. D.; Fröhlich, W.; Hauk, V.:* Berechnung der röntgenographischen Elastizitätskonstanten aus den Einkristallkoeffizienten hexagonal kristallisierender Metalle. Z. Metallkunde 62 (1971) 1, S. 36 - 42
[3.238] *Evenschor, P.; Hauk, V.:* Berechnung der röntgenographischen Elastizitätskonstanten aus den Einkristallkoeffizienten hexagonal kristallisierender Metalle. Z. Metallkunde 63 (1972) S. 298 - 801
[3.239] *Evenschor, P. D.; Hauk, V.; Kockelmann, H.:* Röntgenographische Elastizitätskonstanten der ZnAl4Cu1-Legierung. Z. Metallkunde 65 (1964) 5, S. 373 - 374
[3.240] *Evenschor, P. D.; Hauk, V.:* Berechnung der röntgenographischen Elastizitätskonstanten von Mehrstoffsystemen. Z. Metallkunde 66 (1975) 4, S. 210 - 213
[3.241] *Hashin, Z.; Shtrikman, S.:* J. Mech. Phys. Sol. 11 (1963) S. 127 - 140
[3.242] *Hauk, V.; Kockelmann, H.:* Berechnung der Spannungsverteilung und der REK zweiphasiger Werkstoffe. Z. Metallkunde 68 (1977) 11, S. 719 - 724
[3.243] *Hauk, V.; Kockelmann, H.:* Ein für die Praxis geeignetes Verfahren zur Ermittlung der röntgenographischen Elastizitätskonstanten mehrphasiger Werkstoffe. Materialprüfung 21 (1979) 6, S. 201 - 205
[3.244] *Hauk, V.; Kockelmann, H.:* Röntgenographische Spannungsermittlung an Faserverbundwerkstoffen. Materialprüfung 20 (1978) 12, S. 464 - 468
[3.245] *Hauk, V.; Kockelmann, H.:* Zur Spannungsermittlung mit Röntgenstrahlen an porösen Werkstoffen. Materialprüfung 19 (1977) S. 148 - 151
[3.246] *Dölle, H.; Hauk, V.; Kloth, H.; Over, H.; Wichart, W.:* Röntgenographische Elastizitätskonstanten von Stählen bei ein- und zweiachsiger Zugbeanspruchung in Abhängigkeit von der plastischen Dehnung. Archiv f. Eisenhüttenwesen 48 (1977) 11, S. 601 - 605
[3.247] *Doi, O.; Ukai, T.; Ohtsuki, A.:* X-ray measurements of residual stresses in multi-layered cylinder. Bulletin of ISME 18 (1975) 123, S. 940 - 952
[3.248] *Doi, O.; Ohtsuki, A.:* X-ray measurement of residual stresses in a multi-layered sphere. Bulletin of ISME 19 (1976) 127, S. 15 - 21
[3.249] *Evenschor, P. D.; Hauk, V.:* Röntgenographische Elastizitätskonstanten und Netzebenenabstandsverteilungen von Werkstoffen mit Textur. Z. Metallkunde 66 (1975) 3, S. 164-166
[3.250] *Hauk, V.; Herlach, D.; Sesemann, H.:* Über nichtlineare Gitterabstandsverteilungen in Stählen, ihre Entstehung, Berechnung und Berücksichtigung bei der Spannungsermittlung. Z. Metallkunde 66 (1975) 12, S. 734 - 737
[3.251] *Hauk, V.; Sesemann, H.:* Abweichungen von linearen Gitterebenenabstandsverteilungen in kubischen Metallen und ihre Berücksichtigung bei der röntgenographischen Spannungsermittlung. Z. Metallkunde 67 (1976) 9, S. 646 - 650
[3.252] *Dölle, H.; Hauk, V.; Zegers, H.:* Berechnete und gemessene REK und Gitterdehnungsverteilungen in texturierten Stählen. Z. Metallkunde 69 (1978) 12, S. 766 - 772
[3.253] *Dölle, H.; Hauk, V.:* Röntgenographische Ermittlung von Eigenspannungen in texturierten Werkstoffen. Z. Metallkunde 70 (1979) 10, S. 682 - 685

[3.254] *Alers, G.; Lin, Y. C.:* Trans AIME 236 (1966) S. 482 – 485
[3.255] *Hauk, V.; Kockelmann, H.:* Berechnung der Intensitäts- und Gitterdehnungsverteilung aus inversen Polfiguren. Z. Metallkunde 69 (1978) 1, S. 16 – 21
[3.256] *Stroppe, H.:* Untersuchungen zum Elastizitätsverhalten von Grauguß. Wiss. Zeitschrift TH Magdeburg 10 (1966) 1, S. 159 – 173
[3.257] *Hoffmann, H.; Stroppe, H.:* Elastisches Verhalten und thermische Ausdehnung gesinterter Zweiphasenwerkstoffe. Wiss. Zeitschrift TH Magdeburg 14 (1970) 1, S. 85 – 90
[3.258] *Hauk, V.; Kockelmann, H.:* Röntgenographische Elastizitätskonstanten ferritischer, austenitischer und gehärteter Stähle. Archiv f. Eisenhüttenwesen 50 (1979) 8, S. 347 – 350
[3.259] *Hartmann, U.:* Möglichkeit und Grenzen der röntgendiffraktometrischen Spannungsanalyse (RSA) in der Martensit- und Austenitphase einsatzgehärteter Stähle. Karlsruhe: TU, Diss., 1973
[3.260] *Macherauch, E.:* Über den Einfluß von Schwellasten auf die röntgenographisch bestimmte Biegefließgrenze. Z. Metallkunde 47 (1956) 1, S. 1 – 19
[3.261] *Schaal, A.:* Experimentelle Bestimmung der wirksamen Eindringtiefe bei der röntgenographischen Spannungsbestimmung. Z. Metallkunde 35 (1943) S. 293 – 295
[3.262] *Hauk, V.; Möller, H.; Brasse, F.:* Ein Beitrag zur Frage der Ätzspannungen in Eisenwerkstoffen. Archiv f. Eisenhüttenwesen 27 (1956) 5, S. 317 – 322
[3.263] *Stickfoth, H.:* Über den Zusammenhang zwischen röntgenographischer Gitterdehnung und makroskopischen elastischen Spannungen. Techn. Mitt. Krupp, Forschg.-Ber. 24 (1966) 3, S. 89 – 96
[3.264] *Koistinen, D. P.; Marburger, R. E.:* A simplified procedure for calculating peak position in X-ray residual stress measurements on hardened steel. ASME Trans. 51 (1959) S. 537 – 555
[3.265] *Mirkin, L. I.:* Handbook of X-Ray Analysis of Polycristalline Materials, New York 1964
[3.266] *Krischner, H.:* Einführung in die Röntgenfeinstrukturanalyse. Braunschweig 1974
[3.267] *Neef, H.:* Grundlagen und Anwendung der Röntgenfeinstrukturanalyse. München 1962
[3.268] *Faninger, G.:* Ω-Goniometer. Härtereitechn. Mitt. 31 (1976) 1/2, S. 16 – 18
[3.269] *Wolfstieg, U.; Macherauch, E.:* Methoden der schnellen röntgenographischen Eigenspannungsanalyse. Vortragstagung Eigenspannungen. Oberursel 1979, S. 223 – 233
[3.270] *Evenschor, P.; Hauk, V.:* Röntgenographische Elastizitätskonstanten von Stählen. Härtereitechn. Mitt. 30 (1975) S. 228 – 230
[3.271] *Faninger, G.; Wolfstieg, U.:* Auswertung der Interferenzlinien und $d_{\varphi,\psi}/\varepsilon_{\varphi,\psi}$-$\sin^2\psi$-Zusammenhang. Härtereitechn. Mitt. 31 (1976) 1/2, S. 27 – 32
[3.272] *Rachinger, W. A.:* A correction for the α_1, α_2-doublet in the measurement of widths of X-ray diffraction lines. J. Sci. Instr. 25 (1948) S. 83 – 84
[3.273] *Wohlfahrt, H.:* Gezielte Wärmebehandlungen zur Steigerung der Wechselfestigkeit von Ck 45 unter Berücksichtigung des Eigenspannungszustands. Karlsruhe: TU, Diss., 1970
[3.274] *Wolfstieg, U.:* Die Symmetrierung unsymmetrischer Interferenzlinien mit Hilfe von Spezialblenden. Härtereitechn. Mitt. 31 (1976) 1/2, S. 23 – 26
[3.275] *Wolfstieg, U.:* ψ-Goniometer. Härtereitechn. Mitt. 31 (1976) 1/2, S. 19 – 22
[3.276] *Krause, H., Christ, E.:* Ein ψ-Goniometer für die röntgenographische Spannungsmessung. VDI-Zeitschrift 118 (1976) 16, S. 763 – 768
[3.277] *Wolfstieg, U.; Macherauch, E.:* Methoden der schnellen röntgenographischen Eigenspannungsanalyse. Eigenspannungen, Sympos. Oberursel 1979, Bad Nauheim 1980, S. 223 – 231
[3.278] *Stremel, M. A.; Karabasova, L. V.; Kozlov, D. A.:* Bedingungen des Nutzens von Filtern in der Diffraktometrie (russ.). Zav. lab. (1980) 8, S. 727 – 728
[3.279] *Singh, A. K.; Balasingh, C.:* Effect of X-ray diffractometer geometrial factors on the centroid shift of a diffraction line for stress measurement. Journ. of Appl. Phys. 42 (1971) 13, S. 5254 – 5260
[3.280] *Franz, H. E.:* Bestimmung der Eigenspannungen an definiert bearbeiteten Oberflächen der Werkstoffe TiAl6V4 und TiAl6V6Sn2. Härtereitechn. Mitt. 34 (1979) 1, S. 24 – 37
[3.281] *Larsson, E.:* Residual stress distribution in steel after non-uniform grinding operations. Scand. Journ. of Met. 3 (1974) S. 89 – 93
[3.282] *Tietz, H.-D.; Rönnecke, H.-J.; Härtel, M.:* Zum Einfluß der Probengeometrie und der Strahlenbegrenzung bei der röntgenographischen Eigenspannungsmessung. Wiss. Beiträge IH Zwickau 6 (1980) 2, S. 1 – 4

[3.283] *Krause, H.; Jühe, H. H.:* Röntgenographische Eigenspannungsmessungen an aus der Gasphase abgeschiedenen Titankarbidschichten. Härtereitechn. Mitt. 32 (1977) 6, S. 302 – 307

[3.284] *Doig, P.; Flewitt, P. E. J.:* The influence of wavelength in the X-ray measurement of elastic stress. Strain 13 (1977) 3, S. 102 – 106

[3.285] *Mackenzie, J. K.; Williams, E. J.:* The optimum distribution of counting times for determining integrated intensities with a diffractometer. Acta Cryst. A 29 (1973) S. 201 – 204

[3.286] *Kämpfe, B.; Wieghardt, G.:* Röntgenographische Spannungsmessung in dünnen Titankarbidschichten auf Werkzeugstahl. Neue Hütte 21 (1971) 8, S. 503 – 504

[3.287] *Kukol', V. V.:* Ermittlung der Lage des Maximums der $K\alpha_1$-Dublett-Komponente aus dem Dublett der Röntgendiffraktionslinie (russ.). Zavodskaja lab. (1965) S. 706 – 708

[3.288] *Emter, D.; Macherauch, E.:* Arch. F. Eisenhüttenwesen 35 (1964) 10, S. 908 – 918

[3.289] *Dölle, H.; Hauk, V.; Kloth, H.:* Röntgenographische Elastizitätskonstanten von Stählen bei erhöhter Probentemperatur. Archiv f. Eisenhüttenwesen 50 (1979) 4, S. 179 – 181

[3.290] *Prümmer, R.:* Röntgenographische Eigenspannungsbestimmungen von Stahl unter Berücksichtigung der Deformationsabhängigkeit der Gitterdehnungs-Spannungs-Beziehung. Wiss. Zeitschrift TH Magdeburg 13 (1969) 5, S. 309 – 408

[3.291] *Hosokawa, N.; Honda, K.; Arima, J.:* The dependency of stress on the diffraction plane in polycristalline metals. Proc. Int. Conf. Mech. Beh. of Mat., 1972, Japan, Vol. I, S. 164 – 175

[3.292] *Kurita, M.:* A statistical analysis of the precision of X-ray. Bulletin of he ISME 17 (1974) 108, S. 669 – 674

[3.293] *Kon'kov, Jü. D.; Bomko, N. F.; Mamontov, V. M:* Zur Frage der Ermittlung zonaler Spannungen auf dem Diffraktometer Dron-1 (russ.). Zav. lab. (1974) 11, S. 1204 – 1208

[3.294] *Jafdzak, C. F.; Boehm, H. H.:* The effect of X-ray optics on residual stress measurements in steel. Mat. Science (1975) 7, S. 354 – 370

[3.295] *Kagan, A. S.; Cil'man, R. J.:* Zur Methode der röntgenographischen Spannungsermittlung I. Art in gehärteten niedrig angelassenen Stählen (russ.). Zav. lab. 42 (1976) 8, S. 981 – 982

[3.296] *Willbrand, J.:* Röntgenographische Spannungsmessungen an der Karbiolphase von Wolframkarbid-Kobalt-Hartmetallen. Archiv f. Eisenhüttenwesen 43 (1972) 6, S. 503 – 508

[3.297] *Faninger, G.; Hauk, V.; Macherauch, E.; Wolfstieg, U.:* Empfehlungen zur praktischen Anwendung der Methode der röntgenographischen Spannungsermittlung bei Eisenwerkstoffen. Härtereitechn. Mitt. 31 (1976) 1/2, S. 109 – 111

[3.298] *Hoffmann, H.; Blumenauer, H.:* Zum Verformungsverhalten von Werkstoffen mit heterogenem Gefügeaufbau. Wiss. Z. TH Magdeburg 24 (1980) 1, S. 119 – 127

[3.299] *Stroppe, H.:* Über eine Zählrohr-Apparatur zur Messung elastischer Spannungen in Bau- und Konstruktionsteilen mit Hilfe von Röntgeninterferenzen. Wiss. Zeitschrift TH Magdeburg 6 (1962) 4, S. 395 – 406

[3.300] *Lange, W.:* Ein im Mittelpunkt freies Goniometer zur Ermittlung elastischer Spannungen nach dem Röntgenverfahren und seine Anwendung bei großen Bauteilen aus dem Bereich des Eisenbahnwesens. VDI-Bericht Nr. 102: Exper. Spannungsanalyse, Düsseldorf: VDI-Verlag 1966

[3.301] *Christian, H.; Eßlinger, F. X.; Klug, W.:* Ein Röntgengoniometer für den mobilen Einsatz. Materialprüfung 18 (1976) 10, S. 388 – 390

[3.302] *Krause, H.; Jühe, H. H.:* Die Automatisierung von Röntgenfeinstrukturmeßplätzen mit Hilfe eines standardisierten Schnittstellensystems. Härtereitechn. Mitt. 35 (1980) 4, S. 192 – 198

[3.303] *Robitsch, J.:* Ein neues Konzept für die röntgenographische Spannungsmessung. Härtereitechn. Mitt. 33 (1978) 6, S. 323 – 328

[3.304] *Broll, N.; Henne, M.; Kreutz, W.:* Eigenschaften und Anwendungsmöglichkeiten eines ortsempfindlichen Proportionalzählrohrs. Analysentechnische Mitteilung N. 271, Fa. Siemens

[3.305] *Tietz, H.-D.; Glaser, B.:* Eigenspannungen in Gußwerkstoffen. Leipzig 1981, Vortrag FA Gußwerkstoffe

[3.306] *Franz, H. E.; Kühnle, H.:* Mobile Röntgenmeßeinrichtung für Eigenspannungsmessungen. Metall 29 (1975) 8, S. 771 – 773

[3.307] *Bočenin, V. I.:* Transportables Radioisotopengerät zur Ermittlung der Summe der Hauptspannungen in Schweißkonstruktionen (russ.). Zavodskaja laboratorija 42 (1976) 1, S. 63 – 64

[3.308] *Titovec, Ju, F.:* Einige Fragen der praktischen Realisierung der Methode der Röntgenelastizität (russ.). Zavodskaja laboratorija (1979) 2, S. 133 – 137

[3.309] *Bolšakov, P. P.; Vasil'ev, D. M.; Titovec, Ju. F.:* Röntgenographische Ermittlung der Komponenten der Spannungs- und Verformungstensoren in grobkörnigen Werkstoffen (russ.). Zavodskaja laboratorija (1975) 9, S. 1099 – 1102

[3.310] *Skupov, V. L.; Ščerbakov, V. N.:* Ein Röntgenspektrometer mit unabhängigem Etalon zur Bestimmung von Eigenspannungen in Einkristallen (russ.). Zavodskaja laboratorija (1979) 5, S. 431 – 433

[3.311] *Vasil'ev, D. M.; Titovec, Ju. F.:* Anwendung der röntgenographischen Dehnungsanalyse zur Lösung mechanischer Werkstofffragen in kristallinen Stoffen (russ.). Zavodskaja laboratorija (1979) 10, 1235 – 1241

[3.312] *Hoffmann, H.:* Eigenspannungsmessung an Plastwerkstoffen. Vortrag FUA Eigenspannungsmeßtechnik, Leipzig 1981

[3.313] *Barrett, C. S.; Fredeck, P.:* Stress measurement in polymeric materials by X-ray diffraction. Polymer Eng. and Science 16 (1976) 9, S. 602–606

[3.314] *Larsson, L. E.:* On the measurement of residual stress in recesses. Scand, Journ. of Metallurgy 3 (1974) S. 119 – 122

[3.315] *Samojlov, A. J.; Krivko, A. J.; Ignatova, J. A.:* Zur Frage der röntgenographischen Ermittlung thermischer Spannungen in Verbunden, die mit Fasern verstärkt sind (russ.). Zavodskaja laboratorija (1980) 7, S. 604 – 606

[3.316] *Hawkes, G. A.:* X-ray stress measurements on the fibres of loaded model composities. Journ. Austr. Inst. Met. 19 (1974) 3, S. 200 – 205

[3.317] *Moore, M. G.; Evans, W. P.:* Correction for stress layers in X-ray diffraction residual stress analysis. SAE Trans. 66 (1958) S. 341 – 345

[3.318] *Christ, E.:* Röntgenographische Ermittlung und Bewertung von Randschichtspannungen nach einer Wälzbeanspruchung. Aachen: TH, Diss., 1976

[3.319] *Macherauch, E.:* Stuttgart: TH, Habilitationsschrift, 1959

[3.320] *Schaaber, O.:* Röntgenographische Spannungsmessungen an Leichtmetallen. Z. techn. Physik 20 (1939) S. 264 – 278

[3.321] *Peiter, A.:* Das Röntgen-Ausbohrverfahren. Härtereitechn. Mitt. 24 (1969) 4, S. 310 – 315

[3.322] *Faninger, G.:* Röntgenographische Ermittlung der Eigenspannungsverteilung über dem Querschnitt zugverformter und abgeschreckter Stahlproben mit Hilfe des Ausbohrverfahrens. Härtereitechn. Mitt. 24 (1969) 4, S. 316 – 320

[3.323] *Stroppe, H.:* Grundlagen der röntgenographischen Messung dreiachsiger Spannungszustände. Wiss. Z. TH Magdeburg 7 (1963) 3/4, S. 345 – 350

[3.324] *Stroppe, H.; Schäffer, A.:* Die röntgenographische Messung dreiachsiger Spannungszustände. Wiss. Z. TH Magdeburg 11 (1967) 5/6, S. 689 – 694

[3.325] *Dölle, H.; Hauk, V.; Zegers, H.:* Berechnete und gemessene REK und Gitterdehnungsverteilungen in texturierten Stählen. Z. Metallkunde 69 (1978) 12, S. 766 – 772

[3.326] *Christ, E.; Krause, H.:* Über die Auswertung nichtlinearer d-$\sin^2\psi$-Verteilungen. Z. Metallkunde 66 (1975) 10, S. 615 – 618

[3.327] *Dölle, H.; Hauk, V.; Jühe, H. H.; Krause, H.:* Zur röntgenographischen Ermittlung dreiachsiger Spannungszustände allgemeiner Orientierung. Materialprüfung 18 (1976) 11, S. 427 – 431

[3.328] *Dölle, H.; Hauk, V.:* Röntgenographische Spannungsermittlung für Eigenspannungssysteme allgemeiner Orientierung. Härtereitechn. Mitteilungen 31 (1976) 3, S. 165 – 167

[3.329] *Krause, H.; Jühe, H. H.:* Röntgenographische Eigenspannungsmessungen an Oberflächen wälzbeanspruchter Kohlenstoffstähle. Härtereitechn. Mitteilungen 31 (1976) 3, S. 168 – 170

[3.330] *Peiter, A.:* Das φ, ψ, ξ-Verfahren der Röntgen-Spannungsmessung. Härtereitechn. Mitteilungen 31 (1976) 3, S. 158 – 168

[3.331] *Lode, W.; Peiter, A.:* Eigenspannungsanalyse nach dem φ, ψ, ξ-Verfahren mit Meßwertausgleich durch Ellipsen. Metall 30 (1976) 12, S. 1122 – 1126

[3.332] *Zschunke, P.:* Röntgenographische Untersuchung des Eigenspannungszustandes in geschliffenen Metalloberflächen bei gleichzeitiger Erfassung des Spannungsgradienten senkrecht zur Probenoberfläche. Wiss. Z. TH Magdeburg 20 (1976) 4, S. 503 – 508

[3.333] *Peiter, A.; Lode, W.:* Systematik röntgenographischer Eigenspannungsanalysen oberflächennaher Schichten. Metall 31 (1977) 5, S. 500 – 506

[3.334] *Lode, W.; Peiter, A.:* Numerik röntgenographischer Eigenspannungsanalysen oberflächennaher Schichten. Teil 1: Härtereitechn. Mitt. 32 (1977) 5, S. 235 – 240; Teil 2: Härtereitechn. Mitt. 32 (1977) 6, S. 308 – 313
[3.335] *Peiter, A.:* Das Röntgen-Integralverfahren, eine Erweiterung des $\sin^2\psi$-Verfahrens. Materialprüfung 22 (1980) 7, S. 288 – 290
[3.336] *Lode, W.; Peiter, A.:* Theorie des Röntgen-Integralverfahrens. Härtereitechn. Mitt. 35 (1980) 3, S. 148 – 154
[3.337] *Peiter, A.; Lode, W.:* Anwendungsbeispiele des Röntgen-Integralverfahrens zur Eigenspannungsermittlung. Materialprüfung 21 (1979) 3, S. 81 – 84
[3.338] *Dölle, H.; Hauk, V.:* Systematik möglicher Gitterdehnungsverteilungen bei mechanisch beanspruchten metallischen Werkstoffen. Z. Metallkunde 68 (1977) 11, S. 725 – 728
[3.339] *Stemmler, J.:* Diplomarbeit, Karl-Marx-Stadt: TH, Sektion Chemie und Werkstofftechnik 1981
[3.340] *Krause, H.; Jühe, H. H.:* Untersuchungen über die Auswirkungen der Eindringtiefe und die Wahl der Strahlung bei der röntgenographischen Spannungsmessung. Forschungsberichte Nordrhein-Westfalen Nr. 3026, Opladen: Westdeutscher Verlag 1981
[3.341] *Dölle, H.; Hauk, V.:* Der theoretische Einfluß mehrachsiger tiefenabhängiger Eigenspannungszustände auf die röntgenographische Spannungsermittlung. Härtereitechn. Mitt. 34 (1979) 6, S. 272 – 277
[3.342] *Danilov, V. F.; Vyprijažin, V. P.; Brazgin, J. A.:* Zur Frage der Schwerpunktbestimmung von Röntgenbeugungslinien (russ.). Zavodskaja laboratorija 42 (1976) 5, S. 546 – 548
[3.343] *Samojlov, A. J.*, u. a.: Röntgenographische Ermittlung thermischer Zwischenphasenspannungen in eutektischen Gemischen des Typs CoTaC (russ.). Zavodskaja laboratorija (1980) 10, S. 906 – 908
[3.344] *Vasil'jev, D. M.:* Röntgenographische Untersuchungen der Verteilung von Eigenspannungen über den Querschnitt von Teilen. Zavodskaja laboratorija 32 (1966) 6, S. 708 – 711
[3.345] *Renne, I. I.:* Die Berechnung zusätzlicher Deformationen bei der schichtweisen Röntgenanalyse von Eigenspannungen in dünnen Proben (russ.). Zavodskaja laboratorija (1977) 3, S. 349 – 350
[3.346] *Vasil'jev, D. M.; Trofimov, W. W.:* Bestimmung der wahren Spannungsverläufe in oberflächennahen Schichten mittels Röntgenverfahren. Neue Hütte 25 (1980) 3, S. 107 – 111
[3.347] *Vasil'jev, D. M.; Trofimov, W. W.:* Analyse der Spannungsverteilung in Oberflächenschichten von Erzeugnissen ohne deren Zerstörung (russ.). Trady LPJ (1957) 341, S. 99 – 104
[3.348] *Melker, A. I.; Pavlova, W. G.:* Röntgenographische Bestimmung der Eigenspannungen im Falle eines Spannungsgradienten (russ.) Zavodskaja laboratorija (1976) 3, S. 286 – 288
[3.349] *Greve, W.:* Bemerkungen zur Automatisierung röntgenographischer Eigenspannungsanalysen. Härtereitechn. Mitt. 28 (1973) S. 297 – 300
[3.350] *Dehlinger, U.; Kochendörfer, A.:* Linienverbreiterung von verformten Metallen. Z. Kristallogr. Abt. A 101 (1939) S. 134 – 148
[3.351] *Kochendörfer, A.:* Zur Bestimmung von Teilchengröße und Gitterverzerrungen in kristallinen Stoffen aus der Breite der Interferenzlinien. Z. Kristallogr. Abt. A 105 (1944) S. 393 – 480
[3.352] *Warren, B. E.; Averbach, B. L.:* The effect of coldwork distortion on X-ray patterns. J. Appl. Phys. 21 (1950) 6, S. 595 – 599
[3.353] *Faber, H.:* Röntgenographische Untersuchungen an gehärteten und angelassenen unlegierten Stählen verschiedenen Kohlenstoffgehalts mit einer dafür entwickelten rechnergesteuerten Röntgendiffraktometeranlage. Karlsruhe: TU, Diss., 1972
[3.354] *Du Mond, J. W. M.; Kirkpatrick, H. A.:* Phys. Rev. 37 (1931) 136 – 142
[3.355] *Hartmann, R. I., Macherauch, E.:* Z. Metallkunde 5 (1963) S. 161 – 167
[3.356] *Sturm, F.:* Röntgenographische Linienbreitenanalyse an verformten Aluminiumproben. Acta Phys. Austriaca 27 (1968) S. 226 – 240
[3.357] *Alexander, L.:* J. Appl. Phys. 25 (1954) S. 155 – 161
[3.358] *Schierhorn, E.:* Bestimmung der Teilchengröße und Gitterverzerrungen von schockverformtem Elektrolyt-Kupfer aus Röntgenbeugungsuntersuchungen. Wiss. Z. TH Magdeburg 17 (1973) 8, S. 497 – 502
[3.359] *Kochendörfer, A.; Trimborn, F.:* Röntgenographische Ermittlung von Gitterstörungen an Karbonyleisenpulver. Arch. Eisenhüttenwesen 31 (1960) 8, S. 497 – 502

[3.360] *Faninger, G.:* Eigenspannungen, Gitterstörungen und Kohärenzbereiche in plastisch-zugverformten und in gehärteten Stählen. Materialprüfung 10 (1968) 8, S. 267 – 273
[3.361] *Krivoglaz, M. A.:* Teorija rassejanija rentgenovskich lučej i teplovych nejtronov realnymi kristallami, Moskva 1967
[3.362] *Strassburger, G.; Schierhorn, E.:* Zur Problematik der röntgenographischen Versetzungsdichtebestimmung in Polykristallen aus einer Interferenzlinie. Kristall und Technik 12 (1977) 4, S. 377 – 382
[3.363] *Williamson, G. U.; Smallmann, R. E.:* Phil. Mag. 8 (1956) S. 34 – 46
[3.364] *Brasse, F.; Möller, H.:* Röntgenographische Untersuchung über Verzerrungen und Teilchengrößen in Eisen und Stahl. Teil 1 Archiv Eisenhüttenwesen 29 (1958) 12, S. 757 – 771; Teil 2 Archiv Eisenhüttenwesen 30 (1959) 11, S. 685 – 691
[3.365] *Witzmann, D.:* Magdeburg: TH, Diss., 1970
[3.366] *Tietz, H.-D.:* Ultraschall-Meßtechnik. 2. Auflage. Berlin: Verlag Technik 1974
[3.367] *Breazle, M. A.:* Ultrasonic wave reflection at a plane interface. XV. Internat. Konf. Akustik, Prag 1976
[3.368] *Mayer, W. G.; Pitts, L. E.:* The influence on rayleigh and lamb modes on ultrasonic reflection from solids in liquids. XV. Int. Konf. Akustik, Prag 1976
[3.369] *Schmidt, E.; Goerke, R.:* Elektronische Laufzeitmessung bei Ultraschalluntersuchungen mit Hilfe des sowjetischen Zählfrequenzmessers Č 3-34. Feingerätetechnik 24 (1975) 8, S. 337 – 341
[3.370] *Besztak, L.; Pawlowski, Z.:* Messung von Eigenspannungen mittels Ultraschalloberflächenwellen (poln.). 9. Krajowa Konferencia Badan Nieniszczacych 1979, Prombork, S. 121 – 124
[3.371] *Kusmider, B.:* Elastoakustischer Koeffizient für Oberflächenwellen in Aluminium (poln.). 9. Krajowa Konferencia Badan Nieniszczacych 1979. Prombork, S. 119 – 120
[3.372] *Deputat, J.:* Strukturelle Dämpfungsempfindlichkeit und Geschwindigkeit der Ultraschallwellen (poln.). 9. Krajowa Konferencia Badan Nieniszczacych 1979. Prombork, S. 29 – 36
[3.373] *Bobrenko, V. M.; Kucenko, A. N.; Šeremetikov, A. S.:* Akustische Tensometrie, I. Physikalische Grundlagen (russ.). Defektoskopija (1980) 2, S. 70 – 87
[3.374] *Guz', A. N.; Machort, F. G.; Gušča, O. J.:* Vvedenie v akustouprugost'. Kiev 1977
[3.375] *Tietz, H.-D.:* Magdeburg: TH, Diss., 1965
[3.376] *Toupin, R. A.; Bernstein, B.:* Sound waves in deformed perfectly elastic materials. Journ. Acoust. Soc. Amer. 33 (1961) 2, S. 216 – 226
[3.377] *Murnaghan, F. D.:* Finite deformation of an elastic solid. Am. J. Math. 59 (1937) S. 253 bis 263
[3.378] *Tietz, H.-D.:* Spannungsmessung mit Ultraschall. Feingerätetechnik 15 (1966) 8, S. 374 bis 382
[3.379] *Tietz, H.-D.:* Ultrasonic determination of higher order elastic constants in elastically deformed metal rods. 7. World-Conf. Nondestr. Test. Montreal 1967, Proc. S. 164–168
[3.380] *Fukuoka, H.; Toda, H.:* Non-destructive stress analysis by acoustoelasicity. VDI-Ber. 313 (1978) S. 245 – 249
[3.381] *Tietz, H.-D.; Weigt, D.:* Spannungs- und Eigenspannungsmeßverfahren mit Ultraschall. Feingerätetechnik 281 (1979) 11, S. 501 – 503
[3.382] *Hsu, N. N.:* Acoustical birefrigence and the use of ultrasonic waves for experimental stress analysis. Experimental Mechanics 14 (1974) 5, S. 169 – 176
[3.383] *Andrews, K. W.; Keightley, R. L.:* An ultrasonic goniometer for surface stress measurement. Ultrasonics, Sept. 1978, S. 205 – 209
[3.384] *Tietz, H.-D.; Weigt, D.:* Verfahren zur Analyse des Oberflächenzustands mittels Ultraschallwellen. Wirtschaftspatent 141359, DDR, v. 12. 1. 1979
[3.385] *Ovseenko, A. N.,* u. a.: Die Gestaltfestigkeit von Titanlegierungen für Turbinenschaufelräder nach der mechanischen Bearbeitung (russ.). Mašinostroenie (1976) S. 220 – 224
[3.386] *Martin, B. G.:* Mat. Evaluation 32 (1974) S. 229 – 234
[3.387] *Michalski, F.:* Übersicht über den Entwicklungsstand der Verfahren zum Nachweis innerer Werkstückspannungen mit Ultraschall. Stahl und Eisen 96 (1976) 24, S. 1259 – 1262
[3.388] *Bratina, W. J.; Mills, D.:* Nondestructive Testing 18 (1960) S. 1 – 4

[3.389] *Tietz, H.-D.; Weigt, D.:* Messung von ein- und zweiachsigen Spannungszuständen mit Ultraschall. Feingerätechnik 29 (1980) 12, S. 548 – 551
[3.390] *Deputat, J.:* Ultrasonic technique for measuring stress in screws. 9. World Conf. Nondestr. Test. Melbourne 1979, Proceedings, S. 1 – 8
[3.391] *Bobrenko, V. M.; Bulgakova, L. V.; Vaskobojnik, L. V.:* Zur Berechnung von Spannungen in Gewindebolzen nach Ergebnissen der Ultraschallmessungen (russ.). Defektoskopija (1979) 6, S. 95 – 100
[3.392] *Kersten, M.:* Magnetische Untersuchungen innerer Spannungen. Z. Phys. 71 (1931) S. 553 bis 560. Z. Phys. 76 (1932) S. 505 – 515. Z. Phys. 82 (1933) S. 708 – 718
[3.393] *Förster, F.; Stambke, K.:* Magnetische Untersuchungen innerer Spannungen. Teil 1 Z. Metallkunde 33 (1941) 3, S. 97 – 104; Teil 2 Z. Metallkunde 33 (1941) 3, S. 104 – 114
[3.394] *Polanschütz, W.:* Eine magnetinduktive Methode zur Erfassung diskontinuierlicher Spannungsänderungen während mechanischer Beanspruchung ferromagnetischer Metalle, Teil I: Grundlagen. Materialprüfung 20 (1978) 12, S. 446 – 449
[3.395] *Kronmüller, H.:* Magnetic techniques for the study of dislocations in ferromagnetic materials. Intern. Journ. Nond. Test. 3 (1972) S. 315 – 350
[3.396] *Reimer, L.:* Vergleich röntgenographisch und magnetisch ermittelter Eigenspannungen in ferromagnetischen Metallen. Berlin, Göttingen, Heidelberg: Springer-Verlag 1956
[3.397] *Fuhrmann, E.:* Möglichkeiten zur Messung mechanischer Spannungen in ferromagnetischen Blechen. Maschinenbautechnik 25 (1976) 2, S. 84 – 89
[3.398] *Egle, D. M.; Bray, D. E.:* Measurement of acoustoelastic and third-order elastic constants for rail steel. I. Aconst. Soc. Am. 60 (1976) 3, S. 741 – 744
[3.399] *Šel', M. M.:* Messung der Spannungen mit der magnetoelastischen Methode in magnetisch harten Stählen (russ.). Zavodskaja laboratorija (1967) 3, S. 306 – 309
[3.400] *Vekser, N. A.,* u. a.: Zerstörungsfreie Messung von Restspannungen in Eisenbahnschienen aus Stahl mit hohem Kohlenstoffgehalt (russ.). Zavodskaja laboratorija (1974) 7, S. 819 bis 820
[3.401] *Miernik, A.; Janowski, S.:* Anwendungsmöglichkeiten einer Methode der Analyse der Harmonischen zur Spannungsmessung (poln). Metalioznawstwoi obróbko cieplna (1977) 25, S. 33 – 38
[3.402] *Jakirevič,; Gorazdovskii, T. Ja.:* Ausnutzung harmonischer Gebersignale bei Messung mechanischer Spannungen in Stählen mit der Wirbelstrommethode (russ.). Defektoskopija (1969) 1, S. 47 – 51
[3.403] *Piech, T.:* Ein neuartiges Meßverfahren zur Bestimmunge der magnetischen Inhomogenität zylindrischer Eisen- und Stahlteile. Wiss. Z. TH Magdeburg 19 (1975) 4, S. 335 – 339
[3.404] *Orechov, G. T.:* Zusammenhang zwischen magnetoelastischem Effekt mit Spannungen und Deformationen bei ebenem Spannungszustand ferromagnetischer Materialien (russ.). Defektoskopija (1975) S. 100 – 105
[3.405] *Orechov, G. T.:* Magnetoelastisches Verfahren zur Eigenspannungsmessung. Feingerätetechnik 29 (1980) 7, S. 296 – 298
[3.406] *Orechov, G. T.:* Bestimmung von Schweißeigenspannungen mit der magnetoelastischen Methode (russ.). Avtom. Svarka 27 (1974) 4, S. 30 – 32
[3.407] *Orechov, G. T.:* Bestimmung von Schweißeigenspannungen in Typenschweißverbindungen mit der magnetoelastischen Methode (russ.). Avtom. Svarka 29 (1976) 4, S. 34 – 36
[3.408] *Vekser, N. A.,* u. a.: Untersuchung des magnetoelastischen Effekts bei Schienenstählen. Defektoskopija (1975) 2, S. 69 – 74
[3.409] *Caplygin, V. I.; Bezotosnyj, V. F.:* Gerät zur Kontrolle mechanischer Spannungen in ferromagnetischen Materialien. Mašinostroenie (1979) 2, S. 42 – 45
[3.410] *Abuku, S.; Cullity, B. D.:* A magnetic method for the determination of residual stress. Proc. Soc. Exper. Stress Analysis 27 (1971) 1, S. 217 – 223
[3.411] *Iwaynagi, J.; Abuku, S.; Takizawa, C.:* A magnetic method of measurement of residual stress in steel. 6. Int. Conf. Nondestr. Test. Hannover 1970, Preprint G S. 39 – 45
[3.412] *Yoshikazu, T.; Yagisawa, T.:* Vorrichtung zur Messung einer mechanischen Spannung. Offenlegungschrift 2922256 v. 6. 12. 79, BRD
[3.413] *Pasley, R. L.:* Barkhausen-effect-an indication of stress. Materials evaluation (1970) 7, S. 157 – 161

[3.414] *Rulka, R.; Pawlowski, Z.:* Evaluation of the physical state of surface layers in steel using magnetic noise measurement. 9 th World Conf. Nondestr. Test., Melbourne 1979, Proceedings 4 A – 8
[3.415] *Eichhorn, F.; Zschau, M.:* Messung des Eigenspannungsabbaus durch Analyse des Barkhausen-Rauschens. Z. Werkstofftechnik 11 (1980) S. 213 – 216
[3.416] *Karjalainen, L. P.; Moilanen, M.; Rautioaha, R.:* Evaluating the residual stresses in welding from Barkhausen nois measurements. Materialprüfung 22 (1980) 5, S. 196 – 200
[3.417] *Pustynnikov, V. G.; Vasil'ev, V. M.:* Eigenspannungsmessung an ferromagnetischen Werkstoffen nach dem Barkhausen-Effekt (russ.). II. Kolloquium Eigenspannungen und Oberflächenverfestigung, Zwickau, 1979, Kurzfassungen, S. 17
[3.418] *Tiltto, S. I.:* Influence of elastic and plastic strain on the magnetization process in Fe-3,5 % Si. IEE Transactions of Magnetics 12 (1976) 6, S. 855 – 857
[3.419] *Barton, J. R.; Kusenberger, F. N.:* Residual stress in gas turbine engine components from Barkhausen noise analysis. Transactions of ASME (1974) 10, S. 349 – 357
[3.420] *Förster, F.; Stumm, W.:* Messung physikalischer und technologischer Materialeigenschaften mit Hilfe magnetischer und elektromagnetischer Meßmethoden. Industrie-Anzeiger 96 (1974) 31, S. 685 – 690
[3.421] *Heptner, H.; Stroppe, H.:* Magnetische und magnetinduktive Werkstoffprüfung Leipzig: Deutscher Verlag für Grundstoffindustrie 1969
[3.422] *Winkelmann, W.:* Magnetinduktiver Nachweis von Eigenspannungen nach plastischer Verformung von Drahtseilen. Neue Hütte 17 (1972) 5, S. 900 – 903
[3.423] *Jäkel, Th.:* Magnetisches Restfeld dient als Indikator für Stahlqualitäten. Maschinenmarkt (1975) 4, S. 56 – 58
[3.424] *Jäkel, T.:* Persönliche Mitteilung
[3.425] *Jung, O.; Dawihl; Altmeyer, G.:* Einfluß von Spannungen auf die Koerzitivfeldstärke. Z. Metallkunde 61 (1970) 12, S. 898 – 905
[3.426] *Schumann, H.-D.; Holste, C.; Schmidt, G.:* Koerzitivfeldstärke-Messungen zur Analyse spezifischer innerer Spannungen im ermüdeten Stahl C35. Wiss. Z. P. H. Dresden 5 (1979) 3, S. 37 – 47
[3.427] *Li, J. M. C.:* Ja. J. Phys. 45 (1967) S. 179 – 185
[3.428] *Kubat, J.; Rigdahl, M.:* The assesment of internal stresses in plastics by a stress relaxation method. Journ. of Polymeric Mater. 3 (1975) S. 287 – 299
[3.429] *Lauterlein, T.:* Beitrag zur Messung der Oberflächenbeschaffenheit mit Barkhausen-Rauschen. Karl-Marx-Stadt: TH, Diss., 1979
[3.430] *Kersten, M.; Gottschalt, P.:* Einige Versuche über den Einfluß von Eigenspannungen auf Koerzitivkraft und kritische Feldstärke der Barkhausensprünge. Z. techn. Phys. 21 (1970) S. 345 – 352
[3.431] *Johnston, W. G.; Gilman, J. J.:* J. Appl. Phys. (1959) S. 129 – 135
[3.432] *Okazaki, K.; Aono, Y., Kanoyuki, T.:* Measurement of internal stress in metals by the decremental unloading technique. Mat. Sci. and Eng. 33 (1978) S. 253 – 266
[3.433] *Ali; A. A.; Pobus, G. W.; Sirenko, A. F.:* Ermittlung von Eigenspannungen in plastisch deformierten ein- und polykristallinem Kupfer mittels Relaxationsmessung. Ukrainskij Fiz. Žurn. (1978) 7, S. 1171 – 1174
[3.434] *Fethke, D.-D.:* Anwendung der Spannungsoptik zur Analyse von Wärme- und Eigenspannungen. Forschungsbericht 80/1 der WPU Rostock, Nov. 1980
[3.435] *Bürkle, D.:* Messung von Eigenspannungen in Kunststoff-Spritzteilen. Kunststoffe 65 (1975) 1, S. 25 – 30
[3.436] *Fett, T.; Nothdurft, W.; Rackè, H. H.:* Messung der Doppelbrechung zum Bestimmen von Orientierungszuständen in amorphen Thermoplasten. Kunststoffe 63 (1973) 3, S. 168 – 172
[3.437] *Zuchowski, R.:* Spezifisches Gewicht als Eigenspannungsmaß. II. Kolloquium Eigenspannungen und Oberflächenverfestigung 1979 Zwickau. Kurzfassungen, S. 12
[3.438] *Mietzko, U.:* Grundlagen des Potentialsonderverfahren und Rißwachstumsmessungen an schwingend beanspruchten Bauteilen. Schweißen und Schneiden 31 (1979) 10, S. 430 – 434
[3.439] *Šur, D. M.:* Kraftmethoden zur Messung der Eigenspannungen (russ.). Zavodskaja laboratorija (1959) 5, S. 588 – 591

[3.440] *Paesler, M. A.:* Measurement of internal stress in thin films. Rev. Sci. Instr. 45 (1979) 1, S. 114 – 115
[3.441] *Gribovski, L.:* Gerät zur Ermittlung der Deformation der Biegung ebener Proben zur Messung der Eigenspannungen (russ.). UdSSR-Patent Nr. 144312 vom 24. 3. 1960
[3.442] *Frelat, J.; Zarka, J.:* A new non destructive method to measure residual stresses. VDI-Ber. 313 (1978) S. 477 – 480
[3.443] *Potuschkov, V. G.; Kudinov, V. M.; Soskov, A. A.:* Zerstörungsfreie Möglichkeit der Ermittlung von Eigenspannungen. Probl. pročnosti (1978) 10, S. 107 – 110
[3.444] *Pöschmann, H.:* Verfahren zur Schnellmessung von Emailspannungen. DDR-Patent 111992 vom 29. 5. 1974
[3.445] *Forney, D. M.:* NDI in the United States Air Force. Materials evaluation (1976) 5, S. 72 bis 81
[3.446] *Tokarcik, A. G.; Polzin, M. H.:* Quantitative evaluation of residual stresses by the stresscoat drilling technique. Proc. Exper. Stress. Anal. 9 (1963) 2, S. 195 – 207
[3.447] *Zaharia, C.:* Local residual stress evaluation by electrical measurements. 5. Intern. Konf. Exper. Spannungsanalyse. Udine, Italien 1974, Paper 54
[3.448] *Benson, D. K.:* Residual stress measurement in steel using a chemical etchant. Met. Trans. 3 (1972) 9, S. 2547 – 2550
[3.449] *Stoker, J. R.; Moir, P. J.:* The use of finite element analysis and strain gauge measurements in the determination of residual stresses. 5. Int. Konf. Exp. Spannungsanalyse. Udine, Italien 1974, paper 14
[3.450] *Schneider, E.; Goebbels, K.:* Zerstörungsfreier Nachweis von Spannungen, insbesondere Eigenspannungen, mit Ultraschallaufzeitmessungen. Grundlagen und Beispiele von laufwegrelativierenden Verfahren. Vortrag Internat. Symposium »Neue Verfahren der zerstörungsfreien Werkstoffprüfung und deren Anwendung insbesondere in der Kerntechnik«. Saarbrücken 1979
[3.451] *Metschke, M.:* Karl-Marx-Stadt: TH, Diss., 1981
[3.452] *Spangenberg, D.:* Grundlagen und Anwendung des Reißlackverfahrens zur Eigenspannungsanalyse. TÜ 12 (1971) 3, S. 80 – 85
[3.453] *Gorbačev, L. A.:* Anwendung der thermoelektrischen Methode für die Konstruktion von Diagrammen der wahren Spannungen (russ.). Zavodskaja laboratorija (1973) 7, S. 858 – 860
[3.454] *Fleischer, L.; Michel, B.; Arnold, W.; Meyer, W.:* Theoretische und experimentelle Untersuchungen zur Ermittlung des Eigenspannungszustands in spanend bearbeiteten Oberflächen. Vortrag II. Koll. Eigenspannungen und Oberflächenverfestigung, Zwickau 1979
[3.455] *Chadwick, P.; Smith, G. D.:* Foundations of the theory of surfave waves in anisotropic elastic materials. Adv. Appl. Mech. 17 (1977) S. 303 – 376
[3.456] *Maillard, A.:* Study of the possibility of magnetic noise analysis in nondestructive measurement of surface stresses. 8th World Conf. Nondestr. Test. Cannes 1976, Paper 3 A 17
[3.457] *Bobrenko, V. M.; Vangeli, M. S.; Kucenko, A. N.:* Akustičeskie metody kontrolja naprjažеnogo sostojanija materiala detalej mašin. Kisinev 1981
[3.458] *Schlothauer, K.; Berg, G.; Fröhlich, F.:* Orientation dependence of the nmv signal of deformed NaCl single crystals. Kristall u. Technik 15 (1980) 12, S. 1387 – 1391
[3.459] *Karjalainen, L. P.; Moilanen, M.:* Detection of plastic deformation during fatigue of mild steel by the measurement of Barkhausen noise. NDT International 12 (1979) 2, S. 51 – 55
[3.460] *Hofer, G.; Bender, N.:* Eigenspannungsmessungen an Plattierungen verschiedener Herstellungsverfahren. Eigenspannungen, Bericht eines Symposiums 1979, Oberursel 1980, S. 69 – 93
[3.461] *Wolfstieg, U.; Macherauch, E.:* Zum thermischen Abbau von Eigenspannungen. Eigenspannungen, Bericht über ein Symposium 1979, Oberursel 1980, S. 345 – 353
[3.462] *Tiitto, S.:* Über die zerstörungsfreie Ermittlung von Eigenspannungen in ferromagnetischen Stählen. Eigenspannungen, Bericht über ein Symposium 1979, Oberursel 1980, S. 261 bis269
[3.463] *Schumann, H.-D.:* Zur Analyse spezifischer innerer Spannungsfelder aus experimentellen Untersuchungen der Koerzitivfeldstärke und der Anfangssuszeptibilität an zyklisch verformten Materialien. Wiss. Zeitschrift TH Dresden (1980) 3, S. 67 – 76
[3.464] *Bočenin, W. I.; Bljasko, J. I.; Ušomirskaja, L. A.:* Zerstörungsfreie Kontrolle der Eigenspannungen in großen Teilen (russ.). Zavodskaja laboratorija (1981) 2, S. 65 – 66

[3.465] *Huber, H.; Mucke, R.:* Eigenspannungsmessung an Kreissägeblättern mit elektromagnetischen Verfahren. Forschungsberichte des Landes Nordrhein-Westfalen Nr. 2817. Opladen: Westdeutscher Verlag 1979

[3.466] *Diament, A.:* Measures de contraintes residuelles sur pieces grenaillées. Metaux 1978, S. 30 – 40

[3.467] *Koo, J.:* Sur la determination des contraintes residuelles dans les cylindres creux non-homogènes. VDI-Berichte 313 (1978) S. 487 – 492

[3.468] *Timofeev, V. N.:* Zur Frage des Spannungszustands der Oberflächenschicht des Stahls beim Drehen (russ.). Žurnal. techn. fiz. 24 (1954) 7, S. 1273 – 1281

[3.469] *Timošenko, S. P.:* Soprotivlenie materialov, Moskva 1945, S. 239

[3.470] *Andrews, K. W.; Gregory, J. G.; Brooksbank, D.:* Stress measurement by X-ray diffraction using film techniques. Strain. July 1974, S. 111 – 116

[3.471] *Papšev, D.:* Otdeločno-uprocnjajusčaja obrabotka poverchnostnym plastičeckim deformirovaniem. Mašinotroenia, Moskva 1978

[3.472] *Evans, A. G.:* Residual stress measurement using acoustic emission. Journal of the American Ceramic Society 58 (1975) 6, S. 239 – 243

4 Wirkung und Bewertung von Eigenspannungen

4.1. Verzug, Gefügeumwandlung und Rißbildung

Eigenspannungen beeinflussen die Fertigung durch möglicherweise auftretenden *Verzug*. Unter Verzug kann die Änderung der Form und Maße verstanden werden. Beide Änderungen sind häufig überlagert [4.2]. Andererseits gibt es eine in der Praxis üblichere Definition, nach der die unvermeidbaren objektbedingten Formänderungen als *Maßänderungen* (z. B. bei der Martensitbildung), die vermeidbaren, subjektiv beeinflußbaren Formänderungen mit Verzug bezeichnet werden. Diese Definition zielt auf die Wärmebehandlung hin [4.3, 4.4.]. Der Zusammenhang zwischen Maßänderungen und Eigenspannungen ist bei der mechanischen Bearbeitung oft unmittelbar. Davon zeugen die im Abschnitt 3.2. ausführlich dargelegten Zerlege- und Abtragverfahren, sofern bei der Bearbeitung nicht Gefügeumwandlungen bzw. plastisches Fließen auftreten. Die Auslösung von Eigenspannungen bei mechanischer, elektrolytischer oder anderer Bearbeitung äußert sich in Maßänderungen, deren quantitative Erfassung die Ermittlung des ursprünglich vorhandenen Eigenspannungszustands erlaubt.
Beim *Kaltumformen* von Profilen gibt es einen engen Zusammenhang zwischen den beim Profilieren auftretenden größten Längsbiegedehnungen und den Eigenspannungen in der Bandoberseite und -unterseite [4.5]. Beim *Kaltwalzen* von Feinblechen stehen die abwickelbaren Planheitsfehler, wie einfache Biegung und Wellung, mit den Walzeigenspannungen in Längsrichtung, die nicht abwickelbaren Planheitsfehler, wie Rand- und Mittenwellen, mit den Streckungseigenspannungen in Längsrichtung im Zusammenhang, wobei diese durch Beulen nach Überschreiten eines kritischen Werts auftreten (Abschnitt 2.2.4.4.). Dieser kritische Wert sinkt mit wachsender Bandlänge [4.6].
Komplizierter wird der Zusammenhang zwischen Maßänderung und Eigenspannungen bei der *Wärmebehandlung*, speziell nach dem *Härten* einschließlich Anlassen, so daß hier nur von einem mittelbaren Zusammenhang gesprochen wird. Die Eigenspannungen beeinflussen auch die Härtbarkeit. So begünstigen Druckeigenspannungen die Karbidausscheidung, da sie mit einer Volumenkontraktion verbunden ist. Zugeigenspannungen hingegen hemmen die Karbidausscheidung [4.8]. Maßänderungen werden schließlich nicht nur durch Auslösung von Eigenspannungen, sondern auch durch Gefügeänderungen hervorgerufen.

Hinsichtlich der Eigenspannungen sind es vor allem *Wärmespannungen,* die sich während der Abkühlung abbauen und damit zu Maßänderungen führen. Die mit diesen Wärmespannungen verbundenen Maßänderungen steigen mit der Abschrecktemperatur, Abschreckgeschwindigkeit, Wärmeausdehnung und den Abmessungen des Werkstücks; sie vergrößern sich hingegen mit kleinerer Warmfestigkeit, niedrigem Elastizitätsmodul und kleinerer Wärmeleitfähigkeit [4.7].
Durch die Abkühlung neigen die Werkstücke dazu, sich der Kugelform anzunähern, d. h. eine minimale Oberfläche zu bilden. Die größere Abmessung des Werkstücks schrumpft, die kleinere wächst. Die Kanten schrumpfen stärker, da sie schneller abkühlen. Nach diesem Grundsatz sind auch die Maßänderungen scheibenförmiger Teile zu betrachten. Bei schlanken Zylindern wird z. B. eine Faßform angestrebt, insbesondere wenn bei der Abkühlung im Gebiet der maximalen Wärmespannungen keine Umwandlung auftritt. Die Gefügeumwandlungen beim Härten bedingen eine allseitige Zunahme der Abmessungen, bei unlegierten Stählen mit 1 % C theoretisch 6 μm/mm [4.9]. Als Überlagerung von Wärme- und Umwandlungsspannungen sind die größten Maßänderungen vor allem dann zu erwarten, wenn die Umwandlung eintritt und die Temperaturdifferenz von Kern und Rand am größten ist (s. Abschnitt 2.2.1.). Dadurch erfolgt Zugspannungsabbau am Rand, Druckspannungsabbau im Kern, in dem bei weiterer Abkühlung wieder Druckspannungen entstehen. Ein zylindrischer Körper erhält dann keine Faßform, sondern eine Spulenform als entgegengesetzte Erscheinung [4.3]. Läuft die Ferrit-Perlit-Umwandlung vor Erreichen der größten Wärmespannungen ab, so wird dem bereits umgewandelten Zylinder eine Tonnenform aufgeprägt. Praktisch treten aber auch Überschneidungen dieser beiden Fälle auf, so daß die Abschätzung unter Zugrundelegung des ZTU-Schaubilds nur jeweils für Einzelfälle erfolgen kann [4.2]. So wurde bei Zahnrädern aus unlegiertem Stahl (0,43 % C) eine Zunahme des Außendurchmessers und eine Verkleinerung der Höhe beim Härten, beim Einsatzhärten eines legierten Stahls (0,15 % C; 1 % Cr; 0,2 % Mo) hingegen eine Außendurchmesserverringerung festgestellt. Abmessungsabhängige Maßänderungen können durch Verringerung der Wärmespannungen herabgesetzt werden. Beim *Anlassen* sind die Wärmespannungen zu vernachlässigen, da langsam erwärmt und abgekühlt wird. Die Maßänderungen sind folglich gefügebedingt, d. h. abmessungsunabhängig. Eine Abmessungsabhängigkeit tritt auf, wenn die Eigenspannungen im gehärteten Teil, wie erwähnt, die Karbidausscheidung, d. h. den Martensitzerfall beeinflussen.
Ursache des Verzugs sind oft unsymmetrisch verteilte Eigenspannungen, die durch Gießen, Wärmebehandlung usw. schon vorhanden sind bzw. im jeweiligen technologischen Prozeß erst entstehen. Ihr Abbau ruft Krümmungen oder Winkeländerungen hervor. Dieser Verzug tritt vor allem bei schlanken Teilen auf, so daß hier vor allem auf Spannungsarmglühen und symmetrische thermische Beanspruchung Wert zu legen ist [4.2].
Bisher wurden isotrope Werkstoffe zugrunde gelegt. Eine Anisotropie des Werkstoffs durch Erstarrung, Umwandlung oder Verformung führt auch zu anisotropen Maßänderungen. Auch zeilig angeordnete nichtmetallische Einschlüsse in Stählen können zu anisotropen Maßänderungen führen. Die Einschlüsse besitzen eine von der Stahlmatrix abweichende Festigkeit und thermische Ausdehnung. Sie bauen folglich Eigenspannungen auf, deren plastischer Abbau die anisotropen Maßänderungen zur Folge hat. Vor allem bei asymmetrischer Anordnung der Seigerungszonen im Werkstück tritt eine starke Formänderung auf.

Eigenspannungen beeinflussen nicht nur den Martensitzerfall, sondern auch das *Umwandlungsverhalten* allgemein. So bewirkt ein großer allseitiger Druck eine Behinderung der Volumenvergrößerung, d. h. die Umwandlung des Austenits beim Abkühlen. Damit wird durch Druckspannungen die Umwandlung des Austenits verzögert und damit gleichzeitig die Härtbarkeit gesteigert, was insbesondere bei großen Schmiedestükken zu beachten ist. Infolge der großen Abkühldifferenz zwischen Rand und Kern können große Eigenspannungswerte erzielt werden. Die lineare Absenkung der Punkte A_3 und A_1 beträgt z. B. beim Werkstoff 45Cr20 0,059 K/MPa. Die Absenkung der Temperatur der Martensitbildung beträgt beim gleichen Werkstoff 0,036 K/MPa. Auch die Umwandlungszeiten werden verlängert [4.10]. Umgekehrt erhöhen Zugspannungen im Innern die Martensitbildungstemperatur [4.12]. Allerdings sind die Verschiebungsbeträge stark von der chemischen Zusammensetzung abhängig und fallen z. T. praktisch nicht ins Gewicht [4.11].
Werden die Eigenspannungen so groß, daß sie die Zerreißfestigkeit überschreiten, und können sie nicht vorher durch eine ausreichende Plastizität des Werkstoffs abgebaut werden, kommt es zur Rißbildung. Beim *Härten* treten dann in den Zugspannungsgebieten des spröden Martensits am Rand bei der martensitischen Härtung (Durchhärtung, s. Abschnitt 2.2.4.1.) Risse auf, insbesondere wenn die Abkühlungsgeschwindigkeit im Umwandlungsgebiet groß ist und große Querschnitte vorliegen. Deshalb wird bei großen durchzuhärtenden Querschnitten unterbrochenes Abschrecken durchgeführt. Dabei wird eine Separierung von Wärmespannungen und Umwandlungsspannungen durch Abschrecken im Salzbad bis auf Martensitbildungstemperatur und Halten bei dieser Temperatur bis auf Temperaturausgleich erreicht. Die Wärmespannungen werden durch die mildere Abschreckung ebenfalls gemildert. Eine noch mildere Form, die für Teile mit großen Querschnittsunterschieden angewendet wird, ist die isotherme Umwandlung in der Zwischenstufe, wo ein günstiger Spannungszustand mit Druckspannungen am Rand und Zugspannungen im Kern erzeugt wird, der keine Härterisse zur Folge hat. Dieser Spannungszustand ist nur durch die Wärmespannungen bedingt, da die Umwandlung über den gesamten Querschnitt gleichzeitig verläuft.
Eine erhöhte Rißgefahr besteht bei der *Schalenhärtung,* wo Risse im Kern auftreten können, bedingt durch die zuerst eintretende Umwandlung des Kerns in der Perlitstufe, der von dem danach umwandelnden Rand unter Zugspannungen gesetzt wird, dem sich noch die Zugspannungen durch die Abkühlung überlagern. Wird der äußere Rand nach der Kernumwandlung schon martensitisch, so kann es durch die verminderte Plastizität zu schalenförmigem Abplatzen der harten Randschicht kommen. Bei der *Oberflächenhärtung* liegt ein etwa qualitativ gleicher Spannungsverlauf wie beim Schalenhärten vor; die Spannungsbeträge sind geringer, so daß keine so starke Härterißgefahr besteht.
Bei *Entkohlungen* besteht große Neigung zur Rißbildung beim Abschrecken. Die Verhältnisse liegen umgekehrt wie bei der Aufkohlung. Die entkohlte Randschicht wandelt eher in Martensit um als die später umwandelnden tiefen Schichten. Diese setzen den Rand unter hohe Zugspannungen, der infolge des niedrigen Kohlenstoffgehalts eine verminderte Festigkeit hat, so daß Risse entstehen [4.13]. Selbst wenn am entkohlten Rand noch Martensit entsteht, wandelt er sich durch die höhere Martensitbildungstemperatur infolge des geringeren Kohlenstoffgehalts eher um als die kohlenstoffreichen Schichten. Der frisch gebildete Martensit ist zudem noch extrem spröde.
Schleifrisse bilden sich aus, wenn die Zugspannungen als Überlagerung von Zugspan-

nungen infolge Temperaturerhöhung und Druckspannungen infolge mechanischer Beanspruchung (s. Abschnitt 2.2.4.5.) einen kritischen Wert überschreiten. Eine nicht unwesentliche Bedeutung hat auch die Restaustenitumwandlung bei der thermischen Bearbeitungsbeanspruchung, da sie durch Volumendilatation zunächst Druckspannungen erzeugt, die nach Überschreiten der Warmstreckgrenze und Abkühlung dann aber in die gefährlichen Zugspannungen übergehen. Die Schleifrisse treten folglich nur in dünnen Schichten an der Oberfläche auf und sind ohne Vorzugsrichtung als Netzwerk verteilt, da die Zugspannungen an der Oberfläche ebenso verteilt sind. Besonders schleifrißanfällig sind Teile, die von der Härtung schon hohe Zugeigenspannungen am Rande mitbringen bzw. unter den Bedingungen gefertigt werden, die nach Abschnitt 2.2.4.5. die Zugeigenspannungsausbildung nach dem Schleifen fördern.
Zugeigenspannungen sind Ursache für eine Reihe von Rissen in *Schweißnähten,* speziell Rissen, die bei der Fertigung entstehen [4.99]. So bilden sich *Heißrisse* bei der Erstarrung bzw. Abkühlung infolge von Spannungen. Sie verlaufen interkristallin und treten als Längs- und Querrisse in der Naht und in der wärmebeeinflußten Zone auf. Ebenso wie die Heißrisse entstehen die *Warmrisse* in rein austenitischen Stählen. Unter dem Einfluß von Spannungen reißen hierbei die durch Verunreinigungen niedrigschmelzenden Korngrenzen auf.
Schweißeigenspannungen, evtl. auch verursacht durch eindiffundierenden atomaren Wasserstoff, führen bei hochfesten niedriglegierten Stählen in der Schweißnaht bzw. in der Wärmeeinflußzone zu *Kaltrissen.* Sie treten meist als Querrisse auf und verlaufen transkristallin und interkristallin. Sie entstehen am Ende der Abkühlung oder auch erst in einem längeren Zeitraum nach dem Schweißen. Besonders anfällig dafür sind hochfeste Stähle. Bei einer Beanspruchung infolge Schrumpfungs- oder Dehnungsbehinderung in Dickenrichtung eines Bleches, das in stärkerem Maße in Längsrichtung orientierte Einschlüsse aufweist, treten *interkristalline Lamellenrisse* auf. Sie liegen in der Wärmeeinflußzone vor und folgen den mehr oder weniger gestreckten Einschlüssen. Durch Schrumpfspannungen kann eine Konstruktion mit Kehlnähten im T-Stoß schon in Dickenrichtung des Blechs beansprucht werden, so daß ein Terrassenbruch unter der Naht möglich ist. Vor allem Ausbesserungsschweißungen neigen zum Aufbau mehrachsiger Spannungszustände und damit zur Anrißbildung durch die Spannungsversprödung.
Beim *Spannungsarmglühen* können schließlich durch hohe Schweißeigenspannungen in Verbindung mit einer Schwächung der Korngrenzen durch Ausscheidungen oder Verunreinigungen Relaxationsrisse entstehen. Sie treten in grobkörnigen ferritischen und z. T. in austenitischen Stählen auf, da sich der Eigenspannungsabbau beim Glühen dann auf eine geringere Zahl von Korngrenzen konzentriert. Die Relaxationsrisse verlaufen demnach interkristallin und sind meist auf die Wärmeeinflußzone konzentriert. Aber auch bei Betriebsbeanspruchung auftretende Risse können auf Eigenspannungen zurückgeführt werden, so z. B. die Spannungsrißkorrosion (s. Abschnitt 4.4.).
Eigenspannungen können in *tiefgezogenen Teilen* Ursache für Formabweichungen, insbesondere der Zylindrizität und Aufreißungen sein. Dabei treten vor allem Spannungsrisse in Zargenlängsrichtung tiefgezogener Näpfchen auf, die vom oberen Rand des Werkstücks ausgehen, da die Eigenspannungen im oberen Drittel der Zarge am größten sind. Durch eine Kerbwirkung wird die Anrißbildung noch begünstigt. Ursache für die Randeigenspannungen in Längs- und Umfangsrichtung der Zarge, die etwa gleiche

Tendenz haben, sind die zur Rückbiegung des Umformwerkstoffs am Auslauf des Radius der Ziehmatrize aufzubringenden Biegespannungen. Dabei treten bei Rückbiegung in Längsrichtung der Zarge auch Tangentialspannungen auf. Die hohen Eigenspannungen in Längs- und Tangentialrichtung im oberen Drittel der Zarge und damit die Anrißgefahr sowie die Gefahr des Verzugs lassen sich durch optimalen Wasserdruck beim hydrodynamischen Tiefziehen herabsetzen. Auch die Wahl des Ziehspalts ist von Einfluß auf die Eigenspannungsausbildung [4.101].

4.2. Statische Beanspruchung

Bei der Beurteilung des mechanischen Verhaltens von Bauteilen unter statischer Beanspruchung wird von der Überlagerung der Eigenspannungen (Makroeigenspannungen) mit den Spannungen infolge äußerer Beanspruchung ausgegangen.

Einer der am gründlichsten untersuchten Fälle ist das *Knicken*. Bei der axialen Belastung von Doppel-T-Trägern, die häufig vorherrscht, steigt die kritische Knickspannung σ_{kr} mit abnehmendem Schlankheitsgrad λ entsprechend der Euler-Hyperbel. Wird die Fließgrenze σ_F erreicht, d. h. bei $\sigma_{kr} = \sigma_F$, geht die Hyperbel in eine Waagerechte über, die den vollplastischen Zustand kennzeichnet. In Bild 4.1 sind σ_{kr} und λ jeweils als auf die Fließgrenze σ_F bzw. den idealen Schlankheitsgrad λ_F bezogene Werte dargestellt:

$$\lambda_F = \pi \sqrt{\frac{E}{\sigma_F}} \tag{4.1}$$

E Elastizitätsmodul

Im Falle des Auftretens von Eigenspannungen liegt elastisches Knicken vor, wenn über den gesamten Querschnitt

$$\sigma_{kr} < \sigma_F - \sigma^E \tag{4.2}$$

ist. Das Knicken kann ebenso wie bei eigenspannungsfreien Trägern durch die Euler-Hyperbel beschrieben werden.

Mit zunehmender kritischer Knickspannung und kleinem Schlankheitsgrad wird in Gebieten höchster Druckeigenspannungen zuerst die Fließgrenze erreicht, wenn

$$\sigma_{kr} + \sigma^E = \sigma_F \tag{4.3}$$

Sieht man von einer Verfestigung ab, so tragen die auf diese Weise plastizierten Bereiche nicht mehr. Der tragende Querschnitt verringert sich von den Flanschenden her, so daß die Knickkurve dann unterhalb der Hyperbel liegt und zunächst einen elastisch-plastischen Bereich beschreibt, der bei $\lambda < 1$ in den vollplastischen Zustand übergeht. In Bild 4.1 ist eine lineare Spannungsverteilung jeweils im Zug- und Druckbereich bis $\sigma_{F/2}$

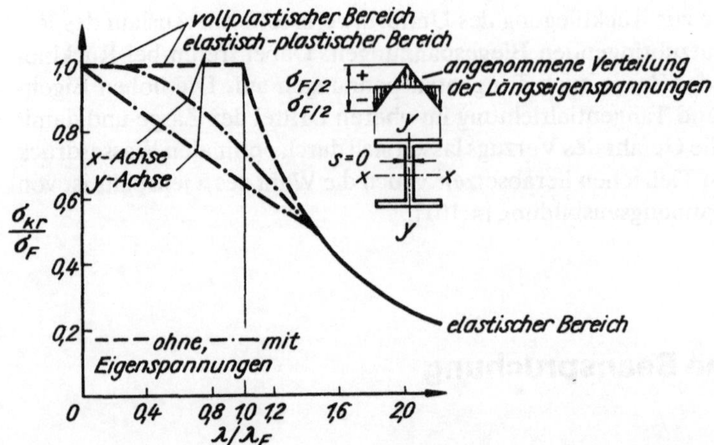

Bild 4.1. Knickspannungsdiagramm eines Doppel-T-Trägers mit Eigenspannungen (nach [4.15])

angenommen. (Die Stegbreite wird vernachlässigt.) Nach *Siebert* [4.14] wird der elastisch-plastische Bereich des Knickens bei um so kleineren Knickspannungen erreicht, je größer die Druckspannungen in den Gebieten sind, die am entferntesten von der Biegeachse, d. h. in den Flanschkanten sind. Dieser Bereich der Knickkurve verläuft um so flacher, je größer die Bereiche der Druckspannungen in den Flanschkanten sind. Die Verkleinerung der Knickspannungen ist beim Knicken um die y-Achse größer als beim Knicken um die x-Achse, sofern jeweils gleiche Eigenspannungsverteilung vorliegt. Durch gesteuerte Abkühlung mit dem Ziel der Verminderung der Temperaturunterschiede über den Querschnitt läßt sich die Knickstabilität durch Verminderung der Druckspannungen erhöhen [4.14].

Bei einer exzentrischen Belastung führt die Bedingung nach Gl. (4.2), die nur stellenweise erreicht wird, zu einem einseitigen Fließen und damit zu einer Verkleinerung der Knicklast. Eine asymmetrische Eigenspannungsverteilung ist wie eine exzentrische Belastung zu behandeln [4.14].

Nach *Thürlimann* [4.15] ergeben sich folgende kritische Spannungen für Knicken um die Stegachse (y-Achse) bei $\lambda = 90$, wobei auch die Eigenspannungen in dieser Reihenfolge zunehmen:

geglühte Walzprofile	$\sigma_{kr} = 0{,}9\ \sigma_F$
Walzprofile (Anlieferungszustand)	$\sigma_{kr} = 0{,}75\ \sigma_F$
geschweißte Profile	$\sigma_{kr} = 0{,}60\ \sigma_F$

Deutlich wird die Stabilitätsminderung geschweißter Profile. Deshalb sind auch in der Stabilitätsvorschrift TGL 13503 drei unterschiedliche Tragspannungslinien für zentrisches Knicken enthalten, um den Einfluß der Eigenspannungen in längsgeschweißten Druckstäben zum Ausdruck zu bringen. Die Wahl der maßgebenden Tragspannungslinie ist von der Querschnittsform und der Lage der Schweißnähte zur Knickachse abhängig [4.16, 4.17].

Auch in Ergänzungen zur DIN 4114 und in den Empfehlungen der Europäischen Konvention der Stahlbauverbände wird dem Einfluß der Eigenspannungen durch eine untere Schranke der Knickspannungslinie Rechnung getragen [4.18]. Bei dünnwandigen

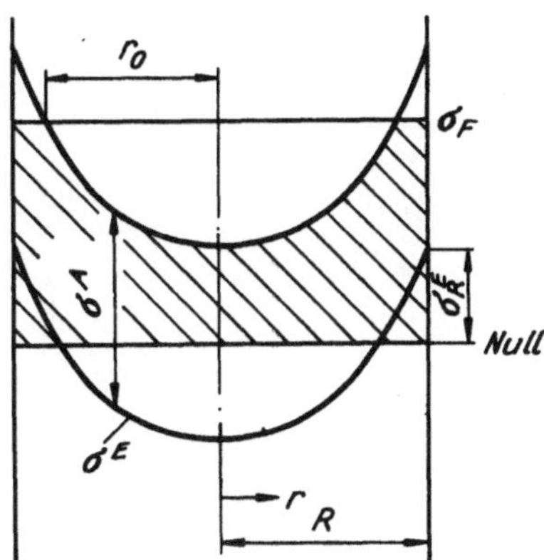

Bild 4.2. Spannungszustand in einem runden Zugstab mit Eigenspannungen (nach [4.20])

Kastenstützen unter zentrischem Druck ist zur Erfassung der örtlichen Plattenbeulung bei $\sigma^{E}/\sigma_{F} < 0{,}3$ für schlanke Profile bzw. bei $\sigma^{E}/\sigma_{F} < 0{,}5$ für kompakte Profile der Mittelwert der Traglast, anderenfalls die untere Schranke für die Traglast dem Festigkeitsnachweis zugrunde zu legen [4.19]. Auf die Beulstabilität und die Knickstabilität haben aber nicht nur Eigenspannungen (sog. *Struktur-Imperfektionen*), sondern auch die z. B. durch Schrumpfvorgänge beim Schweißen bedingten Vorverformungen (Geometrie-Imperfektionen) Einfluß. Hinsichtlich der Beulstabilität sind Flachstahlsteifen infolge ihrer ungünstigen Eigenspannungsverteilung T- und Hohlsteifen unterlegen [4.17]. Noch anschaulicher als beim Knicken läßt sich der Eigenspannungseinfluß an einachsig beanspruchten Stäben zeigen, wo die Eigenspannungen (z. B. durch *Recken*) in Längsrichtung allein betrachtet werden sollen. Nach Bild 4.2 sei ein parabolischer Eigenspannungsverlauf angenommen, der wie folgt beschrieben werden kann [4.20]:

$$\sigma^{E} = -\sigma_{R}^{E} + 2\sigma_{R}^{E}\left(\frac{r}{R}\right)^{2} \tag{4.4}$$

mit σ_{R}^{E}, den Eigenspannungen am Stabrand (laufende Koordinate r, Stabradius R). Wirkt gleichzeitig noch eine durch äußere Belastung hervorgerufene Spannung σ^{A}, folgt für die insgesamt wirkende Spannung σ^{G}

$$\sigma^{G} = \sigma^{E} + \sigma^{A} \tag{4.5}$$

$$\sigma^{E} = -\sigma_{R}^{E} + 2\sigma_{R}^{E}\left(\frac{r}{R}\right)^{2} + \sigma^{A} \tag{4.6}$$

Wird an der Stelle $r = r_0$ die Fließgrenze σ_F durch σ^{G} überschritten, folgt

$$\frac{r_0}{R} = \sqrt{\frac{1}{2}\left(1 + \frac{\sigma_F}{\sigma_{R}^{E}} - \frac{\sigma^{A}}{\sigma_{R}^{E}}\right)} \tag{4.7}$$

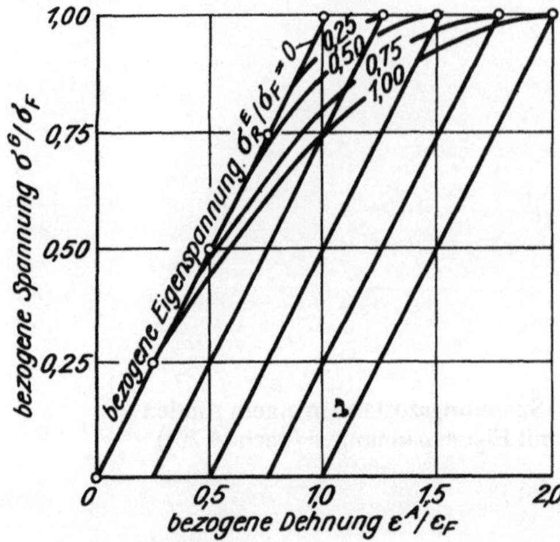

Bild 4.3. Einfluß der Eigenspannungen auf das Spannungs-Dehnungs-Diagramm (nach [4.20])

Im Falle ideal plastischen Fließens an der Rand- und randnahen Zone ergibt sich die im Bild 4.2 schraffierte Spannungsverteilung mit der mittleren Gesamtspannung

$$\sigma^G = \frac{1}{R^2\pi}\left[\sigma_F(R^2 - r_0^2)\pi + \int_0^{r_0} \sigma 2r\pi dr\right] \tag{4.8}$$

Unter Beachtung der Proportionalität von Spannungen und Dehnungen

$$\frac{\sigma^A}{\sigma_F} = \frac{\varepsilon^A}{\varepsilon_F} \tag{4.9}$$

ergibt sich durch Kombination der Gln. (4.7) und (4.8) die auf die Fließgrenze bezogene Spannung

$$\frac{\sigma^G}{\sigma_F} = 1 - \frac{1}{4\frac{\sigma_R^E}{\sigma_F}}\left(1 + \frac{\sigma_R^E}{\sigma_F} - \frac{\varepsilon^A}{\varepsilon_F}\right) \tag{4.10}$$

Die graphische Darstellung dieser Beziehung zeigt Bild 4.3 als ein auf die Fließspannung σ_F bzw. Fließdehnung ε_F normiertes Spannungs-Dehnungs-Diagramm. Parameter ist die auf die Fließspannung bezogene Randeigenspannung σ_R^E/σ_F. Es ist zu erkennen, daß der vollplastische Zustand mit größeren Eigenspannungen erst bei einer größeren Dehnung erreicht wird. Bei einer Randeigenspannung in Höhe der Streckgrenze tritt der vollplastische Zustand (ideales Fließen, d. h. horizontaler Kurvenverlauf) erst bei $\varepsilon^A = 2\,\varepsilon_F$ auf [4.21, 4.22]. Der Fließbeginn verschiebt sich jedoch mit größeren Eigenspannungen zu kleineren Spannungen, so daß die technische Streckgrenze $R_{p\,0,2}$ somit durch die Eigenspannungen, vor allem durch große Werte der Eigenspannungen

deutlich beeinflußt wird. Diese für den Zugversuch angestellten Überlegungen können mit den gleichen Aussagen auch für den Druckversuch angestellt werden. Analog kann die Durchbiegung im Biegeversuch behandelt werden.
Selbst bei aufgekohlten Stählen ist ein Minimum der *Härte* bei 0,4 mm Einsatztiefe mit einem Minimum der Druckspannungsverteilung bei diesem Wert der Einsatztiefe in Verbindung gebracht worden. Bei Biegeversuchen ist im Falle einsatzgehärteter Stähle zu beachten, daß in der Zugzone eine schnellere Austenitumwandlung stattfindet, die die Querkontraktion der Oberfläche des Biegestabs behindert und damit eine zweiachsige Spannungsausbildung hemmt, was wiederum ein zäheres Verhalten zur Folge hat [4.52]. Voraussetzung ist jedoch in jedem Falle eine ausreichende Plastizität des Werkstoffs. Bei ideal plastischem Verhalten erfolgt ein vollständiger Spannungsabbau, so daß bei erneuter Belastung die Minderung des Stabilitätseinflusses nicht erkennbar ist [4.23], was aber nicht für spröde Werkstoffe gilt. Bei großer Verfestigung erfolgt ein verminderter Eigenspannungsabbau, bei spröden Werkstoffen kein wesentlicher Eigenspannungsabbau bis zum Bruch [4.24].
Bei der Bewertung von Eigenspannungen ist differenziert vorzugehen, ob es sich um spröde oder duktile Werkstoffe und um eine Absicherung gegen Versagen durch Bruch oder Formänderung handelt. Bei der Bemessung nach *Grenzzuständen,* d. h. nach vorgegebenen plastischen Deformationen, ist auch bzw. gerade der Eigenspannungszustand zu beachten, wobei aber bei duktilen Werkstoffen eine größere Tolerierung möglich ist.
Eine Beeinflussung des Fließbeginns und damit der Kenngrößen, wie der technischen Elastizitätsgrenze $R_{p\,0,01}$ und der technischen Streckgrenze $R_{p\,0,2}$, erfolgt auch durch den *Bauschinger-Effekt* [4.25, 4.26]. Darunter ist allgemein eine Veränderung von Werkstoffkennwerten infolge einer Umkehr (bzw. Abweichung) der Belastungsrichtung zwischen zwei aufeinanderfolgenden Belastungen zu verstehen. Während *Bauschinger* [4.27] seine ursprünglichen Untersuchungen zur Erniedrigung der Elastizitätsgrenze bei Umkehr der Belastungsrichtung beschreibt, wird gegenwärtig ein großer Teil der auftretenden Anomalien von Werkstoffparametern im Bereich der mechanischen Werkstoffprüfung dem Wirken dieses Effekts zugeschrieben. Dabei kann sich dieser Effekt, je nach Aufgabenstellung und Belastungsfall, vorteilhaft oder nachteilig bemerkbar machen. Um eine zielgerichtete Nutzung dieses Effekts realisieren zu können, ist es notwendig, seinen Wirkungsbereich und, daraus resultierend, die Grenzen seiner Anwendbarkeit zu beachten [4.28, 4.28]. Dabei muß allerdings berücksichtigt werden, daß der Wirkungsbereich des Bauschinger-Effekts durch den Grad der Vorverformung, die Werkstoffzusammensetzung, den Werkstoffzustand und nicht zuletzt auch von seiner Definition, d. h. den zu seiner Charakterisierung verwendeten Werkstoffparametern beeinflußt wird. Aus der Nichtbeachtung dieser Problematik resultiert teilweise eine falsche Einschätzung der Wirkung dieses Effekts.
Bild 4.4 zeigt am Beispiel des Werkstoffs C35 die Abhängigkeit des Bauschinger-Effekts von einer plastischen Vorverformung, wobei $\sigma_x(2)$ die nach einer plastischen Zugverformung σ_1 im Druckversuch ermittelte Spannung $R_{px}(2)$ ist. Der Wert der Formänderung x wurde als Kurvenparameter von 0,01 ($R_{p\,0,01}(2)$) bis 2,0 ($R_{p\,2,0}(2)$) variiert. Mit Vergrößerung der Vorverformung steigt der Bauschinger-Effekt, d. h. die Verringerung des $R_{px}(2)$-Wertes bis zu einem Grenzwert, um danach mehr oder weniger ausgeprägt anzusteigen. Mit Vergrößerung des Verformungsbetrages x wird der Abfall der

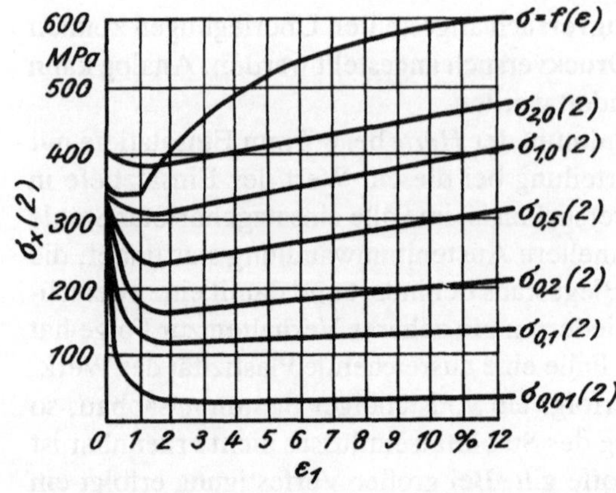

Bild 4.4. Abhängigkeit des Bauschinger-Effekts von der Vorverformung für verschiedene Rückverformungen x, Werkstoff C35

Spannung $R_{px}(2)$ geringer, der Bauschinger-Effekt kleiner. Man erkennt, daß folglich durch den Bauschinger-Effekt die $R_{p\,0,01}$-Grenze am stärksten beeinflußt wird. Untersuchungen an unlegierten Kohlenstoffstählen bis 1 % Kohlenstoff ergaben, daß der Bauschinger-Effekt, definiert als $R_{p\,0,2}(2)/R_{p\,0,2}(0)$, mit höherem Kohlenstoffgehalt zunimmt. ($R_{p\,0,2}(0)$ charakterisiert den Ausgangszustand, d. h. den unverformten Zustand mit $\varepsilon_1 = 0$.) Auch die Härte wird durch den Bauschinger-Effekt beeinflußt, d. h. erniedrigt. An einem nahezu rein ferritischen Stahl (URMK3Al) wurde festgestellt, daß der Bauschinger-Effekt hierbei auf mikrostrukturelle Ursachen und damit auf Mikroeigenspannungen zurückzuführen ist, indem der Effekt mit charakteristischen Veränderungen der Zellstruktur der Versetzungen korreliert. Bei dispersionsverfestigten Werkstoffen spielt vor allem die Beeinflussung des Orowan-Mechanismus eine Rolle. Offenbar ist der Bauschinger-Effekt ein Sammelbegriff für mehrere mikrostrukturelle und Spannungseffekte. Erkennbar ist jedoch, daß durch den Bauschinger-Effekt vor allem die Werkstoffkenngröße $R_{p\,0,01}$, aber auch $R_{p\,0,2}$ beeinflußt werden, so daß Fehleinschätzungen bei Werkstoffen mit unbekannter Vorgeschichte möglich sind. Deshalb ist dieser Effekt auch bei der Bemessung nach Grenzzuständen der plastischen Verformung zu berücksichtigen. Auch bei Richtprozessen, die durch kleine plastische Verformung gekennzeichnet sind, ist das Wirken des Bauschinger-Effekts zu beachten [4.30]. Voraussetzung ist jeweils, daß durch zwei aufeinanderfolgende Belastungen ein gegenläufiger bzw. nicht gleichgerichteter Werkstofffluß verursacht wird.

Bisher wurde die Überlagerung einachsiger Eigenspannungen mit einachsigen Lastspannungen betrachtet. Häufig treten aber die Eigenspannungen mehrachsig auf, wie im Abschnitt 3 für die verschiedenen technologischen Verfahren dargelegt wurde. Be-

Tabelle 4.1. Fließgrenzensteigerung in Abhängigkeit vom Verhältnis der Hauptspannungen

$\alpha = \beta$	0,1	0,2	0,3	0,4	0,5	0,6	0,7	0,8	0,9
σ_{F^*}/σ_F	1,11	1,25	1,43	1,67	2,00	2,50	3,33	5,00	10,00

σ_1; $\sigma_2 = \alpha \cdot \sigma_1$; $\sigma_3 = \beta \cdot \sigma_1$

sonders ausgeprägt ist die Mehrachsigkeit der Eigenspannungen nach dem Schweißen, da die eigenspannungsverursachenden Vorgänge im Vergleich z. B. zum Umformen lokal relativ stark konzentriert sind.

Bekanntlich wirkt ein mehrachsiger Spannungszustand mit Hauptzugspannungen stark versprödend, d. h., die Duktilität nimmt ab. Tabelle 4.1 zeigt die Fließgrenzenerhöhung im Verhältnis der Hauptspannungen, wobei σ_F^* die Fließgrenze des mehrachsigen Spannungszustands, errechnet nach der Vergleichsspannung unter Zugrundelegung der Gestaltänderungs-Energie-Hypothese, darstellt [4.31]:

$$\frac{\sigma_F^*}{2}\sqrt{(1-\alpha)^2+(\alpha-\beta)^2+(1-\beta)^2}=\sigma_F \tag{4.11}$$

mit

$$\sigma_2=\alpha\sigma_1;\ \sigma_3=\beta\sigma_1$$

Eine besonders ausgeprägte Mehrachsigkeit wird schließlich an Kerben unter Eigenspannungen erreicht, wie es ebenfalls bei Schweißnähten der Fall ist.

Wenn eine Spannung infolge äußerer Belastung $\sigma^A>0$ und einachsig wirkt, die Hauptachsenrichtungen bei der Überlagerung mit den Eigenspannungen $\sigma_1^E \approx \sigma_2^E \approx \sigma_3^E$ erhalten bleiben, ergibt sich (in Anlehnung an die Bezeichnung in Gl. (4.11) und unter der Bedingung ($1 \geqq \alpha \geqq \beta$) nach [4.32, 4.33]:

$$\alpha=\beta=\frac{\sigma^E}{\sigma^E+\sigma^A}=1-\frac{\sigma^A}{\sigma^E+\sigma^A}<1 \tag{4.12}$$

Durch die Überlagerung wird also der Räumlichkeitsgrad gegenüber den allein wirkenden Eigenspannungen erniedrigt und die plastische Verformbarkeit des Werkstoffs verbessert.

Ebenso gilt für $\sigma^A<0$ noch die Überlagerung

$$\alpha=1,\beta=1+\frac{\sigma^A}{\sigma^E}<1 \tag{4.13}$$

Vielfach gilt der Eigenspannungszustand $\sigma_1^e \approx \sigma_2^E \approx \sigma^E>0$ und $\sigma_3^E \approx 0$. Überlagern sich Lastspannungen, die einachsig in Richtung σ_1^E wirken, ergeben sich folgende Überlagerungsmöglichkeiten:

$$\sigma^A>0 \quad \alpha=1-\frac{\sigma^A}{\sigma^E+\sigma^A}<1;\beta=0 \tag{4.14}$$

$$\sigma^A<0 \quad \alpha=1-\frac{\sigma^A}{\sigma^E}<1;\beta=0 \tag{4.15}$$

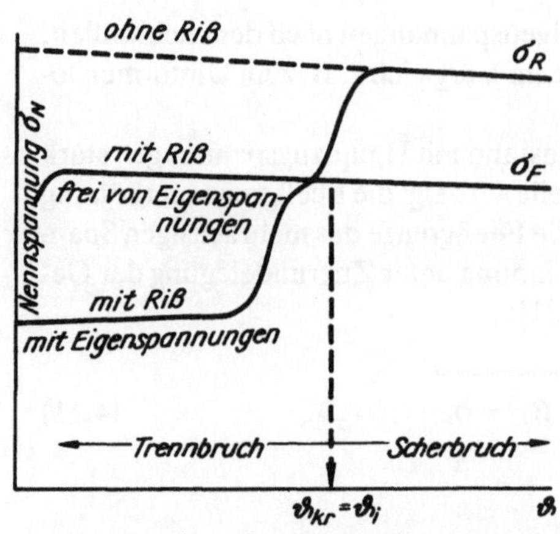

Bild 4.5. Einfluß von Rissen und Eigenspannungen auf den Bruchwiderstand in Abhängigkeit von der Temperatur (nach [4.34])

σ_R Reißfestigkeit; σ_F Fließgrenze

Die Beispiele zeigen, daß bei den aufgeführten Eigenspannungszuständen durch Überlagerung von Lastspannungen unabhängig vom Vorzeichen dieser Zusatzspannungen der Räumlichkeitsgrad vermindert und demzufolge die Sprödgefahr gemindert wird. Konstruktionen sind beim alleinigen Wirken von Eigenspannungen erhöht sprödbruchgefährdet. Tatsächlich zeigen aber auch viele Schadensfälle, daß die Sprödbrüche auftreten, wenn keine Betriebslasten (abgesehen von Lastspannungen infolge Eigenmasse der Konstruktion) wirken [4.36].
Gefährlich ist vor allem das gleichzeitige Vorhandensein von Kerben (Rissen), Eigenspannungen und sprödem Werkstoffverhalten, z. B. bei tiefer Temperatur. Das belegen auch Untersuchungen von *Kihara* und *Masubuchi* [4.34], wie sie im Bild 4.5 dargestellt sind. Die Untersuchung des Bruchwiderstands an geglühten und spannungsarmgeglühten geschweißten Großproben mit bzw. ohne Anriß ergab, daß die Eigenspannungen nur unterhalb der Rißauslösungstemperatur $\vartheta_{kr} = \vartheta_i$ zur Wirkung kommen. Im Gebiet des Scher- bzw. Verformungsbruches werden die Eigenspannungen abgebaut, so daß ein Spannungsarmglühen nicht notwendig ist, zumal dadurch auch eine Änderung der Werkstoffeigenschaften auftreten kann (s. Abschnitte 2.2.4.2. und 4.1.) [4.35].
Nach *Neumann* [4.37] sind die in Tabelle 4.2 zusammengestellten Richtwerte für maximale Zugeigenspannungen für das *Lichtbogen-Handschweißen* zu den Spannungen infolge äußerer Belastung jeweils für die Hauptspannungen zu addieren.
Aussichtsreich erscheint auch, die Eigenspannungen in die Betrachtung der *Bruchmechanik* einzuführen. So wurden CT-Proben bei −196° vor der Ermittlung der Bruchzähigkeit K_{Ic} entsprechend der üblichen Probenbelastung gereckt, so daß in der Anrißumgebung ein Eigenspannungszustand entstand, der den Wert für K_{Ic} erhöhte. Bei einem Vorstauchen trat eine Erniedrigung der K_{Ic}-Werte auf. Bild 4.6 zeigt die Verteilung der Belastungsspannungen und der elastischen Spannungen ohne plastische Zone [4.38]. *Stroppe* u. a. [4.39] verweisen auf die Problematik der Spannungsmessung in der Nähe der Rißspitze infolge des großen Spannungsgradienten. Die Abhängigkeit der Bruchzähigkeit vom Eigenspannungszustand vor der Rißspitze läßt sich dadurch erklären, daß sich die Druckeigenspannungen vor der Rißspitze den Lastspannungen überlagern und so die maximale Zugspannung in unmittelbarer Umgebung der Rißspitze reduzieren. Die plastische Zone an der Rißspitze baut vielmehr Druckspannungen auf. Mit dem

Tabelle 4.2. Richtwerte für maximale Schweißeigenspannungen (Zug) für das Lichtbogen-Handschweißen (nach [4.37])

Nahtarten	Schweiß-Eigenspannungen σ_1^E	σ_2^E	σ_3^E
Stumpf- und K-Nähte			
(s – Blechdicke)			
s = 10... 30 mm	(0,5 bis 1,0) R_e	0,5 R_e	≈ 0
s = 30... 60 mm	>R_e	0,8 R_e	0,3 R_e
s = 60...200 mm	>R_e	R_e	0,5 R_e
Kehlnähte			
(a – Nahthöhe)			
a = 3...10 mm	(0,5 bis 1,0) R_e	(0,3 bis 0,5) R_e	≈ 0
a = 10...30 mm	R_e	0,5 R_e	≈ 0
a = 30...60 mm	R_e	0,7 R_e	0,2 R_e

Rißfortschritt, d. h. der Entlastung der Zone, kommt es zu örtlichen Dehnungen, die die Rißufer aufeinander drücken können. Dieser sogenannte Rißschließungseffekt wurde bisher jedoch bei schwingender Beanspruchung beschrieben.
Die Spannungsintensität kann aus der Summe der Spannungsintensität infolge der angewandten Spannung K_σ und der Spannungsintensität K_E, resultierend aus den Eigenspannungen, gebildet werden:

$$K_E = 2\left(\frac{a}{\pi}\right)^{1/2} \int_0^a \frac{\sigma^E dx}{(a^2 - x^2)^{1/2}} \tag{4.16}$$

wobei a die halbe Länge eines mittigen Risses und σ^E die Eigenspannung an der Stelle x als Entfernung vom Rißzentrum bedeuten [4.40]. Eine andere Beziehung für die Spannungsintensität infolge Eigenspannungen lautet [4.41]:

$$K_E = \int_{-a}^{+a} \sigma^E \left[\frac{2 \sin \dfrac{\pi(a+x)}{W}}{W \sin \dfrac{2\pi a}{W} \cdot \sin \dfrac{\pi(a-x)}{W}} \right]^{1/2} dx \tag{4.17}$$

mit der Probenbreite W.
Bei der COD-Auslegungskurve zur Bestimmung der zulässigen Fehlerabweichung werden die Eigenspannungen zur äußeren Belastung zugerechnet. Meist wird aber der Eigenspannungseinfluß auf die Bruchzähigkeit noch nicht exakt untersucht, sondern nur als Quelle von Streuungen der Meßwerte angesehen, wozu o. g. Schwierigkeiten der Messung von Eigenspannungen mit großen Gradienten beitragen. Man berücksichtigt sie deshalb durch Zuschläge zu den Sicherheitsfaktoren [4.43]. Das Vorhandensein von Eigenspannungen in der Probe kann in sehr hohem Maße die Rißöffnungsverschiebung (COD) beeinflussen, wie wahrscheinlichkeitstheoretische Untersuchungen an Zug-

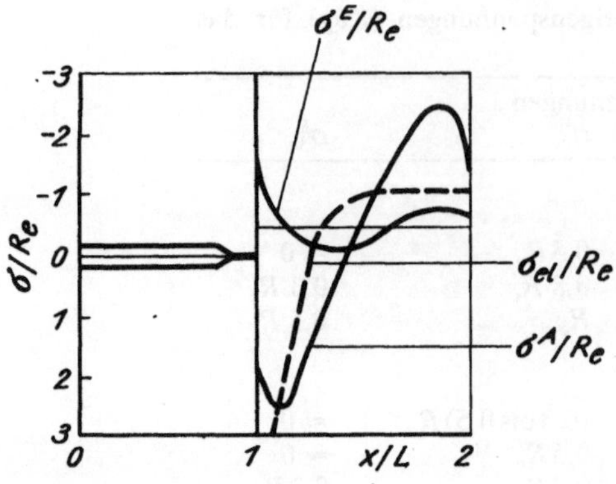

Bild 4.6. Spannung σ^A bei Belastung, Spannung σ_{el}, jeweils normiert auf die Streckgrenze R_e, ohne Existenz einer plastischen Zone und Eigenspannungen σ^E, in Abhängigkeit von der Entfernung von der Rißspitze (normiert auf die Rißlänge L) (nach [4.38])

Druck-Proben ergaben. Eigenspannungen beeinflussen danach die Rißausbreitung und vor allem das Feld der Eigenspannungen in der Umgebung der Rißspitze, was sich in einer erheblichen Streuung der Ergebnisse äußert, so daß es als nahezu unmöglich angesehen wird, COD zu messen, wenn die Probe Eigenspannungen enthält, die nicht näher bekannt sind [4.105].

Es existiert eine Reihe von Beispielen, wo Eigenspannungen quantitativ bzw. qualitativ bei der *Dimensionierung der Bauteile* bzw. bei der Wahl des technologischen Verfahrens beachtet werden. Trotz dynamischer Beanspruchung erfolgen aber oft statische Abschätzungen.

In Eisenbahnschienen kann durch geeignete Profil- und Güteauswahl eine Erniedrigung der Zuglängseigenspannungen im Fuß erfolgen, die wegen ihrer Überlagerung mit den Biegespannungen durch Belastung besonders ungünstig sind. Quelle der Eigenspannungen ist vor allem das Richten. Mit steigendem Widerstandsmoment nehmen die Längseigenspannungen im Bereich vom Kopf zum Fuß zu [4.44].

Bei Radfelgen von Eisenbahnwagen ist ein Druckeigenspannungszustand günstig, der die Fehlerausbreitung behindert. Diesem Druckeigenspannungszustand wirkt allerdings die thermische Beanspruchung beim Bremsen entgegen. Ein vorgeprägter Druckspannungszustand soll bei gehärtetem und angelassenem Stahl im Gegensatz zum normalisierten Zustand weitgehend erhalten bleiben. Druckvorspannungen von mindestens 200 MPa sollen sich neben der Vorgabe einer Bruchzähigkeit von 4000 N $mm^{-3/2}$ bei −20 °C als zweckmäßig erwiesen haben [4.45].

Kreissägeblätter für die Holzbearbeitung werden zum Versteifen des Sägeblattkörpers und zur Kompensation von Wärmespannungen, die durch ein radial verteiltes Wärmefeld bei der Bearbeitung entstehen, vorgespannt. Die Notwendigkeit ergibt sich aus dem großen Durchmesser des Sägeblatts im Verhältnis zu seiner Dicke. Das Vorspannen kann entweder mechanisch durch Walzen (früher Hämmern) einer ringförmigen Zone oder thermisch durch induktives Erwärmen einer derartigen Zone erfolgen. Beim Walzen entstehen maximale Werkstoffbeanspruchungen unterhalb der Mitte der sichtbaren Walzspur. Beim thermischen Vorspannen soll die Erwärmungszone in der Nähe des Rands liegen [4.47]. Das Walzen erzeugt Druckeigenspannungen von 900 MPa, das thermische Vorspannen in der Heizspur Zugeigenspannungen von 280 MPa, jeweils in Tangentialrichtung, während die Eigenspannungen in Radialrichtung gering sind.

(Über die Wirkung der Verfahren des Vorspannens auf die Größe der Eigenspannungen sind die Ergebnisse nicht einheitlich [4.47].) Die Überlagerung mit den beim Spanen auftretenden Spannungen infolge Wärme und Fliehkraft führt dann über den gesamten Bereich zu Druckspannungen mit einem Maximum am Rande. Durch das Vorspannen wird auch die Eigenfrequenz zu höheren Werten verschoben, so daß im Leerlauf der Geräuschpegel gesenkt wird [4.46].
Die Beeinflussung des Schwingungsverhaltens durch Eigenspannungen nutzt man z. B. auch in der Musikinstrumentenindustrie bei der Herstellung von Becken aus. Die subjektiv empfundene Klangdauer wird infolge von Eigenspannungen ausgeglichener. Gleichzeitig wird dadurch die Grenzfrequenz erniedrigt.
Ein gezieltes Vorspannen nutzt man auch bei der *Autofrettage* aus, worauf im Abschnitt 2.2.4.4. eingegangen wurde. Voraussetzung ist ein entsprechendes plastisches Formänderungsvermögen des Werkstoffs, ohne daß Alterungsvorgänge eingeleitet werden oder das Korrosionsverhalten merklich beeinflußt wird [4.48].
In ähnlicher Weise erfolgt der Abbau von Belastungsspitzen durch *Vorspannen* von Warmarbeitswerkzeugen, z. B. beim Blockaufnehmer von Strangguß [4.49]. So stellt das Anlegen von Vorspannungen beim Einschrumpfen der Matrize eine wirkungsvolle Möglichkeit dar, die Spannungsspitze am Innenrand des Blockaufnehmers herabzusetzen, da die so erzeugten Druckspannungen in der Matrize der Arbeitsbelastung in der Bohrung entgegengerichtet sind. Aus der notwendigen Schrumpfspannung wird die Durchmesserdifferenz errechnet. Wird der Innendruck des Schrumpfrings zu groß, so ist ein weiteres Armieren durch Unterteilung des Mantels in Außen- und Zwischenmantel möglich. Prinzipiell könnte hier auch das Vorspannen des Spannbetons genannt werden, wodurch der wenig auf Zug beanspruchbare Beton stets nur auf Druck beansprucht wird, während die Stahlarmierung die Zugspannung aufnimmt. Ähnlich verhält es sich beim *Email*, wo die Druckvorspannungen im Email wie folgt zu berechnen sind:

$$\sigma_{\mathrm{E}}^{\mathrm{E}} = \frac{\Delta\varepsilon E_{\mathrm{E}}}{(1-\mu_{\mathrm{E}})\left(1+\dfrac{E_{\mathrm{E}}d_{\mathrm{E}}}{E_{\mathrm{st}}d_{\mathrm{st}}}\,\dfrac{1-\mu_{\mathrm{st}}}{1-\mu_{\mathrm{E}}}\right)} \tag{4.18}$$

E und μ sind die Elastizitätskonstanten, d die Dicke, $\Delta\varepsilon$ die Dehnung des Verbunds (Index E unten: Email, Index St: Stahl). Für $\frac{d_{\mathrm{E}}}{d_{\mathrm{St}}} < 0{,}1$ kann vereinfacht geschrieben werden:

$$\sigma_{\mathrm{E}}^{\mathrm{E}} = \frac{\Delta\varepsilon E_{\mathrm{E}}}{1-\mu_{\mathrm{E}}} \tag{4.19}$$

Wirkt ein Wärmeschock auf die Emailoberfläche, so treten zusätzliche Druckspannungen auf, die aber an Außenkrümmungen Zugspannungen senkrecht zur Emailoberfläche hervorrufen, so daß die Emailschicht abplatzen kann [4.50].
In analoger Weise wie bei der Druckspannung des Emails läßt sich auch das Verhalten anderer Verbundwerkstoffe deuten, z. B. die Sprödigkeit der Boridschichten durch Differenz der spezifischen Volumina von der Boridphase $Fe_2 3$ und des Kernwerkstoffs [4.51].

Das mechanische Verhalten von *Faserverbunden,* bei denen mit dem Vorliegen von Eigenspannungen durch Unterschiede in der Kontraktion nach der Herstellung oder durch Kaltverformung in metallischen Systemen zu rechnen ist, wird durch diese z. T. nicht unerheblich beeinflußt. Eine zusammenfassende Darstellung gibt *Weiß* [4.53]: Nimmt man an, daß z. B. in einem solchen Verbundwerkstoff die Matrix zuerst fließt, so wechselt bei der Entlastung die Dehnung in Kontraktion. Dabei kann die Druckspannung so hoch werden, daß, wie am Zugstab erläutert, 2 σ_F der Matrix überschritten werden. Es setzt ein erneutes Fließen ein. Somit ergeben sich bei wiederholter Belastung Hystereseschleifen. Fließt der Faserwerkstoff zuerst, tritt keine Hysterese infolge plastischen Fließens der Matrix auf.

Das Fließen von Matrix bzw. Verbund wird aber durch die Eigenspannungen beeinflußt. Durch unterschiedliche thermische Kontraktion nach dem Warmpressen können Eigenspannungen solcher Größe entstehen, daß die Fließspannung der zuerst fließenden Komponente Null wird, was unerwünscht ist. Bessere Verhältnisse hinsichtlich der Vorspannung ergeben sich beim Strecken, wo durch Kaltstrecken in der 2. Komponente, die fließt, eine geringe plastische Dehnung erreicht wird. Besonders Verbundwerkstoffe mit spröden Fasern sind hierfür geeignet. Bei der nachfolgenden Belastung entstehen niedrigere bleibende Dehnungen. Besonders günstig ist eine Kaltverfestigung des Materials, da noch die Matrix verfestigt und damit der elastische Deformationsbereich des Werkstoffs vergrößert wird [4.54].

Schließlich sei noch auf die Vorspannung im *Einscheibensicherheitsglas (ESG)* verwiesen. Durch eine spezielle thermische Behandlung mittels Abschreckbrausen werden in der Oberfläche parallel zu ihr gerichtete Druckeigenspannungen, im Glaskern Zugeigenspannungen erzeugt. Dadurch wird eine Festigkeitssteigerung und im Falle eines Bruchs der stumpfkantige Krümelbruch mit relativ geringer Verletzungsgefahr erzeugt. Neue Entwicklungen sind Verbundscheiben mit unterschiedlicher bzw. chemischer Vorspannung (s. Abschnitt 2.4.) [4.55].

4.3. Schwingbeanspruchung

Schwingend beanspruchte Bauteile können in ihrer Lebensdauer durch Eigenspannungen an oder dicht unter der Oberfläche beeinflußt werden. Die Möglichkeiten zur Erzeugung dieser Spannungen durch Oberflächenverfestigung werden im Abschnitt 2.2.4.4. dargelegt.

Neben den Eigenspannungen ist aber auch der Einfluß der Oberflächenverfestigung auf die Härte und die Oberflächentopographie zu beachten. In der Literatur gibt es eine Reihe von Beispielen, wie durch mechanische oder chemisch-thermische *Oberflächenverfestigung* die Lebensdauer von Bauteilen verlängert werden kann. Beispielsweise wurde bei LKW-Achsschenkeln durch Rollen der Übergangsradien eine etwa 5fach größere Lebensdauer im Vergleich zu unverfestigten schlußvergüteten Achsschenkeln erzielt. Die Substitution durch Werkstoffe mit größerer Festigkeit bzw. Veränderungen der konstruktiven Gestalt, z. B. die Wahl größerer Übergangsradien, bewirkte hingegen gegenüber dem Ausgangszustand nur etwa eine Verdoppelung der Lebensdauer [4.56]. Gegossene Kurbelwellen aus GGG-70 mit Walzen der Hohlkehlen lagen bei fast doppelter Biegeschwingfestigkeit gegenüber dem ungewalzten Zustand. Auch im Vergleich zu nitrierten oder induktionsgehärteten Querschnittsübergängen lagen sie an der Spitze [4.57]. Die ertragbare Schwingamplitude im *Dauerfestigkeitsbereich* stellte sich für Pleuel aus kugelgestrahltem GGG-60 etwa 20 % über den Werten für ungestrahlte geschmiedete Pleuel aus C35, vergütet, oder C45, perlitisiert aus der Schmiedehitze, ein [4.58].

Auch die Kombination mehrerer Verfestigungsverfahren ist möglich, so das Nitrieren mit anschließendem Oberflächenwalzen der Hohlkehlen, die bei PKW-Kurbelwellen aus CK 45 N die Dauerschwingamplitude verdoppelt [4.59], bzw. die Kombination von Einsatzhärten und Stahlkiesstrahlen [4.73]. (Die hier genannten Zahlen für eine Lebensdauer- oder Schwingfestigkeitserhöhung sollen nur exemplarische Bedeutung haben, da man in der Literatur für ähnliche bis gleiche Fälle unterschiedliche Angaben, aber stets mit einer Tendenz der Vergrößerung dieser Werte findet.) Praktische Anwendung hat auch die Erhöhung der Lebensdauer von LKW- und PKW-Federn durch *Kugelstrahlen* auf der zugbeanspruchten Seite der Federlagen gefunden. Die Untersuchungen am vergüteten Werkstoff 55SiMn7 ergaben, daß eine Härtesteigerung kaum eintritt. Die Veränderung der Rauheit ist ebenfalls relativ unbedeutend, sofern ein einwandfrei vorarrondiertes Strahlmittel verwendet wird [4.60]. Entscheidenden Einfluß haben hier die Eigenspannungen. Praktisch ist am verfestigten und unverfestigten Zustand mit Entkohlung zu rechnen [4.61], wobei die Randentkohlung vorgeschriebene Grenzwerte nicht überschreiten darf. Die Schwingfestigkeit läßt sich noch weiter erhöhen, wenn die Zugseite der Blattfeder einer Zugvorspannung ausgesetzt ist, weil durch die Zugspannung die Härte erniedrigt wird (s. Abschnitt 3.3.) und damit der Effekt des Kugelstrahlens größer wird [4.62].

Druckeigenspannungen mit dem Ziel der Dauerfestigkeitssteigerung lassen sich auch bei vergüteten Stahlwellen erzeugen, wenn sie nach dem Anlassen in Wasser abgeschreckt werden. Die Anlaßtemperatur soll möglichst hoch liegen. Der Effekt ist vor allem bei legierten Stählen größer, da höhere Druckspannungen erzielt werden [4.71]. Bei abgesetzten Wellen kann die Hohlkehle durch Verfestigung kleiner gehalten werden, so daß dadurch die Zapfen für die Lager ohne Erhöhung des spezifischen Drucks kürzer gestaltet werden können. Auch der Verzug bei der Verfestigung ist für kleine Hohlkehlen geringer. Die technologischen Parameter zur Verfestigung derartiger Wellen beschreibt *Kudrjavzev* [4.75]. Ein Beispiel für eine gezielte, mit der Fertigung verbundene Verfestigung im Kerbgrund stellen Schrauben dar, deren Dauerhaltbarkeit dadurch ansteigt. Die Zunahme geht aber mit größerer Vorspannkraft zurück [4.78].

Bei abgesetzten Wellen kann das Aufbringen von Druckspannungen im Hohlkehlenübergang auch durch *Aufschrumpfen* einer Buchse erfolgen. Bei schwingend beanspruchten Gesenkschmiedestücken soll erst nach dem Verschleifen der Gratnaht das Strahlen erfolgen, um den Einfluß der Kerbstelle dadurch zu mildern.

Am deutlichsten wird der Effekt der Schwingfestigkeitssteigerung im Dauerfestigkeits- bzw. dauerfestigkeitsnahen Bereich, und zwar vor allem bei gekerbten Proben, wie aus Bild 4.7 zu erkennen ist.

In TGL 19340 (Ermüdungsfestigkeit, Dauerfestigkeit) wird der Einflußfaktor der

Tabelle 4.3. Richtwerte für den Einflußfaktor der Oberflächenverfestigung K_v nach TGL 19340

Verfahren	Probe Art	Durchmesser mm	K_v +)
chemisch-thermische Verfahren			
Nitrieren Nitrierhärtetiefe 0,1 … 0,4 mm	ungekerbt	8 … 15 30 … 40	1,15 .. 1,25 1,10 .. 1,15
Oberflächenhärte 700 … 1000 HV 10	gekerbt	8 … 15 30 … 40	1,9 … 3,0 1,3 … 2,0
Einsatzhärten Einsatzhärtetiefe 0,2 … 0,8 mm	ungekerbt	8 … 15 30 … 40	1,2 … 2,1 1,1 … 1,5
Oberflächenhärte 59 … 62 HRC	gekerbt	8 … 15 30 … 40	1,5 … 2,5 1,2 … 2,0
Karbonitrierhärten Härtetiefe 0,2 … 0,4 mm Oberflächenhärte ≧ 670 HV 10	ungekerbt	10	1,8
mechanische Verfahren			
Rollen	ungekerbt	7 … 20 30 … 40	1,2 … 1,4 1,1 … 1,25
	gekerbt	7 … 20 30 … 40	1,5 … 2,2 1,3 … 1,8
Kugelstrahlen	ungekerbt	7 … 20 30 … 40	1,1 … 1,3 1,1 … 1,2
	gekerbt	7 … 20 30 … 40	1,4 … 2,5 1,1 … 1,5
thermische Verfahren			
Induktivhärten Flammenhärten	ungekerbt	7 … 20 30 … 40	1,3 … 1,6 1,2 … 1,5
Einhärtetiefe 0,9 … 1,5 mm Oberflächenhärte 51 … 64 HRC	gekerbt	7 … 20 30 … 40	1,6 … 2,8 1,5 … 2,5

+) Erfolgt die Berechnung mit experimentell bestimmten Kerbwirkungszahlen, gültig für den verfestigten Zustand, so ist der K_v-Wert für die ungekerbte Probe zu verwenden.

Oberflächenverfestigung K_v als Quotient der Wechselfestigkeit des oberflächenverfestigten Bauteils und des nichtverfestigten Bauteils in Abhängigkeit vom Verfahren und Bauteildurchmesser angegeben (Tabelle 4.3).

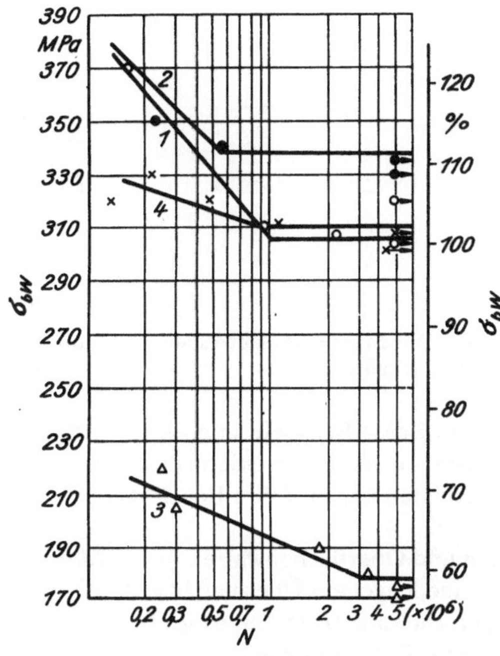

Bild 4.7. Zeit- und Dauerfestigkeit gekerbter und glatter Proben aus 40Cr4

1 glatte, nicht verfestigte Probe; *2* glatte, verfestigte Probe; *3* nicht verfestigte Probe mit Kerb; *4* verfestigte Probe mit Kerb

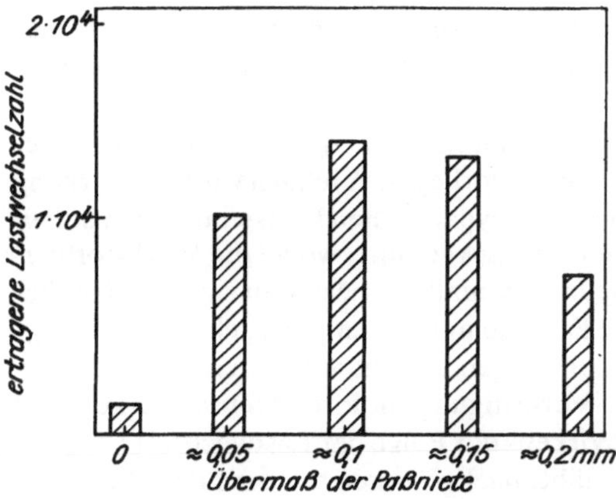

Bild 4.8. Lebensdauererhöhung durch Paßniete (nach [4.64]) Nietdurchmesser 6,4 mm; σ_m = 100 MPa; σ_a = ± 140 MPa; Bauteilwerkstoff 3.1364 T 351

Analog zum Kerbeinfluß ist die Feststellung zu deuten, daß die Dauerschwingfestigkeit von Proben mit schlechterem Reinheitsgrad, vor allem bei Oxidschichten, durch das Kugelstrahlen des Federstahls 55Cr3 relativ stärker verbessert wird als die von Proben größerer Reinheit [4.98].

Umgekehrt zum bisher beschriebenen Verhalten ist ein Abfall der Dauerfestigkeit zu registrieren, wenn Zugeigenspannungen in der Randzone auftreten, wie sie z. B. bei *Chromüberzügen* vorliegen können. Aus diesem Grunde erfolgt vielfach vor dem Chromieren eine mechanische Oberflächenverfestigung des Grundwerkstoffs. Auch beim Auftragsschweißen können Zugeigenspannungen (bzw. sogar Risse) entstehen (s. Abschnitt 2.2.4.2.), die die Dauerschwingfestigkeit herabsetzen. Durch mechanische Oberflächenverfestigung kann die Dauerschwingfestigkeit bis auf den Wert des unge-

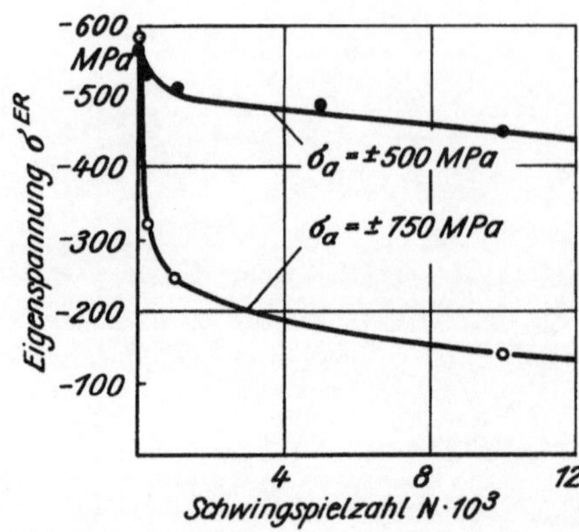

Bild 4.9. Eigenspannungsabbau am Werkstoff 60SiMn7, vergütet

schweißten Zustands wieder angehoben werden. Beide Beispiele sind für die Instandhaltung bedeutsam. Da aber bei dynamisch beanspruchten Schweißkonstruktionen mit dem Auftreten von Zugeigenspannungen zu rechnen ist, wird ihre Beachtung in Vorschriftenwerken künftig notwendig.
Im Flugzeugbau hat neben dem Kugelstrahlen und Oberflächenwalzen das *Aufdornen* Bedeutung. Bei diesem Verfahren preßt man eine Kugel mit Übermaß bzw. Übermaßpaßniete durch die Bohrung. Die Lebensdauererhöhung (Bild 4.8) ist groß. Wird eine Übermaßbuchse in eine zylindrische oder konische Bohrung eingebracht, so bilden sich ebenfalls Druckeigenspannungen am Bohrungsrand aus, die um so ausgeprägter sind, je starrer die Buchse, d. h. je größer ihr E-Modul ist. Dieses Verfahren wird bei sog. Augenstäben angewandt [4.64].
Bei der Bewertung des Einflusses der Eigenspannungen ist zu beachten, daß bisher meist nur Ergebnisse einstufiger Schwingversuche vorliegen. Vielfach wird die Wirkung der Eigenspannungen bei einer Überlagerung mit dynamischen Lastspannungen auf eine Verschiebung der örtlichen *Mittelspannung* zurückgeführt, wobei die Werkstoffveränderungen bei der Eigenspannungserzeugung ebenfalls zu beachten sind. Zudem besitzen die Werkstoffe eine unterschiedliche Eigenspannungsempfindlichkeit.
Die Besonderheit der Wirkung der Eigenspannungen besteht neben den mit ihnen verbundenen Werkstoffveränderungen, z. B. Verfestigung, in ihrer Mehrachsigkeit und vor allem in ihrer Änderung während des Wirkens der Folge der Lastwechsel [4.67]. So konnte z. B. am Werkstoff Ck45, weichgeglüht, nachgewiesen werden, daß Zug- oder Druckeigenspannungen fast keinen Einfluß auf die Biegewechselfestigkeit ungekerbter Proben hatten und ihre beobachtete Vergrößerung auf die Verfestigung infolge mechanischer Bearbeitung zur Erzielung der Zug- bzw. Druckeigenspannungen zurückzuführen ist [4.68].
Bei weichen Werkstoffen werden die Eigenspannungen abgebaut, wenn die Schwingungsamplitude in der Nähe der *Dauerfestigkeit* liegt. Besonders ausgeprägt ist der Effekt im Gebiet der *Zeitfestigkeit.* Der Abbau ist ebenfalls abhängig von der Zahl der aufgebrachten Lastwechsel, so daß der Abbau schon nach relativ wenigen Lastwechseln eintritt.
Bild 4.9 zeigt den Einfluß der Spannungsamplitude auf die Längseigenspannungen eines umlaufbiegebeanspruchten, vergüteten kugelgestrahlten Stahls 60SiMn7. Im normalisierten Zustand ist der Spannungsabfall größer, bei σ_a von 600 MPa nach 10^3 Last-

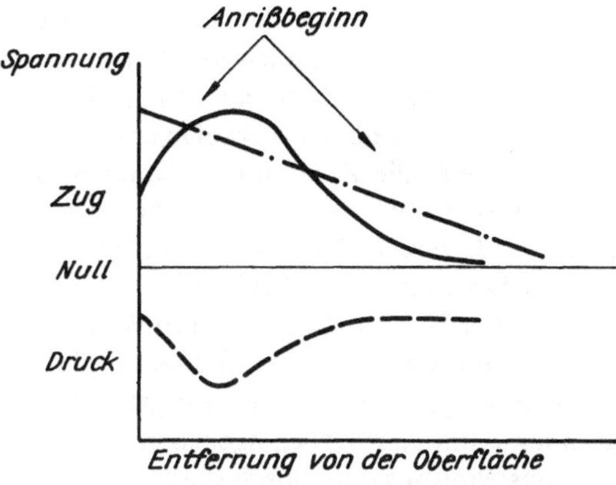

Bild 4.10. Schematischer Verlauf von Eigenspannungen (---------), der Dauerfestigkeit unter Beachtung des Mittelspannungseinflusses (———) und der Lastspannungen (-·-·-·-·-) in Abhängigkeit von der Tiefe bei Biegewechselbeanspruchung (nach [4.71])

wechseln von 500 auf 100 MPa. Somit ist bei weichen Werkstoffen der Dauerfestigkeitsanstieg in erster Linie auf die Verfestigung, d. h. Härtezunahme zurückzuführen, bei Werkstoffen mit höherer Festigkeit in der Randschicht hingegen auf die Druckeigenspannungszunahme.

Nach *Koch* [4.102] und *Bahre* [4.103] ist auch zu unterscheiden, welche Art der Eigenspannungen in glatten Proben vorliegt. So ergaben Untersuchungen an nitrierten und bzw. oder abgeschreckten glatten Stahlproben, daß die Wärmeeigenspannungen bei Schwingbeanspruchung fast vollständig abgebaut werden, während die Eigenspannungen, die nach dem Nitrieren entstehen, weitgehend erhalten bleiben und zum Anstieg der Schwingfestigkeit führen. Diese Eigenspannungen infolge chemisch-thermischer Verfestigung sind auch mit deutlicher Härtesteigerung verbunden.

Als Bewertungsmaß für den Eigenspannungsabbau werden die zyklische Streckgrenze bzw. eine zyklische Dehngrenze vorgeschlagen [4.24].

Durch die Druckeigenspannung wird die Wirkung der Zugspannungen, die die Rißausbreitung begünstigen, abgeschwächt. Bei stabilem Eigenspannungszustand, also in harten Werkstoffen bzw. Werkstoffen mit harter Oberfläche, ist die Eigenspannung als lokale Mittelspannung zu betrachten. So kann der *Mittelspannungseinfluß* (σ_m) bekanntlich nach der Beziehung von *Godman* für die Dauerfestigkeit σ_D für das Smith-Diagramm wie folgt beschrieben werden:

$$\sigma_D = \sigma_W \left(1 - \frac{\sigma_m}{R_m}\right) \tag{4.20}$$

σ_W Wechselfestigkeit des eigenspannungsfreien Werkstoffzustands
R_m Zugfestigkeit

Nun ist $\sigma_m = \sigma^E$ für die jeweilige Tiefe unter der Oberfläche zu setzen, d. h., es ergibt sich ein über die Tiefe veränderlicher Mittelspannungseinfluß. Eine *Anrißbildung* tritt nach [3.70] immer dann auf, wenn die Lastspannungen oberhalb von σ_D liegen. Da es entsprechend einem Eigenspannungsverlauf mit Maximum der Druckspannungen unter der Oberfläche auch zu einem Extremwert von σ_D unter der Oberfläche kommt, gibt es theoretisch Anrisse direkt an oder unter der Oberfläche (Bild 4.10). Dabei breiten

sich die Anrisse, die unter der Oberfläche entstehen, schneller aus, da sie nicht das Druckspannungsmaximum durchlaufen müssen. Tatsächlich ist auch der Anrißbeginn unterhalb der Oberfläche bei induktiv gehärteten Stählen gefunden worden, der mit dem Nulldurchgang der Eigenspannungen, d. h. dem Vorzeichenwechsel in bestimmter Tiefe, in Zusammenhang gebracht wurde. Dabei liegt die Zone in dem Bereich, der nach Bild 4.10 für den Anrißbeginn prädestiniert ist [4.69]. Die Ergebnisse konnten bei nitrierten Proben bestätigt werden. Auch bei Zug-Druck-Wechselbeanspruchung wurde der Anriß kugelgestrahlter Probe unter der Oberfläche gefunden [4.72].
Durch ein Überstrahlen können Anrisse an der Oberfläche auftreten, deren Wachstum aber durch das Druckspannungsmaximum gehemmt wird. So wurde gefunden, daß in wassergehärteten Stählen großer Härte durch das Kugelstrahlen Anrisse entstehen, die sich nach dem Härten ausbilden und sogar einen Abfall der Druckeigenspannungen in der Oberfläche bewirken. Hier ist vor allem das *Rißwachstum* durch die Druckeigenspannungen behindert [4.74]. Aus Bild 4.10 wird deutlich, daß somit nicht nur die Größe der Eigenspannungen an der Oberfläche, sondern auch ihre Verteilung eine wichtige Rolle bei ihrer Bewertung spielt.
Bei gekerbten Proben kann ebenfalls ein Mittelspannungseinfluß angenommen werden. Bei optimierten Bedingungen der mechanischen Verfestigung durch Walzen läßt sich u. U. die Dauerfestigkeit über die Werte glatter Proben steigern. Formzahlen bis $\alpha_K = 3$ sollen danach in ihrer Wirkung aufgehoben werden. Die entstandenen Anrisse wachsen nicht weiter. Ebenso verhielten sich Kerbproben mit großen Druckvorspannungen ohne Verfestigung der Oberfläche, so daß nach *Kloos* der Eigenspannungseinfluß dem einer Mittelspannung entspricht [4.69]. Analog sind die Ergebnisse der Untersuchungen von *Bahre* [4.76] an nitrierten und vergüteten Stählen. Die Spannung zur Bildung eines Anrisses wurde nur geringfügig durch Druckmittelspannungen erhöht. Ihre Wirkung liegt vor allem in der Rißausbreitungsbehinderung, so daß der Einfluß der Härte und der Formzahl α_k zurückgeht. Bei großen Formzahlen wird der Härteeinfluß gering. Je schärfer die Kerbe ist, um so geringer ist die Spannungssteigerung durch einen Anriß. Folglich wird die Rißausbreitung dauerfestigkeitsbestimmend. Ein Rechenschema zur Ermittlung des Eigenspannungseinflusses entsprechend einer Mittelspannung und unter Beachtung von Werkstoffveränderungen gibt *Seeger* [4.66] an. Auch bei gekerbten Proben, insbesondere bei Mehrstufen- und Randombelastung, können zyklische Spannungs-Dehnungs-Kurven zur Charakterisierung von Werkstoffveränderungen im Verlaufe des Wirkens der Lastspiele aussichtsreich sein [4.77].
Der Einfluß der Eigenspannungen auf die Rißausbreitung hat erst in Ansätzen Eingang in die *Bruchmechanik* gefunden. So ist der Rißfortschritt dl mit der Änderung der Lastspielzahl dN

$$\frac{dl}{dN} = C(\Delta K)^{m} \qquad (4.21)$$

ΔK Differenz des Spannungsintensitätsfaktors bei Schwingungsbeanspruchung (Schwingweite)
c, m Konstanten

abhängig von den Eigenspannungen im beschriebenen Sinn. Mit zunehmendem Rißfortschritt nähert sich dl/dN jedoch dem Wert ohne Eigenspannungen [4.83].

Auch wurde eine Vergrößerung der Eigenspannungen mit der Rißlänge gefunden. Eigenspannungen wurden nur mit K_{max} in Beziehung gebracht [4.80]. In Kerben von Schweißnähten führte eine Beseitigung der Eigenspannungen zu einer Vergrößerung der Rißwachstumsrate [4.81]. Eine Superposition der Eigenspannungen mit den Lastspannungen zur Änderung des Spannungsverhältnisses $R = K_{max}/K_{min}$ bzw. $\sigma_{max}/\sigma_{min}$ ist umstritten [4.79]. So wurde ein

$$K_{eff} = \frac{K_{max} + K_E}{K_{min} + K_E} \tag{4.22}$$

eingeführt mit K_E nach Gl. (4.17) [4.41].
Durch die partiellen Rißuferkontakte und plastische Deformation an der Rißspitze ergibt sich ein Eigenspannungssystem, das mit den Methoden der Schwingbruchmechanik ermittelbar sein soll [4.66, 4.79].
Durch eine gezielte, von außen aufgebrachte lokale konzentrierte plastische Deformation (Drücken, Kugelstrahlen) vor der Rißspitze ist das Rißwachstum in dünnen Blechen zu bremsen [4.82].
Durch das Einbringen des Ermüdungsanrisses in die Bruchzähigkeitsprobe entstehen bei der Verformung der Rißflanken Eigenspannungen, die das Bestreben haben, den Riß zu schließen (Rißschließungseffekt). Zur Öffnung des Risses sind deshalb zunächst Druckeigenspannungen zu überwinden. Somit wird die effektive Spannungsintensität am Rißgrund kleiner als die rechnerische, die sich aus der Gesamtlast ergibt. Diese Diskrepanz ist zu umgehen, indem die Spannungsintensität aus der Rißöffnung ermittelt wird, bzw. im Falle der Berechnung aus der Belastung muß eine sehr geringe Verformung der Rißflanke eingehalten werden, z. B. durch kleine Wechsellasten [4.104].

4.4. Verschleiß und Korrosion

Angaben zum Einfluß der Eigenspannungen auf das Verschleißverhalten sind oft nur implizit in der Beschreibung der Wirkung der Verfestigung enthalten. Eine umfangreiche Literaturzusammenstellung über den Einfluß des Oberflächenfeinwalzens auf den *Verschleiß* gibt *Przybylski* [4.84]. Danach wird die Verschleißbeständigkeit durch Feinwalzen im Falle der Reibung mit Schmierstoff erhöht, im Falle der Trockengleitreibung jedoch verringert. Auch bei der Flüssigkeitsreibung gibt es optimale Verfestigungsbedingungen. Neben der günstigen Wirkung der Druckeigenspannungen sind die Härtesteigerung, die Verkürzung der Einlaufzeit durch die Verringerung der Rauheit der Oberfläche, das Fehlen von Schleifkornresten und die Ausbildung oxidischer Randschichten als Gründe für die Vergrößerung der Verschleißbeständigkeit zu nennen. Am zweckmäßigsten soll ein Oberflächenwalzen unter Vibration der Walze sein, da die dann erzielte Mikrorillenverteilung die Schmierwirkung verbessert. Auch die dabei erzeugten Druckeigenspannungen, der Verfestigungsgrad und der Traganteil des Profils sollen dann besonders hoch sein. Dem Schwingwalzen wird auch die Erhöhung der Verschleißbeständigkeit bei Trocken- und Mischreibung zugeschrieben. Durch eine Oberflächenverformung mit großer Geschwindigkeit infolge Explosion läßt sich die Verschleißbeständigkeit des austenitischen Mangan-Hartstahls noch weiter steigern [4.85]. Der komplexe Einfluß wird bewußt genutzt. So werden bei nitrierten Proben nicht nur Druckspannungen in der Oberfläche erzeugt, sondern auch der Reibwert durch die Verbindungszone herabgesetzt [4.88].

Grundsätzliche Untersuchungen zum Eigenspannungseinfluß bei Konstanthaltung aller übrigen Einflußfaktoren ergaben, daß beim Gleitverschleiß durch Zugvorspannungen die Verschleißbeständigkeit erniedrigt, durch Druckvorspannungen dagegen erhöht wird [4.86]. Dieses Verhalten ist auch für andere Verschleißarten bestätigt worden. Beim abrasiven Verschleiß rufen die eingedrungenen Körper an ihrer Grenze zum Werkstoff Druck- und im oberflächennahen Bereich Zugeigenspannungen hervor. Diese Zugeigenspannungen führen schon unter statischen Bedingungen in spröden Werkstoffen zu Rissen [4.87].

Die Ergebnisse des Verschleißverhaltens, bezogen auf den Eigenspannungszustand im Ausgangszustand, sind jedoch keineswegs einheitlich. So wurde in aufgekohlten Stählen kein Einfluß der Makro-, wohl aber der Mikroeigenspannungen auf die Kontaktdauerfestigkeit von Zahnrädern gefunden [4.96]. Bei der Bewertung geht man von einer linearen Überlagerung von Last- und Eigenspannungen aus.

Während des Verschleißvorgangs kann es zu mehr oder weniger ausgeprägten Veränderungen des Eigenspannungszustands im Vergleich zum Ausgangszustand kommen. So wird bei der entsprechend großen Flächenpressung einer *Wälzbeanspruchung* eine plastische Verformung hervorgerufen, die selbst mit der Ausbildung von Eigenspannungen verbunden ist. Ebenso trifft das für eine zu erwartende Restaustenitumwandlung in gehärteten Stählen zu. Durch eine Überlagerung von Eigenspannungen mit den Lastspannungen kommt es zum plastischen Fließen, wie über eine Vergleichsspannung (Gestaltänderungsenergiehypothese) errechnet werden kann. Der Eigenspannungsverlauf ist beim Werkstoff 100Cr6 unter Einwirkung reiner Normalspannungen bei 10^4 Lastwechseln, bei zusätzlichen Tangentialspannungen infolge von Schlupf erst nach 10^7 Lastwechseln stabil. Die Änderung der Eigenspannungen und ihre absolute Größe ist von der Rauhigkeit der Oberfläche im Ausgangszustand und dem Kontaktdruck abhängig [4.94]. So wird bei hohen Drücken der Einfluß der Eigenspannungen im Ausgangszustand auf die Pittingbildung unterdrückt [4.95].

Schließlich ist noch der Einfluß der Schubspannung beim Gleitverschleiß zu beachten. Die Hauptachsen des ursprünglichen Eigenspannungssystems sind dann gedreht, so daß z. B. keine linearen $\varepsilon_{\varphi,\psi}$-$\sin^2\psi$-Verläufe bei der röntgenographischen Spannungsmessung ermittelt werden [4.89]. Außerdem wird das Beanspruchungsmaximum, das nach der Hertzschen Pressung unterhalb der Oberfläche liegt, durch die Überlagerung mit den Eigenspannungen zur Oberfläche hin verschoben [4.91]. Mit den Eigenspannungen laufen parallel Strukturänderungen ab. Die weißen Bänder, die unter der Laufbahn eines Wälzlagerringes entstehen, hängen eng mit der Vergleichsspannung zusammen, die aus der summarischen Überlagerung von Eigenspannungen und Spannungen infolge Wälzbeanspruchung gebildet wird. Die Richtung der flachen weißen Bezirke fällt mit der Richtung senkrecht zur größten Zugspannung, bei Abzug des hydrostatischen Drucks, zusammen. Die Risse breiten sich dann in dieser Richtung von Schwachstellen, wie Einschlüsse und Hohlräume, aus. Somit bilden sich durch den Riß Zugspannungen in der Richtung senkrecht zur Lauffläche aus, die schließlich das Abheben von Werkstoffbereichen, d. h. eine *Pittingbildung* zur Folge haben [4.90]. Neben den Eigenspannungen und dem Beanspruchungseinfluß ist auch das Wirken des Werkstoffzustands, des Schmierstoffs und des spannungsmechanischen Größeneinflusses zu beachten [4.92].

Nach *Schlicht* u. a. [4.100] werden unterschiedliche Werkstoffanstrengungen beim Verschleiß durch *Überrollungen* in Wälzlagern mit Eigenspannungen in Beziehung gebracht. Die Werkstoffermüdung bei elastohydrodynamischem Kontakt, d. h. bei Trennung der Wälzkörper durch einen ausreichend dicken Schmierfilm und Fehlen von Tangentialbeanspruchung, hat eine plastische Verformung zur Folge (martensitisches Gefüge wird schwarz anätzbar: *dark etching areas*). Damit verbunden ist der Aufbau von Druckeigenspannungen mit einem Maximum unter der Oberfläche entsprechend der Werkstoffanstrengung nach der Hertzschen Pressung. Analog zeigt sich ein Maximum der Halbwertsbereiche unter der Oberfläche. Diese Druckeigenspannungen hemmen die Bildung bzw. Ausbreitung von Rissen, die für die Pittingbildung verantwortlich sind. Durch die Verschleißbeanspruchung können also die ursprünglichen Spannungsverhältnisse infolge Eigenspannungsausbildung erheblich verändert werden.

Weit häufiger ist aber die Pittingbildung bei Werkstoffermüdung nach Fremdkörpereindrücken in die Laufbahn (sog. V-Pittings). Durch plastische Verformung und Eigenspannungsausbildung unter dem Eindruck entsteht am Übergang vom verformten zum unverformten Material eine Spannungsspitze, die schließlich zur Pittingbildung führt.

Beim vielfach auch zu beobachtenden abrasiven Verschleiß nach Mischreibung wäre die Wahl harter, durch Dispersion verfestigter Werkstoffe günstig. Die Spannungs- bzw. Eigenspannungskonzentration an diesen Teilchen setzen dann aber die Lebensdauer der Wälzlager herab.

Beim in der Praxis ebenfalls nicht selten auftretenden adhäsiven Verschleiß unter Mischreibung treten durch das Verschweißen so hohe Temperaturen auf, daß der ursprüngliche Eigenspannungszustand keine Rolle spielt.

Bei der Bewertung des *Korrosionsverhaltens* ist ebenfalls zu beachten, daß bei der gezielten Oberflächenverfestigung neben den Eigenspannungen Änderungen der Härte und der Oberflächentopographie auftreten. Im Falle geringer Umformgrade in der Oberfläche weisen die verfestigten Teile nach dem Oberflächenwalzen eine höhere Korrosionsbeständigkeit auf. Die Glättung der Oberfläche bewirkt durch eine Verminderung der Unebenheiten eine Senkung der Korrosionsfläche und vor allem der exponierten Oberflächenspitzen.

Bei großen Umformgraden hingegen ist durch die Verschiebung des Potentials des Werkstoffs zu negativeren Werten infolge der Kaltverfestigung mit einer Verschlechterung der Korrosionsbeständigkeit zu rechnen, da dieser Effekt die Wirkung der Einebnung der Oberflächen überwiegt. Die Verfestigung der Oberfläche mit schwingender Walze bzw. Kugel soll auch die Korrosionsbeständigkeit gegenüber statischem Verfestigungswerkzeug weiter erhöhen [4.84].

Die *Spannungsrißkorrosion* ist eine besonders gefährliche Korrosionsart, da sie lokal durch kleine Anrisse fortschreitet, deren Auftreten im Anfangsstadium meist unbemerkt bleibt, bis das Bauteil schließlich durch Bruch versagt. Zugspannungen bzw. Zugeigenspannungen sind neben dem Werkstoffzustand und dem angreifenden Medium eine der drei gemeinsam wirkenden Ursachen. Durch das gezielte Einbringen von Druckeigenspannungen infolge mechanischer Oberflächenverfestigung [4.97] kann der Einfluß der Zugspannungen eliminiert bzw. gemildert werden.

Literaturverzeichnis

[4.1] *Bühler, H.; Herrmann, E.:* Zusammenhang zwischen Maßänderung und Eigenspannungen bei der Wärmebehandlung von Werkzeugstählen. Archiv f. Eisenhüttenwesen 35 (1964) 11, S. 1089 – 1095

[4.2] *Berns, H.:* Verzug von Stählen infolge Wärmebehandlung. Z. f. Werkstofftechnik 8 (1977) S. 149 – 157

[4.3] *Frehser, J.; Lowitzer, O.:* Vorgang der Maßänderung bei der Wärmebehandlung von Werkzeugstählen. Stahl und Eisen 77 (1957) 18, S. 1221 – 1233

[4.4] *Biermann, R.; Gerlach, G.:* Grundlagen, Probleme und praktische Durchführung der Wärmebehandlung von wasserhärtenden Werkzeugstählen. Z. Wirtsch. Fertigung 72 (1977) 8, S. 423 – 431

[4.5] *Milcke, F.; Finkenstein, G. V.:* Weiterführende Untersuchungen zur Ermittlung der Längseigenspannungen in walzplattierten Kaltprofilen. Forschungsberichte Nordrhein-Westfalen, H. 2852. Opladen: Westdeutscher Verlag 1980

[4.6] *Bühler, H.; Buchholtz, O. W.:* Über den Zusammenhang zwischen Eigenspannungen und Planheitsfehlern von kaltgewalzten Feinblechen. Arch. f. Eisenhüttenwesen 44 (1973) 12, S. 899 – 905

[4.7] *Chatterjee-Fischer, F.:* Beispiele für durch Wärmebehandlung bedingte Eigenspannungen und ihre Auswirkungen. Teil 2, Auswirkungen. Härterei-Techn. Mitt. 28 (1973) S. 284 – 288

[4.8] *Bühler, H.-E.; Bühler, H.; Rojewski, M.:* Einfluß von Druckeigenspannungen auf die isotherme Austenitumwandlung in austenitischen Manganstählen. Archiv für Eisenhüttenwesen 34 (1963) 6, S. 485 – 488

[4.9] *Hammer, H.:* Eigenspannungen und Verzug von wärmebehandelten Zahnrädern. Wiss. Z. TH Magdeburg 15 (1971) 5, S. 479 – 484

[4.10] *Grave, H.:* Untersuchungen zum Einfluß hoher allseitiger Drücke auf das Umwandlungsverhalten von Stählen unterschiedlichen Cr-Gehalts und Anwendung der Ergebnisse zur Ermittlung der Druckspannungen beim Abschrecken schwerer Schmiedestücke. Aachen: TH, Diss., 1975

[4.11] INFORMSTAL-Einfluß von Druckspannungen und Blockseigerungen auf das Durchvergütungsverhalten großer Schmiedestücke. Berlin: VEB ZIM 1980

[4.12] *Denis, S.; Chevrier, J. C.; Sinon, A.; Beck, G.:* Genese des contraintes residuelles dans les cylindres en acier au cours de la trempe martensitique. Traitement thermique 120 (1978) S. 61 – 68

[4.13] *Schreiber, E.:* Härterisse und Schleifrisse – Ursachen und Auswirkungen von Eigenspannungen. Teil 1, Z. wirtschl. Fertigung 71 (1976) 10, S. 460 – 465; Teil 2, Z. wirtschl. Fertigung 71 (1976) 12, S. 565 – 570

[4.14] *Siebert, D.:* Beitrag zur Frage der Eigenspannungen in warmgewalzten Breitflanschträgern. Hannover: TU, Diss., 1973

[4.15] *Thürliman, B.:* Der Einfluß von Eigenspannungen auf das Knicken von Stahlstützen. Schweizer Archiv (1957) S. 388 – 404

[4.16] TGL 13503. Stahlbau – Stabilitätsfälle (Knickung, Kippung, Beulung), Berechnungsgrundlagen

[4.17] *Hänsch, H.:* Über den Einfluß der Schweißeigenspannungen auf die Stabilität geschweißter Konstruktionen. Wiss. Z. TH Magdeburg 20 (1976) 1, S. 31 – 36

[4.18] *Herzog, M.:* Die Knicklast zentrisch gedrückter gerader Metallstäbe mit Imperfektionen und Eigenspannungen nach Versuchen. VDI-Z. 116 (1976) 1, S. 23 – 29

[4.19] *Herzog, M.:* Die Traglast dünnwandiger Kastenstützen mit Imperfektionen und Eigenspannungen unter zentrischem Druck nach Versuchen. VDI-Z. 116 (1976) 1, S. 30 – 84

[4.20] *Kienzle, A.:* Mechanische Umformtechnik, Berlin, Heidelberg, New York: Springer-Verlag 1968

[4.21] *Stroppe, H.:* Entstehung und Bewertung von Eigenspannungen in metallischen Bauteilen. Wiss. Z. TH Magdeburg 15 (1971) 5, S. 473 – 478

[4.22] *Rühl, K.:* Die Tragfähigkeit metallischer Baukörper. In: Bautechnik und Maschinenbau. Berlin 1952

[4.23] *Anders, W.:* Einfluß von Restspannungen in einem geschweißten rechteckigen Stab bei Biegebeanspruchungen bis zur Streckgrenze. Schweißtechnik 17 (1967) 4, S. 169 – 172
[4.24] *Macherauch, E.:* Bewertung von Eigenspannungen. Symposium Eigenspannungen Bad Nauheim 1979. Berichtsband Oberursel 1980, S. 41 – 68
[4.25] *Tietz, H.-D.; Dietz, M.:* Untersuchungen zum Bauschinger-Effekt. Neue Hütte 22 (1977) 12, S. 681 – 684
[4.26] *Tietz, H.-D.; Dietz, M.:* Mikrostrukturelle Ursachen des Bauschinger-Effekts. Neue Hütte 22 (1979) 11, S. 423 – 426
[4.27] *Bauschinger, J.:* Mitt. Mech. Techn. Lab. Kgl. Hochsch. München (1886) 13, Mill. 15
[4.28] *Tietz, H.-D.; Dietz, M.:* Beitrag zum Verformungsverhalten bei wiederholter Belastung in Abhängigkeit von der Vorverformung und der Werkstoffzusammensetzung. Neue Hütte 24 (1979) 5, S. 182 – 185
[4.29] *Tietz, H.-D.; Dietz, M.:* Praktische Bedeutung des Bauschinger-Effekts. Neue Hütte 26 (1981) 3, S. 109 – 112
[4.30] *Guericke, W.:* Magdeburg: TU, Diss., 1971
[4.31] *Schmidt, W.:* Der Einfluß des Spannungszustands auf die mechanischen Eigenschaften. DEW-Technische Berichte, 4 (1964) 4, S. 194 – 202
[4.32] *Clausmeyer, H.:* Über die Beanspruchung von Stahl bei mehrachsigen Spannungszuständen. Konstruktion 20 (1968) 10, S. 395 – 401
[4.33] *Tietz, H.-D.:* Einfluß der Mehrachsigkeit des Spannungszustands auf das Werkstoffverhalten, seine Charakterisierung und die Überlagerung von Eigenspannungen. Wiss. Beiträge IH Zwickau 4 (1978) 1, S. 24 – 36
[4.34] *Kihara, H.; Masubuchi, K.:* Effect of residual stress on brittle fracture. Welding Research. Suppl. (1959) April, S. 159 – 168
[4.35] *Degenkolbe, J.:* Bewertung von Prüfmethoden zur Kennzeichnung des Bruchverhaltens metallischer Werkstoffe. TÜ Sicherheit und Zuverlässigkeit 12 (1971) 9, S. 257 – 302
[4.36] *Splittgerber, E.:* Innere Spannungen in Konstruktionsteilen als Schadensursache. Der Maschinenschaden 41 (1968) 4, S. 136 – 146
[4.37] *Neumann, A.:* Probleme des rechnerischen Sprödbruchnachweises. Wiss. Zeitschrift TH Karl-Marx-Stadt 19 (1977) 1, S. 97 – 109
[4.38] *Kochendörfer, A.; Saito, T.; Hagedorn, K. E.:* On the influence of residual stresses on the fracture behavior of a structural steel in the K_{Ic} temperature range. Eng. Fracture Mech. 4 (1972) S. 667 – 674
[4.39] *Löbner, W.; Zschunke, P.; Stroppe, H.:* Die Anwendung der röntgenographischen Messung von Makrospannungen und inhomogenen Gitterverzerrungen zur Analyse des Bruchverhaltens metallischer Werkstoffe. Vortrag II. Kolloquium Eigenspannungen und Oberflächenverfestigung, Zwickau 1979
[4.40] *Wells, A. A.:* Effect of residual stress on brittle fracture. in Sih, E. F.: Mechanics of Fracture, Vol. I – V. Sijthoff u. Nordhoff. Int. Publ. 1973 ff.
[4.41] *Glinka, G.; Oziewski, S.:* Anwendung der Bruchmechanik zur Lebensdauerbestimmung von Schweißverbindungen unter Normspannungskollektiven. Hebezeuge und Fördermittel 18 (1976) 6, S. 179 – 183
[4.42] *Kollert, B.:* Beitrag zur Ermittlung der Bruchzähigkeitseigenschaften bei quasistatischer Beanspruchung. Magdeburg: TH, Diss., 1979
[4.43] *Kußmaul, K.; Krägeloh, E.:* Festigkeit und Zähigkeit als Sicherheitskriterien im Apparatebau. Z. Werkstofftechnik 5 (1954) 1, S. 1 – 8
[4.44] *Asbeck, H.-O.; Heyder, M.:* Eigen- und Richtspannungen in walzneuen Schienen. ETR 26 (1977) 4, S. 217 – 222
[4.45] *Brazzoduro, L.; De Martini, R.; Brozzo, P.:* Metodologie impiegate nella vicerca della qualità oftimale delle ruete monoblocco per rotabili ferroviari ad alta velocità. La metallurgia itallia-na (1976) 5, S. 256 – 264
[4.46] *Huber, H.:* Die Bedeutung der Eigenspannungen in Kreissägeblättern. VDI-Z. 122 (1980) 3, S. 90 – 91
[4.47] *Hackenberg, P.:* Spannungen in mechanisch und thermisch vorgespannten Kreissägeblättern. Fortschrittsberichte der VDI-Zeitschriften 5 (1977) 31

[4.48] *Spähn, H.; Class, L.:* Einige Gesichtspunkte für die Auswahl von Stählen in der chemischen Höchstdrucktechnik. Z. Werkstofftechnik 4 (1973), 8, S. 401 – 409
[4.49] *Bolte, W.:* Warmarbeitsstähle, Hinweise zur konstruktiven Gestaltung. Witten-Stahl-Berichte 32/74, Witten 1974
[4.50] *Sauckel, B.:* Email-Druckvorspannung und deren Beeinflussung beim Heizen und Kühlen als Kriterium für die Auslegung emaillierter Apparate. Verfahrenstechnik 7 (1973) 11, S. 343 – 347
[4.51] *Liliental, W.; Tacikowski, J.:* Einfluß der Wärmebehandlung auf die Sprödigkeit von Boridschichten auf Stahl. Härterei-Techn. Mitt. 35 (1980) 5, S. 251 – 254
[4.52] *Ebert, L. J.:* The role of residual stresses in the mechanical performance of case carburized steels. Met. Transactions A 9A (1978) S. 1537 – 1551
[4.53] *Weiss, H.-J.:* The effect of axial residual stress on the mechanical behavior of composites. Journ. Mat. Science 12 (1977) S. 79 – 80
[4.54] *Krumhold, R.; Förster, W.; Weiß, H.-J.:* Das Spannungs-Dehnungs-Verhalten von faserverstärkten Kupferstahl-Verbundwerkstoffen. Proceedings VI. Internat. Pulvermet. Tagung Dresden 1977
[4.55] *Mauerhoff, D.:* PKW-Frontscheibe – Entwicklungstendenzen. Kraftfahrzeugtechnik (1981) 7, S. 212
[4.56] *Kloos, K.-H.:* Einfluß des Oberflächenzustands und der Probengröße auf die Schwingfestigkeitseigenschaften. in: VDI-Berichte Nr. 268 1976, S. 63 – 72
[4.57] *Mahnig, F.; Trapp, U. G.; Walter, H.:* Schwing- und Betriebsfestigkeit gegossener Fahrzeugteile. In: VDI-Berichte Nr. 268 1978, S. 221 – 230
[4.58] *Kölbel, H.-J.:* Vergleich der Belastbarkeit gegossener und geschmiedeter Bauteile bei Schwingbeanspruchung. in: VDI-Berichte Nr. 268 1976, S. 239 – 245
[4.60] *Rönnecke, J.:* Zum Einfluß spanloser mechanischer Oberflächenverfestigungsverfahren auf das Dauerfestigkeitsverhalten verfestigter Bauteile. Zwickau: IH, Diss., 1981
[4.61] *Tietz, H.-D.; Driesner, D.; Smejkal, H.; Weigt, D.:* Beitrag zur Oberflächenbearbeitung durch Kugelstrahlen an Bauteilen der Kfz-Industrie. III. Kolloquium Eigenspannungen und Oberflächenverfestigung, Zwickau 1982
[4.62] *Keding, H.:* Möglichkeiten zur Erhöhung der Schwingfestigkeit von Fahrzeugblattfedern aus Federstahl 55SiMn7. Kraftfahrzeugtechnik (1979) 4, S. 104 – 106
[4.63] *Dybiec, E.; Siecla, T.:* Verfestigung nach dem Prägepolieren (poln.). Institut für Präzisionsmechanik Warschau, Warschau 1965
[4.64] *Hoffer, K.:* Strukturauslegung unter Berücksichtigung der Schwingfestigkeit im Leichtbau. VDI-Zeitschrift 117 (1975) 13/14, S. 608–612
[4.65] *Fujo, H.,* u. a.: Durch Härten verursachte Formänderungen und Restspannungen. Bull. ISME 24 (1981) 189, S. 591 – 598
[4.66] *Seeger, T.; Hanel, I. J.:* Der Einfluß von plastischen Verformungen sowie von Last- und temperaturinduzierten Eigenspannungen auf das Dauerfestigkeitsverhalten von Kerb- und Rißstäben. VDI-Berichte 268 (1976) S. 77 – 92
[4.67] *Wohlfahrt, H.:* Einfluß von Eigenspannungen. in: Verhalten von Stahl bei schwingender Beanspruchung (Herausg. *W. Dahl*). Düsseldorf 1980
[4.68] *Macherauch, E.; Syren, B.; Wohlfahrt, H.:* Der Bearbeitungseinfluß auf die Biegeschwingfestigkeit. in: Brucherscheinungen und Schadenklärung. Allianz-Berichte E 52. München 1977
[4.69] *Kloos, H.:* Größeneinfluß und Dauerfestigkeitseigenschaften unter besonderer Berücksichtigung optimierter Oberflächenbehandlung. Z. Werkstofftechnik 12 (1981) S. 134 – 142
[4.70] *Storker, P.; Wohlfahrt, H.; Macherauch, E.:* Rißentstehung bei Biegewechselbeanspruchung von kugelgestrahltem Ck 45 in gehärtetem Zustand. Symposium Eigenspannungen Bad Nauheim 1979. Berichtsband, Oberursel 1970
[4.71] *Kudrjavcev, I. V.,* u. a.: Die experimentelle Untersuchung der Tragfähigkeit von Stahlwellen, die von Temperaturen unterhalb der kritischen abgekühlt wurden (russ.). Mašinostroenie 112 (1976) S. 145 – 156
[4.72] *Was, G. S.; Pellox, M.:* The effect of shot peening on the fatigue behavior. Met. Trans. 10 A (1979) 5, S. 656 – 660

[4.73] *Krempe, M.; Pusch, G.; Blumenauer, H.:* Untersuchungen zum Einfluß des Oberflächenspannungszustands auf das Dauerfestigkeitsverhalten des Einsatzstahls 20MoCr5. Neue Hütte 24 (1979) 3, S. 110 – 111
[4.74] *Nelson, D. V.; Ricklefs, R. E.; Evans, W. P.:* The role of residual stresses in increasing long-life fatigue strength of notehed machine members. Am. Soc. Test. Mat. STP 467 (1970) S. 228 – 283
[4.75] *Kudrjavzev, J. N.:* Grundlagen der rationellen Wahl der Verfestigungsverfahren kleiner Wellenhohlkehlen durch plastische Oberflächenverfestigung. Mašinostroenie (1976) S. 190 – 200
[4.76] *Bahre, K.:* Zum Mechanismus der Wechselfestigkeitssteigerung durch Werkstoffverfestigung und Druckeigenspannungen nach einer Oberflächenbehandlung. Z. Werkstofftechnik 9 (1978) S. 45 – 56
[4.77] *Bergmann, J.; Seeger, T.:* Über neue Verfahren der Anrißlebensdauervorhersage für schwingbelastete Bauteile auf der Grundlage örtlicher Beanspruchungen. Z. Werkstofftechnik 8 (1977) S. 89 – 100
[4.78] *Thomala, W.:* Beitrag zur Dauerhaltbarkeit von Schraubenverbindungen. TH Darmstadt 1978
[4.79] *Führing, H.; Seeger, T.:* Lastinduzierte Eigenspannungen in Bauteilen mit Rissen unter Schwingbeanspruchung. Symposium Eigenspannungen Bad Nauheim 1979. Tagungsband, Oberursel 1980
[4.80] *Komine, A.:* Residual stress at fatigue fracture surface heat treated high strength steels. Mat. Science (1979) S. 227 – 232
[4.81] *Koch, G.:* Beitrag zum Rißfortschrittsverhalten von Schmelzschweißverbindungen höherfester Stähle bei dynamischer Beanspruchung. Magdeburg: TH, Diss., 1978
[4.82] *Pech, W.; Sternberg, J.:* Untersuchungen zur Behinderung der Rißausbreitung durch Restspannungssysteme in Blechen und dünnwandigen Konstruktionen. Fortschrittsberichte der VDI-Zeitschriften 2 (1972) 23
[4.83] *Nisida, S.; Urashima, T.; Sugino, K.; Masamuto, N.:* A study on fatigue propagation in rail steel. Bull. ISME (1979) S. 1255 – 1260
[4.84] *Przybylski, W.:* Obróbka nagniataniem – technologie i oprzyrzadowanie. Warszawa 1979
[4.85] *Kurdrjavzev, J. V.:* Gegenwärtiger Stand und Entwicklungsperspektiven der Methoden zur Erhöhung der Festigkeit und Lebensdauer von Maschinenteilen durch plastische Oberflächendeformation (russ.). Konstruktirovanie, rasčet, ispytanija u nagežnost' mašin 1970 No. 5, S. 9 – 13
[4.86] *Dechtjar, L. J.:* Über den Einfluß der Eigenspannungen auf den Verschleiß der Metalle (russ.). Zav. lab. (1969) 3, S. 349 – 351
[4.87] *Zun Gahr, K.-H.:* Zusammenhang zwischen abrasivem Verschleiß und der Bruchzähigkeit von metallischen Werkstoffen. Z. Metallkunde 69 (1978) 10, S. 643 – 650
[4.88] *Kloos, H.:* Werkstoffauswahl und Oberflächenbehandlung unter tribotechnischen Gesichtspunkten. Z. Werkstofftechnik 10 (1979) S. 456 – 466
[4.89] *Krause, H.; Jühe, H.-H.:* Röntgenographische Eigenspannungsmessungen an Oberflächen wälzbeanspruchter Kohlenstoffstähle. Härtereitechn. Mitt. 31 (1976) 3, S. 168 – 170
[4.90] *Zwirlein, O.; Schlicht, H.:* Werkstoffanstrengung bei Wälzbeanspruchung – Einfluß von Reibung und Eigenspannungen. Z. Werkstofftechnik 11 (1980) 1 – 14
[4.91] *Broszeit, E.; Schmidt, F.; Schröder, H.-J.:* Werkstoffanstrengung im Hertzschen Kontakt infolge Last- und Eigenspannungen. Z. Werkstofftechnik 9 (1978) S. 210 – 214
[4.92] *Kloos, K. H.; Broszeit, E.:* Zur Frage der Dauerwälzfestigkeit. Z. Werkstofftechnik 5 (1974) 4, S. 181 – 189
[4.93] *Kloos, K. H.; Broszeit, E.; Koch, M.:* Eigenspannungsänderungen beim Überrollen von gehärtetem Wälzlagerstahl 100Cr6. Z. Werkstofftechnik 11 (1980) S. 68 – 72
[4.94] *Matsumoto, S.; Uehara, K.:* Relationship between rolling contact fatigue and residual stress on contact surface. Bulletin of ISME 19 (1976) 136, S. 1212 – 1221
[4.95] *Halano, K.; Yamade, T.; Sasaki, T.:* Einfluß von Eigenspannungen auf den Dauerwälzbruch eines gehärteten Stahls mit 0,4 % C (jap.). Nippon Kinzoku Gakkai-Shi 39 (1975) 1, S. 87 – 92

[4.96] *Gerasimova, N. G.; Ryžov, N. M.:* Einfluß der Kaltverfestigung mit Stahlkies auf die Kontaktdauerfestigkeit zementierten Stahls (russ.). Vestnik Mašinostrocnija (1978) 6, S. 33 – 38

[4.97] *Ruttmann, W.; Günther, T.:* Verhütung von Spannungsrißkorrosion durch Strahlen mit Stahlschrot, Glasperlen und Elektrokorund. Werkstoffe und Korrosion (1965) 2, S. 104 – 108

[4.98] *Kloos, K. H.; Kaiser, B.; Schreiber, D.:* Einflüsse unterschiedlicher Reinheitsgrade auf die Dauerschwingfestigkeit des Federstahls 55Cr3. Z. Werkstofftechnik 12 (1981) S. 206 – 218

[4.99] *Schüller, H.-J.; Lövert, P.; Christian, H.:* Beurteilung von im Betrieb nachgewiesenen Rissen im Schweißnahtbereich. Der Maschinenschaden 53 (1980) 4, S. 141 – 151

[4.100] *Schlicht, H.; Zwirlein, O.:* Werkstoffeigenschaften und Überrollungslebensdauer. Z. Wirtsch. Fertigung 76 (1981) 6, S. 298 – 303

[4.101] *Herold, K.:* Bestimmung des Eigenspannungszustands herkömmlich und hydromechanisch tiefgezogener Werkstücke. Industrieanzeiger 103 (1981) 77, S. 22 – 23

[4.102] *Koch, M.:* Zum Einfluß von Eigenspannungen auf die Biegewechselfestigkeit und die Spannungsumlagerung unter Wechselbeanspruchung. Härterei-Technik und Wärmebehandlung 14 (1968) 5, S. 37 – 47

[4.103] *Bahre, K.:* Das Verhalten nitrierter Stähle bei Wechselbeanspruchung zwischen Raumtemperatur und 500° C. Konstruktion 32 (1980) 1, S. 26 – 34

[4.104] *Speidel, M. O.:* Bruchzähigkeit und Ermüdungs-Rißwachstum von Gußeisen. Z. Werkstofftechnik 12 (1981) 12, S. 387 – 402

[4.105] *Bergez, D.:* Influence des contraintes residuelles sur la measure du COD. Colloquium on Practical Application of Fracture Mechanics, Bratislava 10. July 1979, Proceedings, p 75 – 79

Sachwörterverzeichnis